2018—2019年中国轻工业教育成果汇编

中国轻工业联合会 编

中国轻工业出版社

图书在版编目（CIP）数据

2018-2019年中国轻工业教育成果汇编／中国轻工业联合会编．—北京：中国轻工业出版社，2020.12
ISBN 978-7-5184-3261-5

Ⅰ.①2…　Ⅱ.①中…　Ⅲ.①轻工业—职业教育—中国—2018-2019—文集　Ⅳ.①TS-4

中国版本图书馆 CIP 数据核字（2020）第 217845 号

责任编辑：李　红
策划编辑：刘云辉　李　红　　责任终审：李建华　　封面设计：锋尚设计
版式设计：砚祥志远　　　　　责任校对：吴大鹏　　责任监印：张　可

出版发行：中国轻工业出版社（北京东长安街 6 号，邮编：100740）
印　　刷：三河市万龙印装有限公司
经　　销：各地新华书店
版　　次：2020 年 12 月第 1 版第 1 次印刷
开　　本：720×1000　1/16　印张：33.75
字　　数：680 千字
书　　号：ISBN 978-7-5184-3261-5　　定价：148.00 元
邮购电话：010-65241695
发行电话：010-85119835　传真：85113293
网　　址：http://www.chlip.com.cn
Email：club@chlip.com.cn
如发现图书残缺请与我社邮购联系调换
201062Y1X101HBW

在轻工职业教育表彰奖励专家评选会议上的讲话（代前言）

中国轻工业联合会会长 张崇和

（2019．12．20 北京）

各位专家：

大家上午好！在全国上下学习党的十九届四中全会和贯彻中央经济工作会议精神之际，我们召集专家，开展轻工职业教育表彰奖励评审工作，意义十分重大。评审工作很辛苦。首先，我代表中国轻工业联合会对各位专家的到来，表示热烈的欢迎！对各位专家的辛勤付出，表示衷心的感谢！

轻工业是我国国民经济的传统优势产业，也是重要的民生产业，承担着满足消费、稳定出口、扩大就业、服务“三农”的重要任务。轻工产品涵盖人民物质和精神文化生活中吃、穿、用、住、行、教、乐等多个方面的消费需求，包括食品、造纸、家电、家具、皮革、塑料、钟表、自行车、五金、照明电器、洗涤、日用玻璃制品、文教体育用品、工艺美术、少数民族用品、礼仪休闲、轻工机械、衡器、缝制机械等诸多行业，涉及国民经济行业分类中的21大类、69中类和213小类。

党的“十九大”提出，我国经济已由高速增长阶段转向高质量发展阶段。中国轻工业联合会坚决贯彻中央的要求，以科技创新、标准品牌、绿色智慧、“三品”行动、产业集群五大手段推动轻工业高质量发展，取得了实实在在的成效。特别是今年，轻工业发展稳健，韧性十足，风景独好。1—10月，我国规模以上轻工企业营业收入16.05万亿元；利润总额1.01万亿，同比增长10.03%，增速高于全国工业12.93个百分点。这充分彰显了轻工业高质量发展的良好态势。

轻工业高质量发展，离不开高水平行业人才的支撑，离不开高水平轻工职业教育的改革与发展。为激励广大轻工职教教师，表彰优秀教职员工，促进职教队伍建设，发挥良好教学成果示范引领作用，推动轻工职业教育的教学改革和高质量发展，中国轻工业联合会决定开展2018—2019年度“中国轻工业职业教育奖项评审工作”。

2017 年，我们组织了第一届教学成果和教学名师的评选工作。共申报教学成果 100 项，评选出 50 项，其中特等奖 2 项、一等奖 16 项、二等奖 32 项；申报教学名师 31 名，评选出 20 名。2018 年，向教育部推荐教学成果 4 项，其中 2 项获得国家级教学成果二等奖。这些奖项的评选和推荐，为轻工业职业教育教学发挥了很好的示范引领作用。

今年，共申报教学成果 51 项、教学名师 10 名、青年教学能手 22 名、论文 41 篇。来自行业、企业、职业院校的 28 位专家参与评选工作。中轻联高度重视职业教育奖项评审工作，在 11 月 20 日召开的第 74 次会长办公会上，专门听取了教育法规部的评审工作汇报。会议审议通过了评审工作方案，确定了表彰比例，提出了评选要求。希望在座的各位专家把真正优秀的教学成果、教学名师、青年教学能手和论文选拔出来。

下面，我就这次评审工作和职业教育提几点要求：

一要坚持标准，公平、公正、公开地评审。公平、公正、公开是做好评审工作的根本要求。要坚守评审工作初心，坚持公平公正公开原则，排除干扰，按照标准，认真评审，严格筛选，把好关，做好审核，确保优中选优，好中选好。要保证评审水平和质量，尊重申报者的劳动和荣誉，维护中轻联的信誉和权威，为规范严谨地开展轻工职业教育奖励工作积累经验，提供借鉴。

二要服务导向，为轻工业高质量发展选优荐材。党和国家高度重视职业教育。2017 年，国办出台《深化产教融合若干意见》，提出要促进教育和产业联动发展。今年 1 月，国务院发布了《国家职业教育改革实施方案》，这为轻工业职业教育的改革和发展指明了方向。评选工作要以服务行业产业为导向，以推动轻工业高质量发展为目标，以产教融合、工学结合、校企合作为需要，以加强师资队伍建设、提升职业教育教学水平、培养更多高素质人才为标准，真正评选出引领示范的教学名师、教学能手，遴选出优秀管用能用好用的教学成果和论文。要通过我们的评选推荐工作，引导轻工职业院校产教结合，艺教融合。一些职业院校的工艺美术作品，参加了今年 11 月在南京举办的中国工艺美术博览会，展示了职业教育教学成果，体现了艺教融合，产教结合。明年，中轻联将继续举办第二届工艺美术博览会，欢迎广大院校积极参与，展示职教成果。要通过我们的评选推荐，推动轻工业职业教育与产业结合，推动传统手工艺产业振兴，推动轻工业高质量发展。

三要示范引领，发挥评选成果的带动作用。2017 年，中轻联编辑出版了

《2016—2017年中国轻工业教育成果汇编》，其中收录教学成果50篇，编订教学名师事迹20个。我题了字：产教融合，成果荟萃。这个汇编为提升广大职教教师的素质能力和教学水平，提供了有益的学习和借鉴。这次评选后，也要注意搜集、推荐、总结、汇编。要推动优秀教学成果的应用，激励广大职教教师，发挥教学名师、青年教学能手、优秀教材和论文的示范引领作用，促进职教院校和教师教学能力、科研能力、指导实践能力的提升，推动轻工职业教育事业快速发展。

总之，希望各位专家能够高水平、高质量、按程序、按标准做好今天的评审工作，为深化轻工职业教育教学改革，为推动轻工业高质量发展贡献积极的力量。

谢谢大家！

目　录

教学成果篇

教学名师篇

青年教学能手篇

优秀论文篇

优秀教材篇

“十三五”规划教材及立项篇

“十三五”数字化项目选题及立项篇

教学成果篇

特 等 奖

食品加工技术专业群“四轮驱动、多方联动”建设模式的创新与实践

成果名称　食品加工技术专业群“四轮驱动、多方联动”建设模式的创新与实践

成果完成人　邓毛程、李静、陈维新、徐清华、顾宗珠、谭才邓、杜淑霞、李平凡、朱晓立、姚勇芳、叶茂、张远平、刘嘉俊、黄毅梅、吴亚丽

成果完成单位　广东轻工职业技术学院食品与生物技术学院

一、成果背景

随着国民生活水平不断提高，人们的消费观念逐渐发生改变，对健康的关注度、需求度和迫切度也日益提升，促使食品行业的结构发生变化，营养食品制造业逐渐发展成为新兴的细分行业，是食品行业经济增长的新引擎。新兴的细分行业融汇了营养科学、生命科学、食品科学等学科的先进技术，亟须大量具有交叉融合专业领域的高素质技术技能人才。

高职专业群兼有动态适应性和引领性双重特征，在产业链、人才链、教育链和创新链的有机衔接中，须对产业变化做出快速响应。为了精准对接新兴的营养食品制造业，依托广东轻工职业技术学院的国家示范性高职院校重点专业及专业群建设项目（2008—2011 年），构建了食品加工技术专业群以及专业群“四轮驱动、多方联动”建设模式。在成果形成与推广时期，又先后依托了 14 个省级教研项目，始终立足于营养食品制造业技术技能人才培养，以专业群建设为人才培养的主阵地，以“师资建设、科研与社会服务、办学改革试点、学生创新创业教育”为驱动专业群建设的“四轮”，通过“政校行企、高职与本科、专业教研室

之间、专兼职教师之间、专业教师与辅导员”等方面“联动”，形成强大合力，推动专业群建设和支撑人才培养。

二、成果内容

1. 组建结构紧密的专业群，解决专业群不能精准对接新兴产业链的问题

由于营养食品制造企业及其关联企业所构成的产业链是一个新兴的产业链，技术技能体系融合高，已有食品类高职专业设置未能及时适应这个产业链发展需求，已有高职专业群架构松散或设置专业内涵趋同，导致专业群人才培养定位未能精准对接该产业链的岗位群。

经分析，营养食品产业链由营养原料生产企业、营养食品加工企业、营养食品研究机构、营养食品检测机构等组成。通过调查与分析，采用“比对优选”方法，将产业链岗位群能力要求与各个专业核心能力进行比对，优选出亲缘关系较近的食品加工技术、食品营养与检测、食品生物技术、化工生物技术等专业，组建成食品加工技术专业群。原辅料生产岗位群主要由化工生物技术专业对接，原辅料营销服务岗位群主要由化工生物技术专业、食品加工技术专业对接，营养食品协助开发岗位群主要由食品加工技术专业、食品生物技术专业、食品营养与检测技术专业对接，营养食品生产岗位群主要由食品加工技术专业、食品生物技术专业对接，营养食品评价与检测岗位群主要由食品营养与检测专业对接，营养食品营销与服务岗位群主要由食品加工技术专业、食品营养与检测专业对接。注重各专业师资队伍、实训基地、课程体系、科技创新与服务平台等方面的共享性建设，同时注重各专业的个性建设，使专业群结构紧密、互补性强，能够精准对接新兴产业链。

2. 采用“四轮驱动”方法，解决专业群建设发力点不准的问题

专业群以往存在建设发力点把握不准的问题，关注重点在于教师的课程教学质量，导致教师参与专业群建设的积极性不高，从而致使专业群缺乏全面建设，发展不平衡，综合实力与优势难以集成，内在条件不能充分满足人才培养的高标准要求。

通过对人才培养质量保障和专业群综合实力进行研究，分析了专业群建设主要因素，提出专业群建设的“四轮驱动”方法，即“师资建设驱动、科研与社会服务驱动、办学改革试点驱动、双创教育驱动”，吸引专业教师投入到非课程教学工作之中，使专业群得到全方位建设，集成较强的专业群综合实力与优势，有力支撑人才培养。“四轮驱动”方法实施情况如下所述：

（1）师资建设驱动。从教师个人成长为出发点，根据教师能力水平与特长，采用分类别、分层次的方法进行培育。具体措施主要包括：

①对于新引进的专兼职教师，二级学院与学校教师发展中心联动，开展岗前培训，培训内容包括师德师风、现代职业教育理念、教学方法、课程项目设计、教学信息化技术等，对培训对象进行岗前评价，确保新教师胜任教学基本要求。建设至今，专业群入职的新教师累计 12 名，每位新教师首个学期都能独立设计课程项目，教学质量获得优秀等级评价。

②对所有教师，开展常态化在岗培训，培训内容和形式多样化，主要有专业建设能力、课程开发能力、信息化教学能力、创新创业教育能力、科研与社会服务能力、专业技术技能、职业资格证书、行业发展动态、专业实践、国内外访学、在职攻读学位等。通过持续培训与培养，专业群师资力量得到大幅度增强，获得省级优秀教学团队 1 个、校级优秀教学团队 2 个，双师素质教师比例达到 95%，在校晋升高级职称（非引进）教师比例达到 42%，博士学位教师比例达到 40%（其中，在职获得博士学位的教师比例为 19%），所有专业教师都具有主持校级科研、教研课题的经历，具有主持省级及以上科研、教研课题经历的教师比例超过 40%，为人才培养提供良好的师资基础。

③定期对教师能力进行分析，将教师分为青蓝教师、领军拔尖教师、骨干攀登教师三类，分别有所侧重地进行培育，帮助教师尽量补齐短板。同时，还根据教师特长，创建通道帮助教师发挥优势。迄今为止，专业群获得珠江学者、广东省特支计划名师、广东省教学名师、中国轻工业职业教育教学名师、广东省专业领军人才、南粤优秀教师等省级荣誉称号的教师达 13 人次，获得金牌讲师、校级拔尖人才培养对象等校级荣誉称号的教师达 10 人次，形成了专业群的骨干队伍。

④建设“省级双师型名师工作室”“教师工作室”“创新创业导师工作室”“技术能手工作室”“课程建设团队”“师资培训团队”等，使领军拔尖教师、骨干攀登教师、青蓝教师三类教师结成“以老带新、互相帮扶”的团队，实现不同层次、不同特长的教师在教学、技术技能创新、社会服务、指导学生等方面的互助、互补。近年来，专业教师依托各种工作室，在省级教师教学能力比赛、技术服务、指导学生创新创业比赛、精品在线开放课程建设等方面均取得好成绩。

（2）科研与社会服务驱动。以创新与服务平台、科研及技术服务项目、培训服务项目和教学服务项目为抓手，驱动社会服务能力建设，提升专业影响力。具体情况如下：

①建设省级协同创新中心、省级工程中心、校企协同创新中心、国际合作研究中心等，为教学、科研与技术服务搭建平台，为区域经济建设以及“一带一路”战略实施提供服务。专业群已建有“食品加工及综合利用技术应用协同创新中心”（教育部认定）、“调味品应用技术协同创新中心”（教育部认定）、“广东省特色调味品工程技术研究中心”（广东省科技厅认定）、“广东高校特色调味品工程技术开发中心”（广东省教育厅验收）、“轻工行业应用技术协同创新中心——食品产业应用技术协同创新平台”（广东省教育厅立项建设）等省部级科研平台，除了支持开展课程教学项目，还支持开展科研与技术服务项目105项。同时，与印尼三务集团公司共建“广轻-三务集团椰子综合开发中心”，围绕椰子综合利用开展研究及技术服务，为专业群开展国际技术合作迈出第一步。依托平台资源及成果，专业群面向企业派驻科技特派员多名，提供技术支持和转化技术成果多项，助推企业经济建设。

②牵头组建“全国精准营养食品与果蔬加工职业教育联盟”，承担全国食品工业职业教育指导委员会食品检测技能大赛，为职业院校、科研院所、企业等校企合作、教学交流搭建平台。牵头研制全国高职食品营养与检测专业教学标准、全国高职化工生物技术专业教学标准、全国高职食品营养与检测专业实训教学条件标准等，为高职专业建设提供服务。开发培训项目，面向职业院校开展师资培训、企业员工培训，培训人次超过16000人次。

（3）办学改革试点驱动。以各种办学试点建设为契机，驱动专业群办学能力的提升。具体情况如下：

①与多家本科院校共建高本衔接试点和高本协同育人试点，探索现代职业教育体系框架下的各层次人才培养。试点包括：食品加工技术专业与广东第二师范学院开展“3+2”高本衔接试点、“4+0”高本协同育人试点，与仲恺农业工程学院开展“3+2”高本衔接试点，化工生物技术专业与广东石油化工学院开展“2+2”高本协同育人试点，与韩山师范学院开展“3+2”高本衔接试点、“4+0”高本协同育人试点，食品营养与检测专业与韩山师范学院开展“3+2”高本衔接试点。

②与多家企业共建现代学徒制试点，加强专业群的产教融合。试点包括：食品营养与检测专业与广州通标标准技术有限公司、广东汇标检测有限公司等联合建设教育部现代学徒制教育试点；化工生物技术专业与广东雅道生物科技有限公

司、广东科隆生物科技有限公司、广东倚德生物科技有限公司等建设省级现代学徒制教育试点。

③自 2013 年至今，食品营养与检测专业与澳大利亚阳光海岸大学共建国际合作办学试点，促进专业群的教育教学与国际接轨。

④建设国家示范专业、广东省一流高职高水平专业、广东省品牌专业、广东省一流高职试点二级学院，包括：食品营养与检测专业先后被立项为国家示范专业、广东省一流高职高水平专业而建设；化工生物技术专业和食品加工技术专业被立项为广东省品牌专业而建设；专业群所在的二级学院被立项为广东省一流高职试点二级学院而建设。通过各类立项建设，推动了专业群发展。

（4）创新创业教育驱动。以创新创业教育驱动，促进专业教育与创新创业教育融合。具体情况如下：

①构建四个专业的创新创业教育模块，并将其嵌入人才培养方案，使创新创业教育形成一条主线，贯穿于学生的专业教育之中。例如，在化工生物技术专业人才培养方案中，第一学期开设“创新时代与创新励志”课程，第二学期开设“创新方法与创新思维”课程，第三学期开设“生化产品仿制训练”课程，第四学期开设“生化产品创新制作”课程，第五学期有创业意愿的学生进入创业学院进行创业课程学习与训练。通过人才培养方案实施，使专业教育与创新创业教育融合。

②构建课外教育体系，促进师生共建专业群。通过多种形式开展课外教育活动，使课外教育成为培养学生创新创业、强化技能的重要实践环节。组建专业性的学生社团，如“烘焙创研学会”“生化创研学会”等，在专业教师指导下开展科技创新活动和专业技能训练，并带领学生开展专业性较强的社会实践活动，如“食品安全科普活动”“生物饲料养殖蛋鸭活动”等。通过学生的创新实践，积累创新成果，帮助有创业能力的学生注册公司，进行创业实践。依托专业群的科技平台，专业群每年组织学生参加“互联网+”创新创业比赛项目 300 项左右，参加大学生“挑战杯”课外科技活动项目 30 项左右，开展专业群内部的专业性比赛项目 10 项左右，如“传统食品创新制作比赛”“食品营养知识竞赛”“生化知识竞赛”等，课外教育的在校生参与率累计超过 70%。在课外教育过程中，实行辅导员分专业管理制度，使辅导员与专业教研室主任、专业教师协同推进学生课外教育。

3. 采用“多方联动”方法，解决专业群建设合力不足的问题

专业群以往主要依靠专业教师单方力量进行建设，缺乏多方联动，产教融合

不深，影响学生创新创业能力、可持续发展能力的培养。通过对专业群建设的推动力进行研究，发现专业群建设的各种潜在推动力，提出了专业群建设的“多方联动”方法，即“政校行企联动、高职与本科之间联动、专兼职教师之间联动、专业教师与辅导员之间联动、专业教研室之间联动”，广聚各种建设资源，形成建设合力，推动专业群的产教融合、专业教育与创新创业教育融合，提升学生专业能力、创新创业能力和可持续发展能力。“多方联动”方法实施情况如下所述：

（1）多方联动，推进师资队伍建设。在师资队伍建设过程中，依托政校行企各方资源，聘请专业群之外的专业、行业领军人才，领衔或参与建设师资队伍，如聘请香港大学顾继东教授担任珠江学者讲座教授。聘请企业、科研院所的技术骨干，担任兼职教师，组建专兼混编教学团队和混编技术服务团队。同时，在群内跨专业组建科研与技术服务团队和课程教学团队。通过政校行企联动、专兼职教师之间联动、专业教研室之间联动等结合的方法，使专业教师互学互助，共同提高业务能力。

（2）协同内外资源，推动科研、社会服务、办学试点与创新创业教育等建设。协同专业群外部的企业、科研院所、本科院校等资源，共建创新服务平台、创新服务团队、办学试点和产业学院等。例如，通过建设协同创新中心，聚集创新的优势资源，拓宽创新成果转化和社会服务的渠道，在多方力量作用下，专业群的创新能力和社会服务能力得以明显提升。在本科院校和企业的大力支持下，专业群能够同时开展高本衔接试点、高本联合培养试点、现代学徒制教育试点等多个试点，加速了专业群在产教融合、现代职业教育体系、专业品牌等方面建设的进程，从而提高专业群的办学能力和人才培养质量。同时，在每项工作推进过程中，都注重整合内部优势资源，发挥不同专业之间、专业教师与辅导员之间的协同作用，促进建设效率与效果的提高。例如，通过不同专业教研室之间的联动，以及专业教师与辅导员之间的联动，有利于提高各项创新创业活动的学生参与率，而且创新创业教育效果经常超乎预期。

三、成果特色与创新点

1. 育人理念创新

在产业链、人才链、教育链和创新链的有机衔接中，高职专业群兼有动态适应性和引领性双重特征，对产业变化的响应速度应该比本科学科群快。在这个理念的指导下，随着产业结构变化与营养食品产业的新兴形成，成果不拘于一个专业大类，而是跨越亲缘关系较近、共享度较高的生物技术类和食品工业类，将其中四个专业组成专业群，解决精准对接新兴细分行业的问题，使专业群综合实力成为人才培养的根本支撑，并有利于学生可持续发展能力的培养。

2. 改革切入点创新

教师的非课程教学工作对专业群建设具有重要作用，且对人才培养具有重大影响。针对大多数教师仅关注个人成长与课程教学的现象，成果不直接以课程教学工作为切入点，而是以非课程教学工作为切入点，采用了“四轮驱动法”建设专业群，解决专业群建设发力点问题。通过“四轮驱动法”的实施，驱动专业群全面建设，利用教师的非课程教学工作，提升教师的课程教学改革能力，使教师在专业群建设过程中实现个人成长，从而推动专业群综合实力的提升。

3. 多方协同育人体系构建创新

成果不拘于简单的校企协同育人形式，而是依托各种省级创新平台、办学试点、课外活动、导师工作室等，构建了“政校行企”“高职与本科”“专兼职教师”“专业教师与辅导员”“专业教研室与专业教研室”等多方协同育人体系，实现了专业群内外协同、多方联动，解决专业群建设合力不足问题。通过多方联动，聚集多方优势资源，开拓教学、科研、社会服务、创新创业教育等的渠道，提高专业群建设效率与效果。

4. 重要建设环节创新

课外教育活动是课堂教学活动的延伸，重视课外教育活动，将课外教育作为专业群建设的重要环节，承载师资队伍建设、创新平台建设、科研与社会服务建设、创新创业教育、校企合作等过程。通过师生开展课外教育活动，落实“四轮驱动、多方联动”建设模式，深化产教融合，增强师生互动，培养师生创新能力和社会服务能力，推动专业群建设。

四、成果推广应用效果

1. 专业群师资力量显著增强

推广应用前，专业群专职专业教师数24人，其中，正高、副高和中级职称比例分别为12.5%、41.7%、45.8%，博士、硕士和本科学历比例分别为0、

87.5%、12.5%；推广应用后，专业群专职专业教师数35人，其中，正高、副高和中级职称比例分别为27.7%、51.4%、22.9%，博士、硕士和本科学历比例分别为40%、54.3%、5.7%。经过推广应用，专业群的双师素质教师比例由原来的72%提高至95%；建成1个省级优秀教学团队和2个校级优秀教学团队；教师获得省级荣誉称号由原来的2人次增加至13人次，其中，教师的省级荣誉称号主要包括珠江学者、广东省特支计划教学名师、广东省教学名师、广东省高职领军人才、南粤优秀教师、中国轻工业教育教学名师、“千百十工程”省级培养对象、广东省高校优秀青年教师等。师资力量增强，奠定了专业群建设和人才培养质量的基础。

2. 专业群竞技能力、创新能力与社会服务能力显著增强

自从推广应用以来，专业群建有“食品加工及综合利用技术应用协同创新中心”“调味品应用技术协同创新中心”“广东省特色调味品工程技术研究中心”等省部级创新平台5个，服务于企业经济建设，产生及转化一批技术成果，包括申请发明专利44项，获得授权发明专利22项，获得广东省科学技术奖1项、市级科学技术奖4项等。依托创新平台，开展学生创新创业教育和技能强化训练，提高学生的创新能力和竞技能力，学生申请发明专利11项，学生比赛获得国家级奖励8项、全国行指委奖励12项、省级奖励26项，学生注册公司70家以上开展创业。通过协同创新，拓宽校企合作渠道，并积蓄社会服务技术成果，提高社会服务能力，累计培训企业员工16000人次以上。

3. 逐渐树立专业品牌，产生示范引领作用

食品营养与检测专业建成国家示范专业、教育部认定骨干专业、广东省高水平专业，化工生物技术专业建成教育部认定骨干专业、广东省品牌专业，食品加工技术专业在建广东省品牌专业。食品营养与检测专业与企业共建教育部现代学徒制教育试点，化工生物技术专业与企业共建广东省现代学徒制教育试点，食品营养与检测、化工生物技术和食品加工技术等三个专业分别与四所本科院校共建“2+2”、“4+0”高本联合培养试点、“3+2”高本衔接试点等6个，食品营养与检测专业与澳大利亚阳光海岸大学共建国际合作办学试点，使专业群呈现多元化改革格局，为同行提供办学改革的借鉴。在教学改革过程中，专业群教师获得国家教学成果奖二等奖1项、全国生物技术教育教学委员会教学成果奖一等奖和二等奖各1项、中国轻工业职业教育教学成果奖二等奖1项。

受全国食品工业教育教学委员会和全国生物技术行业教育教学委员会委托，专业群牵头完成研制全国高职食品营养与检测专业教学标准、全国化工生物技术专业教学标准，参与完成研制全国食品加工技术专业教学标准，牵头在研全国高职食品营养与检测专业实践教学条件建设标准，牵头完成研制广东省高职食品加工技术专业“3+2”高本衔接专业教学标准，为国内同行办学提供参照。同时，专业群牵头组建全国精准食品与果蔬加工职业教育联盟，承办全国食品工业教育教学指导委员会食品检测技能比赛，以及承办其他全国技能比赛活动，为国内同行交流合作搭建平台，多次面向全国职业院校专业教师举办培训活动，累计培训人数超过600人次。在成果推广应用期间，100多家高职学校前来与专业群交流或合作，成果得到同行一致好评，认为具有推广应用价值。从国内十几所高职院校反馈信息来看，成果已在多个食品类专业群推广应用，促进专业群多项指标提升的效果显著。

“双元双创”人才培养模式构建下紫砂绝技绝活传承人的塑造

成果名称 “双元双创”人才培养模式构建下紫砂绝技绝活传承人的塑造
成果完成人 蒋雍君、陆小荣、杨晓兰、周步芳、史俊棠
成果完成单位 无锡工艺职业技术学院
宜兴市陶瓷行业协会

一、成果内容

1. 创新“双元双创”人才培养模式，培养了新生代紫砂绝技绝活传承人

与江苏省宜兴紫砂工艺厂共同构建人才培养模式，提升学生创新创业的“双创”能力，82%的毕业生扎根宜兴，潜心紫砂创作，成了宜兴陶瓷新生代传统紫砂的传承力量。

2. 依托传统紫砂特色，重构了“职业情景、项目递进”式课程体系

重构了课程体系，开发了专业核心课程等7门，出版了特色教材6本、“陶瓷产品设计师”国家职业资格培训教材5本。编写了“陶瓷装饰工”“陶瓷原料准备工”全国职业技能标准。

3. 建设优质课程资源，形成了“移动式学习+线上线下”翻转课堂教学模式

“陶瓷装饰彩绘”成为国家精品在线开放课程，“紫砂陶制作技艺”成为百工录“中国工艺美术非遗传承与创新”资源库子库。多种教学方法互换进行课堂教学，学生自主学习习惯养成。

4. 推行人才“双一工程”，开辟了一条培养“德艺技”三高师资队伍新路

师资团队正高职称8名（产业教授2名）；中国陶艺大师和省大师9人、省教学名师1名、省“五一劳动奖章”1名、省首批紫金文化创意英才2名、省“六大人才高峰”1名、省青蓝工程培养对象1名、市十佳青年陶艺家1人。师

生作品获专业重要展览金奖 14 项，制定了全国高等职业学校“陶瓷设计与工艺”专业教学标准，完成了省级以上课题 7 项，发表学术论文 23 篇，专业书籍 4 本、专著 2 部。

5. 搭建传统文化传承平台，成了中国工艺美术大师传承创新基地

主办国内外展览学术活动 21 次。平台成为“中国工艺美术大师传承创新基地”、全国职业院校民族文化传承与创新示范点、省“中华优秀传统文化传承基地”、省产教融合实训平台等。

表 1　　相关研究课题

序号	项目名称	项目主持	结题/立项时间	项目来源	批准单位
1	陶艺艺术设计专业项目式课程体系构建研究	蒋雍君	2013. 09	江苏省职业教育教学改革研究课题	江苏省教育科学研究院
2	3+3 中高职陶瓷艺术设计专业课程体系衔接的构建与实践	蒋雍君	2015. 12	江苏省中高等职业教育衔接课题	江苏省教育厅
3	中国紫砂工艺研究	蒋雍君	2010. 12	国家级中国民间艺术市场案例研究项目	文化部文化市场发展中心
4	宜兴传统工艺的传承和创新	邓举青 蒋雍君	2016. 12	江苏高校哲学社会科学研究基金指导项目	江苏省教育厅社政处
5	高职陶瓷艺术设计专业项目引领式师生流动站培养模式的实践研究	邓举青 蒋雍君	2015. 12	江苏省职业教育教学改革研究课题	江苏省教育科学研究院
6	宜兴非物质文化遗产生产性保护的路径研究	陆小荣	2018. 12	江苏高校哲学社会科学研究重点基地重点项目	江苏省教育厅社政处
7	〈陶瓷装饰〉项目式课程的研究	杨晓兰	2013. 09	江苏省职业教育教学改革研究课题	江苏省教育科学研究院
8	陶瓷艺术设计专业卓越技师项目“双元双能”人才培养模式的创新研究	周步芳	2016. 11	江苏省职业教育教学改革研究课题	江苏省教育科学研究院

续表

序号	项目名称	项目主持	结题/立项时间	项目来源	批准单位
9	陶瓷艺术设计专业项目引领式师生流动站培养模式的实践研究	邓举青 蒋雍君	2013. 12	院级教改课题	无锡工艺职业技术学院
10	陶艺专业项目课程的多元化评价体系构建研究	杨晓兰	2014. 12	院级教改课题	无锡工艺职业技术学院
11	基于“全程双导师”教学模式的“均陶堆花工艺”项目课程研究	周步芳	2013. 12	院级教改课题	无锡工艺职业技术学院

表 2　　出版著作、相关研究论文

序号	姓名	论文、书籍名称	出版社/发表期刊	时间	备注
1	蒋雍君	专业书籍《重构紫砂》	中国纺织出版社	2015. 11	第二
2	蒋雍君	专业书籍《宜兴女陶艺家作品集》	南京出版传媒集团	2015. 02	第二
3	蒋雍君	专业书籍《紫韵清流》	荣宝斋出版社	2012. 11	第二
4	蒋雍君	紫砂枯盆景产品开发研究	江苏陶瓷	2017. 04	—
5	蒋雍君 邓举青	现代职业教育体系视域下专本课程衔接实践探索	职业技术教育	2015. 10	核心
6	谢建平 蒋雍君	“双元双创”人才培养模式的创新与实践	教育与职业	2014. 01	—
7	蒋雍君 邓举青	浅析陶瓷艺术设计专业项目式课程体系的构建与实施——以无锡工艺职业技术学院陶瓷艺术设计专业为例	当代职业教育	2011. 06	—
8	谢强	专业书籍《紫韵清流》	凤凰美术出版社	2017. 11	第一
9	谢强	专业书籍《紫韵清流》	凤凰美术出版社	2017. 11	第一
10	杨晓兰	高职陶艺专业课程多元化评价体系构建	中国职业技术教育	2014. 06	核心
11	周步芳	陶瓷艺术设计专业卓越技师项目“双元双能”人才培养模式的创新研究	当代教育实践与教学研究	2016. 12	—
12	陆旻瑶 陆小荣	宜兴紫砂陶制作技艺非物质文化遗产保护的探索研究	江苏陶瓷	2017. 04_	第二

续表

序号	姓名	论文、书籍名称	出版社/发表期刊	时间	备注
13	陆小荣	职业院校开展非遗保护传承的实践探索	江苏陶瓷	2017.12	第一
14	陆小荣	宜兴紫砂陶制作技艺非遗保护的现状与对策	中国陶瓷工业	2017.12	第一
15	陆小荣	数字化背景下宜兴紫砂陶制作技艺的保护与传承	江苏陶瓷	2018.02	第一

表 3　出版核心课程教材

序号	教材名称	主编	出版时间	出版单位	备注
1	传统紫砂工艺	蒋雍君 张正中	2019.05	江苏凤凰美术出版社	“十二五”重点教材
2	陶瓷装饰	杨晓兰 周步芳	2019.05	江苏凤凰美术出版社	—
3	陶瓷造型	王桂娟	2019.05	江苏凤凰美术出版社	—
4	陶瓷工艺技术	陆小荣	2019.05	江苏凤凰美术出版社	“十二五”重点教材
5	陶瓷雕塑	薛峰	2019.05	江苏凤凰美术出版社	—
6	均陶堆花工艺	周步芳	2019.10	江苏凤凰美术出版社	“十三五”重点教材
7	陶瓷成型技术	王超	2012.07	中国轻工业出版社	中轻联优秀教材
8	陶瓷装饰技术	王超	2013.10	中国轻工业出版社	—
9	陶瓷烧成技术	陆小荣	2014.01	中国轻工业出版社	—

表 4　省级以上学生优秀毕业设计获奖

序号	姓名	展览名称	作品名称	奖项	颁奖时间
1	杨俊	教育部全国高职高专艺术设计专业优秀毕业设计	心手合一，心神合一	金奖	2013.09
2	姜婷	教育部全国高职高专艺术设计专业优秀毕业设计	水问组壶	优秀奖	2013.09
3	朱青	教育部全国高职高专艺术设计专业优秀毕业设计	灵片组壶	优秀奖	2013.09
4	贺步鑫	江苏普通高校本专科优秀毕业设计	启	二等奖	2013.04

续表

序号	姓名	展览名称	作品名称	奖项	颁奖时间
5	喻建铭	江苏普通高校本专科优秀毕业设计	紫砂香具	二等奖	2013.04
6	姜婷	江苏普通高校本专科优秀毕业设计	梦之凤尾	二等奖	2014.03
7	申晨 薛寒	教育部全国高职高专艺术设计专业优秀毕业设计	不器而遇	银奖	2016.11
8	孙英棒	江苏省优秀毕业论文	彩云追月	三等奖	2010.04

表5　　全国陶瓷类技能大赛获奖

序号	姓名	技能名称	奖项	指导老师	获奖时间
1	仲景	2016年全国职业院校陶瓷类专业学生技能大赛陶瓷装饰工项目	一等奖	蒋雍君、杨晓兰	2016.10
2	许芳	2016年全国职业院校陶瓷类专业学生技能大赛陶瓷装饰工项目	二等奖	蒋雍君、杨晓兰	2016.10
3	丁桐	2016年全国职业院校陶瓷类专业学生技能大赛陶瓷装饰工项目	二等奖	蒋雍君、杨晓兰	2016.10
4	丁嘉慧	2016年全国职业院校陶瓷类专业学生技能大赛陶瓷装饰工项目	三等奖	蒋雍君、杨晓兰	2016.10
5	胡俊杰	2016年全国职业院校陶瓷类专业学生技能大赛陶瓷产品设计师项目	一等奖	熊祖超、王森	2016.10
6	何兰兰	2016年全国职业院校陶瓷类专业学生技能大赛陶瓷产品设计师项目	二等奖	熊祖超、王森	2016.10
7	汤俭	2016年全国职业院校陶瓷类专业学生技能大赛陶瓷产品设计师项目	二等奖	熊祖超、王森	2016.10
8	李辉	2016年全国职业院校陶瓷类专业学生技能大赛陶瓷产品设计师项目	三等奖	熊祖超、王森	2016.10
9	张羽	2017年全国职业院校陶瓷类专业学生技能大赛陶瓷器型设计项目	一等奖	蒋雍君	2017.05
10	苏昆	2017年全国职业院校陶瓷类专业学生技能大赛陶瓷装饰项目	一等奖	杨晓兰	2017.05
11	黄梦迪	2017年全国职业院校陶瓷类专业学生技能大赛陶瓷釉料配方项目	一等奖	王超	2017.05

续表

序号	姓名	技能名称	奖项	指导老师	获奖时间
12	吕云杰	2017 年全国职业院校陶瓷类专业学生技能大赛陶瓷器型设计项目	二等奖	蒋雍君	2017. 05
13	姜镇	2017 年全国职业院校陶瓷类专业学生技能大赛陶瓷釉料配方项目	二等奖	王超	2017. 05
14	盛杰	2017 年全国职业院校陶瓷类专业学生技能大赛陶瓷装饰项目	二等奖	杨晓兰	2017. 05
15	马伟明	2017 年全国职业院校陶瓷类专业学生技能大赛陶瓷器型设计项目	三等奖	蒋雍君	2017. 05
16	董建华	第三届全国职业院校陶瓷类专业学生技能大赛“陶瓷雕塑”	一等奖	李津、李欣	2017. 10
17	李如秋	第三届全国职业院校陶瓷类专业学生技能大赛“陶瓷雕塑”	二等奖	李津、李欣	2017. 10
18	王聪敏	第三届全国职业院校陶瓷类专业学生技能大赛“陶瓷雕塑”	二等奖	李津、李欣	2017. 10
19	陆爽	第四届全国职业院校陶瓷专业学生技能竞赛陶瓷综合装饰项目	一等奖	周步芳	2018. 10
20	闫庆	第四届全国职业院校陶瓷专业学生技能竞赛陶瓷产品设计项目	一等奖	蒋雍君	2018. 10
21	苏昆	第四届全国职业院校陶瓷专业学生技能竞赛陶瓷装饰彩绘项目	一等奖	杨晓兰	2018. 10
22	孙露露	第四届全国职业院校陶瓷专业学生技能竞赛陶瓷综合装饰项目	二等奖	周步芳	2018. 10
23	杨茵	第四届全国职业院校陶瓷专业学生技能竞赛陶瓷釉料项目	二等奖	王超、陆小荣	2018. 10
24	陈言	第四届全国职业院校陶瓷专业学生技能竞赛陶瓷产品设计项目	二等奖	蒋雍君	2018. 10
25	胡驰	第四届全国职业院校陶瓷专业学生技能竞赛陶瓷装饰彩绘项目	二等奖	杨晓兰	2018. 10
26	李佳雪	第四届全国职业院校陶瓷专业学生技能竞赛陶瓷装饰彩绘项目	三等奖	杨晓兰	2018. 10

续表

序号	姓名	技能名称	奖项	指导老师	获奖时间
27	明瑶	第四届全国职业院校陶瓷专业学生技能竞赛陶瓷产品设计项目	三等奖	蒋雍君	2018.10
28	朱金阳	第四届全国职业院校陶瓷专业学生技能竞赛陶瓷釉料项目	三等奖	王超、陆小荣	2018.10
29	王静	第四届全国职业院校陶瓷专业学生技能竞赛陶瓷综合装饰项目	三等奖	周步芳	2018.10

表 6　　省级大学生实践创新项目

序号	结题年份	项目名称	项目主持人	指导老师	类别
1	2018 年	普洱茶器	杨溢	周步芳、吴俊	省级
2	2017 年	紫砂枯盆景产品开发	张宽	蒋雍君、熊祖	省级
3	2013 年	均陶堆花书画用品的设计与开发	吕闯闯、杨翩	周步芳	省级
4	2013 年	陶瓷灯具与时钟结合的创新设计开	顾梦、杭佳佳	张瑞霞	省级
5	2014 年	彩塑工艺品创新与开发	杨翩、余昕禾	陈在梅	省级
6	2015 年	陶瓷透雕工艺的创新设计与开发	张晨光	李欣、蒋雍君	省级
7	2015 年	漆艺与紫砂结合新产品开发	郭总	潘垒、杨晓兰	省级
8	2016 年	紫砂盘漆画新产品开发	冯杰、杨帆	杨晓兰、姜海	省级
9	2017 年	《宜兴之行》MV 水墨宣传片	刘昌森、徐赫	杨平均、李玮	省级

二、成果特色与创新点

1. “双元双创”人才培养模式形成了绝技绝活传承新路径

通过“双元”师资、“双元”场所和师生“双元”身份的转换，全过程工学结合，提升学生“创新创业”能力。根据实践性课程特点，结合线上资源，以信息化教学手段丰富教学内容，为地方陶瓷领域培育了紫砂绝技绝活传承人。

2. “职业情景、项目递进”式课程体系实现了传统紫砂艺术价值

通过传统紫砂圆器、方器、花器、筋纹器造型形态，设置特色课程，重构专

业课程体系。编制项目方案，开发特色教材。在紫砂圆器到筋纹器的项目递进中，掌握传统紫砂文化和工艺技能。通过传统紫砂技艺过程训练，养成精雕细琢、精益求精的工匠精神。

三、成果推广应用效果

1. 校内推广

“双元双创”人才培养模式在室内艺术设计等 7 个品牌专业中得到推广，使室内艺术设计、电线电缆等 4 个专业成为省级骨干专业；“紫砂现代学徒制”实施经验使服装与服饰设计专业成功遴选为市级“现代学徒制”。

2. 校外推广

与英国提赛德大学等学校签订校际交流合作协议，输送了可借鉴的专业人才培养模式；课程体系、师资培养路径、专业课程标准及项目式课程方案范式被泉州工艺美术职业技术学院等学校应用；与南京艺术学院开展“3+2”高职本科联合培养项目，打通了高职本科的学习渠道。

3. 专业应用效果

专业成为了省级品牌专业、全国职业院校民族文化传承与创新示范点、中国工艺美术大师传承创新基地、省级中华优秀传统文化传承基地、省产教融合实训平台等。

4. 学生应用效果

一是“双元双创”人才培养模式使学生直接受益，陶艺作品获省级金银铜奖 78 项，专利 49 项，省级以上优秀毕业设计奖和大学生实践创新项目 16 项，全国陶瓷类专业技能大赛中获奖 28 项。二是本专业学生以所学专业扎根宜兴，创设“抟砂造物”“器·象”等陶艺空间，以匠心精神造器饰物，成为当下新生代紫砂传承力量。

一 等 奖

高职艺术院校多维信息化教学建设与实践

成果名称　高职艺术院校多维信息化教学建设与实践
成果完成人　刘珽、姜双林、李程、周琴、于越、程颖、王刚、李晓
成果完成单位　苏州工艺美术职业技术学院

一、成果背景

高职艺术教育需要深层次改革。改革开放以来，我国的经济建设取得了非常大的进步，人们的生活水平不断提高，消费结构不断升级，对文化的需求逐渐强烈。我国的艺术产业遇到了前所未有的发展机遇并迅速发展起来，与此相应，我国的高职艺术设计专业也如火如荼地发展起来，但传统的艺术教育多采用口传身授的小班教学模式，这就导致了艺术教育受益面窄且缺乏教学规范性，同时，随着时代的进步，学生的个性化、高质量学习要求对师资提出了更高的要求，高职扩招、社会各类人士的继续教育、文化艺术普及等迫使高职艺术设计教育要做深层次改革。

教育部信息化建设不断向纵深推进。教育部 2008 年启动了资源库建设，2010 年立项。2011—2014 年精品课向在线开放课程转化，2015 年《教育部关于加强高等学校在线开放课程建设应用与管理的意见》的出台，激发了各大高校的建课热情。2019 年教育部发布的《关于实施中国特色高水平高职学校和专业建设计划的意见》明确提出要“提升信息化水平”，要“适应‘互联网+职业教育’需求，推进数字资源、优秀师资、教育数据共建共享，助力教育服务供给模式升级。提升师生信息素养，建设智慧课堂和虚拟工厂，广泛应用线上线下混合教学，促进自主、泛在、个性化学习。”

二、成果内容

学院积极推动多维信息化教学建设。

建成 27 门素质育化网络课程。苏州工艺美术职业技术学院根据时代的发展需求及学生的学习特点，2009 年，学院公共文化课率先改革，将文化课纳入素质育化课程体系，建成 27 门素质育化网络课程，改革传统的教学模式为“网络教学+课堂教学+实践教学”的“三位一体”的教学模式，强化课前网络学习，课堂讨论交流，培养学生的自主学习能力、思辨能力、职业应用能力（图 1）。

(a) 艺术史论网络教学　(b) 艺术史论实践教学　(c) 艺术史论实践学习

图 1　多维信息化教学建设

建成“百工录”国家职业教育教学资源库。苏州工艺美术职业技术学院针对我国工艺美术面临“传承模式封闭、创新能力欠缺、活态传承缺失、技艺面临失传”的困境，提出了“为民族传艺、为文化存根、为大师立传、为百工留名”，联合 17 所本专科院校、17 家行业企业、87 名工艺美术大师（非遗传承人）及其工作室，建设了文本、图片、视频、音频、多媒体课件等各类资源的标准和范式，创立了包含非遗文化库、非遗传人库、非遗技艺库、非遗工具库、非遗名品库、非遗示范库、培训项目库、天工存艺坊、非遗体验中心、技能鉴定模拟测试中心“七库一坊两中心”的完整教学资源体系架构，立体呈现了中国工艺美术非遗技艺与文化（图 2）。

建立一体化教材及在线开放课程，以教材为基础建立在线开放课程。公共文化课“艺术概论”在不断完善补充中，完成 41 节微课建设，2016 年建成一体化教材，在此基础上，2017 年建成省级在线开放课程，2018 年获评国家精品在线开放课程（图 3、图 4）。

以资源库为基础建立在线开放课程。我院联合国内其他 4 所院校，对“百工录”资源库进行二次开发，建成 13 门“中华匠艺”在线开放课程群（图 5）。

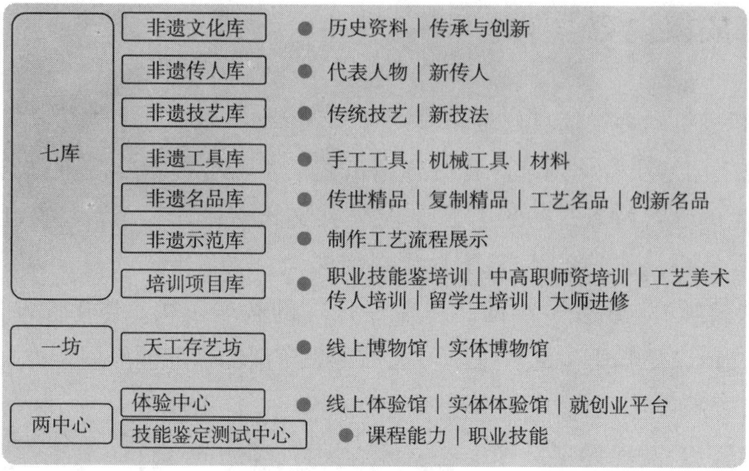

图 2 “百工录”国家职业教育教学资源库“七库一坊两中心”

图 3 一体化教材：一书一课一空间

图 4 从数字课程到慕课

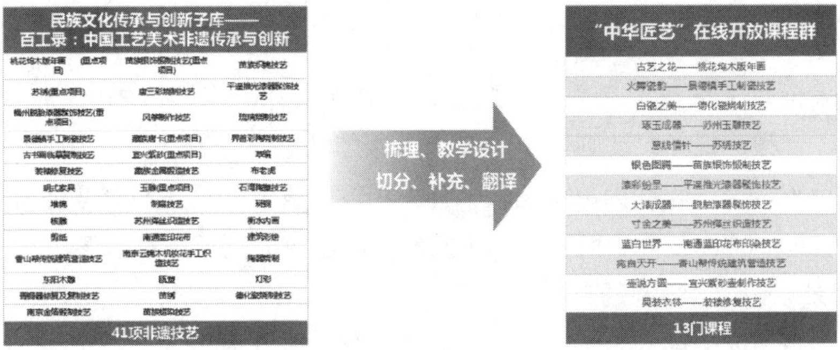

图 5　二次开发资源库

以校内 SPOC 为基础建设在线开放课程。例如，我院王刚老师的“手机人像摄影”课程原在我院 SPOC 上使用，后推广建成在线开放课程，2018 年获评国家精品在线开放课程（图 6）。

图 6　国家精品在线开放课程“手机人像摄影”

三、成果特色与创新点

（一）模式创新——混合式教学模式提升了育人的质效

传统的教学模式可追溯到苏联凯洛夫创立五环节教学模式，其内容是以教师、课堂、知识为中心，这种模式已不能满足当下信息高速发展的时代需求，实践中“以学习者为中心、以教师为主体、以在线课为支持”的新型混合式教学模式焕发出生机，学生的学习主动性、教学的互动性、教师的成长性都得到了显著提升。

（二）载体变革——信息技术改变了艺术资源的记录和传承方式

充分发挥数字化技术在采集、展示、传播和保存艺术资源的优势，开发了文本、图片、音频、视频、动画等多种媒介为载体的教学素材、系列微课、资源库、SPOC、MOOC、交互软件等数字化教学资源。这些数字资源一方面是对艺术资源的有效记录；另一方面更为不同层次、不同地区的学员提供了丰富的菜单，不仅便于教学，更便于各类学习者的自主学习，突破了“空间、材料、工具、时间”的限制，尤其是各类虚拟技术的应用助推了“教、学、做、训、考”的统一。

（三）路径创新——使用推广促进了艺术教育及文化产业振兴

通过智慧职教资源库、职教云等小规模限制性在线课程、中国大学 MOOC、学银在线、智慧职教 MOOC 学院等大规模在线开放课程，突破了时间和空间的限制，极大地拓宽了资源应用及推广的路径，提升了资源共享的效能，使不同地区、不同文化、不同类别的艺术可以相互学习、相互影响、相互借鉴创新。这些优质资源的建设与推广应用不仅服务于全国艺术教育，还让全国社会人士得益，尤其是 2019 年高职扩招 100 万人，需要相应地修订专业人才培养方案，采取弹性学制和灵活多元的教学模式，多维信息化教学资源的建设与推广应用为这些提供了支撑。

另一方面，这些优质资源和理念模式对贵州、广西等西部地区的便捷输出，能更好地服务于国家精准扶贫战略，带动东西部地区文化产业的协调发展。

四、成果推广应用

1. 成果在本校中的应用与效果

多维信息化教学资源直接应用于“三位一体”模式的公共文化课、“翻转课堂”模式专业课的教学，涵盖工艺美术及艺术设计的所有专业，既为传统工艺美术行业、产业培养了一批“学院派”非遗传承人，也为现代艺术设计培养了具有扎根民族、对接国际、服务产业的高水平技术技能人才，在多维信息化教学支撑下，学生的学习能力、教师的持续发展力都得到了显著提升，这为艺术教育的发展提供了源源不断的内生动力，有力地支撑了学院中国特色高水平专业群、高水平职业院校、高水平骨干专业、品牌专业建设。

2. 成果在其他院校、行业中的推广应用与效果

（1）成为艺术类教学资源建设的范式。网络课程及一体化教材的典范。2015

年9月我院建设的“艺术概论”成为智慧职教上首门艺术类网络课程。2016年重印出版“一体化”教材《艺术概论》，该课程及教材由高等教育出版社作为范例在全国推广，2018年，《艺术概论》被评为国家精品在线开放课程，成为艺术类在线开放课程的典范。

资源库建设的典范。2017年，我院建设的“百工录”资源库以优秀的成绩验收通过，成果在2017年高职高专校长联席会、2017年西班牙CCACO第三届中国文化节、2018年全国职业教育资源库建设工作研讨会等国内外重要会议上交流32场次，也成了“民族文化传承与创新”资源库建设的经典范式。先后有17所院校应用此模式，开发了21项工艺美术数字化教学资源，推动了全国，尤其是西部少数民族地区工艺美术整体专业建设水平和人才培养质量的提升。

资源库二次开发应用的典范。2017—2018年，学院联合江苏工程职业技术学院等国内四所院校，对百工录41项非遗技艺进行梳理、切分、补充、再设计建成“琢玉成器——苏州玉雕技艺”等13门中华匠艺在线开放课程，被作为资源库二次开发的范例在全国宣讲。

（2）“线下+线上”促进了文化艺术教育的普及。线下以零距离接触普及工艺文化。“百工录”成果随非遗传承人走进中小学，在苏州市实验小学等7所中小学共举办16场次宣传展示和28个班级的传统工艺体验课程，推动了民族文化与传统技艺的教育普及。

线上以国家精品在线开放课程引领普及文化艺术。目前，学院有两门国家精品在线开放课程“手机人像摄影”“艺术概论”，13门省级在线开放课程。以国家精品课程“手机人像摄影”为例，在智慧树平台运行6学期，共有268所本科、高职院校，共计414校次的选课记录，15万名在校大学生选学，总体满意度为97%。以省级课程“形象设计”为例，在“智慧树”平台运行5学期，共有205所高校，5.29万名在校大学生选课。在线开放课程突破了时空限制，极大地促进了文化艺术教育的普及。

助推了“非遗传承人群研培”。有16门在线课程纳入了文化部非遗传承人群培训课程体系，在近三年18期780多人次的“非遗传承人群研培”项目中发挥了积极作用，文化部项兆伦副部长做出专题批示“请非遗司总结研培高校经验，适时组织交流，推动研培工作深化发展，提高实效。”贵州省、重庆市、海南省文化厅等主动委托学院开展非遗传承人群培训。

（3）提升了文化艺术传承与发展的整体水平。提升了工艺美术传承与发展的整体水平。“百工录”配套完成的文化部资助项目“国家级非物质文化遗产代表性传承人抢救性记录项目·房志达”，被江苏省文化厅评为非遗数字化保护范本，在全省推广。目前有24位大师、传承人主动要求与学院合作进行传统技艺的数字化保护和教学资源开发。

提升了现代艺术设计的整体水平。依托全国高职高职艺术设计类在线开放课程联盟，以智慧职教和中国大学MOOC为平台，50多所高职院校遵循共建、共享、共用的原则，群策群力，以国家精品在线开放课程范例，建立师资团队，不断深化专业建设，提升现代艺术设计人才培养质量。

3. 在国内外产生重大影响

（1）弘扬传播中国优秀传统工艺文化。成果不仅作为范例广泛应用于国内各类资源库、在线课建设会议论坛中，还应用于留学生教学，并参加海外学术交流活动，成果在法国遗产学院、英国南安普顿大学等12个国家的38个同类院校以及学术团体中推广交流，国家文宣基金遴选了13个子项目投入92万元开发13门双语在线课程，向全球开放，为世界讲好中国故事！

（2）吸引了国内外媒体的广泛关注。法国格勒诺布尔电视台、中央电视台、凤凰卫视、人民日报、新华日报等主流媒体对学院人才培养的成效进行了128次报道。

以“百工录”资源建设为背景的短片《桃花坞里的痴情守望者》，在国外Facebook、YouTube等平台上获得了15万次的点击。

以人才培养为核心的高职院校“五位一体”传承保护湖湘特色非物质文化遗产的研究与实践

成果名称　以人才培养为核心的高职院校“五位一体”传承保护湖湘特色非物质文化遗产的研究与实践

成果完成人　陈鸿俊、余克泉、夏能权、刘光平、包文婷、刘英武、刘爱云、黄璜、侯可新、唐利群、高建民、龙军、唐云、杨颐珠

成果完成单位　湖南工艺美术职业学院

一、成果背景

2011 年 2 月 25 日，全国人大常委会通过了《中华人民共和国非物质文化遗产法》，我国非物质文化遗产（以下简称“非遗”）保护传承进入依法保护阶段，步入新的里程碑。《中华人民共和国非物质文化遗产法》第三十四条明确规定“学校应当按照国务院教育主管部门的规定，开展相关的非物质文化遗产教育。”《教育部文化部国家民委关于推进职业院校民族文化传承与创新工作的意见》指出“推进职业院校民族文化传承与创新是发挥职业教育基础性作用，发展壮大中华文化的基本要求。”在新的历史时期，我国非遗保护传承和人才培养也面临着诸多亟待解决的问题。湖南工艺美术职业学院作为湖南省唯一的工艺美术高职院校，必须加强非遗人才培养研究与实践，真正担负起非遗人才培养的重任。学校以传承保护湖湘特色非遗为己任，将非遗传承保护作为重点工作任务纳入学校中长期发展规划，成立了非遗保护研究专职机构——非物质文化遗产保护研究管理中心，开展系列非遗传承保护与非遗人才培养工作，取得丰硕成果。

二、成果内容

本成果是高职院校非遗保护传承与非遗人才培养研究与实践的教学成果，从理论研究到实践共历时 8 年多，构建了“人才培养、技艺传承、文化研究、创新研发、传播推广”五位一体的非遗保护传承与非遗人才培养创新模式，五个维度

以人才培养为核心，相互关联，缺一不可，构成完整的“一体”即非遗保护传承与非遗人才培养体系，人才培养既是起点，又是落脚点。为高职院校非遗保护传承与非遗人才培养提供了系统解决方案，应用效果显著。本成果在研究和实践检验过程中，形成了一系列物化成果，主要包括非遗项目（课题）22个，国家艺术基金人才培养资助项目2项，非遗专著（教材、电子书）10本，非遗论文36篇，非遗创新产品260余项，非遗作品获国家级省级非遗奖项80余项，成果实践六年多来培养培训非遗人才5100余人。

1. 构建了“三进”“二总”的教学组织模式，解决了非遗人才培养质量不高的问题

构建了“三进”“二总”即“非遗进校园、技艺进专业、大师进课堂”与“工艺总监（大师）+艺术总监（教授）”同堂授课的教学组织模式，解决了非遗人才培养质量不高的问题。学校先后成立了湘绣、湘瓷艺术学院；聘请大师，建设了湘绣、小郁竹艺、陶艺、花瑶挑花等非遗大师工作室群；开设了湘绣、陶瓷、雕刻等非遗专业，根据专业开设系列非遗课程，将传统技艺引入专业课程教学；融传统师徒相授于现代高职教育，实施“大师+教授”同堂指导的教学组织模式。培养的非遗专业学生既会非遗技艺，又具备艺术修养，人才培养水平显著提升。

2. 形成了“三相授”技艺传承模式

形成了“师徒、师生、研培相授”技艺传承“三途径”，解决了非遗技艺水平低下、传承方式单一的问题。选取湘绣、陶瓷等非遗专业品学兼优的学生进入大师工作室，成为大师的弟子；开展非遗学历教育；依托国培与省培项目，开展非遗系列培训，非遗技艺有效传承。

3. 形成了“三层面”非遗文化研究模式

形成了“抢救、挖掘、提炼”文化研究“三层面”，解决了非遗人才文化素养不高、非遗教育资源缺乏的问题。抢救面临灭亡的非遗技艺，挖掘被忽视的非遗元素与资源，组织师生开展非遗理论研究，以论文、专著、教材、课题等形式积累研究成果。

4. 形成了“三融合”非遗产品创新模式

形成了“教授大师、学校企业、传统现代”创新研发“三融合”，解决了实践能力不高，创新意识不强的问题。组建了教授和大师领衔的创新团队，与非遗企业合作，将非遗产品创新融入现代元素与设计，打造“新湘绣”“新湘瓷”等，推动非遗企业产品的升级换代。

5. 形成了“三结合”非遗传播推广模式

形成了“展会论坛、体验使用、线上线下”传播推广“三结合”，解决了非遗人才品牌意识不强、文化自信不够的问题。组织团队、精选师生作品参加中国非物质文化遗产博览会等系列展会与论坛；开展非遗制作体验与产品使用相关活动；建设刺绣博物馆等非遗网站进行线上推广，举办非遗传承创新发展高峰论坛等进行线下传播。

三、成果特色和创新点

1. 形成了“五位一体”的高职院校非遗传承保护人才培养体系

形成了“人才培养、技艺传承、文化研究、创新研发、传播推广”五位一体的高职院校非遗传承保护人才培养体系，为高职院校传承传播与发展中华优秀传统文化提供可借鉴的案例，丰富了职业教育与非遗传承理论。

2. 创建了“三进二总”的教学组织模式

创建了“三进二总”即“非遗进校园、技艺进专业、大师进课堂”与“工艺总监（大师）+艺术总监（教授）”同堂授课的教学组织模式，切实有效地提升了非遗人才培养质量，丰富了高职非遗技术技能人才教学新类型。

3. 创新性推出了非遗品牌

推出“新湘绣”“新湘瓷”，提升湘绣、湘瓷的核心竞争力，助推产业升级发展，拓展了非遗创新发展的新空间。

四、成果的推广应用

1. 为其他高职院校树立了非遗传承典范

多年来，学校非遗教育体系、非遗传承保护与创新的做法与成效为其他高校起到典型示范作用。中山职院、厦门集美学校、成都纺织高等专科学校、四川华新现代职院、湖南商务职院等省内外85所高校来我校交流学习非遗教育与传承保护经验，借鉴我校非遗“五位一体”模式，引大师入校，建立大师工作室，成立湘菜、湘茶学院等，在中华优秀传统文化传承传播方面做了一些有效的工作，示范引领作用明显。省内外高职院校、相关学（协）会及全国性非遗论坛邀请我校教师做非遗教育与传承保护经验介绍17次。

2. 为湖湘非遗提供了人才与智力支撑

湘绣、湘瓷专业成为全国职业院校民族文化传承与创新示范专业点，培养湘绣、陶瓷、雕刻、珠宝首饰等非遗专业学生1500多人，培训非遗行业、企业、非遗传承人群等非遗人才3600多人次，学生、学员成为湖南传统美术与手工技艺非遗设计、研发、创新的主力军，如湖南省湘绣研究所的新蕾车间60余人，全部来自我校，已成为所里的核心主力。师生创新研发的成果也得到行业企业的青睐，争相要求合作实现成果转化。学校的典型做法使长沙伊飞湘绣有限公司、长沙沙坪金球湘绣有限公司争相与学校签订现代学徒制协议。

3. 为政府非遗管理提供了依据与参考

学校承担湖南省文化厅文化改革发展重大研究招标课题“非物质文化遗产项目价值评估体系构建及湖南省级、市级非物质文化遗产项目价值评估情况分析”等重大非遗项目，为政府部门制订相关非遗政策提供依据与参考。

4. 获得社会各界高度认可

学校“五位一体”传承创新非遗的文化担当和显著成效博得了社会各界的高度认可。湖南日报、湖南教育电视台、湖南教育网、红网等10余家新闻媒体报道我校非遗传承保护的做法与成效。全国人大常委会原副委员长、中国工艺美术协会名誉理事长李铁映充分肯定了我校非遗专业的人才培养模式，认为新一代大师将从我校崛起。中国文联副主席、中国民间文艺家协会主席冯骥才盛赞“湖南工艺美术职业学院的学生正在以实际行动传承民间文化。”湖南湘绣城总经理曾应明评价湘绣设计与工艺专业培养的人才“达到了以前传统模式培养的绣女十年都难达到的水平”。在“高等职业学校提升专业服务产业发展能力经验交流会暨全国高职高专校长联席会议2013年年会”上，湖南省教育厅副厅长王健教授充分肯定了学院“新湘绣”，认为湖南省“引领产业发展方面最典型案例就是‘新湘绣’”。

学校被省文化厅、省教育厅挂牌为“国家级非物质文化遗产·湘绣传承与保护基地”和“省级非物质文化遗产保护研究基地”；“湘绣鬅毛针技艺传承与创新人才培养”“醴陵釉下五彩瓷装饰设计创作青年骨干人才培养”两个项目成功立项为国家艺术基金艺术人才培养资助项目；2016—2019 年连续四年入选文化部、教育部遴选公布的“中国非物质文化遗产研修研习培训计划”参与高校。全国刺绣类非遗传承创新发展高峰论坛（2015 年）、省非遗代表性传承人培训班（2013 年）等大型活动在我校成功举办，学校已成为湖湘特色非遗与传统工艺文化传播推广中心，成为湖南非遗传承保护与创新的理论与实践高地。

服务于国家“一带一路”战略的皮革行业应用型人才培养模式的探索与实践

成果名称　服务于国家“一带一路”战略的皮革行业应用型人才培养模式的探索与实践

成果完成人　罗建勋、易洪雷、程凤侠、马贺伟、李书卿、王亚平、洪新球、王华金

成果完成单位　嘉兴学院

一、成果背景

四十余年的改革开放赋予我国各行各业空前的发展和繁荣，我国的综合国力大大增强且国际地位和国际影响力显著提升。党的“十八大”“十九大”以来，随着我国改革开放政策的深层次推进，我国提出并实施“创新、协调、绿色、开放、共享”的新发展理念和国家“一带一路”倡议。按照国家新发展理念和“一带一路”战略的要求，我国的经济发展需要转变发展方式、优化结构，实施供给侧结构性改革。作为我国的传统特色产业均需要转型升级，以顺应新时代经济发展的要求，满足人民日益增长的美好生活需要。

皮革产业是我国及全球的传统特色产业之一，其在国民经济中具有重要的地位和作用。多年来，其在出口创汇、经济效益等方面位居轻工业行业前列。根据国内外市场、新发展理念和国家“一带一路”战略的要求，面临着优化结构、转型升级的需求。创新驱动发展是解决这一问题的第一动力和途径，人才是创新的第一资源，创新型人才是促进其转型升级的重要因素和推动力。

目前，皮革企业由于创新型人才短缺造成转型升级慢，难以在短时间内满足国家和市场的需求。因此，皮革产业企业急切需求“厚基础、宽视野、强能力、善创新”的应用型人才助推转型升级。拥有相应专业的高等院校是培养此类人才的重要途径，通过以对接需求为导向的培养可实现高等教育的人才培养、科学研究、服务社会及引领文化之功能。

目前，我国的高等教育已全面处于大众化教育阶段，新生代大学生对传统特

色皮革产业的认识不够、对该类专业兴趣不高，导致其学习动力不足，学习和实践效果不好，创新能力弱。同时，每年的大学毕业生数量较为庞大，一方面，出现了就业难的问题；另一方面，由于在就业后与工作岗位的“磨合期”或“适应期”较长而出现“难以坚持、频频跳槽”的现象。经过调研和分析，“兴趣不高、基础不牢、视野不够开阔、创新能力不足”是其中的重要原因。另外，基于多方面原因，校内教学资源不足及校内教师对国内外市场的把握有限，课程教学内容滞后于生产实际，教学方式、考核与评价方式过于传统。

因此，为了有效解决地方高校轻化工程（皮革）专业人才培养质量与皮革行业企业对该类人才综合素质能力的要求和国家“一带一路”战略对皮革行业人才的需求对接问题、新生代大学生对专业的兴趣问题、人才培养中校企资源共享机制与教师激励问题及培养过程中的考核与评价问题等，本成果突破传统教育观念方法并辩证地继承和发扬之，积极探索和实践了服务于国家“一带一路”战略的皮革应用型人才培养模式。

本成果经过六年的实践，大大地提高了学生对专业的兴趣、夯实了学生的专业基础、开阔了学生视野并增强了创新能力、对接了行业企业的要求和国家“一带一路”战略对皮革人才的需求，学生的就业质量、用人单位对毕业生的满意度、学生及用人单位对专业教学的满意度得到大幅度提升并位居全校前列。同时，该人才培养模式已被国内高校相关专业选择性借鉴并产生了积极的效果。

二、成果内容

1. 主要解决的教学问题

（1）如何对接地方高校轻化工程（皮革）专业人才培养质量与皮革产业对人才综合素质能力的要求？

传统人才培养模式培养的毕业生仅掌握了专业的基本知识，而在视野、创新能力等综合方面较为欠缺，与产业对人才综合素质能力的要求有一定差距。

（2）如何解决新生代大学生对行业的认识不够、对专业兴趣不高的问题

我国传统特色产业及其专业对新生代大学生的吸引力不够，表现在第一志愿率低、转专业比例高、专业兴趣与学习动力不足等。

（3）如何解决地方高校轻化工程（皮革）专业在人才培养过程中与企业资源共享机制及教师激励的问题？

如何有效地实现校企双方在师资、设备及平台等方面的资源共享是产教融合中的重要问题之一。同时，如何激励专业教师们投入更多的精力于教学改革与专业建设的问题。

（4）如何有效地实现在人才培养产教融合模式过程中对学生创新能力的评价？

对学生能力达成度的评价是考察学生的学习知识和能力形成情况的重要抓手，可促进学生积极性和成就感的提高。传统的末端考核方式不利于学生创新能力的培养，需要探索和实践新的考核方式。

2. 解决问题的总体思路（图1）

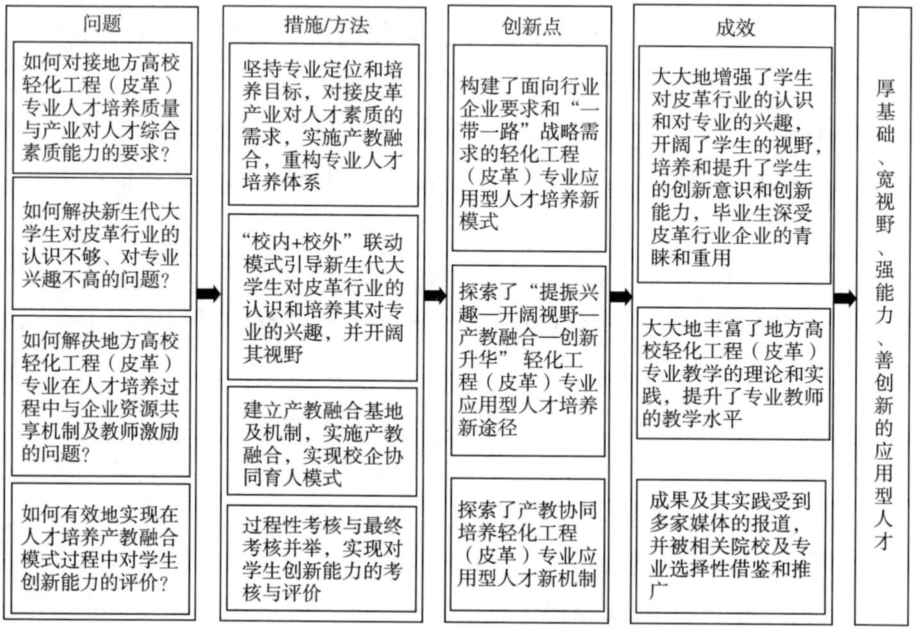

图1　解决问题的总体思路

3. 解决问题的方法与措施

（1）对接皮革产业对人才综合素质能力的要求和国家“一带一路”战略对皮革人才的需求，重构专业人才培养体系，实施产教融合。我校轻化工程专业立足于地方，坚持专业应用型的办学定位，着眼于皮革行业企业对人才综合素质能力的要求和“一带一路”战略对皮革人才的需求，以学生能力发展为中心，实施 OBE 理念，以与德国汤普勒化工染料（嘉兴）有限公司（下称“汤普勒公司”）、明新旭腾新材料股份有限公司（下称“明新公司”）产教融合为路径，打造协同育人平台，重构适合于培养具有“厚基础、宽视野、强能力、善创新”的应用型人才培养体系，开设了“TRUMPLER 皮革实验班”。采取“通识教育+专业教育、思政课程+课程思政、课内+课外、理论+实践、校内+校外”的两相育人模式和多维育人方式，融“教—学—思—做”为一体的专业训练体系，实施教育供给侧改革，实现学生和产业界的双满意。

（2）“校内+校外”联动模式引导新生代大学生对行业的认识和培养其对专业的兴趣。

①举办皮革文化节，参观皮革博物馆、校外皮革展会及在皮革产业链企业的体验。2017—2019 年，已在校内举办了四届“嘉兴学院皮革文化节”，吸引了轻化工程专业及全校师生的参与，使学生们认知皮革。此举受到校领导和教育部审核评估专家的高度赞赏。同时，与海宁中国皮革城皮革博物馆签约校外实践教学基地并带领学生参观。带领轻化工程（皮革）专业全体学生参观在上海、海宁等地举办的皮革展览会并在皮革产业链的企业体验皮革制品、面料的加工与检测过程，使学生们认知皮革、皮革市场、体验皮革制品和面料的加工过程，培养和提升其对专业的兴趣，从而使学生们了解皮革历史，感知皮革文化、融入时尚皮革与皮革世界。

②开设“皮革讲堂”，开阔学生视野。以服务国家“一带一路”战略为目的，以开阔学生视野为导向，开设“嘉兴学院皮革讲堂”。近年来，先后邀请行业协会领导、中国工程院石碧院士、北安普顿大学 Ms Rachel Garwood、国内外院校和科研院所专家、产教融合基地及国内外知名企业技术与管理大咖等 40 余人做客皮革讲堂，为轻化工程（皮革）专业师生传经送宝，为专业发展献计献策。

（3）建立产教融合基地及机制，教学过程实施产教融合，实现校企协同育人模式。

①建立产教融合基地，实现师资与资源共享。

a. 建立校企协同育人的长效机制。

就学生培养内容和校企项目的合作情况与汤普勒公司、明新公司、浙江方圆检测公司等签署协议，建立产教融合基地（校内基地、校外基地），有效地实现人才培养过程中校企师资与资源共享，为人才培养的质量保驾护航。

b. 产教融合基地大咖全英或双语授课，教学团队将传统与现代教学方法结合，打造“金课”，培养创新型人才。

由德国汤普勒公司技术大咖（分别来自于南非、西班牙、意大利、印度等国）、明新公司技术总监、美国纽约州立大学布法罗分校大学教授主讲 *Leather chemicals classification*、*Application of functional leather chemicals*、*Leather international trade practice*、*Eco technology of leather manufacture*、*Design & Practice of fashion leather* 等多门专业课程，讲课和实验内容完全融合市场要求并引入国外先进的教育理念和方法。这样，既实现了学生与市场的零距离接触、开阔了视野，又实现了校内外导师的协同育人模式。

我校轻化工程（皮革）教学团队将翻转课堂、微课、MOOC 及混合式教学方法运用于课堂，打造专业“金课”，旨在将传统与现代的教学方法结合并实现由以教师“教”为中心转化为以学生“学”为中心。先后在《毛皮工艺学》《皮革整饰化学及工艺学》《鞣制化学与工艺学》《皮革商品检验学》等课程采用“探究式”“互动式”“启发式”“研讨式”“批判式讨论”“项目化”“微课”“雨课堂”等教学方法，课堂气氛由原来的“Answer”逐步转化为“Dialogue”“Critical”“Debate”。部分课程通过自制视频实现混合式教学（图 2）。

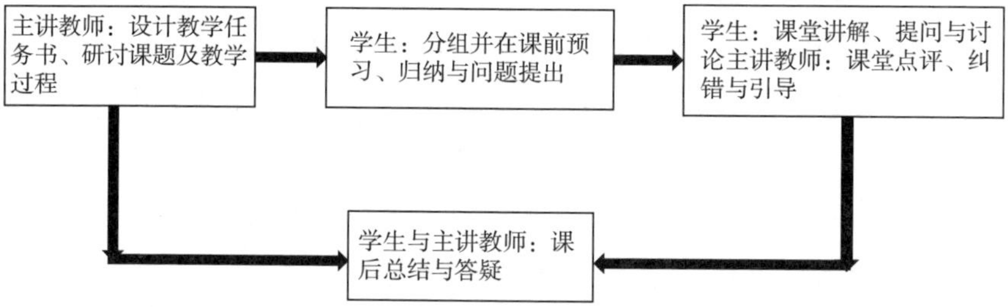

图 2　研讨式教学实施方案

②统筹理论、实践课程体系，以产出为导向，多措并举，提高学生创新能力。统筹专业理论课程和实践课程（认识实习、生产实习、综合实验、毕业实习、毕业论文等），分别形成理论课程群和实践课程群，以认知、产出为导向，以校内外导师共同指导为路径，以“三结合”（虚实结合、校内校外结合、国内国外结合）为方式，以“项目化、研讨式”为方法，循序渐进地培养学生们对专业知识的接收、运用和转化能力，形成“知识—能力—智慧—本领”创新型人才。

基于“以学生能力发展为中心，目标导向及分类培养”理念，实施科研反哺教学，学生在全程学习过程中参与教师的科研项目、主持国家、省、校级大学生创新创业训练项目及对学生进行个性化培养，锻炼其思维方式和运用知识分析问题、解决问题的能力，培养其创新意识和创新能力。

③以学科竞赛为抓手，培养创新型人才。以产出为导向，以国家、省、校级各类学科竞赛为抓手，以学生创新创业训练项目和成果为内容和依托，积极组织和指导学生参加并获得诸多喜人的成绩。同时，培育和实施了“嘉兴学院大学生皮革加工技能竞赛”，组织“全国大学生皮革加工技能竞赛”（国家B类竞赛），学生兴趣及能力显著提高，达到了“以赛促学、以赛促教、以赛促改、以赛促建”的目的，提高了学生们学习的积极性、主动性和目标性，实现了毕业生与就业单位的“零适应期”。

基于“以学生能力发展为中心，目标导向及分类培养”理念，实施科研反哺教学，引导学生在全程学习中“进实验室、进课题组、进科研团队”，参与教师科研项目、主持国家、省、校级创新创业训练项目及“个性化训练项目”，锻炼其思维方式和运用知识分析、解决问题的能力，培养其创新能力。

（4）过程性考核与最终考核并举，实现对学生创新能力的考核与评价和培养质量的控制。在专业理论课的考核和评价中，改革传统的末端考核方式，采用过程考核（占50%~60%）和最终考核（占40%~50%）联合的方式。而在专业实践课的考核和评价中，建立“三位一体”［专业理论、实践、作品（产品）］的工程能力过程评价体系。对学生阶段性学习态度、学习效果进行评价，强调人才培养的全过程，有利于学生知识的积累、综合素质的培养和创新能力的达成。

（5）多项措施激励专业教师爱教、乐教、善教。教育过程需要爱心传递、教与学互动、情感投入。教师是其过程中的重要因素并起主导作用。如何激励教师把全部心思和精力放在学生身上？把匠心体现在课堂教学和专业建设上，打造“立德树人、教学优秀的教师队伍”。采取的激励方式如下：

①年终评优方面。根据教师的教学效果、教学业绩及对轻化工程（皮革）专业建设的投入情况，在年终评优上予以倾斜。

②学院设立“教学突出贡献奖”。学院设立“教学特别贡献奖”，旨在奖励为学院教学工作做出突出贡献的教师。轻化工程专业罗建勋老师于2017年度荣获该奖项。

③专业贡献奖（奖教金）。我校轻化工程（皮革）专业设立“专业贡献奖”，奖励多年来在教学、在专业建设上投入多且收效显著的教师。程凤侠、罗建勋、李书卿等老师因对专业的卓越贡献特获此殊荣。

三、成果特色和创新

1. 构建了面向行业企业要求和“一带一路”战略需求的轻化工程（皮革）专业应用型人才培养新模式

根据地方高校办学定位及行业企业对人才综合素质能力的要求和“一带一路”战略需求，提出了基于OBE理念，以学生能力达成为目标，与汤普勒公司、明新公司等建立并实施产教融合育人模式，协同培养具有“厚基础、宽视野、强能力、善创新”的应用型人才。

2. 探索了“提振兴趣—开阔视野—产教融合—创新升华”轻化工程（皮革）专业应用型人才培养新途径

根据新生代大学生的特点，通过“皮革文化节”“皮革讲堂”“TRUMPLER皮革实验班”“大学生皮革加工技能竞赛”等，先后培养与提升学生对专业的认识和兴趣、开阔其视野，通过“校内+校外”联动、校内外导师协同育人模式、多种形式的课堂教学模式与实验指导模式等复合立体式新途径将知识用于实践并形成能力。

3. 在人才培养过程中的校企资源共享、成绩评定及教师激励等方面，探索了产教协同培养轻化工程（皮革）专业应用型人才新机制

与产教融合企业签署协同育人协议及资源共享细则、制定“轻化工程专业学生个性化人才培养规定”、各门课程成绩评定细则等教学管理文件及激励专业教师爱教、乐教、善教的多项措施，探索了专业教学及培养该类应用型人才新机制。

四、成果推广应用

1. 通过新的人才培养模式的实践，大大地增强了学生对专业的认识和兴趣，开阔了学生的视野，培养和提升了学生的创新意识和创新能力，毕业生受到用人单位的青睐和重用

（1）本成果在我校轻化工程专业2009—2018级应用，受益学生为400余人。近年来，学生就业率为100%（有多名学生就职于埃塞俄比亚某皮革企业）且就业质量不断提升，毕业生深受用人单位的青睐和重用，且学生和用人单位对专业培养的满意度显著提升。

（2）学生视野开阔、创新能力显著增强，先后主持国家、省级、校级大学生创新创业训练项目40余项，发表论文50余篇，授权专利4项，获得国家、省级各类学科竞赛奖数十项。

2. 丰富了地方高校轻化工程专业教学的理论和实践，提升了专业教师的教学能力和教学水平

3. 该项成果及其实施方法受到嘉兴学院报、浙江教育在线、中国皮革网等多家媒体的报道和好评，先后被中国皮革协会、浙江省皮革行业协会授予“杰出单位”“先进单位”，轻化工程系及其教科研团队获校级“三育人”先进集体、首届“嘉里故事”二等奖

4. 该人才培养模式被陕西科技大学、齐鲁工业大学、我校纺织工程专业等兄弟院校同类专业选择性借鉴并产生了积极的影响

食品质量与安全专业“三层次+三结合”协同育人模式改革与实践

成果名称　食品质量与安全专业“三层次+三结合”协同育人模式改革与实践

成果完成人　苏新国、黄国平、姚玉静、黄佳佳、邓鸿铃
成果完成单位　广东食品药品职业学院

一、成果背景

食品工业是我国六大支柱产业之一，随着食品企业自动化水平提升，就业岗位多且用人需求少，学生期望从事高级技术管理岗位工作；加之职业教育普惠政策的影响，高职学生的招生来源众多，传统单一的培养方案已不能满足行业多层次需求。

怎样实现食品类专业人才培养能够适应食品产业转型升级要求？从2012年起，我们以《珠三角地区改革发展规划纲要》(2008—2020年)为依据，通过中央财政支持“高等职业学校提升专业服务产业发展能力”和广东省示范院校重点建设专业等为基础，以适应食品产业升级为目的，对原有“食品药品监管”专业的教学体系设计、培养模式选择、教学方法改革及教学保障体系等进行研究和优化，反复实践、探索和完善成果，建立食品监管类专业课程内容及动态调整机制；创新了“三层次+三结合”的协同育人培养模式。

二、成果主要内容

2005年，我们按照《普通高等学校高职高专教育指导性专业目录》(2004年)，开始食品类专业的招生，在人才培养过程中确定以下亟待解决的问题：①如何把握行业对知识能力和素质需求，建立专业课程体系，但“食品药品监督管理”专业人才定位技术性低，不适合企业创新性需求。②食品质量和安全的工作岗位，要求熟悉安全管理知识，具备体系审核素质，掌握现场品管技能，必须融

入真实岗位需求，搭建实践教学体系，但校企协同层次粗浅，育人达成度低。③如何坚持规范性与可持续性相结合，把各类个性化培养及创新活动纳入统一的人才培养方案，满足企业需求多样化，学生培养个性化，毕业就业广适应的需求。

以这三个重要问题为抓手，我们进行了以下专业改革与实践。

1. 对标职业标准定能力，解决了人才定位技术性低、创新性弱的问题

响应食品产业转型升级发展新要求，以食品安全监管技术为引领，融合了食品安全管理员、HACCP 体系管理员等职业标准，构建了食品安全评价、食品风险防控、食品质量管理的递进模块构建课程体系（图 1），采取“知识传授、能力培养、素质提高”三结合，拓展满足食品质量与安全控制岗位需求的专业技

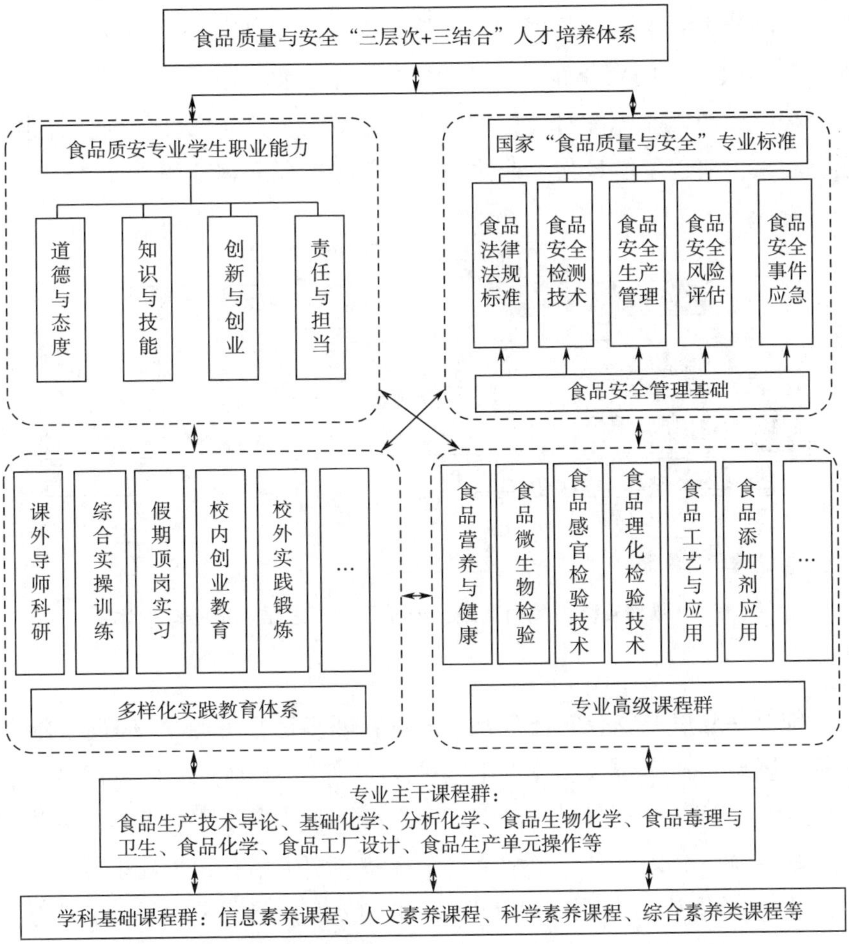

图 1　食品质量与安全专业“三层次+三结合”人才培养体系

能；按照食品安全评价、食品风险防控、食品质量管理的递进模块构建课程体系，建立了符合广东产业转型升级的专业结构和课程内容动态调整机制，从生产食品转向为现代食品生产、经营和消费提供质量安全控制；2015 年首次创建了食品质量与安全专业，2016 年增补入《高职专业目录》，2018 年牵头制订了高等职业教育专业教学标准——食品质量与安全（590103），填补了高职专业空白。

2. “实验—实训—平台”三结合，解决了协同育人目标达成度低的问题

食品企业转型升级过程中，一线操作岗位减少，质量控制员（QC）、质量保证员（QA）、食品安全体系审核员等岗位需求量激增；通过“课程实验、校内实践、校外平台”三结合，搭建实践教学体系，系统性设计并实施了协同育人方案，彰显“厚基础、专技术、宽口径、强创新”的培养理念。根据食品质量安全控制岗位的能力要求，参照国家“质量工程师”专业资格考核标准、“食品安全管理员”等政府部门资格证书以及“质量管理/食品安全内审员”考核要点，将专业课程内容与职业标准对接，将新技术、新工艺、新标准等创新思维与专业技能融合起来，实现了学校与企业协同育人目标达成度相统一（图 2）。

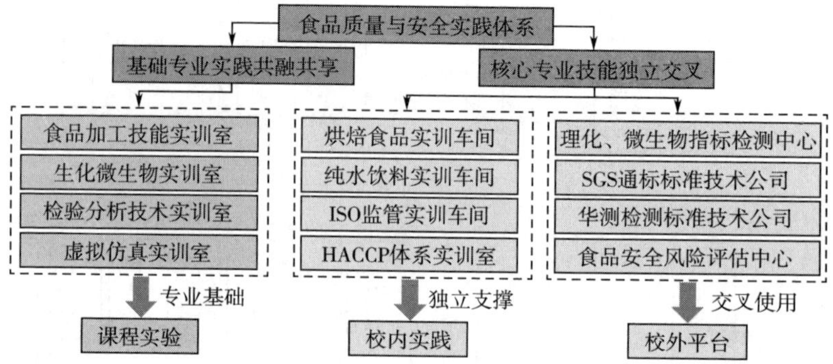

图 2　“课程实验、校内实践、校外平台”三结合实践教学体系

3. “创新—应用—复合”三层次，解决高职多途径生源学习需求的问题

食品质量与安全岗位需要学生良好的现场管控能力，结合生源特点，实行“拔尖创新型、工程应用型和复合型”三层次导师制进行分类培养，构建“专业导师、实习导师、论文导师”三结合，全程参与学生培养，构建多样化人才培养模式（图 3）；学生从第一学期就以小组（8~12 人）形式分派导师，为学生提供全方位、多途径、常态化的全程学业指导；结合生源特点，从第 5 学期开始，综合实训、毕业设计和论文采用“一人一题”的办法，构建多样化人才培养模式；

通过大学生创新工作室、校企合作的产学研基地、大学生创业孵化基地介入，引入企业师资，学生循序渐进地实践训练、竞赛指导和产品研发，满足不同类型学生的学习需求；不仅解决了教学团队的“双师”素质难以提升、实训基地教学资源利用效率不高的问题，更分类提升本专业高职学生的实践能力。学生循序渐进地实践训练、技能竞赛和产品研发，满足不同类型学生的学习需求。近五年，共获了挑战杯系列奖项 12 项，广东省职业技能大赛奖项 16 项，省级技能大赛奖项 4 项。

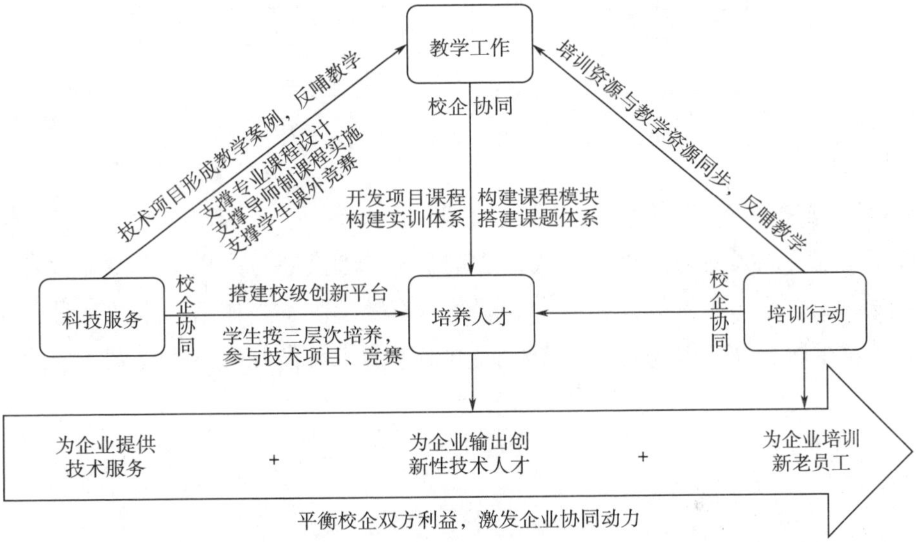

图 3　“创新—应用—复合”三层次校企协同培养体系

三、成果特色与创新点

1. 理论层面，提出了“五要素三同步”协同育人构建方法

运用协同创新理论，研究并厘清了校企协同培养创新性技术人才的五个关键要素。以目标共定为前提、信息共享为关键、资源共用为重点、同步行动为核心、绩效评价为保障，教学、科技、培训三同步（图 4），创新协同育人模式，全程实现了校企互动育人，丰富了高职校企协同育人理论研究。

2. 模式层面，创建了“三层次+三结合”人才培养机制

结合“95 后”学生特点，形成了“拔尖创新型、工程应用型和复合型”三层次，“知识传授、能力培养、素质提高”三结合、“课程实验、校内实践、校

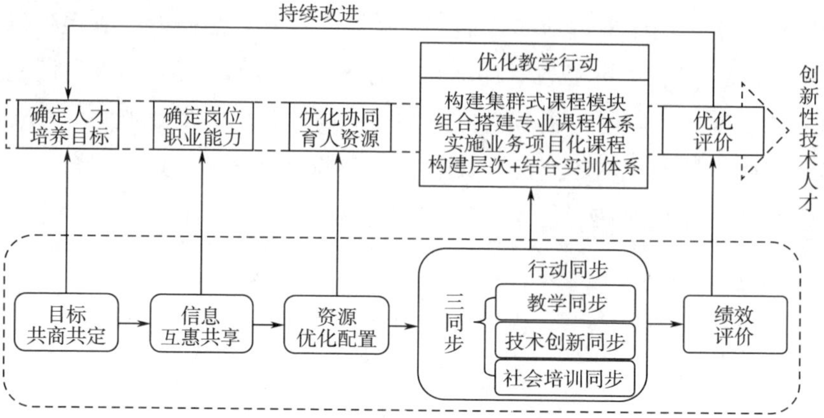

图 4 "五要素三同步"协同育人体系

外平台"三结合、"专业导师、实习导师、论文导师"三结合的人才培养体制，完善了高职食品类专业的培养模式；尊重学生个性发展与注重学生专业教育学习相结合、规范性与可持续性相结合的问题，有效解决了当代高职生普适性与个性化的教育难题，在培养途径和培养方式方面形成了可借鉴的模式（图 5）。

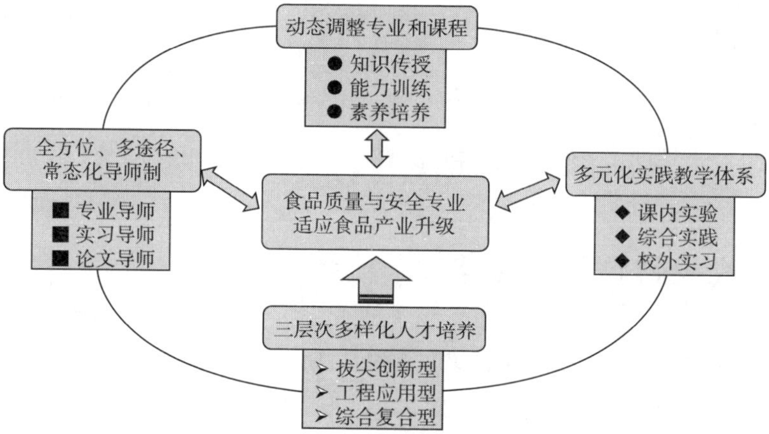

图 5 "三结合+三层次"多样化人才培养模式

3. 实践层面，创建了实践平台育人路径链

提出"厚基础、专技术、宽口径、强创新"的人才培养理念，运用协同创新要素互动机理，创新了"定目标—定能力—优化行动—优化资源—优化评价"的人才培养路径链，调动校企各方实训资源，解决了校企协同育人实施不到位的痼疾，为高职同类专业教学改革提供了可推广应用的实践范例。

四、成果推广应用效果

1. 校内实践，提高人才培养质量，得到企业认可

近5年累计招生1047人，包括高本衔接（与韶关学院合作）、三二分段培养、高考生源、中专3+证书生源和五年一贯制生源等多种类型，毕业生取得双证书率达98.38%；学生获得了大学生科技学术节（挑战杯）特等奖1项、一等奖2项；在广东大学生生物化学实验技能大赛、广东省职业院校技能大赛等赛事获奖32人次。

据麦可思可比数据，本校食品质量与安全专业2017届毕业生半年后月薪达4207元，高于全国同专业毕业生平均月薪13%，与2013届的3134元相比，增幅达34.24%，企业认同度高；2016年，本专业最低录取分数高于广东省高职食品类专业最低分数32分，2017年高出21分，2018年则高出39分，社会认可度高。

2. 国内交流，提升育人模式改革影响力，获得同行肯定

2015年起，本成果在全国食品工业职业教育教学指导委员会、全国食品药品职业教育教学指导委员会、广东省高职教育食品药品类专业教学指导委员会和中国轻工业出版社主办的6场专业课程与教材建设研讨会上进行了交流推广；省内12所、省外11所院校参考本成果的人才培养模式，代表广东省对西双版纳职业技术学院、勐海县职业中学、新疆昌吉职业技术学院和喀什大学的食品安全类专业的规划和课程体系建设和师资队伍培养等工作，取得了良好效果。

建成国家精品资源共享课程1门，省级精品资源共享课2门，校级5门，20多所院校使用，月在线人数近1万多人；目前，作为第二主持单位与河南农业职业学院联合申报2019年国家专业教学资源库；建成食品质量与安全类培训包16个，面向广东省食品从业人员和基层执法人员专业技能培训，3年的非学历培训总量达到2427人/次；开发了广东省食品安全管理员培训教材系列“餐饮行业专业教材”，服务考证培训人员1678人/次。

3. 学术推广，促进专业教改成果共享，受到媒体关注

较强学术推广，牵头制订国家《食品质量与安全》专业标准，及时梳理专

业再课程建设、人才培养模式中的成果，在《教育教学论坛》《职教论坛》等期刊发表论文 42 篇，被中国高职高专网等社会媒体 46 次公开报道，促进了专业教改成果共享，在全国高职食品类专业中产生重要响应，提高了学校办学影响力。

教学团队发表专业相关教研论文 47 篇，总的引用次数 586 次；专业教师获评国务院政府特贴 1 人、广东省特支计划教学名师 1 人、珠江学者 1 人、广东省五四青年奖章获得者 1 人、南粤优秀教师 1 人、优秀青年教师 3 人、高职专业领军人才 1 名。

顺应专业发展的高职食品类乳制品核心课程实践研究——内容可抽取，方向能整合，任务可独立，窗口能预留

成果名称　顺应专业发展的高职食品类乳制品核心课程实践研究——内容可抽取，方向能整合，任务可独立，窗口能预留

成果完成人　邵虎、罗建光、孔令伟、黄闯、庄爱峰

成果完成单位　江苏食品药品职业技术学院

一、成果背景

以国家“骨干”高职院校、国家优质校、江苏省高水平高职院校、教育部“食品加工技术”专业教学资源库、江苏省品牌专业、省“产教融合”实训平台、省轻工业大学生“双创”实践基地等项目建设为契机，立足专业，紧跟行业，以乳制品理实一体型专业核心课程为切入点，着力在“跨越式”师资团队构建、“立体动态顺应式”课程资源建设、“传帮带式”与信息化教学方法与手段改革、“双创双肩挑型”实训基地运行模式及机制建设、“产品导向式”考核评价机制、成果转化应用与技术推广等方面走出一条既契合乳品行业企业特点，又服务地方经济的社会发展之路，从而在围绕课程建设为核心的教科研及社会服务等方面发挥重要作用，做出应有贡献。

二、成果内容

1. 课程发展历史

（1）“乳制品生产技术”课程发展历史。课程开设于2003年，原名“乳品加工技术”。2010年，国家“骨干”高职院校建设启动，本课程更名为“乳制品生产技术”，并被列为专业核心课程予以建设，总学时数为96。此后，作为主要食品生产技术的主要模块，该课程先后参与了“食品生产技术”国家级精品资源共享课程（2013年）、食品加工技术国家专业教学资源库（2015年）等重点

项目的建设，取得了一定的建设经验和成绩。

（2）“酸奶及冰淇淋生产技术”课程现况。为响应国家大规模在线开放课程建设的号召，课程建设团队对《乳制品生产技术》课程重新架构，选定酸奶和冰淇淋为核心模块进行内容编排，全新搭建了在线开放课程——“酸奶及冰淇淋生产技术”，并作为我院江苏省品牌专业（2015—2018 年）重点课程予以建设，总课时调整为 64。2017 年，该课程被江苏省教育厅遴选为省级在线开放课程立项建设。课程在使用 4 轮（两学年）后，2019 年 1 月被教育部认定为国家精品在线开放课程。

2. 主要建设内容

（1）“跨越式”师资团队打造。针对高职师资队伍建设过程中偏理论、轻实践、低技能、少方法、缺合作等存在的问题，本课程团队进行顶层设计，打造以骨干型专任教师，科研院所专家，企业能工巧匠，优秀毕业生和信息技术应用人才等参与组建的具有“跨专业、跨行业、跨职业”的“专兼结合型”教学师资力量，使之成为“来源多样化、教学水平高、技术能力强、服务效果好”的复合型团队，奠定施教主导地位和作用。

（2）“立体动态化”课程资源建设。本课程实践校企共同育人理念，结合现代多媒体技术和信息手段，向动态和立体化方向发展，尤其是极大地增加了视频、动画、仿真等多媒体动态教学资源，采撷行业企业典型案例，为丰富提高的多样化素材资源的建设做了大量原创性工作，解决了教与学过程中“无材可用”的尴尬难题，为各式资源的增量提质开创了新局面。

（3）“传帮带式”教学模式与“探究型”教学方法及手段改革。本课程以现代信息化技术手段，灵活运用案例式，情境式，启发式，互动式，讨论式等多种教学方法，形成了以科技创业实践和技能大赛辅助课堂教学的“传帮带式”教学模式。此外，课程团队还积极开展了学生性社团，科技创业小组，技能竞赛团队等第二课堂辅助教学，使之形成先入者先学，为后入者提供“传帮带”服务的互助学习氛围。

（4）“两双型”实训基地运行模式及机制创新。本课程利用学校“产教融合”建设契机，联合企业优势资源，搭建产教融合“双肩挑型”实训基地教学平台，将“双创”思维和意识融入学生培养过程，实施产教“互通互融”工程，实践专业核心课程融入“双创”教育的活动，形成推动“双创”教育的相关机制，实现实训基地运行模式与机制创新探索。

（5）“产品导向式”考核评价机制创立。本课程施行理实一体型教学，积极实践多维融入的方式，进行课程知识的模块、项目和任务划分，摒弃传统单一考核方式，探索基于市场主要产品的研发、制作及校内销售实践，用市场来检验并反馈教学成果，能在特定程度上反过来对实训基地建设及经费使用形成有益补充，进而创立良性互动的教与学循环机制。

（6）科研成果推广与应用。在保障教学效果的前提下，努力提升师资队伍和师带生团队的科研水平，积极进行科研成果的技术推广与应用，加强校企双向合作意愿，在服务地方经济社会等方面发挥“1+1”大于2的作用。

三、成果特色与创新点

本课程在多年的建设发展历程中，从人（师资团队、学生）、财（产品销售的资金）、物（实训基地条件）、事（教学组织与实施）入手，动态整合资源，进行教学实践改革，取得的创新点如下。

1. 资源分享，发挥联合优势，创建多元主体参与的协同育人机制

结合产业和地域特点，深度融合行企，互建“厂”“校”，聘请行企专家和技术能手为兼职教师，深化了校行企政四方合作，发挥配置的资源共建互享优势，为企业输送合格人才，形成了校政行企“四联四合式”协同育人机制。

2. 专兼混搭，增进教学互动，打造育人潜能不断释放的师资团队

实践教学主体的内涵实现了创新。实施专兼结合混搭的“一师一品”工程，通过“教师工作站”和“大师工作室”等实践平台对学生开展“一生一事”工程，改变了由专业教师“挑大梁，唱大戏”的教学方式，延伸了施教主体的内涵，释放了“跨越式”师资团队育人潜能。

3. 分段进阶，融合专业知识，创设基于能力培养的课程结构体系

随着专业人才培养方案的调整，本课程历经骨干校核心课程、精品资源共享课、视频公开课、大规模在线开放课程等形式，分别重建了框架结构，适时融入创新创业基础课和通识知识，创设了满足需求本位拥有革新内容的“动态立体化”课程资源。

4. 产教结合，夯实硬件资源，实现基于生态良性循环的实训基地

课程教学实践达到了生产与实践融合，伴随着教学过程，生产了可以销售的产品，锻炼学生，检验实训成果，增强了学生实训的亲切感和习得感，同时还能在某种程度上担负实训活动的成本，建立实训基地运行的良性机制，体现出实训基地建设在实践性课程教学中的支配地位和关键作用，使教学效果极大提高。

5. 以点带面，借力典型素材，提高创新成果导向的实践育人效果

通过对以“产品导向”的学生创新创业实践的成果进行评价考核，形成实践环节的良性循环和保障机制。乳品为核心的技能训练资源以及创业专家论坛、创业案例等内容，为“专业课程+”背景下高职食品类专业的创新创业人才培养增加了新亮点，谱写了新篇章，继续助力“双创”教育事业向前发展。

四、成果推广应用效果

1. 教科研成果

本课程打造了1支“跨越式”师资团队；构建了4个课程网站平台，拥有教学视频73个，非视频资源403个，累计学习人数7000余人，互动发帖数84000条；荣获了15项教育部、全国食品工业行指委、省教育厅等各级各类荣誉奖励；主持3项校级以上教学改革课题；主持7项校级以上科研项目和企业研究项目；完成4项乳品实训基地建设项目，配有30多台套乳品仪器设备；发表15篇教改论文和科研论文，2篇论文获奖；授权或申请7项专利；主参编4部高职乳品教材。

2. 成果推广与应用

本课程作为在线开放课程，于2017年上线后，目前累计学习人数达7000余人，互动发帖数84000余条。具体情况如下：

（1）课程推广应用情况。

学习模式。采用线上、线下、线上与线下混合式学习模式。课程统计数据表明：与课程建设前对比后发现，对于食品类专业的学生，在线上与线下的混合学习方式中，以实操为主要形式的线下学习效果显著提升；其他学习者则根据自己的学习意愿，拥有更大的选择性，仍有较大拉抬空间。

师生互动。师生在线互动将进一步提高学习者主动性，推动课程内容适时调整，为下一步改进提供意见或建议，最终为提高课程的使用效果发挥巨大作用。

（2）科研成果推广应用情况。本课程积极利用校企合作机制和条件，至2014年1月起，在淮安快鹿牛奶有限公司、江苏昊特食品有限公司、江苏奥斯忒食品有限公司等省内食品企业进行技术应用与推广，完成了6个产品的入市销售，实现销售收入720万元，新增利润118.3万元，新增税收101.3万元。

乡村振兴战略背景下的环境艺术设计人才培养模式创新与实践

成果名称　乡村振兴战略背景下的环境艺术设计人才培养模式创新与实践——以苏州工艺美术职业技术学院环境艺术设计专业为例

成果完成人　柳建华、周清、胡发强、张成明、宋晓真

成果完成单位　苏州工艺美术职业技术学院

一、成果背景

1. 深入理解新时期职业教育助力乡村振兴的要求与意义

党的“十九大”报告把乡村振兴战略列为党和国家未来发展的战略之一，并庄严地写入了党章。这是以习近平同志为核心的党中央着眼党和国家的事业全局，深刻把握社会主义现代化建设规律和城乡之间关系变化的新特征，从我国亿万农民对美好生活的追求与向往出发，对“三农”工作做出的重大决策部署。对应乡村振兴战略目标，中央提出了《农村人居环境整治三年行动方案》，计划从综合治理入手，涉及环境卫生、村容村貌、地域人文、生态田园等综合领域，乡村建设迫切需要更加专业的建设人才。为解决这一现实矛盾，住房城乡建设部发布了《关于开展引导和支持设计下乡工作通知》，通过制度缓解人才需求的困境。实现乡村振兴，要求作为供给侧的职业教育进行变革，要根据乡村振兴目标实现的需要，提供相应的人才支持。

2. 以乡建为背景的艺术设计人才培养是对现有环境艺术设计人才培养模式的重要补充

近几年，随着设计广泛介入乡村建设，助力乡村振兴已经取得显著成效，但在高职院校层面真正系统开展环境艺术设计类乡建技能人才培养还比较少。截至2019年，环境艺术设计专业在全国高职院校开设数量前100的专业中排名第21位，是最热门专业之一。为了顺应市场需求，绝大多数院校办学以围绕城市建筑和环境美化而展开设计教育。而关于乡村人居环境建设工作相对于

城市环境建设更加复杂、多样。政府和企业迫切希望高职院校能培养具有责任和情怀的乡建人才。2018 年 11 月，苏州市委市政府针对当前乡村建设中存在的基层建设专业人才的短缺、技术力量薄弱、村庄及建筑风貌不协调等问题出台了《苏州市特色田园乡村建设设计师驻村服务制度》，制度重点引导和支持相关领域设计人员下乡服务，驻村实践全程参与指导，推动乡村高质量发展和促进城乡融合发展，系统培养以乡村建设为背景的环境艺术设计人才已势在必行。

苏州工艺美术职业技术学院具有 60 余年的艺术教育办学历史，是国内第一所独立设置的艺术设计高职院校，设有传统工艺美术和现代艺术设计两大系列 23 个专业 54 个小专门化方向，覆盖了城乡文化创意产业的十大产业链，是国内艺术设计专业最齐备的高职院校。同时学校建有中法江苏艺术设计教育研究中心、文旅部非遗传承人群研培基地、江苏省非物质文化遗产研究基地等多个国际、国家、省层级的平台。学校是国内第一个保护濒危非遗项目的高校，是唯一获得文化部非遗保护先进集体的高职院校，唯一获得全国工艺美术杰出贡献奖的高校，最早获建文旅部传统工艺工作站——“传统工艺贵州工作站”的高校，也是首批文旅部、教育部“中国非遗传承人群研培计划”试点院校。苏州的乡村有着深厚的吴文化底蕴，很多村落都是吴地乡愁的源泉，在乡村振兴国家战略背景下如何利用学院资源，通过学科交叉、产学研结合的方式培养高素质服务乡村建设应用型人才是我们一直思考的问题。

二、成果内容

1. 构建基于艺术设计专业群体系的乡村实践“工作室制”人才培养模式

“工作室制”人才培养模式是当前职业院校环境艺术设计专业人才培养广泛采用的模式之一，其核心是以真实项目为主要教学载体，强化校企合作，通过优化课程体系，推进教师队伍的建设，为教学构建理论联系实践的教育教学平台。

苏州工艺美术职业技术学院是第一个开创高职艺术设计中外合作教育并引入法国国民教育部 BTS 教学标准的高职院校（1997 年），也是最早开展“工作室制”艺术设计人才培养探索的高职业院校之一。2015 年，环境艺术学院抓住苏州市政府事业单位定点帮扶薄弱村任务，以地方政府的乡村建设需求为导向，以企业岗位标准、职业能力结构要求为目标，联合校政企组建教学联盟，跨学科组建乡村实践工作室专业群，构建乡村实践“工作室制”人才培养模式。以环境艺术设计专业为骨干，融合室内设计、建筑市政、公共艺术、手工艺、工业设计和平面设计等专业，重构专业群课程体系，开展多元融合课程体系改革，充分发挥综合艺术设计院校学科优势，实施跨界模块教学。围绕地方迫切需求，开展“项目订单课程”“非遗研发课程”“在地建造课程”等，构建了传统工艺美术与现代艺术设计的专业互通模式。

2. 构建艺术设计专业群体系下的“乡村实践工作室制”教学体系

（1）教学模块化——“纵向贯通、横向联合”的乡村营建教学。以岗位工作任务与职业能力分析为依据，整合学校专业资源，对原有环境艺术设计教学结构动态调整，打造“纵向贯通、横向联合”的乡村营建教学体系，确立了“三进阶六模块”专业群教学框架体系。

①以乡村实践教学为主线，构建纵向贯通专业进阶的主干课程。首先乡村营建纵向课程单元被强调出来，在原有的以城市建筑和环境为主干的环境艺术设计课程体系之外增加纵向并列的乡村营建具体化系列的课程，形成城乡双线交织的课程结构。从一年级开始在基础平台课程中加入跨学科乡村发展及文化类选修课程，二年级的设计课中加入乡村实践基地实训与乡村主题设计选项，三年级课程则注重乡村文化资源挖掘与空间建构，毕业设计选题增设以乡村复兴为核心的研究和设计。

②以乡村实践专业群建设为思路，横向联合形成跨专业拓展模块课程。在三年级工作室课程阶段对接新的职业标准、行业要求和乡村建设需要，增加专业拓展模块课程，横向联合跨专业课程内容。在教学中导入同一工作任务，引领开展跨界课程，强调团队协作，丰富了学生的专业技能和职业素养。“纵向贯通、横向联合”专业群课程体系，打破了原有专业之间课程建设的壁垒，整合了学校优势教学资源。所实施的课程改革与实践，提高了专业群的教学质量，培养了学生团队协作和交流表达能力，在新一轮城乡融合发展中创造了新的创业空间。

（2）实践平台化——扎根地域、密切联系教学的乡村实践，建立以“可持续的乡村发展规划与环境设计”为主旨的创新型高校—乡村发展实践基地。乡村振兴战略是由以政府为主导、以农民为主体、全社会共同参与的一项事业。通过制度创新，与地方政府合作，将具备典型地域传统文化特色的乡村建设项目引入课堂，借助高校研究平台，共同探索乡村发展模式，建设校内教学、校外实践基地，搭建乡村建设资源整合新平台。

近几年，通过三个举措共建乡村实训基地完善校政合作机制和管理制度。一是借助驻村第一书记项目，深度融入定点目标；二是通过文旅部传统工艺工作站——“传统工艺贵州工作站”驻校平台展开东西部帮扶建设；三是围绕苏州特色田园设计师制度积极开展属地驻村建设。自 2015 年至今，已经完成从苏州扩展到江苏至贵州 12 个乡村实践基地建设，与苏州横泾街道、香山街道、苏州太湖旅游度假区共建 3 个教师工作站，与苏州基业生态园林股份有限公司设立教师驻企工作站。遵循乡村发展的规律和现实需求，与结对乡村村委会在互相认同的基础上建立了全程陪伴式的乡村建设共同体，逐步形成长期稳定的模式。在教学内容上也从最初的环境规划设计扩展到乡村器具产品、非遗研培、乡村文创开发等综合研究，引领了专业群的教学探索与拓展。

（3）科研精进化——基于“乡村营建”的科研创新创业，利用高校作为学术前沿和研究平台，重点研究新形势下乡村发展、生态规划和建设模式，以及与其密不可分的文化遗产保护模式。搭建结构合理的乡村实践教学团队是专业改革的重要保证，本教学团队成员分别具有苏州特色田园入库设计师、研究员级工艺美术师、驻村第一书记、注册城乡规划师、副教授等职称资格背景。一方面，充分依托团队成员的研究方向和专长；另一方面，在科研层面，以二者并进的态度，为乡村建设与文化遗产保护同进共生，提供更多有效的创新模式。而科研方向的选择，也有效带动实践和教学方向的调整，从人才培养角度，适时将当前的建筑与规划专业教育与快速转型背景之下的市场实现对接。在教学及乡村实践展开，同时发展学生大创、科创项目。引导学生在比较扎实的设计课题、乡村实践的基础上，自主自发地组成团队开展相关的创新课题研究。

3. 成果主要成效

（1）学生受益面广，学科竞赛成果显著，多专业协作实践能力显著增强。学生是创新培养模式的最大受益者，教师团队直接参与体现言传身教，极大地提高了学生学习的主动性、创造性和责任感。自 2015 年开展乡村实践教学以来，共完成苏州市 8 个自然村，宿迁市 8 个村镇、贵州雷山县 2 处世界文化遗产预选地少数民族村寨的规划建设，助力脱贫贫困村一项，参加的学生达到 150 余名，海外学生约 40 名，覆盖 4 个专业。目前共培养 4 届毕业生，根据麦可思第三方认证机构调研，98%以上的学生认为，在乡村实践中，对传统乡土文化有了深入了解，民族文化自信、自豪感得到进一步加强，通过跨学科知识贯通能力的训练，提高了实践能力，树立了服务社会的信念。2016—2018 年连续三年乡村实践毕业设计课题获得江苏省本专科优秀毕业设计一等奖和优秀团队奖。2015 年、2017 年两届江苏省园林景观技能大赛二等奖。2016 年年度乡村实践项目获苏州国际教育园优秀区域党建项目评比三等奖；2018 年《贵州雷山县控拜村旅游形象与环境艺术规划设计项目》获得教育部职业院校艺术设计类专业教学指导委员会艺术设计类作品“广交会”特等奖；2018 年，针对贵州雷山县方祥乡贫困村格头村进行深入研究，制定以本土自然植被科普和非遗体验为主线的发展计划，助力该村成功脱贫。

（2）师资团队教学、实践水平显著提高，产学研成果丰硕。学院设立跨学科教学团队制度，鼓励专业相近、兴趣相同的教师组成团队，开展以乡村实践项目引领的教学，通过系列激励机制，不同专业教师逐渐融合，形成了适应跨学科项目教学的多专业协同教学方法。

近三年乡村实践教学团队产学研成果丰硕。2018 年“中国工艺美术技艺教学数字化流程再造与应用”获职业教育国家级教学成果二等奖。完成“百工录中国工艺美术非遗传承与创新——金箔锻造工艺子项”教学资源库建设，完成《导向设计》《室内施工工艺与管理》专业教材 2 部，乡建团队近三年在国家级、省级等学术刊物上发表相关论文 22 篇；省市高校哲学社会科学基金项目 4 项；江苏省高校辅导员工作研究会专项课题 2 项，指导江苏省大学生实践创新训练计划项目 3 项专项。2017 年“美丽乡村 · 长沙社区乡村文化帮扶”项目被评为 2017 年苏州市在苏高校优秀学生资助项目一等奖；2017 年获江苏省委宣传部、江苏省教育厅大中专学生志愿者暑期文化科技卫生“三下乡”社会实践活动优秀团队奖。

（3）校政企深度融合，带动专业发展，创业就业开创新格局。依托学校“校企合作中心”平台，立足乡村振兴背景下乡村产业发展机遇，将专业方向、培养目标、课程体系、课程标准定位于服务地区城乡发展建设。依托与地方政府、企业合作，让学生走近乡村、感知乡村、服务乡村。通过近三年的实践与探索，学生在就业方面也呈现了从事乡村建设领域比重不断增加的趋势，企业预约订单式招聘数量不断，大量毕业生被企业定向招聘从事美丽乡村设计专职工作，如 2015 级毕业生刘雯霞毕业后专门从事美丽乡村设计工作，毕业后一年已经独立完成苏州周庄双庙村宋家浜美丽乡村设计、苏州横泾街道新路村环境整治提升方案设计、昆山张浦镇安头村康居乡村规划设计等项目。在创新创业方面，如福建籍毕业生朱忠在苏工作多年后返乡创办“六坊厝”休闲食品销售企业，目前已经成为国内知名网络销售企业。企业从最初的单纯农产品销售发展至销售、休闲预包装食品的批发及零售、设计及制作、品牌策划等，年产值达到1500万元。

三、成果特色与创新点

基于艺术设计专业群体系的乡村实践“工作室制”人才培养模式的推进，是职业院校环境艺术设计人才教学模式的创新，它打破了专业壁垒，以乡村营建全方位、全过程为条件组织教学，围绕现实的城乡发展矛盾问题，让不同学科、不同专业的学生站在项目的全局审视专业知识的应用，实现了跨学科教学深度融合。

1. 成果特色

（1）将专业建设与乡村新型产业发展相结合，培养适应未来城乡产业发展，具有公民责任感、创新型艺术设计人才，助力乡村振兴国家战略。

将专业方向培养目标、课程体系、课程标准定位于服务地区城乡发展建设。依托“第一书记、苏州特色田园乡村设计师、贵州工作站”等项目定点结对建立长效合作建设机制。

在乡村振兴背景下找准自己的专业定位，搭建平台，深化产教融合，校企紧密合作，借力一线龙头企业，完善自身专业技术和资源不足，形成校政企三方融汇，内外协同育人制度和路径。针对艺术设计专业特点，实施适应新型产业发展的模块化拓展课程模式，建立“大平台+小方向”专业动态调整机制，对接地方政府对乡村建设人才的迫切需求。

（2）开发模块化的专业群平台课程，构建以城乡为目标“双线交织”的环境艺术设计课程结构体系。模块化课程之间引入同一实际工程项目案例串联，学生以实际项目引领，以工程项目案例为载体，掌握真实的工作过程与方法，既体现了教学过程与生产过程的对接，同时也便于模块化课程教学。“双线交织”的双线是指一条线以城市为主干；另一条为乡村主线课程。即在教学过程中城市主线和乡村主线相互交错有机融合，通过在教学过程中构建“工作室课程+在地营建”的课程体系，充分发挥学校专业群的优点，这种课程体系既可以实现专业目标与企业人才目标的有效对接，也可以使培养的人才能够适应社会的需求。

（3）国际学习交流机制创新，“本土化”与“国际化”共生互融。通过面向国际学生的开放机制，吸引了大量国际师生参与学校乡村实践教学，带来了思想的交汇、文化的碰撞。苏工美环境艺术学院组织的“2017年苏州太湖长沙岛·南旺乡村公共艺术创作营”活动在苏州太湖长沙岛南旺村展开。来自中国、法国、英国、印尼、塞纳加尔等国家的44位中外师生联手进行驻村创作艺术作品，为探索艺术融入乡村以及中外文化艺术交流开启另一扇窗。2018年，来自法国的留学生和乌克兰著名艺术家Yuliia Tvieritina共同参与贵州雷山县格头村世界文化遗产预选地保护与脱贫项目。与英国诺丁汉大学建筑环境专业开展“中英合作课程——桥”项目，探讨为中国乡村提供低技术、低环境影响建造的公共设施营建策略。通过围绕中外乡村发展过程中的问题交流与研究，既弘扬了民族传统优秀文化，也互相提供发展过程中的借鉴经验，达到了交流的目的。

2. 成果创新点

（1）“纵向贯通，横向联合”，探索出以学习能力培养为核心的专业教学改革新路径。

以乡建教学理论指导教学改革，融合乡村发展领域艺术设计、文创专业，打破了年级的隔阂，形成了纵向贯通的教学课题平台，每个课程模块再结合具体教学任务展开教学。与此同时，结合学院多学科的优势，消除行政（专业）壁垒，形成多学科的横向交叉。在现代艺术设计教育体系中通过构建创新型乡村文化发展体系，最终实现中华传统文化核心价值教育在艺术设计职业教育体系中平衡发展和充分发展。本成果的意义在于：通过校地企协同育人、服务国家战略兴的宏伟目标，配套性的保障措施以及清晰的实施路径，实现路径的创新。

（2）打造“人才培养、乡村振兴理论研究、乡建实践指导”三位一体的综合教育实践平台。

苏州工艺美术职业技术学院环境艺术设计乡村实践教学立足于将乡建教学理论、实践技术与人才培养改革创新相融合，面向乡建一线开展教学理论研究和建设指导，将课堂带进田间地头，通过在地实践优化教学模式，有效提高了基层教学单位的实践教学能力。近三年平台以“基于精准视域的高职院校教育扶贫模式研究”“乡村振兴战略背景下的高职环境艺术设计专业人才培养模式研究”“基于创意产业发展的苏南村落文化景观保护与更新研究”等多项省市教育教学研究科研课题为依托，遵循“理论研究—实践应用—理论提升”的规律，建立了教学理论指导教改实践、教改实践发展教学理论的良性循环，为一线教学单位科学化、深层次的教学改革提供了全新机制和路径。

通过近几年乡村实践教学模式机制创新，实践平台已经成为“人才培养、乡村振兴理论研究、乡建实践指导”理想的实验基地。随着一个个帮扶项目的建造竣工，教师的建造经验逐渐成熟，也改变了以往学生作品缺乏实用价值和无法落地的系列问题，从学科的策划、规划、设计、施工、运营、维护等全部过程入手开展教学，着重突出实践教学在整个教学体系的重要性，真正做到“可持续的乡村发展规划与环境设计”。

（3）构建了环境艺术设计类人才培养的乡村实践性教学模式和过程化评价新体系。校地协同育人的工作中把握“德技并修”的核心精神，传授知识技能的同时，以社会主义核心价值观引领课程，把握育人的每个环节，在教学中构建层进式的课程结构，形成递进的技术技能为支撑的项目教学方法。实行校地联合制定质量标准，实现全面控制、全程控制的教学评价，专业发展与质量建设齐头并进。建立“双回路”质控体系和第三方人才培养评价机制，构筑了从“麦可思数据调研”（针对专业）到“教学活动开放展示周”（针对课程），再到“系部集体评分制”（针对课堂）的“三位一体”的第三方评价机制（图2）。

四、成果推广应用效果

1. 改革成果在全国交流推广，受到同行关注与认可

我校为中国国际艺术设计职业教育集团主任单位，依托集团平台联合国内建筑装饰龙头企业金螳螂建筑装饰股份有限公司在2019年6月举办的“空间设计演绎研修班”，把乡村实践教学经验推向了全国，来自全国30余所高职校派同类专业教师来学习，成果获同行认可并产生共识。其中，四川工商职业技术学院艺术设计系借鉴我院同类模式在同年开办乡村实践教学班，探索乡建人才培养。2018年7月，福州旅游职业中等学校教师在我院贵州雷山县格头村实践基地进行人才培养培训与交流。2019年8月在我院承办高职院校教师室内设计“双师型”国家级培训班上进行了乡村实践教学人才培养专题讲座，来自全国40余所高职院教师参加了培训，多所院校表达了对于乡村实践教学的参与意愿，影响深远。

2. 多家国内主流媒体聚焦，受到社会广泛关注

苏州工艺美术职业技术学环境艺术学院自实施乡村实践教学，加强乡建人才培养以来受到社会高度关注，2017年9月，时任江苏省委常委、苏州市委书记周乃翔来我院视察并对乡村建设人才培养表示了肯定。2017年，《新华日报》报道了苏工美环境艺术学院进行乡村帮扶建设活动。2017年5月，《贵州日报》刊发了题为《雷山携手苏州，共促非遗传承》的文章。对我院与贵州雷山协作开展职教扶贫，研发创新传统工艺，做了专题报道。同年，苏州电视台《吴中报道》栏目报道了环境艺术学院“艺术家驻叶山岛创作营”“南旺乡村公共艺术作品展”活动。2018年，贵州雷山县政府部门基于学院对县乡村保护与发展所做的成绩特聘主持教师柳建华为贵州雷山县传统村落建设规划专家指导组成员。

3. 教学成果被实际工程采纳，促进地方发展推广交流

在乡村建设人才培养中政校行企紧密联系，促进了产学研的发展，通过选题、调研一批创新性的方案和成果被采纳并落地应用，促进了地方发展。

2017年，苏州基业生态园林股份有限公司就乡村实践研究与学院签订了江苏省宿迁市美丽乡村建设合作协议，委托学院乡村实践工作室对宿迁市8个乡镇展开设计研究，并对成果进行了技术转让。2016—2017年，针对苏州市香山街道长沙岛社区农户经营私自改扩建难点问题，进行了重点的调研分析，提出了改造方案并指导完成农户改造示范，为政府的农户建设管理提供了借鉴案例。同年，根据相城区渭北村村委会要求完成了苏州相城区周家浜、南雪泾“美丽乡村”设计并指导完成建设，2018年完成苏州吴中区横泾街道古舍里美丽乡村建设工程。

附图表（图1、图2）：

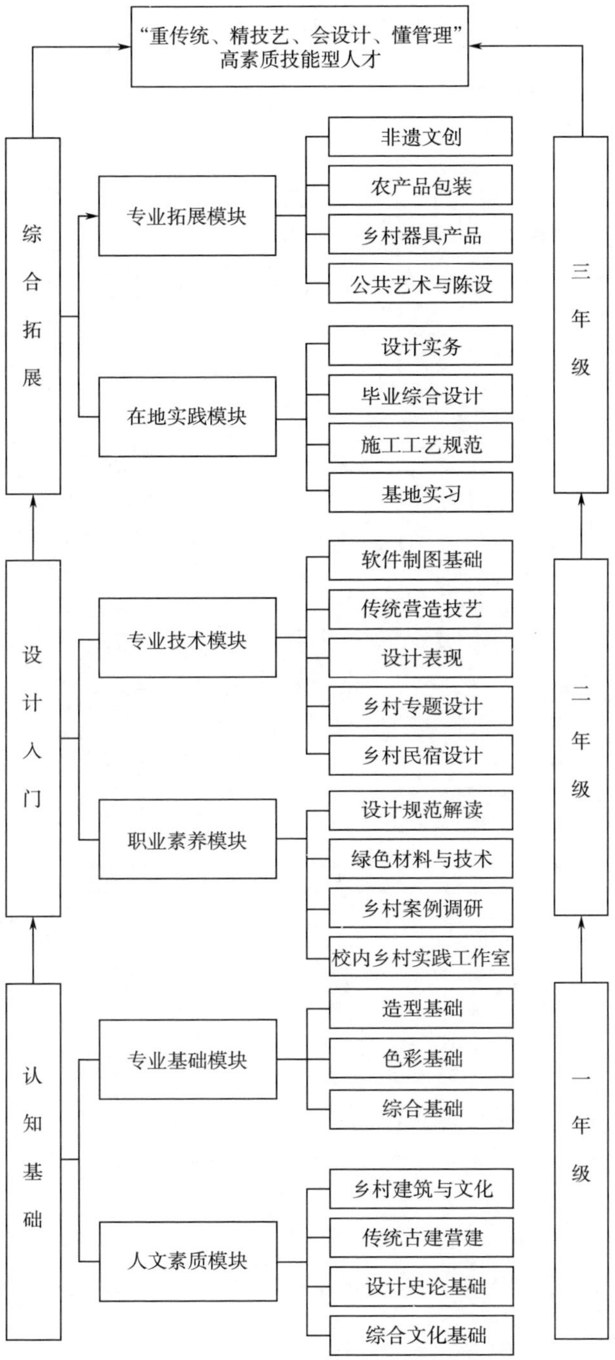

图 1 模块化教学课程体系图

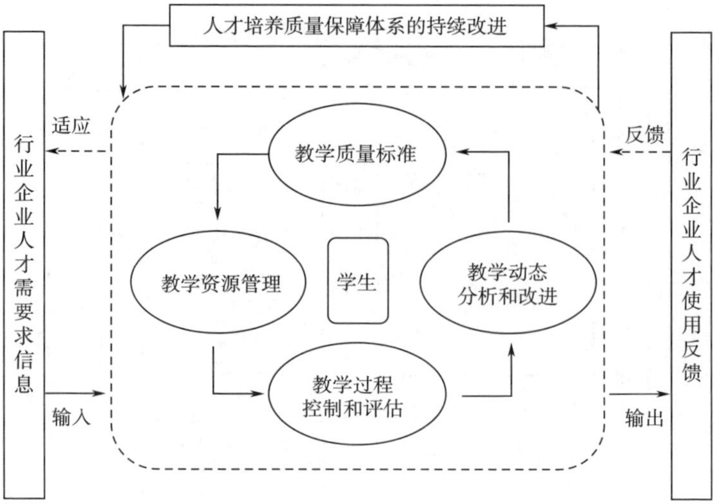
人才培养质量保障体系的持续改进
行业企业人才需要求信息
适应
输入
教学质量标准
教学资源管理
学生
教学动态
分析和改进
教学过程
控制和评估
反馈
输出
行业企业人才使用反馈

图 2　双回路质控体系

精酿啤酒 VR 仿真实训系统的开发及应用

成果名称　精酿啤酒 VR 仿真实训系统的开发及应用

成果完成人　操庆国、张小华、曹正、宣文芳、黄小忠

成果完成单位　江苏农林职业技术学院

一、成果背景

1. 研究意义

精酿啤酒生产在传统的教学模式中，理论课与实验课是分离的，技能训练得不到及时的理论指导，而理论课也没有结合生产、生活实际，导致学生的技能掌握不到位。精酿啤酒生产的教学效果如何与人才培养、教改发展和技术发展相适应已成为课程教学改革的重要课题。

（1）高素质人才培养的需要。作为高职院校的食品类专业，其人才培养的目标是培养出面向生产、管理、服务一线需要的高端技能型人才，面向的工作岗位主要有食品产品的设计、生产、检验等，在教学过程中需要学生掌握很多技能。因此，精酿啤酒生产教学必须具有灵活的教学内容，注重专业知识技能、人文素养和实践能力的融合，才能培养岗位适应性强的高素质人才。

（2）教学改革发展的需要。随着教学改革的发展，出现了“教、学、做”一体化等新型的教学模式，但在这些新的教学模式下采用的技能训练通常有两种：第一种是仅限于精酿生产视频的观看，生产车间的参观，不能真正地参与到学习活动中；第二种是通过家用酿造仪器进行酿造，大大增强了学生的动手能力，但是实际操作时要受到设备数量、场地方面的限制，而且耗时大，耗材的消耗量也很大，成本高。精酿啤酒生产作为“发酵食品生产技术”“酒类生产技术”课程的主要内容，在关注教学效果的同时，还应考虑教学成本、学生的理解能力、安全生产操作等问题。

（3）信息技术发展的需要。虚拟仿真技术是继数学推理与科学试验之后认识世界自然规律的第三类基础方法。虚拟仿真教学是指利用实物和计算机软件共同模拟出真实的情境，让学生在模拟的情境下进行探究和学习。这种教学方

法生动形象，很接近现实工作场景，有利于提高学生兴趣，使学生在短时间内进入相应情境，真实体验在现实生活中进行操作的感觉，以达到更快掌握操作技能的目的，而且这种教学方法可以利用计算机软件的优势创造出灵活多样的工作场景，使学生掌握更多的操作技能。利用精酿啤酒VR实训系统进行多人互动，全面仿真生产环境，有利于行动导向的教学的实施，有利于学生职业意识的提高。

2. 研究现状

目前，高等职业学校的食品类专业中精酿啤酒生产工艺教学大多以视频、图片，及理论知识讲解为主，但学生初入工作岗位，职业意识不强，实际操作时，还是存在理论知识丰厚但不会操作等很多问题，导致学生不能很快融入企业的生产中去。即便有的院校建设了精酿啤酒生产线，虽然在教学时可以进行实际的操作演示，但这种方式还是存在很多不足之处，亟待需要解决以下问题：

（1）教学设备的局限性。在教学过程中无法保证每位同学都能实际操作。想要熟练掌握操作步骤，必须反复练习，而学校的设备与经费都不能支持学生反复练习与操作。从而使得学生的实践技能普遍薄弱，不能很好的为企业输送技术型人才。

（2）实际操作的耗时性。除了投料操作，大多是枯燥的等待时间，完成一次500L的精酿生产，整个流程大概需要10个小时，基本上只能老师进行操作，学生观看，导致学生理论知识丰富，实践技能缺乏。

（3）生产辅料的不安全性。实际操作时，需要用到片碱和草酸，属于危险试剂，对蒸汽管道也有一定的危害性。

（4）教学模式的单一性。现有的教学模式过于单一，导致学生学习兴趣较差，学生对枯燥的理论知识不感兴趣。

（5）理论知识的复杂性。肉眼不可见的分子变化原理、发酵原理和复杂的工艺管道内物料流向和工作原理，对于高职类学校的学生来说，是理论知识中的难点，学生难以理解和掌握。

（6）工艺配方的多变性。精酿啤酒生产的核心技能之一包含了配方和工艺设计，很多学生在学校学习的只有一两种啤酒工艺，到了工作岗位，对于品种繁多的精酿啤酒配方和工艺，往往不能灵活运用所学知识进行设计。

3. 研究基础

（1）硬件教学条件优越。拥有发酵工艺实验室、食品发酵工艺实训室及整套精酿啤酒生产设备。食用菌教学工厂按照企业的要求进行设计，为发酵类课程提供准生产性实习。“微生物基础与检验技术”和“发酵食品生产技术”在2015年成为院级SPOC课程，“微生物基础与检验技术”于2019年立项省精品在线开放课程，建立了课程网站，为学生提供了各种教学资源。

（2）师资队伍成长较快。课程组5位教师均为双师型教师。2012年，张小华老师获得中国轻工业职业技能鉴定指导中心颁发的“检验师”称号，并担任“发酵工”职业技能鉴定的内审员；操庆国老师为实验室主任，有丰富的管理和实验指导经验。

（3）社团和校企活动丰富多彩。依托学院的发酵社团，学生利用课余时间和实训室的设备，反复练习各类酒的发酵工艺。依托镇江东方生物工程设备有限公司和镇江东元生物科技公司拥有先进发酵设备和发酵技术；镇江醋业发展规模较大，技术雄厚；句容盛产葡萄，合作社众多，农业旅游发展势头强劲。这些资源为我院发酵课程教学与企业（产业）的对接提供便利，也为学生生产性教学实习和顶岗实习提供了有利条件。

二、成果内容

1. VR仿真实训系统有利于目标的达成

（1）全息技术展示肉眼看不见的原理。通过三维建模，将糖化、煮沸、发酵等过程中的肉眼看不见的小分子动态变化过程全息技术展示，将肉眼看不见的不锈钢管道和罐子内部的液体流动方向透视展示，让学生知其然且知其所以然。

（2）创新设计精酿啤酒配方。精酿啤酒的原料配方选择非常重要，主要体现在如下方面：①原料的选择与配方的设计应符合目标啤酒风格的要求；②根据目标啤酒的密度、苦度、色度和风味选择相应的麦芽、酒花、酵母；③密度决定了麦芽与水的配比；④色度决定了麦芽各品种（基础，焙烤，特种麦芽）的用量；⑤苦度决定了酒花的用量；⑥风味决定了酵母选用（发酵度，沉降性，发酵温度，香气），麦芽品种的选择，酒花使用的方式（熬煮，干投）。学生掌握了配方设计的技能，能为以后进入相关岗位工作，打下坚实基础。

在 VR 视野中，酒样品旁边的文件夹上记录该酒的配方表，可查看该配方表进行学习。学习完毕后选择其他风格的酒进行品尝或对木柜上的原料特性进行学习，可点击侧键，拾取配方表进行学习，扣动手柄上扳机键可进行翻页。

（3）身临其境感受不同啤酒的风味。精酿啤酒的风味丰富多彩，有些风味难以用语言来描述，为了更形象地展示各种啤酒的风味，我们设计了与该啤酒风味相对应的各种场景，可以在场景中通过饮用不同的酒而进入不同的画面，如清风海边、热情沙漠等。

（4）双模式实现智能考核。该系统设有训练模式和考核模式，在训练模式下，有声音和对话框提示。经过训练后，学生要在考核模式下操作；在考核模式下，无声音和对话框提示，系统会自动记录学生操作是否正确，并打分，智能评价教学效果。

2. 虚实结合提升教学效果

（1）虚实结合促进成本精细化。1：1 比例模拟现实中的实际设备，让学生通过 VR 训练操作，然后实物操作，虚实结合训练，培养其操作技能。

如实际操作投料一次 500L 的糖化罐物料，大概需要 800 元，而且学生操作容易失误，试验经常失败，对于原料浪费较大。在实际操作之前，通过该系统模拟真实条件下的训练，学生在实操时，试验成功率大大提高，保证了原料的有效利用。

（2）VR 展示完成教学游戏化。通过戴上 VR 头盔眼镜，让学生进入一个感觉真实的虚拟环境，地面上有各种闪光提示区域，通过手柄控制各种操作，操作感强，类似于闯关游戏，打破传统的教学方式，提高了学生的学习兴趣。

（3）优化工艺实现时间效率最大化。传统的精酿啤酒操作技能训练，一个完整的工艺做下来，要至少 10 小时，时间长，学生找不到重点，容易疲倦，产生厌学情绪。

通过该精酿啤酒 VR 实训系统，将整个操作时间减少到 1 小时左右，大大提高了学习效率。

（4）实时展示操作过程同步化。传统的教学方式是老师操作，学生观看，老师在操作的时候由于学生人数多、设备遮挡视线等原因，经常有部分学生看不见一些关键操作，影响了教学质量。通过采用该系统进行教学，操作过程中 VR 显示屏可以让指导老师知道学生在操作过程中的错误并进行总结，对学生发生的共性问题进行实际演示和改正，极大地提高了教学效果。

（5）虚拟环境造就实验事故最小化。精酿啤酒在生产过程中，需要使用蒸汽、热水对原料进行处理，在 CIP 清洗时，还需要用到碱液，这些因素都有一定的危险性。该系统会在容易烫伤操作人员的热水管道等区域显示红色危险提示，学生通过虚拟训练，在实际操作过程中会较好的降低实验安全事故。

3. 教师整体素质有明显提高

在多年的课程教学创新实践中，课任教师不断与企业专家交流合作，结合课程教学促进了教改，结合生产性实训和产业促进了科研攻关，教师的整体素质有了很大提高。

（1）提升了教科研能力。申请各级教研课题 3 项，其中全国农业职业技术教育研究会项目 1 项，已结题；参与的全国食品工业教指委 2019 年课题 1 项，院级项目 2 项；各级科研课题 2 项，发表各级各类期刊论文 2 篇，获批软件著作权 4 项，申请专利 4 项。1 篇教改论文获全国生物技术教指委二等奖，1 篇毕业论文获江苏省高等学校“优秀团队毕业论文”一等奖，教师获优秀指导老师。“发酵食品生产技术”成为院级精品资源共享课程。

（2）促进了队伍建设。2 人陆续晋升为副高职称，2 人为讲师，1 人为中级实验员；1 人在读博士，1 人成企业访问工程师。1 人成为 2018 年度江苏高校青蓝工程培养对象。1 人取得人力资源和社会保障部职业技能鉴定中心颁发的酿酒师（工种）并成为国家级职业技能鉴定中心考评员。

三、成果推广应用效果

1. 学生技能提升显著

通过精酿啤酒 VR 仿真实训系统的应用，学生的目标更加清晰，岗位能力显著提高，职业稳定性得以增强，企业普遍认同。开展社团活动和社会服务，为学生技能锻炼、啤酒生产工艺的普及做出贡献。

2. 学生就业前景良好

我院 2015 届优秀毕业生陈庶在老师们持续不断的帮助下，在江苏苏州精酿酒吧从事啤酒酿造工作，月薪达 9000 元，并在精酿行业获得了多种奖项。

3. 社会服务能力凸显

应江苏省科协农村技术服务中心邀请，团队于 2019 年 9 月 6 日参加“全国科普日”江苏主场活动，受到了广大市民和青少年的极大欢迎。

今后我们将继续不断总结经验，不断完善精酿啤酒 VR 仿真实训系统，为教学和社会服务做出应有的贡献。

产教创融合育人才——高职食品营养与检测专业教学改革探索与实践

成果名称　产教创融合育人才——高职食品营养与检测专业教学改革探索与实践

成果完成人　王正云、刘靖、展跃平、战旭梅、蒋慧亮、陆广富、张伟、刘萍、张璟晶、祁兴普、牛林

成果完成单位　江苏农牧科技职业学院

一、成果背景

教育部在《关于做好2013年全国普通高等学校毕业生就业工作的通知》中指出，要把创新创业教育融入专业教学和人才培养的全过程，积极培养学生的创业意识、创新精神，提高创新、创业能力。2014年6月，国务院在《关于加快发展现代职业教育的决定》中将“产教融合、特色办学”作为职业教育发展的五项基本原则之一，明确提出要“加快现代职业教育体系建设，深化产教融合、校企合作，培养高素质技术技能人才”。通过职业教育的深化改革，不断摸索创新培养模式、教学模式，力求培养出适应并服务当地经济的创新型、复合型技术技能人才，是高职教育者一直追求的“中国梦”。

当前，我国食品工业处于重要的转型时期，技术创新和新品开发是引领工业发展的重要举措，因此，亟须大量高素质创新型、复合型技术技能人才。如何培养创新型、复合型技术技能人才，为食品工业服务，成为高职院校食品类专业亟待解决的问题。

自2013年起，课题组以“基于理实一体的食品加工技术专业课程体系构建与实践”“基于校企合作产教融合的食品营养与检测专业课程改革探索”“高职本科“3+2”分段培养教育衔接体系研究与实践——以食品营养与检测专业为例”等项目为研究基础，针对高职食品类专业教育中存在的人才培养目标与社会需求不一致、育人平台资源分散和缺乏综合性、“双创”教育与专业教育不够融合、教师科技创新能力不强、学生实践创新力不足而致可持续发展乏力等问题，

对高职食品营养与检测专业人才培养进行教学改革探索与实践。

二、成果主要内容

1. 紧跟区域食品产业发展趋势，构筑产教创融合育人平台

成果在对区域食品产业发展充分调研的基础上，明确了专业人才培养目标，整合江苏省畜产品深加工工程技术中心、江苏省农畜产品质量安全与检测实训基地、江苏省食品质量安全控制实训基地、泰州市食品工程技术研究中心4个省市级技术平台资源，与江苏雨润肉食品有限公司、南京卫岗乳业有限公司、江苏省畜产品质量检验测试中心、泰州市农畜水产品质量检测中心、泰州市产品质量监督检验院、泰州市市场监督管理局等10多家单位深度合作，引入现代企业生产与运营机制，共同打造融“生产、教学、创新创业”为一体的产教创融合育人平台，资源共享，优化管理提质增效，真正实现校企合作、产教创融合，成果共享。学生在产教创融合平台通过实践创新训练、校企合作的各类产品开发、科学研究与发明、各类“双创”大赛、各类技能大赛等项目，增强了创新意识，提高了创新能力，从而使学生的知识结构、自身素质更为贴合社会发展需要。

2. 紧扣人才培养目标，打造“双创双师型”教学团队和科技创新团队

“双创双师型”教学团队：学院采取考核与奖励并举，实施专任教师“职业能力提升工程”、教师赴企业锻炼，制订并实施教师团队指导制度、教师绩效考核和职称评聘办法、成果奖励制度等措施，外引内化，全面提升教师的双师素质和“双创”教育教学能力，打造一批兼具专业教学、技能训练和“双创”指导三重综合能力的“双创双师型”教学团队。

科技创新团队：依托育人平台中技术研究开发中心，联合各方资源，通过项目引领，打造高水平的科技创新团队。以博士、教授工作室为单元的校级团队，围绕市场需求和校企研发项目，动态调整成员，形成研发责任主体。在院级团队的基础上，聚焦方向，汇聚资源，形成具有核心竞争力的省级团队。通过科技创新团队建设，每位专业教师都能深入研究市场，承担项目任务，在实践中带领学生参与其中，既提升了科技研发能力，又提升了“双创”教育能力，推进了“双创双师型”团队建设。

3. 对接食品职业标准与专业岗位技能要求，重构“教创相融，三阶递进”的课程体系

将“双创”教育融入专业教育全过程，实施专业教育与“双创”教育的“教创相融”，形成“职业基础能力与双创萌动、职业核心能力与双创体验、职业综合能力与双创实战”的“教创相融、三阶递进”的课程体系。教学内容整合了“生产技能、科研创新、创业实务”的课程内容，使教学内容紧紧围绕食品生产实际，在科研项目实施中强化专业知识、技能，促进学生学业发展，培养学生“双创”意识，提高学生创业胆略和能力。食品营养与检测专业“教创相融，三阶递进”的课程体系如图 1 所示。

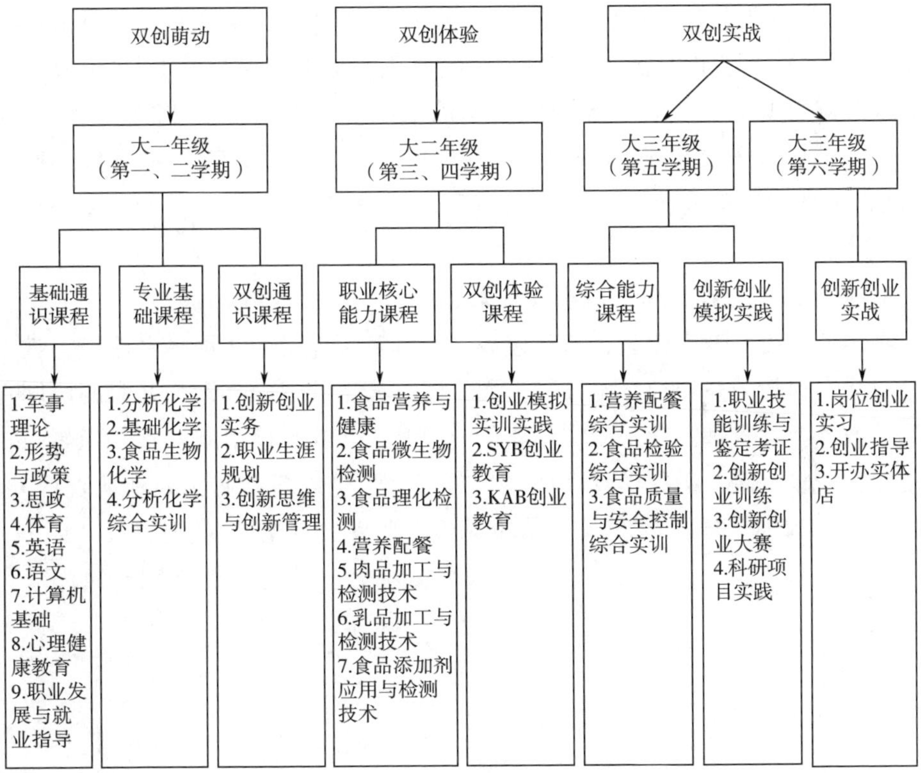

图 1　食品营养与检测专业“教创相融，三阶递进”课程体系图

第一阶段（大一年级）在专业基础能力培养的同时，面向全体学生开设“职业生涯规划”“创新创业实务”等通识课程，培养“双创”意识，做到基础能力与“双创”意识培养相融合。第二阶段（大二年级）重点打造学生专业核心技能和研发基本技能的同时，融入生产、经营、管理、创业等要素，开设创业培训课程，开展社团活动，体验创新创业的艰辛与乐趣，培养“双创”思维，做到专业能力与“双创”思维培养相融合。第三阶段（大三年级）在进行专业综合技能训练的同时，学生根据兴趣选择岗位进行创业实习、毕业设计、创新创业训练、创新创业大赛、科研项目实践，以开办实体店等形式进行创新创业实战，培养学生勇于探索的创新精神，增强综合应用专业知识创造性解决问题的能力，做到综合能力与“双创”品格培养相融合。

4. 应用现代信息化教育技术，校企共建专业教学资源库

本成果应用现代信息化教育技术，引入企业各方资源，校企共同研讨设计教学内容及教学效果的考核评价办法，共建本专业信息化教学资源。现已构建了“食品理化检测技术”“食品微生物检测技术”“食品营养与健康”“食品添加剂应用与检测技术”“肉品加工与检测技术”“乳品加工与检测技术”等10门专业核心课教学资源库，建成了5门院级精品在线开放课程，1门省级在线开放课程，校企合作开发2部省级重点立项建设教材，10部特色鲜明教材，解决了“产教创融合”课程教学资源不足的问题。

5. 校企深度合作，建立健全“产教创融合”育人长效机制

在专业建设、教学团队、课程建设、教学资源建设、实训平台建设、教学诊断与改进、科技开发与社会服务等方面，建立校企共建、共管、共赢的协同育人机制。改革教学管理制度，落实创新创业政策，实施弹性学制和学分积累与转换制度；完善校、院二级教学管理体系，制订大学生创新创业实践基地管理办法，实施学生“双创”项目的准入与退出制度，筹集“双创”基金，设立“双创”优秀奖，平台企业优先录用“双创”优秀毕业生，形成了“产教创融合”育人长效机制。

三、成果特色与创新点

针对现代食品工业对职业岗位技能及创新能力的高要求，对食品营养与检测专业进行改革探索与实践，研究成果形成了以下几点创新与特色。

1. 校企深度合作，构筑了“产教创融合”育人平台

成果以校企深度合作为抓手，统筹整合教学资源。在政府和行业政策指导下，充分利用学校和企业资源，紧扣“双创”人才培养的“萌动—体验—实战”三层次，建成了以技能实训为基础、产品研发为提高、创新创业为宗旨的“产教创融合”育人平台，实现了校企深度合作、产教融合、资源共享、成果共享。平台一方面成为学生学习、创业、科技孵化的重要基地；另一方面也成为助力区域经济食品加工业转型升级的有生力量。

2. 强化“双创”培养，构建了“教创相融、三阶递进”专业课程体系

成果以培养创新型、复合型高素质技术技能人才为目标，结合食品行业的背景和特点，构建了“教创相融、三阶递进”的专业课程体系，整合了“生产技能、科研创新、创业实务”的课程内容，形成了相应的课程标准，使教学内容紧紧围绕食品生产实际，在培养学生专业基础能力、专业核心能力、专业综合能力的同时，学生的“双创”能力伴随着“萌动—体验—实战”实现了“意识—思维—品格”的提升。“产教创融合”模式下的课程体系创新与实践，改变了传统的专业教育与行业脱节、“双创”教育与专业教育不够融合的局面，真正实现了产教创融合。突出以能力为本的教学思想，以培养学生的“双创”精神和实践能力为重点，以职业素质的养成为目标，符合新时期高职食品营养与检测专业学生的培养要求。

3. 多举措并进，打造了“双创双师型”教学团队和科技创新团队

依托“双师型”师资队伍，鼓励教师考取SYB等师资证书，获取“双创”教育资质；邀请知名企业家、“双创”培训名师到校培训师资并引导教师自我研修“双创”教育业务；外引内化，提升教师“双创”教育教学能力，打造一批兼具专业教学、技能训练和“双创”指导能力的“双创双师型”教学团队。

聚焦方向，汇聚资源，系统建设了肉制品深加工省科技创新团队以及农产品深加工、水产品深加工、烘焙制品开发、乳制品开发、功能性食品开发、食品营养与健康管理、农产品食品检验检测7个校科技创新团队。

由食品学院专业教师担任技术总监的项目“银杏关键技术与产业化”登上了央视“创业英雄会”舞台，现场融资达500万元。泰州市电视台《创赢新时代》栏目组专门播出了食品学院教师的教学、科研、创新情况，社会服务和影响力显著提升。

四、成果推广应用效果

1. 专业影响力持续增强

2012年，以食品营养与检测专业为核心专业的食品质量与安全专业群被评为江苏省重点专业群，并于2016年顺利通过验收；2017年，本专业被遴选为江苏省高水平骨干建设专业；2018年，学校被遴选为江苏省高水平高职院校，其中食品质量与安全专业群为重点建设专业群；目前，除了3年制高职外，还与本科院校开办“3+2高职本科分段”及“3年制国际班培养”等多种人才培养形式，形成了完整的专业职教体系，毕业生受到普遍欢迎，年终就业率保持在98%以上，用人单位满意度保持在96%以上；毕业生自主创业率分别为5.1%、5.2%、5.6%，高于农林类其他院校（4.7%），专业品牌优势突出。

2. 教学团队水平显著提高

教学团队“双师”素质比例达95%以上，高级职称比例超过40%，结构合理，专业水平高、“双创”教育能力强。近年来，团队有省党代表1人，江苏省教学名师1人，江苏省“333工程”培养对象2人，江苏省优秀科技工作者1人，江苏省科技创新团队1个，江苏省“青蓝工程”青年骨干教师培养对象3人，泰州市教学名师1人，泰州市师德模范1人；3名教师获得全国信息化教学大赛一等奖，3名教师获得全国信息化教学大赛三等奖，9名教师获得江苏省信息化教学设计大赛一等奖，9名教师获得江苏省教学能力大赛三等奖，13名教师获得江苏省微课教学大赛二等奖；团队教师先后获得江苏省教学成果一等奖1项、中国轻工业联合会教学成果一等奖和二等奖各1项、全国农业职业教育教学成果二等奖1项、国家教学成果二等奖1项。1门课程被遴选为江苏省在线开放立项建设课程，2部教材被遴选为江苏省立项建设教材。

3. 人才培养质量全面提升

研究成果在我院食品营养与检测、食品加工技术、食品药品监督管理、农产品加工与质量检测、食品质量与安全等专业经过3个批次21个班近1000名学生的实践，积累了比较丰富的教学与管理经验。吸引了亿滋食品（苏州）有限公司、江苏雨润肉食品有限公司等多家现代食品知名企业，其中10家知名企业设立了专业奖学金，组建了6个定向培养班，包括3个现代学徒制班，校企深度融合，人才培养质量、服务社会能力和“双创”能力都得到显著提升。近3年，学生主持江苏省大学生创新创业训练计划项目20多项；获得省级以上创新创业大赛及技能大赛奖15项；获江苏省大学生优秀毕业设计（论文）5项；学生的职业资格（技能）证书获取率分别为96.5%、97.3%和98.4%。

4. 推广辐射成效显著

成果推广应用到我校其他40多个专业，2014年至今，全校累计获得江苏省大学生创新创业训练项目近200项；2016年以来，我校学生连续在江苏省“互联网+”大学生创新创业大赛中斩获一等奖3项；在“中牧杯”全国“互联网+”现代农牧业创新创业大赛中获一等奖2项；在“挑战杯”全国职业学校创新创业大赛中获得二等奖1项，省级奖项3项，人才培养质量、服务社会能力和创新创业能力都得到显著提升，学生满意度较高，示范带动效果显著。助力我校入选“首批全国创新创业典型经验高校50强（2016年）”、江苏省卓越高职院校（2018年）、“江苏省高职院校人才竞争力第3（2017年、2018年）”。

成果得到了同行院校的高度肯定，起到了良好的示范带头作用。特别是在江苏食品药品职业技术学院、扬州职业大学、江苏农林职业技术学院等10多所高职院校食品营养与检测专业进行了成果的推广和应用，人才培养质量得到显著提升。

高职食品类专业群“跨专业综合实训”教学模式创新与实践

成果名称　高职食品类专业群“跨专业综合实训”教学模式创新与实践
成果完成人　郑虎哲、翟玮玮、崔春兰、汲臣明、黄闯
成果完成单位　江苏食品药品职业技术学院

一、成果背景

2012年1月教育部联合宣传部、财政部等部委颁布《关于进一步加强高校实践育人工作的若干意见（教思政［2012］1号）》，指出各高校要加强综合性实践科目设计和应用，激发学生参与实践的自觉性、积极性。同年6月又颁布《国家教育发展第十二个五年规划（教发［2012］19号）》，指出高校要强化实践育人机制，加强应用型、复合型、技能型人才培养。在行业、企业对人才需求多元化的背景下，江苏食品药品职业技术学院将食品类专业群的知识和技能学习要点融合起来，创新构建“跨专业综合实训”教学模式，即借鉴模拟多兵种协同作战的军事演习的设计思路，在教学内容、教学组织、教学管理、技术支撑等方面，多角度、分层次分析影响“跨（多）专业综合实训”教学质量的因素，构建“跨（多）专业综合实训”设计框架。经过几年的探索与实践，形成了“以核心岗位技能为主线，以资源充分融合为手段，以全面能力培养为核心”的跨专业融合综合实训教学模式，从而为提升食品类各专业教育教学质量保驾护航。

二、成果内容

1. 创建“跨专业融合综合实训”教学模式，实现多专业知识的有效融合

基于“跨专业综合实训”实践教学模式构建涵盖员工培训链、生产业务链、质量监管链、流通业务链等专业知识相互交织、高度整合的仿真综合运作体系的设计思路（图1）。即食品类专业群构建的“跨专业融合综合实训”主要通过同

一情景下，组织不同专业的学生，运用不同的专业知识，展开不同模块的实验实训活动。即以食品加工技术专业为主导，涉及多个辐射专业，如食品营养与检测、食品安全与质量管理，食品生物技术以及食品贮运与营销等专业，学生共同组成资源共享、基础相通、经验相容、优势互补、分工明确的实训项目团队。该实训项目既有总的实训目标，每个不同专业的学生又有各自的子目标。根据项目实施方案和各专业教学进程表，组建由2个及以上食品相关专业学生共同参与的项目实施小组，在小组组长的带领下实施实训项目。

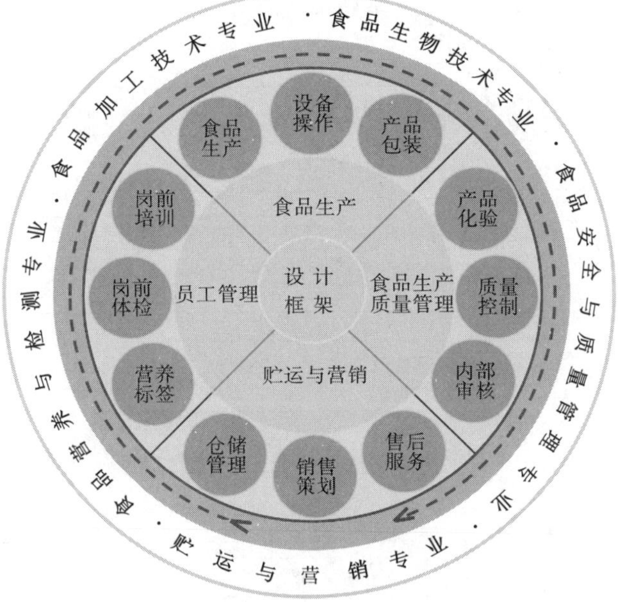

图1　食品类专业群跨专业综合实训模式图

2. 借鉴多兵种协同作战的军事理念，实现实训项目科学、高校的动态管理

借鉴模拟多兵种协同作战的军事演习的设计与管理思路，组建实训管理机构，形成一个高效运作的管理体系（图2）。由于食品类专业群跨专业综合实训提供了一个仿真的食品企业工作岗位，同学们在实训中都是食品企业的一员，都有明确的工作岗位。在“跨专业融合综合实训”项目的组织管理上采取项目指导小组制，项目小组由项目涉及专业的指导教师共同组成，负责组织项目具体实施。项目指导小组负责设计项目指导书、项目任务书、项目实施方案、项目实施目标、项目成果完成方式、项目角色设置、项目考核机制等。并负责对项目实施的质量进行监督考核。“跨专业融合综合实训”组织管理流程，如图3所示。教师团队还要共同完成

“跨专业融合综合实训”教材的编写和课程的开发。通过多轮开展“跨专业融合综合实训”项目，完善项目教学组织和管理方面的不足点。

在“跨专业融合综合实训”教学质量考核方面，引入了HACCP管理方法，对影响《跨专业融合综合实训》教学质量的诸多因素进行分析和评估，并针对有显著影响的因素，确定关键控制点，制定相应预防措施，建立能有效控制影响“跨专业融合综合实训”教学质量的保障机制，实现对综合实训的全过程、全方位的质量管理。在“危害”分析的基础上，将学生个体差异考虑进去，通过识别、分析以及评价的方式最终确定了严重影响人才培养质量的关键控制点，将影响培养技术技能型人才的“危害”因素降到最低。

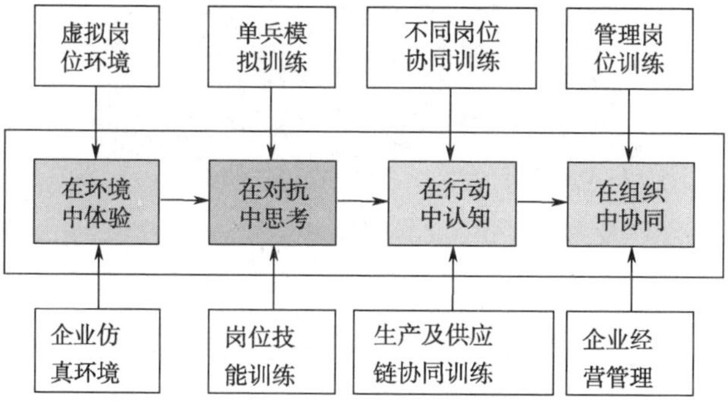

图2　借鉴模拟多兵种协同作战的军事演习的设计思路

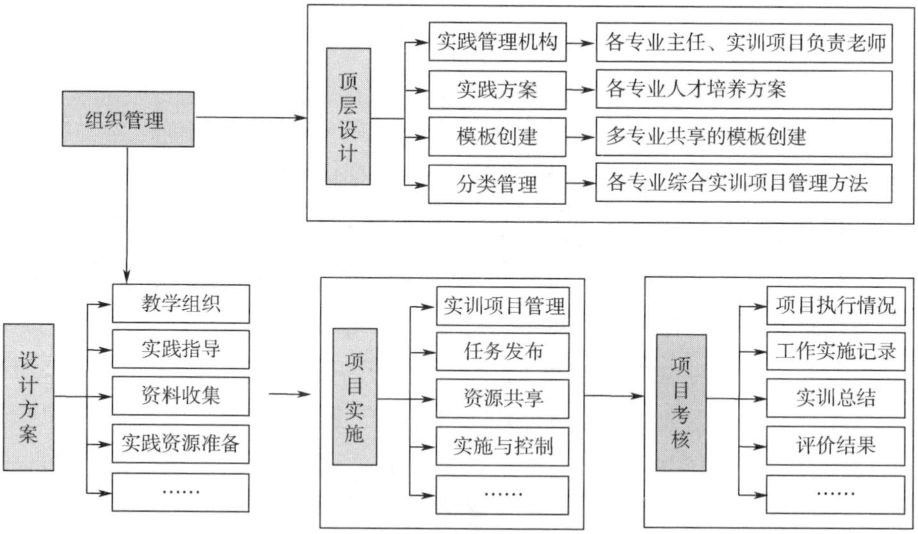

图3　食品类专业群跨专业综合实训组织管理流程图

3. 优化实训项目设计，实现专业人才培养目标及专业职业标准的有效衔接

随着食品产业升级与结构调整，技术技能型复合人才的需求逐渐增加。根据食品行业企业的发展态势和用人需求，将育人理念通过项目实施贯穿于人才培养的课程构建与教学环节，以课程项目和学期综合实践项目为载体强化学生实践技能训练，进一步培养提升学生的岗位能力、职业素养和企业文化素养。在食品类各专业课程体系框架内，依据学校有关的实践教学规范，结合专业自身传统和优势，考虑学生对知识、技能的认知规律，合理设计实践教学运行方案。以职业岗位群和职业能力组成为基础，筛选典型工作任务，并依据典型工作任务中包含的关键技能点，筛选典型实践学习任务（表1）。确定典型任务时，需要考虑如下几点：①以调研的岗位职业能力为基础；②实训目标与专业人才培养目标要一致；③与有关职业标准有效衔接；④协调实训项目之间包含的相似的技能，确保不遗漏、不过多重复；⑤实践教学过程设计尽量要与企业工作过程一致，且确保完成任务的完整性；⑥实践教学方法设计要突出学生主体地位，充分使用仿真模拟环境下的便利条件；⑦考核评价方法要多样化，要依据学生的知识能力水平、实践项目性质等确定考核评价方法，加重过程评价比例；⑧学时安排要与其岗位技能的多少、难易进行结合。

表1　　食品类专业人才培养目标和职业岗位分析

专业	人才培养目标	职业岗位		
		入职岗位	迁移岗位	发展岗位
食品加工技术	培养具备食品生产、分析检验、工艺管理、质量管理、设备维护、产品研发等方面全面发展的高素质技术技能人才	食品加工岗、食品质量安全管理岗	食品生产加工管理岗、食品检验及管理岗	农产品加工岗、设备维修岗
食品营养与检测	培养具备从事营养咨询服务、食品营养分析、健康管理、食品检验、保健食品加工及营销等方面全面发展的高素质技术技能人才	营养配餐岗、食品检验岗	食品研发岗、食品生产品控管理岗	公共营养师岗、健康管理师岗
食品生物技术	培养具备微生物发酵与检验、酶制剂、食品添加剂、功能性食品、设备使用与维护、食品安全与控制等方面全面发展的高素质技术技能人才	功能性食品生产岗、酶制剂生产岗、添加剂生产岗、质量管理岗	产品营销岗、设备维修岗	生产管理岗、品控岗

续表

专 业	人才培养目标	职业岗位		
		入职岗位	迁移岗位	发展岗位
食品安全与质量管理	培养具有食品分析与检测、食品生产管理及品质控制、食品检验设备的维护、食品检验室设计及新产品开发等方面全面发展的高素质技术技能人才	原辅料检验岗、食品生产在线品控岗	产品检验岗、化验室组织与管理岗	新产品研发岗、分析仪器设备维护岗
食品贮运与营销	培养具有食品加工、贮藏、物流、营销和连锁管理等方面全面发展的高素质技术技能人才	营业员岗、食品保鲜岗、连锁店长岗	食品检验岗、生产管理岗	店长岗、区域经理岗

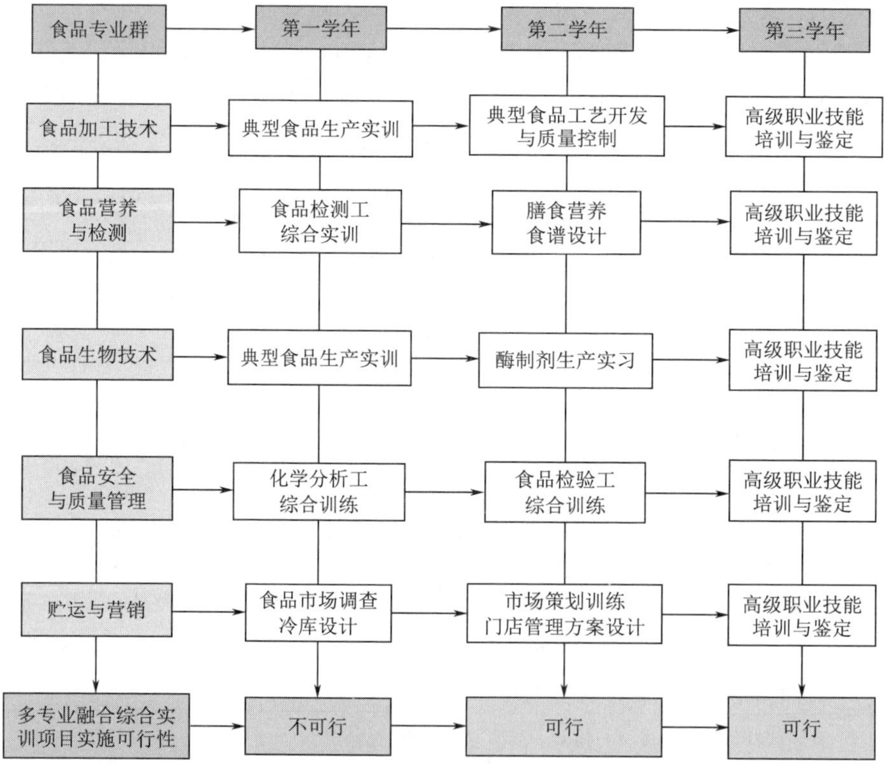

图4 食品类多专业融合《综合实训》项目可行性研究

4. 精选企业典型工作任务为实训项目，实现实践教学和就业岗位的无缝对接

跨专业综合实训提供了一个仿真的食品生产环境，同学们在实训中都是仿真食品企业的一员，都有明确的工作岗位。实训项目既有总的实训目标，每个不同专业的学生又有各自的子目标（图5）。根据项目实施方案和各专业教学进程表，组建由2个及以上食品专业学生共同参与的项目实施小组，在小组组长的带领下实施实训项目。通过项目的有效实施，促成了学生知识和技能整合，促进各专业实训项目间的相互融合，达到了实践教学和就业岗位的无缝对接，培养了学生组织能力、协作能力，激发了学生参与实践的自觉性、积极性。

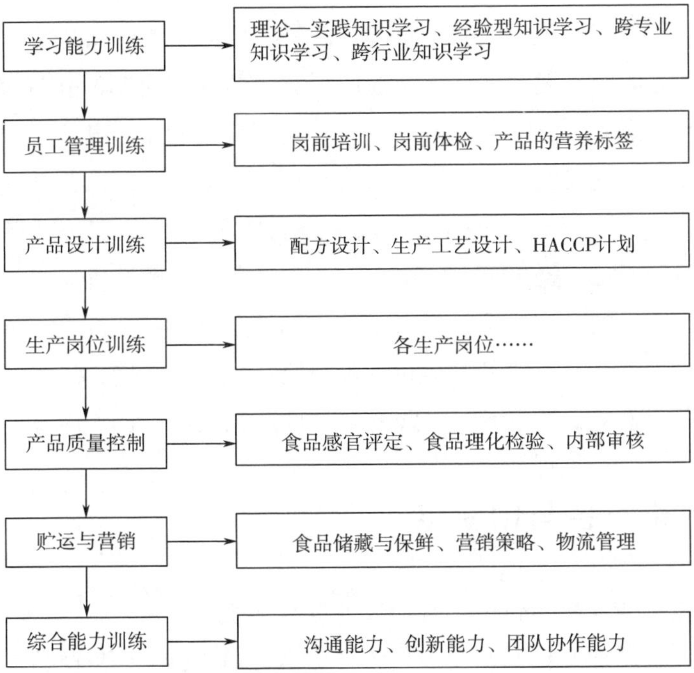

图5 食品类专业群跨专业综合实训训练项目流程图

5. “跨专业融合综合实训”案例分析

借鉴模拟多兵种协同作战的军事演习的设计思路，针对不同的培养方向设计多岗位、多业态的企业生产项目作为实训主题，高度整合的仿真综合运作内容体系，在仿真、综合、动态的实训环境中训练知识应用能力、业务处理能力、交际沟通能力、组织协调能力、创新能力，是模拟与现实接轨最真实化、最低成本的社会仿真环境。例如，开展“典型食品工艺开发与质量控制”实训项目中，设计月饼生产实训项目，设计食品加工技术专业、食品营养与检测、食品安全与质量管理，食品生物技术以及食品贮运与营销等专业的学生共同组成实训项目团队。第一个实训项目是“员工及产品管理”，在这项目中以食品营养与检测专业学生为主导（担任组长），带领其他专业的学生共同开展岗前培训、岗前体检以及产品营养成分标签设计等方面的技能训练，涉及的课程有“大学生就业和创业教育”“人体生理与解剖”《膳食营养食谱设计》等；第二个项目是《月饼生产》，在这个项目中以食品加工技术专业学生为主导（担任组长），带领其他专业的学生共同开展月饼生产、仪器设备操作以及产品包装等方面的技能训练，涉及的课程有《食品工程与加工原理》《焙烤食品生产技术》《食品包装技术》等；第三个项目是《食品生产质量管理》，在这个项目中以食品安全与质量管理专业学生为主导（担任组长），带领其他专业的学生共同开展产品化验、质量控制以及内部审核等方面的技能训练，涉及的课程有《食品安全与质量控制》《食品理化检验技术》《食品安全标准与认证》等；第四个项目是《贮运与营销》，在这个项目中以食品贮运与营销专业学生为主导（担任组长），带领其他专业的学生共同开展仓储管理、销售策划以及售后服务等方面的技能训练，涉及的课程有《食品市场营销》《食品连锁经营与管理》《食品企业管理》等。通过“跨专业融合综合实训”项目的有效实施，促成了学生知识整合和技能综合，促进各专业实训项目间的相互融合，达到了教学和就业岗位的零距离对接，培养了学生组织能力、协作能力，激发了学生参与实践的自觉性、积极性（图5）。

三、成果特色与创新点

1. 发挥重点专业引领作用，带动专业群全面发展

2015年，食品加工技术专业被列为“省级品牌专业”。在食品加工技术专业的引领下，专业群建设也取得了可喜的成绩。食品生物技术专业评为“省级特色专业”“省骨干专业”；食品营养与检测专业评为“省骨干专业”；食品贮运与营销专业评为“省级示范专业”；食品加工与营养专业群被遴选为“十二五省高等学校重点专业群”；学院被教育部遴选为“首批现代学徒制试点单位”，并于2018年顺利通过验收。另外，通过建立区域高校间共享机制，与普通本科联合培养食品行业专门人才，有效发挥品牌专业优势和可持续发展潜力。学院先后与淮阴工学院开展“3+2”高职与本科分段培养试点项目，与淮海工学院开展高职与本科联合培养“4+0”试点项目。这些成果为培养技术技能型、应用型以及复

合型人才提供了保障；也为探索职业院校与普通本科高校间搭建人才成长立交桥奠定了坚实基础。

2. 加强学生创新创业训练，毕业生职场竞争力显著增强

将创新创业项目融入职场岗位能力和素质培养全过程，加强学生创业意识和职业素质的形成。学生先后获得国家级技能大赛个人金奖 1 项、银奖 3 项、团体银奖 2 项；省级技能大赛二等奖 2 项、三等奖 5 项；省优秀毕业设计项目 5 项；省级大学生创新项目 16 项；省市级创新创业大赛一等奖 2 项、二等奖 3 项。毕业生就业竞争力和可持续发展能力得到显著增强。近三年，已培养 2200 多名人才，其中为亿滋食品（苏州）有限公司等世界 500 强企业培养 265 名学生，企业满意度达 98. 2%。学生就业实习期间待遇在 2900 元以上，正式就业后起薪在 3800 元以上，在 2～3 年内取得职位升迁比例为 35%，部分学生在就业实习期间被提拔为部门经理或班组长。随着学生专业技能的加强和创业能力的提升，越来越多的学生选择毕业当年创业，有 5. 3%的毕业生成功创业。

3. 建立资源共享与开放机制，实训平台“孵化器”作用显著提高

除利用实训平台设备、师资等优质资源开展专项技能实训外，还承担技能大赛、职业资格鉴定、创新创业项目孵化、社会培训、技术研究、成果转化等项目。近几年，开展职业能力培训和职业资格鉴定 8000 多人次；合作企业技术攻关 18 项，开展省市级科研项目 12 项，承担横向课题 36 项，授权发明专利 11 个，技术服务到账经费 460. 75 万元。

4. 实施多专业融合综合实训，创新实践教学模式

在教学内容上突破了单专业实训模式，实现了各专业师资、资源、核心技能的有效融通。不同专业的学生们全程参与从产品设计—原料采购—生产操作—仓储管理—销售策划等一系列环节，实现了多专业知识的有效融合和衔接。通过不同岗位的职业体验，锻炼了学生一人多岗的职业技能。另外，实训内容充分体现合作性。跨专业综合实训模拟现代食品企业的组织架构，设置了企业内部各个部门和相应的工作岗位，如设置生产部、研发部、品控部以及销售部。这些部门看似独立，实则存在着密切的协作关系。因此，既锻炼了学生的团结协作能力，又培养了集体荣誉感。

5. 开发创新创业项目为导向的实训，提升就业竞争力

在实训项目实施过程中，将创新创业训练项目有机结合起来，使创业教育和专业技能的学习互相融合、互相促进。以月饼生产为例，设置多个食品企业，使企业之间形成竞争关系。在实训开始，每个企业都获得了同等金额的原料购买本金。在接下来的实训过程中，如何用好这些原始资本，获得更多企业价值增值就需要每个团队能力了。因此，在生产前要充分开展市场调研，分析不同品种月饼的市场需求量，消费者对新产品的接受程度、产品成本等因素，做出相应决策。项目完成后对各食品企业的创新创业项目进行评估，推送优秀项目进行孵化，大大激发学生的自主创新意识，提高创新能力、培养管理能力、提升就业竞争力。

6. 打造功能多元化的实训平台，创新优质资源的共享机制

我院按照“资源共享，优势互补，责任同担，利益共享”的原则，建设食品类专业群综合实训平台——食品科技园，打造成集教学、培训、生产、科研、技能鉴定、创新创业孵化、社会服务等多种功能于一体的功能多元化的实训平台，实现优质资源的合理配置和开放共享。平台现有国家、省级实训基地 4 个，实训生产线 13 条，面积达 9778m^2，设备总值达 2000 多万元。实训平台立足食品产业链，服务对象涵盖食品加工、检测、营养、贮运、营销等产业链。

四、成果的推广与应用效果

1. 加强校际交流与对口支援，辐射引领作用凸显

我院积极开展对中西部高职院校的对口支援，先后为云南玉溪职业技术学院和广西农业职业技术学院食品类专业培养交换生 190 多名，教师 7 名。另外，吉安职业技术学院、内蒙古商贸职业技术学院等省内外 40 多所高职院校和机构先后来我院考察学习。我院开展的实践教学模式改革、学生职业技能提升、教学质量监控体系构建等成果赢得了兄弟院校和社会的高度评价，得到了借鉴和推广，起到了较强的示范辐射作用。

2. 权威媒体广泛关注，学院知名度显著提升

2018 年，我院食品类专业群外省录取学生 350 名，占总招生数的 49%，是本项目实施前的 3 倍。几年来，先后有中央电视台、江苏电视台、江苏教育台等多家媒体和中国教育报、江苏教育、淮海商报等杂志以及中国日报网、江苏教育网、江苏教育信息网、搜狐网等网站对我院开展的“现代学徒制试点工作”“国家级食品加工技术专业教学资源库建设项目”“省级品牌专业建设项目”等成果进行报道，产生了广泛的社会影响和良好的社会效应。

传承入课堂，创意融技术：“三元协同”培养服装行业创新型人才的探索与实践

成果名称　传承入课堂，创意融技术：“三元协同”培养服装行业创新型人才的探索与实践

成果完成人　许家岩、严华、陈珊、徐毅、吴元新

成果完成单位　无锡工艺职业技术学院

一、成果背景

自《国家中长期教育改革和发展规划纲要》实施以来，国务院、教育部先后出台了《国务院关于加快发展现代职业教育的决定》《高等职业教育创新发展行动计划》等一系列文件，指导高职院校在人才模式改革、专业建设与调整、课程体系设置、校企深度融合和创新创业等方面的探索与实践。

国务院《关于深化高等学校创新创业教育改革的实施意见》则进一步强调从创新创业教育角度深化高等教育综合改革。2019 年 2 月，国务院印发《国家职业教育改革实施方案》，从七个方面提出了 20 条措施，明确了职业教育要由政府举办为主向政府统筹管理、社会多元办学的格局转变，由追求规模扩张向提高质量转变，由参照普通教育办学模式向企业社会参与、专业特色鲜明的类型教育转变。这些因素，迫切要求我们变革人才培养模式。

江苏省纺织服装产业产值位于全国前三名，有完整的纺织服装产业链。纺织服装产业发展的基础条件雄厚、人才集中，具备了技术设备、服装面辅料和配件等辅助工业发达等优势。无锡地区服装产业主营业务收入超 100 亿元的企业集团有 3 家，超 50 亿元的有 6 家，超 10 亿元的有 17 家。江苏及长三角地区的服装产业正由生产制造向智能制造和自主品牌建设转型升级，通过建立品牌全面提升企业核心竞争力。

随着“智能制造+创意设计”的服装产业升级，社会（企业）、学生对人才培养呈现“更高质量”需求。原有的服装类专业人才培养规格与区域服装产业对人才需求契合度欠佳，专业设置和专业拓展与区域服装产业发展需求脱节，专

业对学生缺乏吸引力；原有高职服装课程体系不能满足学生可持续发展需求，在创新创业能力培养上欠缺；实践教学内容繁杂且与企业岗位需求不密切，原有实践平台难以支撑“智能制造+创意设计”服装实践能力培养。传统服装教育培养出的人才呈现“高均值、低方差”，创新创业型人才少，更缺乏领军、领袖型人才，不适应新时代发展需求的问题越来越突出，服装专业教学改革迫在眉睫。

二、成果内容

1. 成果概述

我院服装专业依托江苏省“十二五”重点专群——服装设计与工程，围绕时尚服饰专业群与产业链的对接，以服装与服饰设计专业为核心，从问题入手，从需求出发，把“艺技融合”的理念贯穿人才培养全过程，构建校、企、行业协会（中民协）参与的“三元协同”育人机制，开展了为期5年的高职服装行业创新型人才培养模式的探索与实践，培养了一批服务时尚产业链上下游创新设计资源、应用新一代信息技术、设计个性化产品等高端技术技能人才，推动了学院服装专业的全方面发展。

基于学生职业能力提升和产业人才需求问题，依托“省产教融合实训平台”“大师传承创新基地”，校、企、行业协会协同合作，将人才培养与产品设计研发紧密结合、教学过程与工作过程融合、文化育人与专业教学融合，构建出“专业基础普适、实训技能培育、文化思想引导”的服装专业教学体系，共同培养服装行业创新型人才。

聚焦学生创新能力培养，构建了“名师引领，层次多样”的人才培养扶持体系，实施了个性化培养的“五个一”工程（项目团队、兴趣团队、竞赛团队、创梦团队、科研团队）、“大师工作室+文化讲堂”的“名师引领”工程，通过多元评价，进一步深化创新人才培养模式教学改革。

经过近5年的建设，成效明显，学生获省部级以上奖项48项，省级大学生创新创业项目13项。立项建设江苏省高水平骨干专业、“省数码印花服饰产教融合实训平台”“江苏省360°数码印花服饰技术工程中心”；建成“中国工艺美术大师传承创新基地”、江苏省“十二五”重点专业群——服装设计与工程专业群、无锡市特色专业、无锡现代学徒制试点专业，人才培养质量得到显著提升（图1）。

本项目成果公开发表教学研究论文24篇，“十二五”国家规划教材智慧职教

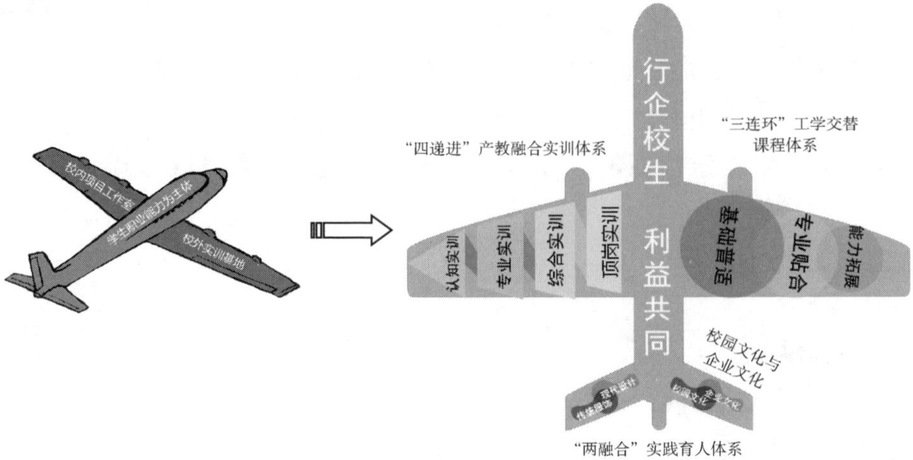

图 1　人才培养模式升级

网络课程 1 门，省级在线课程 1 门，市级精品课程 2 门，出版教材 7 部，培养省“333”人才 1 人，青蓝工程 2 人。围绕江苏传统服饰文化，建设无锡市“梁惠娥名师工作室”“吴元新蓝印花布大师工作室”，立项江苏省社科基金重大项目 1 项，一般社科基金项目 8 项。

2. 成果主要解决的教学问题及解决教学问题的方法

（1）构建“三元协同”育人机制，解决多方利益下校企融合问题。以往高校在制定人才培养方案过程中，缺乏用人单位的实际参与，专业教学内容形式陈旧，理论、实践不统一，与产业需求脱节。校企间的产教合作多数是以院校为主、企业为辅的短期性合作，且多停留在技术开发、实习基地、兼职授课等较浅层次，未能形成有效的协同育人机制。

依托专业建设指导委员会，找准双方利益共同点，建立企业、中民协（非遗大师）与学校、学生合作的动力机制，形成多类型利益共同。如：“江苏省数码印花服饰平台”“江苏省 360°数码印花服饰技术研究开发中心”“柒牌订单班”“阿仕顿、康博服饰零售人才储备”等。推行以学生能力为主体的“三元协同”育人机制，引导企业、非遗传承大师（产业教授）实际参与专业设置、人才方案制定、课程开发、项目合作等深层次合作，实现服装专业“技术、设备、人才培养”与社会需求同步发展（图 2）。

（2）构建“三连四进”教学体系，解决学生基础技能高素质培养问题。当前高职院校存在“重实践，轻理论；重技能，轻素养”的问题，弱化了文化育

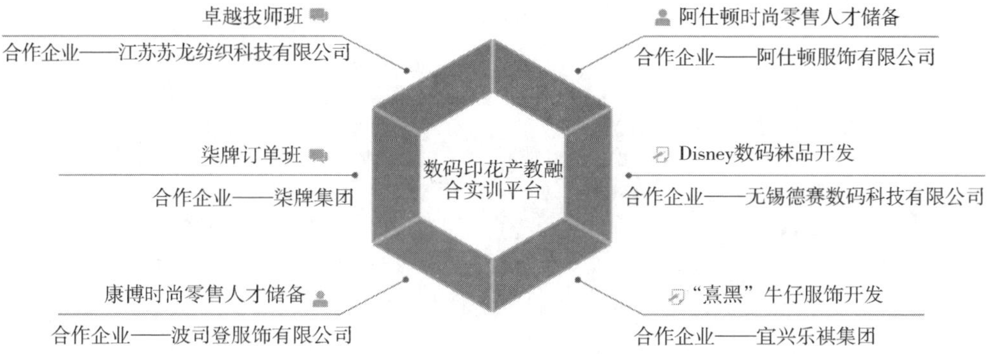

图2 “三元协同”下的产教融合平台

人的功能，理论、实践不统一，职业内涵、传统文化教育欠缺，不利于“工匠精神”的高素质创新人才培育。

基于“艺技融合”理念，以企业和学生需求为导向，通过对工作任务和职业能力的归并、梳理，从岗位、任务和能力三个维度进行课程定位，构建出“专业基础普适、实训技能培育、文化思想引导”的服装专业教学体系。基于专业课程与实训项目，建立学生可持续发展的“基础平台课、专业岗位课、能力拓展课”的“三连环”课程体系（图3）。将校内实训平台和校外实训基地联动，推动服装专业教学和产业升级对接、专业技能与职业岗位对接、教学场景与企业环境对接、项目作品与工业产品对接，构建职业技能逐步提升的“四递进”产教融合实训体系（图4）。

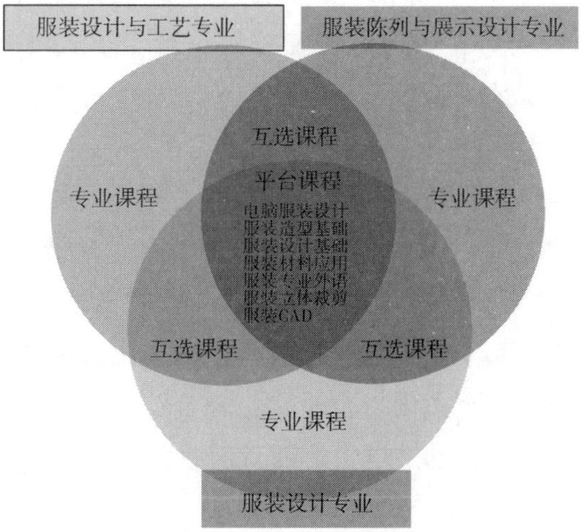

图3 “三连环”课程体系

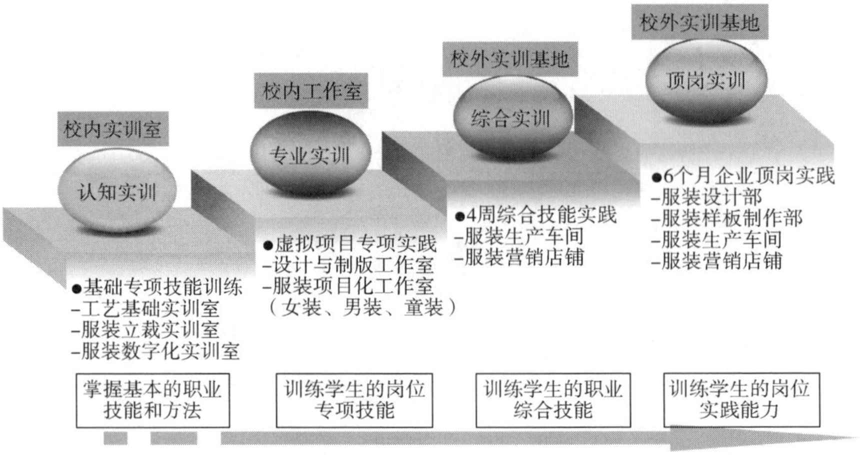

图4　“四递进”产教实训体系

（3）实施“五个一”工程建设，解决学生知识能力迁移问题。当前高职院校同类专业人才培养同质化，教学形式内容近似，难以激发学生兴趣，内化为学生自身的职业品质。

依托“省产教融合实训平台”“大师传承创新基地”，校、企、大师三方共同实施“五个一”工程建设：“一室一企一项目”的“项目团队”“一师一徒一技能”的“技艺团队”“一师一生一赛项”的“竞赛团队”“一企一生一创新”的“创梦团队”“一生一师一课题”的“研发团队”，实现人才培养由课内向课外延伸，促进个性发展。

（4）实施“名师引领”工程，解决学生创新能力培养的问题。自“万众创新，大众创业”提出后，各地方各院校都出台了形式各样的创新创业政策，但执行力差异明显、成效不显著，“管生不管养”的现象在院校创业活动中明显。

依托江苏省数码印花服饰平台和“中国工艺美术大师传承创新基地”，采取“大师工作室+文化讲堂”，实施“名师引领”工程。以无锡市“梁惠娥名师工作室”、中国工艺大师吴元新“蓝印花布大师工作室”为引领，组建手工皮艺、布艺、印染、茶服等师生工作室团队；开设“服饰文化大讲堂”，将“传统服饰文化与现代设计相融合、校园文化与企业文化融合”，对学生进行前置性的传统文化、企业文化熏陶与训练，助推学生的创新创业思维。

三、成果特色与创新点

1. 服务产业升级，创新“三元协同”育人机制，实现人才精准培养

围绕时尚服饰产业发展，将专业建设与行业产业对接、人才培养规格与企业需求对接、学生学业与社会职业对接，落实校企行“三元协同”协同育人机制，开展现代学徒制、订单培养班项目，与三家地方企业共建“数码印花产教教融合实训平台”“360°数码服饰工程中心”，推动人才精准培养。

2. 秉承工匠精神，打造“艺技融合”专业特色，提升学生“双创”能力

引入优秀企业文化因子，传承地方“染绣”文化，树立地方传统文化与现代设计手段相融合的教学理念，孵化相关传统文化的研究成果和文创产品，打造“艺技融合”的服装专业文化，增强专业办学的影响力。建设“中国工艺大师传承创新基地”，实施“名师引领，层次多样”的人才计划，助推学生创新思维。

四、成果的推广与应用效果

本成果贯穿服装专业改革整个过程，对于人才培养、专业建设以及成果的社会效应产生了积极的影响。

1. 人才质量提升，创新能力增强

项目通过研究、试点、完善，由服装与服饰设计专业推广应用到学院服设与工艺专业、服装陈列与展示设计专业、服装表演专业，受益学生达1320人，学生的实践能力明显提高，学生获国家级奖项5项，省级比赛获奖48项，其中学生连续2016—2018年三年入围教育部职业技能大赛高职组“服装设计与工艺”赛项，获得一等奖1次，二等奖2次。

学生公开发表创新型论文12篇，完成省级大学生创新创业11项。“尚品手工坊”“拼布包饰品”“扎染配饰”等11个创梦团队，年销售总额超5万元，其中，卓越技师班“天裁定制服装工作室”获10万元创业基金，项目作品入选全国职业院校艺术类作品“广交会”、江苏省“互联网+”大学生创新创业大赛、无锡市创业大赛等6项，学生创新创业能力明显提升。

与江苏阿仕顿、波司登服饰、江苏海澜集团、江苏利布瑞服饰、宜兴乐祺集团等企业重点合作，学生实现了从对企业日常的无知到适应企业工作环境的转变，专业对口就业率在70%左右。

2. 专业成果丰硕，文化特色彰显

“服装与服饰设计专业”被评为江苏省高水平骨干专业、无锡市特色专业、无锡市现代学徒制试点，并建成江苏省“十二五”重点专业群——服装设计与工程专业群、无锡市职业教育重点专业群“时装创意设计专业群”。

项目前期的成果被中国轻工业联合会、中国纺织工业联合会评为教学成果一等奖2项，二等奖1项。

打造了以“教学名师+企业大师”领衔的专业教学团队，其中，教授（博导）1人，产业教授1人。培养江苏省“青蓝工程”2人、江苏省“333”人才1人；江苏省高级访问工程师1人、江苏省“十佳设计师”1人；全国职业教育教学名师1人、全国纺织教育先进工作者3人。

围绕江苏服饰文化遗产，建设无锡市“梁惠娥名师工作室”“吴元新大师工作室”，开展汉族民间服饰文化、传统染绣和数码印花技术等方面的专题研究；申报江苏省社科基金重大项目1项，省一般科研基金项目6项，省级教改课题8项，获发明和实用新型专利14项。出版教育部“十二五”国家规划教材、部委级教材8本，建设课程资源库15门，其中《服装结构设计与工艺》被评为“‘十二五’国家规划教材智慧职教网络课程”；“互联网+‘女装造型表达’课程教学改革与实践”被中国纺织工业联合会评为教学成果二等奖（图5）。

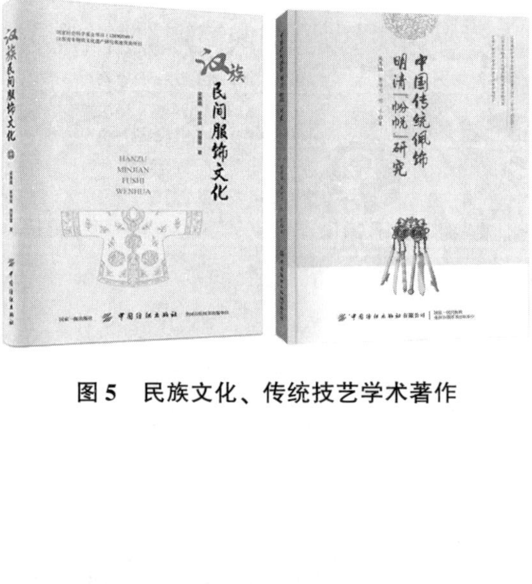

图5　民族文化、传统技艺学术著作

3. 实训基地厚实，产教深度融合

落实“三元协同”育人机制，推动产教深度融合，实现人才精准培养。2016年，与无锡德赛数码科技有限公司、宜兴乐祺纺织集团、江苏新雪竹服饰有限公司三家企业合作开展的“数码印花服饰产教融合实训平台”立项为江苏省产教融合实训平台项目；2017年，与江苏新雪竹服饰，申报建设无锡市现代学徒制试点专业，着重于旗袍传承创新、茶服设计等方面；2018年，与无锡德赛数码科技等公司立项建设江苏省“360°数码印花服饰技术研究开发中心”项目；与阿仕顿服饰、波司登集团、柒牌集团等开展校企深度合作，设有“康博班”“柒牌班”“阿仕顿时尚零售班”；与宜兴乐祺集团孵化“熹黑”牛仔品牌，并在“微盟”“淘宝”等线上平台销售；近三年，社会培训1675人次，开展横向课题社会服务，到账经费98万元（图6）。

图6　行校企协同合作

4. 行业影响提升，社会反响良好

本建设成果先后得到中国纺织教育学会倪阳生会长、江南大学服装学院吴志明教授等专家的好评，更得到众多毕业生及其父母对院校专业的高度认可。近年来，获江苏省教育厅、省服装设计师协会最佳育人奖、最佳组织奖2项。

与香港知专签订交流合作协议，专业培养特色得到高度认可；作为全国服装陈列与展示设计专业教指委主任单位，依照“艺技融合，三元协同”建立的课程体系、课程标准及项目式课程方案在全国开设陈列专业的职业院校广泛推广和应用；承办由全国纺织服装职业教育教学指导委员会、中国纺织服装教育学会主办的全国纺织服装信息化教学比赛、陈列专业骨干教师培训。

中国教育报先后对我院服装设计与工程专业群进行了“一体两翼，三环四进”培养人才、“共栖同体”根治校热企冷“顽疾”等报道，新华日报、江苏教育电视台视频新闻等媒体对“毕业设计成果展”“大学生创梦广场活动”、全国纺织服装信息化教学大赛做了新闻宣传（图7、图8）。

图7　专业改革媒体报道

图8　民族文化、传统技艺海外交流推广

二等奖

基于校企共建共享的食品类专业“四位一体”校内实训基地的建设与实践

成果名称　基于校企共建共享的食品类专业“四位一体”校内实训基地的建设与实践

成果完成人　覃海元、杨昌鹏、罗英极、黄卫萍、麻少莹、陈智理、李富宁、韦璐、林君、黄春秋、吴潮、潘嫣丽、唐婷、魏萍、黄杰

成果完成单位　广西农业职业技术学院

一、成果内容

1. 以产教融合为导向，校企合作共建共享“四位一体”的基本技能型实训基地

（1）校企合作共建共享面点加工实训室。与南宁市职业技能鉴定中心合作，按照中式面点师和西式面点师培训和考核场所建设标准的要求，建设（改建）面点加工实训室，用于实践教学、社会培训和面点师职业资格考评。2016—2019年共为719名学生提供面点师职业资格考评服务。

（2）校企合作共建共享农产品食品检验实训室。与广西轻工产品质量监督检验站、农业-092特有工种职业技能鉴定站等单位合作，建设（改建）农产品食品检验实训室，用于实践教学、社会培训和食品农产品检验员职业资格考评。2016—2019年共为931名学生提供食品农产品检验员职业资格考评服务，安排152名学生到合作单位实习。

（3）校企合作共建共享烹饪实训室。与广西八桂现代农业科技有限公司八桂田园景区（国家4A景区）合作，设计和建设建筑面积约1200平方米的中餐烹饪实训室和西餐烹饪实训室，用于实践教学、社会培训和烹调师职业资格考

评。2017—2019 年，安排 96 名学生到合作企业实习。

2. 以校企双赢为基础，校企合作共建共享“四位一体”的生产性实训基地

（1）校企合作共建共享果酒生产性实训基地。与广西南宁绿悦食品有限责任公司、广西那佰峰庄园酒业有限公司合作，按照食品生产许可要求，设计和建设建筑面积约 800 平方米的果酒生产车间。以广西南宁绿悦食品有限责任公司为市场主体申报取得果酒生产许可证，生产的香蕉酒在市场上销售；基地的建设成果为广西那佰峰庄园酒业有限公司设计和建设果酒生产车间、申办食品生产许可证提供技术支持和管理咨询服务。

基地可为食品工程系各专业学生开展果酒生产、检验、质量安全管理、销售等实践教学活动、社会培训和社会技术服务提供平台支撑。

（2）校企合作共建共享果醋生产性实训基地。与广西南宁绿悦食品有限责任公司、广西石埠乳业有限公司合作，按照食品（果醋）生产许可要求，设计和建设建筑面积约 700 平方米的果醋生产车间。由果醋生产车间生产香蕉原醋，由广西石埠乳业有限公司负责生产香蕉醋饮料，由广西南宁绿悦食品有限责任公司负责销售香蕉醋饮料。三方紧密合作并实施公司化运营，实现基地共建共享和正常运行。

基地可为食品工程系各专业学生开展果酒生产、检验、质量安全管理、销售等实践教学活动、社会培训和社会技术服务提供平台支撑。

（3）校企合作共建啤酒生产性实训基地。与广西南宁绿悦食品有限责任公司合作，设计和建设建筑面积约 200 平方米的小型精酿啤酒生产车间，用于开展实践教学、社会培训和社会技术服务，目前已生产精酿啤酒 12 吨。

（4）校企合作共建共享食品科技馆。与广西八桂现代农业科技有限公司合作，设计和建设建筑面积约 900 平方米的食品科技馆，用于实践教学，以及作为现代农业示范园的一个景点，面向南宁市的中小学生、大学生和社会游客开展食品生产、食品健康与安全等科普教育。

（5）校企合作共建共享学生创业基地食品 DIY 馆。与广西八桂现代农业科技有限公司合作，按照食品经营许可要求，设计和建设食品经营性实训基地建筑面积约 900 平方米的食品 DIY 馆，以创业学生为主体申办食品经营许可证照，作为广西八桂现代农业科技有限公司现代农业示范园的一个项目对外营业。

（6）校企合作共建教育科普实训基地。与广西农业科学院合作，建设农产品质量安全与营养健康科普基地，2018 年至今，接待各类参观、科普教育等合计 2.1 万人次，并被国家农业部认定为全国首批农产品质量安全与营养健康科普工作站。

3. 以市场为导向，校企合作共建共享农产品加工应用技术协同创新中心

与广西石埠乳业有限公司等 8 家企事业单位开展科研合作，项目经费累计 105 万元；开展国家农转项目、广西创新驱动发展专项项目等 8 项纵向科研项目研究，项目经费累计 151.5 万元。

二、成果的创新点

1. 校内实训基地建设思路上的创新

提出了要按照“校企共建、资源共享、区域特色、与时俱进”的建设和利用原则，“四位一体”的功能要求，校企共建共享校内高水平专业化校内实训基地。

2. 校内实训基地建设成果共享模式上的创新

以校企合作协议为依据，以管理制度为保障，校企多形式共享校内实训基地的建设成果。有共享基地硬件资源用于产品研发、用于合作生产经营、用于职业技能鉴定的，有共享技术规程管理制度等软件资源的，也有共享基地培养的人才的。

3. 校内生产性实训基地运营管理上的创新

果酒、果醋生产车间的运行管理由广西南宁绿悦食品有限责任公司严格按照《中华人民共和国公司法》等法律法规具体负责，产品上市销售，独立核算、自负盈亏；公司总经理由学院教师担任，以合同形式规定公司应完成的学生实践教学、教师实践锻炼等目标任务，确保基地的可持续发展和服务实践教学的根本属性。

三、成果推广应用效果

1. 推广应用

校内实训基地校企共建共享模式得到我院其他教学系部的认可与借鉴，我院后来建设的动物科技馆、中草药科技馆等实训基地就是按此模式创建运作。同时，贵州农业职业技术学院、贺州学院、广西工业职业技术学院等省内外一些高职院校也借鉴我系建立的生产性实训基地共建共享模式开展其校内生产性实训基地的建设和运行管理。

本成果先后在学院2015—2018级6个食品类专业进行实施，直接受益学生1500人。校企合作共建实训基地接待各类参观、科普教育等合计2.1万人次，基地建设得到一致高度评价与认可。

2. 成果应用成效

（1）专业建设取得显著成效。食品加工技术专业在2018年被教育部确定为教育部第三批现代学徒制试点专业，2019年被教育部高等职业教育创新发展行动计划（2015—2018年）项目认定为骨干专业。

2018年，我院食品加工技术专业与贺州学院食品科学与工程专业被广西教育厅批准为应用型本科产教融合协同培养试点专业。

（2）学生培养质量显著提高。依托新建设的校内实训基地，学生报到率由建设前的（2016年）79.36%提升至2019年的86.98%；专业群毕业生的双证率（毕业证+职业资格证）由95.63%提升至100.00%，毕业生就业率由90.87%提升至93.49%，专业对口率由80.12%提升至85.64%，其中，创业率≥6%。近三年来，结合实训基地情况开设了食品加工（面点）创业班3个；学生共申请学院创新创业课题52项获立项研究，已结题40项；组织学生申报创业项目，共有7个创业项目获批入驻学院“创客园”或“启航园”，组建创业团队18个，组织学生参加中国“互联网+”大学生创新创业大赛广西区选拔赛，获学院一等奖2项，二等奖4项，三等奖1项。2015—2019年，学生参加全国和广西职业院校技能大赛，获得国家级二等奖和三等奖各1项，省级一等奖5项、二等奖4项、三等奖4项；参加全国食品行指委技能竞赛，获得金奖1项，银奖2项、铜奖1项，学生培养质量明显提高。

（3）“双师型”教师水平进一步提升。2015—2019年，我院食品工程系共有11名教师获得二级酿酒师（技师）职业资格，13名教师获得二级食品检验工（技师）职业资格，3名教师获得二级电工（技师）职业资格，2名教师获得一级食品检验工（高级技师）职业资格；有4名教师被广西教育厅认定为高级双师型教师，5名教师被广西教育厅认定为中级双师型教师，9名教师被广西教育厅认定为初级双师型教师。双师型教师比例达到90.3%。

（4）教学水平显著提高。依托校内实训基地，教师参加广西区教学能力比赛，获微课教学比赛一等奖 1 项，三等奖 1 项，课堂教学比赛三等奖 1 项。2017 年，黄卫萍教授入选国家“万人计划”教学名师候选人。多位教师获学院教学质量优秀奖。

（5）社会培训规模和质量显著提高。2016 年 6 月—2019 年 12 月，结合校内实训基地开展“新型职业农民”培训 7104 人次，为食品企业员工培训“果醋果酒生产技术”896 人次，为贫困村村民开展技术培训 978 人次，为东盟国家开展技术培训 483 人次。

（6）校内生产性实训基地成果转化成绩喜人。2018—2019 年，系部教师将科研成果香蕉醋与香蕉酒生产技术转化至广西南宁绿悦食品有限责任公司，利用校内生产性实训基地生产香蕉果酒与香蕉果醋，实现果酒产值 57. 1 万元，利润 10. 4 万元；果醋产值 30. 15 万元，净利润 5. 6 万元。2015—2017 年，基地承担的“优质香蕉酒加工技术中试”农业科技成果转化项目，获中央财政资金 60 万元，生产香蕉酒 42. 8 吨，实现销售收入 63. 89 万元，净利润 14. 63 万元。2017 年，基地承担的“香蕉、龙眼高校加工及副产物高值化利用关键技术研究”课题获广西科技重大专项资金 72 万元。

（7）社会技术服务能力明显提高。2015 年—2019 年，实训基地多次接待国内外领导、专家、师生、社会人士的参观，参观人数累计 2. 1 人次，实训基地得到国内外领导、专家的高度认可。2015—2019 年，实训基地承担与广西石埠乳业有限责任公司申报的“超高温香蕉牛奶、南瓜淮山复合饮料的研制与开发”项目、“南瓜淮山复合饮料的的研制与开发”项目的实施，南宁市良庆区科技局资助经费共 26 万元，公司资助经费 10 万元。2017 年，利用校内生产性实训基地的技术和经验，潘嫣丽副教授主持广西大化县瑶山红葡萄产业开发有限公司申报大化县科技局“优质酿酒葡萄新品种的种植与精准扶贫示范”项目，获得 10 万元资金。多位教师担任广西扶贫科技特派员，利用自身专业技术知识服务 12 个扶贫村镇，受益人达 6203 人次，产生直接经济效益 689 万元。2018—2019 年，项目组成员利用校内生产性实训基地的建设成果和经验，分别指导广西那佰峰庄园酒业有限公司和广西纳丰农业科技有限公司，设计、建造一个年产 1000 吨桑葚果酒和一个年产 100 吨速冻桑叶菜的工厂，并协助两家公司申办了食品生产许可证。

3. 示范辐射作用

通过多种途径提升基地示范辐射作用，一是开展企业人员、水库移民、新型职业农民、东盟国家专业技术人员等培训项目；二是完善建设“农产品加工应用技术协同创新中心”，提供成果转化、技术咨询、推广应用、科研合作等服务；三是选派更多科技特派员及教师技术下乡镇、村屯等进行咨询、推广、培训、指导等服务；四是组织国际、国家级等各层级学术研讨会议，提升社会影响力。

“产教互融、研创互促”化妆品专业群校企协同育人模式的建设与实践

成果名称　“产教互融、研创互促”化妆品专业群创新型人才培养模式研究与实践

成果完成人　徐梦漪、朱永闯、龚盛昭、黄笑、石磊、周亮、李华、曾文良、揭雪飞、杨铭、尹美娟

成果完成单位　广东轻工职业技术学院

一、成果背景

2010年，以我校国家示范校建设为契机，对精细化工技术等专业的校企合作情况进行了调研分析，发现育人过程中专业教学与产业发展存在脱节、产教融合深度不够的现象。这是高职教育的共性问题，如何破局？值得研究。

2010—2012年，在国家示范校建设项目和省、行指委、学校等17项目各级教改项目的支持下，化妆品专业群进行了基于产教深度融合的校企共育英才模式探索和实践，逐步凝练形成了“产教互融、研创互促”校企协同育人实施方案。

2013年至今，进行方案不断完善和推广应用，取得了系列标志性成果。

具体背景与形成脉络如图1所示。

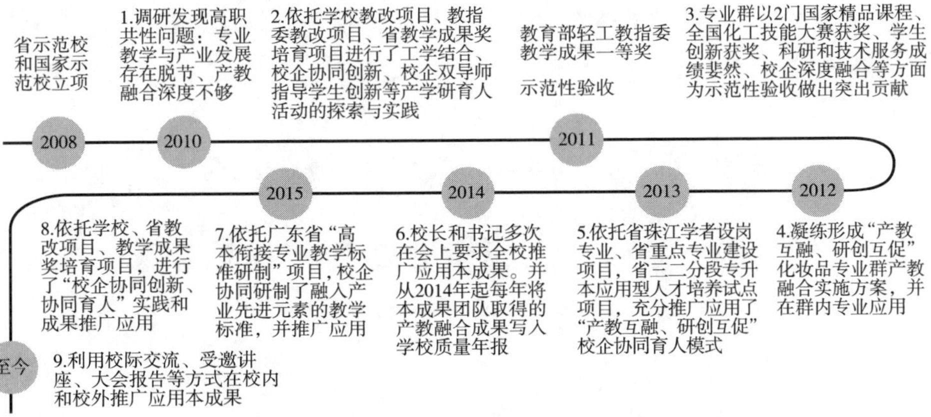

图1　成果形成的背景与脉络

二、成果内容

1. 以产业人才需求为引领，建立专业建设与产业需求变化快速联动传导机制，解决专业建设与产业发展需求不匹配问题，实现精准育人

（1）围绕化妆品产业链细分化发展需求构建专业群。广东是化妆品大省，已经细分成原料生产、化妆品生产、化妆品营销的完整产业链。为满足产业链细分后对人才的需求，陆续创办了精细化工技术、化妆品技术、化妆品经营与管理专业，组建了围绕化妆品产业链的专业群，如图2所示。

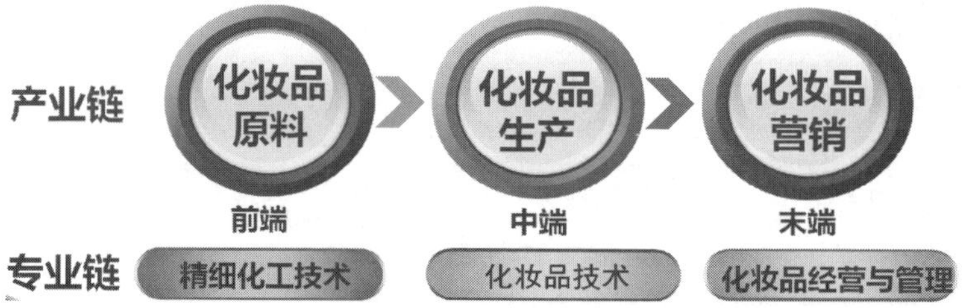

图2　化妆品专业群

（2）根据化妆品产业链岗位需求重新定位专业群的人才培养目标和规格。针对化妆品产业链岗位群细分为研发、生产、评测、营销，将专业群人才培养目标定位为“一专多能”复合型技术技能人才，精细化工技术专业专注于化妆品原料研发、生产和营销，兼顾化妆品研发；化妆品技术专业专注于化妆品研发、生产和检验，兼顾化妆品营销，化妆品经营与管理专业侧重于化妆品营销，兼顾化妆品评测和生产。根据培养目标定位，调整了人才培养规格。

经过多年实践，专业群学生毕业后发展轨迹基本如图3所示，达到了预期人才培养目标。

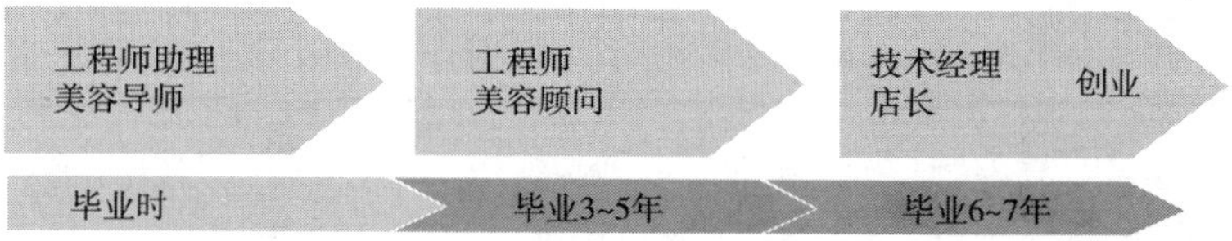

图3　毕业生发展轨迹

2. 以产业创新工艺技术为聚焦，实践“产业创新工艺技术融入教学”改革，解决专业群原有教学内涵、教学资源和育人标准与产业发展人才需求脱节问题，实现卓越育人

（1）重构专业群课程体系，确保专业教学内涵符合产业发展要求。根据化妆品产业链岗位人才需求，重构了突出学生“一专多能”培养的课程体系。如图 4 所示为突出“擅研发，精生产，通测评、会营销”的复合能力的化妆品技术专业课程体系。

图 4　突出“一专多能”培养的课程体系

（2）将产业创新工艺技术深度融入专业群教学过程，确保专业教学资源和育人标准符合产业发展要求，培养英才。

产业先进技术融入专业群教学资源建设，确保教学资源先进性：一是与产业工程师共研教学标准。与广州环亚化妆品科技有限公司（简称环亚）、广东伊丽汇美容科技有限公司（简称伊丽汇）等知名企业共研了教学标准，将产业链新技术、新工艺、新规范融入教学标准和课程标准中；二是与产业工程师共编教材和精品课程。如与环亚陈庆生高工等共同编写的《日用化学品制造原理与工艺》就将产业最新技术、标准、法规融入教材，将该课程建成国家精品资源共享课。三是与产业工程师共研教学案例和试题库。与化妆品产业链 30 多家企业合作共研了教学案例集和试题库，实现企业案例进课堂。

特别地，校企共研的教学资源不仅用于教学，也用于员工培训，实现了共研共享。

产业优秀文化融入专业群课堂教学，确保人才品质卓越性：与环亚等知名企业进行了产业优秀文化共育人才实践，将公司的中国美容化妆品博物馆和企业馆作为教学基地，进行现场教学，让学生深刻熏陶化妆品优秀历史文化，领悟企业的“勤、诚、恒”文化，引导学生养成精益求精和追求卓越的品质。专业群依托该博物馆研制的广东省精品视频公开课“化妆品与生活”的8个视频，反哺给博物馆，实现互通互融。

产业科学管理融入教学评价，确保人才评价标准科学性：将产业科学管理元素，如质量、创新、团队、职业道德等融入课程考核，提炼出课程考核的KPI指标。如图5所示为融入了产业科学管理的多元化考核方案，由校企双导师评价、学生自评、互评组成，以确保人才评价科学、客观。

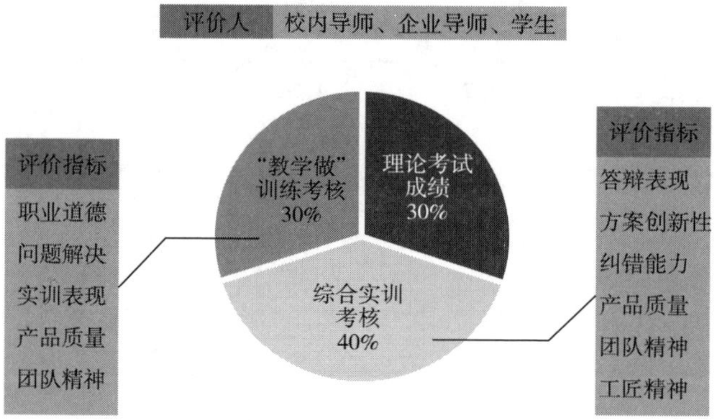

图5　多元化考核方案

产业优秀人才融入育人过程，实施校企双导师教学改革，确保人才的实用性和创新性：①产业技术骨干主导实践教学指导：聘知名企业技术骨干为兼职教师，负责实践教学指导，提升学生专业技能和创新能力。

典型案例：实践了校企双导师指导实训改革，依托企业导师将产品研发用的“试错迭代”法导入综合实训教学（图6）。整个教学过程中，学生自主完成查资料、设计方案、改进方案、实施方案、总结实训，着重培养自主决策、发现问题、解决问题的能力。

②产业技术骨干融入课外育人指导：校企共建导师工作室，双导师指导以学生为中心的“七大”课外育人项目（图7）。

实践“七大”育人项目后，学生技能和创新能力显著提升，获得化工技能大赛国赛一等奖、挑战杯国赛一等奖、18件发明专利等成果，不少学生的创新作品转化成了产品，如图8所示。

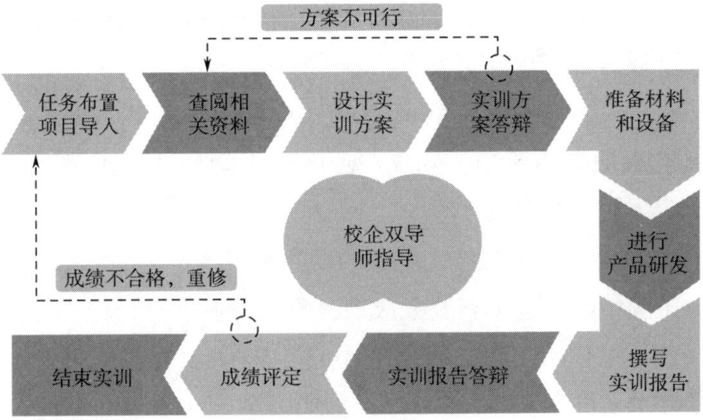

图 6　真实项目试错迭代实训法

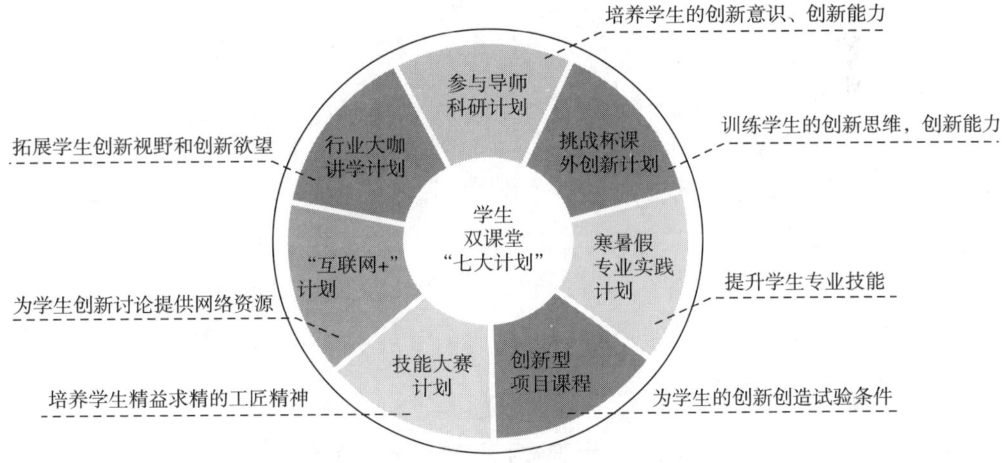

图 7　七大课外育人项目

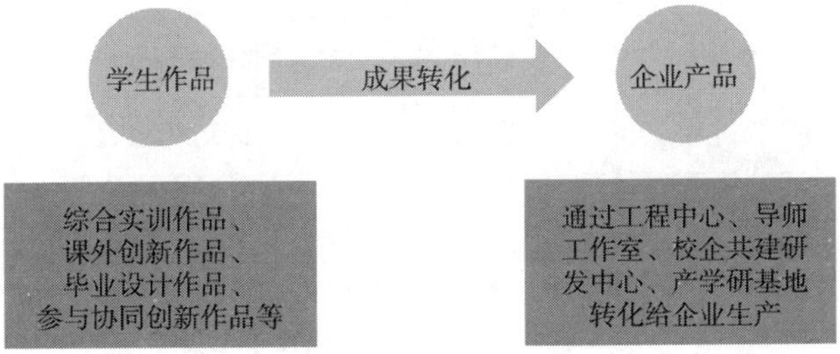

图 8　学生课外创新成果转化过程

③产业技术骨干融入现代学徒制人才培养：与伊丽汇共同开展了现代学徒制人才培养，校企双导师全程共育人才。

3. 以产业创新服务为驱动，解决产业融入教学的动力不足，参与协同育人积极性不高，实现校企共育英才

（1）校企共建协同创新与技术服务平台，吸引产业主动参与英才培养。

①依托省工程中心输出创新服务成果，吸引企业主动合作育人。依托校企共建的广东省绿色日用化工工程技术研究中心，50多项创新成果输出给产业，40多家企业主动要求协同创新、协同育人，实现了产教双向深度融合。

典型案例：工程中心与环亚实现了深度产教融合，实践协同创新，完成科技成果鉴定20项，获省科技进步奖等15次，激发公司深度协同育人。

②引企进校共建研发中心，实现共研共育。先后吸引美国陶氏化学、德国爱卡等企业与我校共建研发中心，既为企业服务，也参与教学；既是企业员工，也是教师，实现校企共研共育。

③校企共建产业技术培训平台，形成品牌效应。2008年起，培训平台一直为伊丽汇、容大、动静界等企业提供送教上门服务，企业反哺专业群开展现代学徒制、订单班人才培养。

（2）打造“教学、科研、服务”三强教学创新团队，吸引产业主动融合育英才。实践了“六个一”专职教师服务产业提升计划（表1），教师创新服务能力显著提升，取得了丰硕产教融合成果。

表1　“六个一”专职教师服务产业提升计划

方案	目　标
选定一个产业服务研究方向	将研究方向做深做透，硕果累累，成为行业领奖人才
组建一个产业服务创新团队	依托团队，做好产业技术服务，积累产业服务经验
坚守一线教学守好三尺讲台	在教学一线将产业先进元素融入教学，提升教学水平
建好一门产教融合优质课程	产业技术服务成果转化为教学资源，打造金课
培养一支以研育创学生团队	学生参与教师科研和产业技术服务，培养创新能力
服务一个行业龙头创新企业	协同创新提升教师产业服务能力，实现校企双赢

典型案例：龚盛昭教授是践行“六个一”的典范，实现了“教学、科研、

服务”三强，既是国家级教学名师，也是珠江学者。环亚聘他担任研究院长，帮助公司 GDP 从 2012 年的 8 亿元增长至现今的 28 亿元。环亚也积极协同育英才，实现校企互通互融，打通产教双向深度融合路径，实现人才链、产业链和创新链的有机衔接。

三、成果的创新点

1. 实践了产业创新工艺技术融入专业群教学改革和育人全过程

将产业创新工艺技术融入教学资源、优秀文化融入课堂教学、优秀人才融入育人过程、科学管理融入教学评价，解决了专业群原有教学内涵、教学资源和育人标准与产业发展人才需求脱节的问题，实现精准育人，创新和丰富了产教融合理论内涵。

2. 实践了创新服务驱动产业主动融入教学和协同育人

校企协同共建了省工程中心、研发中心等创新服务平台，依托平台输出创新服务成果；实施了“六个一”专职教师服务产业能力提升计划，打造出一支“教学、科研、服务”三强的教学创新团队，提升了产业信任度和育人能力。通过提升创新服务能力，激发了产业融入教学和协同育人的热情，打通了产业与专业间双向深度融合路径，实现了人才链、产业链和创新链的有机衔接，创新和丰富了协同效应理论内涵。

3. 实践了以学生为中心的校企双导师共育英才教学改革

在课内，依托企业导师将企业研发用的“试错迭代法”引入实训教学改革，创新了教学方法论；在课外，实践了双导师指导的“七大”育人项目；实践了双导师指导的现代学徒制人才培养。取得了丰硕的育人成果，为行业培养了一大批卓越人才，创新性地形成了校企双导师共育英才模式。

四、成果的推广应用效果

本成果凝练形成了如图 9 所示的校企协同育人精准共育英才模式：产业人才需求引领组建专业群，产业岗位需求定位人才培养目标和规格，确保精准育人；产业创新工艺技术融入教学资源，聚焦育人过程，确保人才卓越；产业服务驱动产业参与育人热情，实现人才链、产业链和创新链的有机衔接，确保协同育人的可持续性。于 2013 年起在校内外推广应用，取得了丰硕的育人成果。

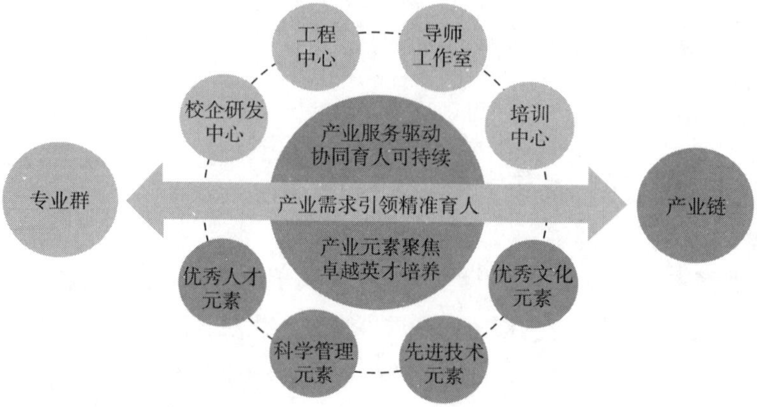

图 9　校企协同精准共育英才模式

1. 校内推广应用效果

（1）专业群在校生专业技能、创新能力得到显著提升：全国高职院校化工生产技术技能竞赛（国赛）一等奖等省级以上技能竞赛获奖 44 次，挑战杯全国一等奖等省级以上挑战杯获奖 8 项；省团委资助科技项目 2 项；申请发明专利 17 件；发表科技论文 28 篇。是我校获得全国技能竞赛和挑战杯大赛最好成绩的专业群。

（2）专业群毕业生受到了用人单位的追捧：毕业生满意率、专业对口率、工程师和培训讲师岗位任职率逐年上升，如毕业生 3 年后在工程师岗位的任职率由 2009 年届的 30. 2%上升至 2015 年届的 92. 3%。累计已为行业培养了 100 多名企业家、1000 多名工程师和经理，已成为化妆品企业家和工程师培养的摇篮。

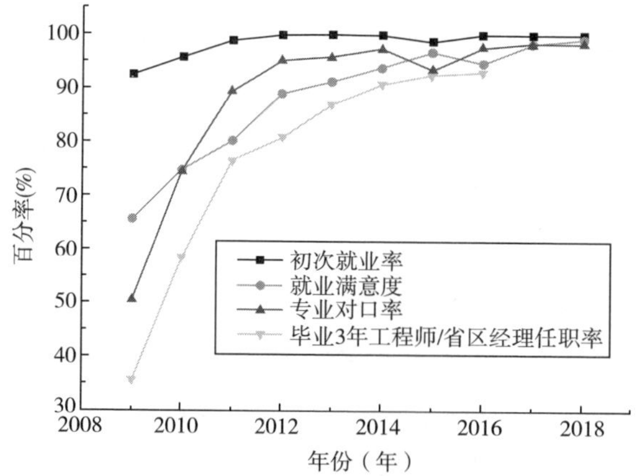

图 10　专业群毕业生就业情况

（3）打造了一支“教学、科研、服务”三强的教学创新团队：国家万人计划领军人才1名、国家级教学名师1名、珠江学者2名、省特支计划教学名师1名、行业优秀教学团队1个等。

（4）专业群教学改革取得了显著成果：代表学校参与“双高计划”专业群遴选，有省重点专业1个、珠江学者设岗专业1个、现代学徒制试点专业1个，获得国家级教学成果奖1项、省级教改项目7项、国家精品课程2门、主编教材8本、教改论文20余篇等。

（5）专业群产业服务能力得到了行业企业高度认同：省工程中心1个，纵向科研项目20余项，技术服务项目31项，科技成果鉴定20项，科技进步奖23次，发明专利授权30余件，科技论文200余篇，近5年企业和社会人员培训项目32项。

（6）育人模式在我校形成了示范效应，在校内全面推广应用：成果完成人多次在校内做成果推广报告，本成果经验多次被写入学校文件、规划和人才培养质量年报，校长和书记多次在会上要求全校应用，得到原教育部副部长鲁昕同志的肯定。

2. 国内推广应用和影响力

（1）专业群产教融合教改水平引领了全国同类专业发展：国内深职院等80余所院校相关专业教师到我校交流并借鉴应用了本成果经验，应邀到山西轻工职院等兄弟院校开设成果相关讲座26次，8次在行业会议做成果相关报告。

（2）专业群产教融合育人模式得到多家媒体报道

2017年9月，《南方都市报》以《为职校生培养辟出新的康庄大道》为题，2019年5月，《光明日报》、化妆品权威时尚杂志《美妆制造》、番职院内刊《青蓝》和媒体网站等对本成果经验进行了报道，促进了成果推广应用。

3. 国际影响力

成果完成团队到美国密歇根州立大学等学校和新加坡、韩国等国美容机构访问交流13次，利用国际会议平台4次介绍本成果；有15位学生到马来西亚等国顶岗实习，得到国外同行关注。

与国际化工巨头美国陶氏化学公司、德国爱卡公司、马来西亚PCI佳美公司等进行共建研发中心的国际产教融合，彰显我校在国际化妆品界的影响力。

4. 前景展望

本成果具有广泛普遍性和推广应用价值，下一步的深度研究必将产生更多成果，在高职领域具有广阔推广应用空间。依托我校牵头的“一带一路”国际高职教育联盟，充分利用国际交流合作机遇，本成果必将在国际合作领域学校产生更大影响。

基于嵌入式教学平台
机电复合型人才培养的探索与实践
——以四川工商职业技术学院为例

成果名称　基于嵌入式教学平台培养机电复合型人才的创新与实践——以四川工商职业技术学院为例

成果完成人　赖冬寅、吴琦、邓春生、罗明凤、周少璇、孙中生、李冉、刘刚

成果完成单位　四川工商职业技术学院

一、成果背景

1. 国家轻工业转型升级，工业信息化的高速发展，对高职教育提出新要求

工信部发布的《轻工业"十二五"发展规划》《轻工业发展规划（2016—2020年）》，明确提出了"提升重点装备制造水平，推广满足个性化定制服务、全生命周期管理及在线支持服务的服装柔性生产系统""扩大两化融合应用领域，以两化融合为主线，加速轻工产业转型升级，支持信息技术在研发设计、生产过程、营 销管理、物流配送、产品服务、节能减排和安全生产等方面应用"。

占据中国80%数量的大量中小企业如何在技术力量薄弱、资金短缺、人力资源缺乏的条件下实现企业数字化和智能化升级，成了中小企业求生存、促发展所面临的巨大问题。为支撑轻工业转型升级提供人才保障，就需要完善人才培养机制，院校需要加强与拥有先进技术的高新技术企业紧密结合，开展新技术应用知识培训、专业技术人员知识更新、科技交流等活动，共同培养人才。

2. 我省轻工行业面临智能制造转型升级，对机电复合型人才培养提出了新需求

四川省发布的《四川省"十三五"轻工行业发展指南》（以下简称《指南》），提出轻工业增加值"十三五"期间年均增长9%左右，比全国目标高出3个百分点左右。相比于产值的要求，《指南》更强调加快推进"互联网+"和"中国制造2025"战略有效实施，形成行业发展新动力；继续优化产业布局，完

善产业链；发展科技轻工、绿色轻工。

而这些都需要有大量的机电复合型技术人才来支撑，员工不仅需要掌握工业信息化的技术，而且需要具备工程创新实践能力。

3. 四川省高职院校机电复合型技术人才培养的现状

四川省高职院校机电复合型技术的人才培养模式宽泛，缺乏有效的途径将工业信息化技术更好地融入专业教育中；同时，实践教学方式和师资队伍建设都远远落后于行业企业发展，不能适应机电专业信息化能力培养需求，更达不到企业复合型人才的用人要求；而且，机电类专业之间资源分割，标准不统一，共享共用率低下，效率不高，成本难降，无法形成教学合力。

二、成果内容

1. 引入行业先进技术，校企共同开发嵌入式实践教学平台

深入川内轻工行业调研，着重从“关键信息技术应用”“机电复合型人才需求”等多方面入手，采集轻工行业内不同产业在智能制造转型升级过程中对机电复合型人才的需求，以及对信息化技术的应用需求和特点，提炼行业共性和特性，形成了以提升机电类人才“信息化技术应用能力”和“工程创新能力”为目标，集中围绕行业内“生产过程信息化”“生产管理信息化”“企业管理信息化”的信息化技术需求特点，改革轻工行业内机电类专业的课程结构和实践教学系统的教学改革目标。

围绕教学改革目标，邀请全国龙头企业航天科工集团、国家高新技术企业“成都天衡电科”，引入行业先进技术，共同建设“嵌入式实践教学平台”。平台的硬件系统以学校教学科研团队为主体进行建设，众多企业专家参与技术指导；平台的软件系统，以企业为主体，学校教学科研团队共同参与，编制了国家标准《基于云制造的智能工厂架构要求》和《生产数据及设备状态信息实时采集分析管理系统 V1.0》《质量检测测试数据管理系统 1.0》等多项软件方面的著作。

建设过程中，结合企业先进技术将“硬件核心技术”与“软件核心技术”进行有效对接，使整个系统更具轻工行业特色，更贴近企业实际，更符合轻工行业对机电技术人才“工程应用创新能力”和“信息技术应用能力”的需求，如图 1 所示。

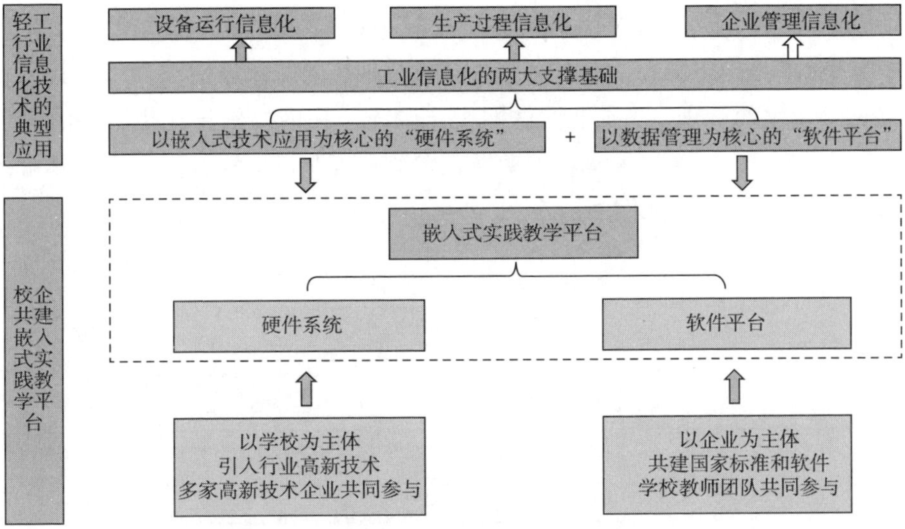

图1　校企共建“基于工业信息化的嵌入式实践教学平台”

其中，该平台硬件以模块化的方式构建，具有可拆分组合的特点；平台软件参考企业实际信息化生产管理过程，能模拟企业“设备运行信息化”“生产过程管理的信息化”，实践项目内容贴近企业实际。

2. 省千人计划专家团队领衔师资团队建设，提升教师信息化应用能力和社会服务能力，打造一支能适应轻工行业智能制造转型升级的“双师型”教学科研团队

为了达到教学改革目标，学校为项目组引进四川省“千人计划”专家、四川省政府大数据行业顾问专家李冉和欧盟法律委员会专家（德国萨尔兰应用技术大学校长）隆美尔教授等行业专家组成专家团队，领衔项目组的“双师型”教学科研团队建设，在校企共同建设“嵌入式实践教学平台”的过程中，通过专场培训、项目研讨、案例分析、企业现场交流等多种方式，提升师资团队的信息化应用能力和社会服务能力，以达到具备培养机电复合型技术人才的师资要求。

3. 校企密切合作，整合实践教学资源，统一机电大类3个专业的专业基础课和信息化拓展课程的标准，创新“1+3+X”实践教学模式，提升教学效率

邀请轻工行业内多家典型企业，根据轻工行业工业信息化的特点，从轻工企业实际应用出发，提供典型案例，共同进行技术分解，重构并整合机电一体化、工业机器人、电子信息工程技术 3 个专业的实践教学资源，统一 3 个专业包括“数字电路”“模拟电路”“传感器”在内的专业基础课和包括“产品创新设计制作”“信息化生产管理”“工业互联网操作系统”在内的信息化拓展课的课程标准，形成了用“1+3+X”的实践教学模式来解决行业机电复合型人才培养路径和矛盾的教学改革方案，如图 2 所示。

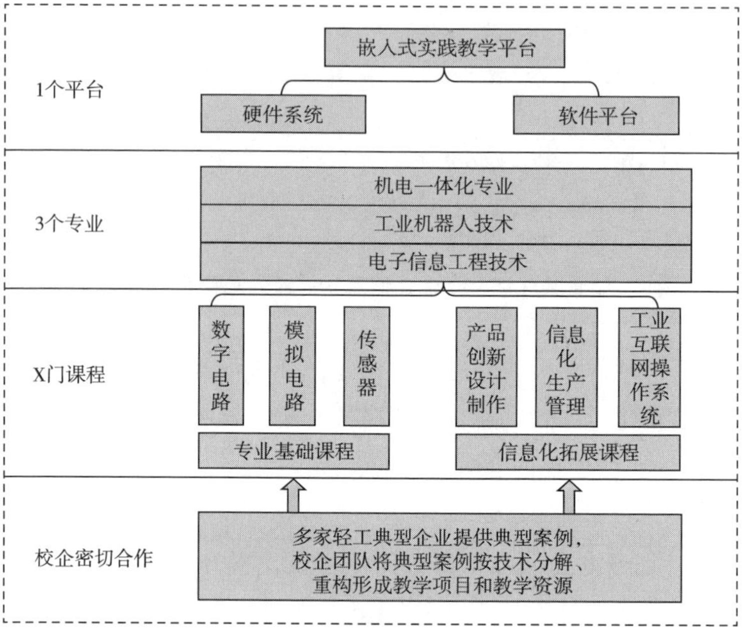

图 2　“1+3+X”实践教学模式的架构图

其中，基于嵌入式实践教学平台下的“1+3+X”实践教学模式，独创了 1 个实践教学系统能对应机电一体化、工业机器人、电子信息工程技术 3 大专业，能应用于包括“数字电路”“模拟电路”“传感器”在内的多门专业基础课程，能应用于包括“产品创新设计与制作”“信息化生产管理”“工业互联网操作系统”在内的多门信息化拓展课程，能将工业信息化技术贯穿专业基础课和信息化拓展课的教学。

4. “教学、科研、社会服务”三位一体，拓展企业和项目资源，不断丰富实践教学资源，提升学生创新创业教育效果

在基于嵌入式实践教学平台的实践教学过程中，项目组坚持以“工程应用创新能力”“信息技术应用能力”提升为人才培养的核心目标，融“教学、科研、社会服务”三位一体进行实践，拓展企业资源和项目资源，带领学生不断将核心技术和阶段性成果用于企业实战、科研教改项目检验，产生更多新的企业案例，并将新企业案例进一步转化成课程实践教学项目。通过这种良好的循环方式实现教学资源的自我更新、自我迭代，使学生能一直接触企业先进技术和现场需求，扩大学生创新创业项目的孵化数量，达到提升学生创新创业教育效果的需求。教学、科研、社会服务三位一体循环建设如图 3 所示。

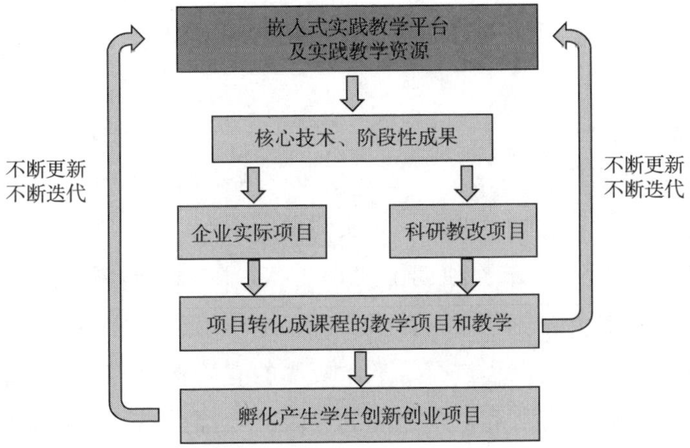

图 3　实践教学下的“教学、科研、社会服务”三维一体循环建设

例如，在项目建设过程中，项目组积极引入“隆昌市碧檀陶瓷有限公司”“普什正友”“捷普科技”“富士康”“普什宁江”等更多具有产业代表性的企业，通过“签订订单班”“引进企业设备共建企业培训基地”“建立校外实训基地”“共同申报技改项目”“参与企业改造升级”“培训企业员工”等多种方式，拓展更多的企业资源共同参与机电复合型人才的培养。其中，校企联合于 2017 年成功申报电子信息工程技术专业为四川省第三批现代学徒制试点专业，积极探索与企业深度融合的方式，探索电子信息工程技术专业面向轻工行业工业信息化的“数字蓝领”的人才培养模式。

三、成果特色与创新点

1. 建设成果特色

（1）本项目成功研发出了具备开放式二次开发功能、具有轻工工业信息化特色的嵌入式实践教学平台，并开发了实践教学指导书1本，发表相关论文15篇，其中有6篇论文被EI收录、2篇论文发表于中文核心刊物；

（2）本项目在建设和应用过程中，通过嵌入式实践教学平台的建设，通过专家团队深入指导师资团队，打造了一支社会服务能力强、教学能力突出的“双师型”教学科研团队，实现了“教学、科研、社会服务”的良性循环，加快了企业典型案例向实践教学资源的转化，提升了实践教学效率，大幅降低了实践教学的单位成本；同时，嵌入式实践教学平台以模块化的方式构建，具备二次开发功能和可拆分组合的特点，能模拟企业实际工作过程，具有轻工行业特色，能有效促进学生信息化技术应用能力和工程实践创新能力的培养。

2. 创新点

（1）采用行业内先进的技术方法和手段，成功研发出了具备开放式二次开发功能，具有轻工信息化特色的嵌入式实践教学平台。

（2）针对轻工行业需求，独创了“1+3+X”实践教学模式，应用1个嵌入式实践教学平台将机电一体化、工业机器人、电子信息工程技术3个专业的X门专业基础课和信息化拓展课程进行了教学资源的有机整合，以工业信息化技术的应用进行串联，打破了专业和课程之间的界限，大幅提高了信息化技术的学习应用效率，有效减少了教学成本。

四、成果的推广应用效果

“嵌入式实践教学平台”从2014年投入使用起，已服务了五届1000余名学生，取得了良好成效，通过实践证明本成果可以满足轻工行业对机电复合型技术人才培养的需求。

1. 毕业生对口就业率和信息化岗位对应率明显提升，知名企业订单量增加

本项目成果自2014年机电类专业开始应用，到2019年相关专业学生开始顶岗实习，项目成果通过5年的推广应用，有效助力了学生对口就业率和信息化岗位对应率的提高。根据2016年、2017年、2018年连续三年，第三方“麦可思-四川工商职业技术学院应届毕业生培养质量评价数据”显示，从2016年起，机电类相关专业的毕业生对口就业率每年提升近5%，在企业信息化岗位就业学生人数每年提升近6%，平均工资逐年增加，企业对学生评价的满意度超过90%，就业质量明显提高；同时，知名企业订单班明显增加，先后有“一汽大众”“富士康”“捷普科技”等行业内知名企业与学校就机电类相关专业签订了多个批次的订单班培养协议，社会知名度明显提升。

2. 人才培养改革稳步推进，教学科研成绩显著提升

自本项目推广应用以来（2014—2019 年），5 年内人才培养改革稳步推进，项目研究团队的教学科研成绩显著提升，社会影响力扩大，与前 5 年（2009—2013 年）形成鲜明对比，具体如表 1 所示。

表 1　　项目研究团队的教学科研、社会服务纵向对比表

序号	对比项目	对比子项目	2009—2013 年	2014—2019 年
1	论文	论文数量	8 篇	15 篇
		论文质量	中文核心 1 篇	EI 收录 6 篇，中文核心 2 篇
2	课题	课题数量	主持 2 项，参与 1 项	主持 8 项，参与 3 项
		课题质量	院级	主持部、省级 4 项，参与省级 1 项
3	教材	数量	1	5
4	课程	数量	参与 1 项院级精品	主持 2 项院级精品共享资源课，参与 3 项院级精品共享资源课
5	社会服务	企业技改	0	仅 2018 年底至今，8 项，到账金额 20.9692 万元
		企业培训	0	仅 2018 年 2 项，总经费 8000 元
		共同申报政府项目	0	1 项，经费 50 万元
		带动产值	0	仅 2018 年，带动企业产值近 6000 万元

3. 社会服务能力和企业案例转化教学资源能力明显提高，社会影响力明显扩大

自本项目成果推广应用以来，教学科研团队先后主持企业技术改造近 20 项，参与企业技术改造 10 余项，企业项目转化实践教学资源多项，社会服务能力和企业案例转化教学资源能力明显提高。

仅2018年至今，就为隆昌市“隆昌市碧檀陶瓷有限公司”等省内10余家中小企业开展智能改造服务，主持横向科研8项，到账金额20.9692万元，社会培训1061人次，省经信委“中国制造2025四川行动资金项目”结题1项（专项资金108万），带动企业产生经济效益近6000万元。

教学科研团队连续受邀参加工业和信息化部举办的“世界工业互联网大会”“工业4.0与中国制造2025全球年会”等大型活动；教学科研团队成员不仅连续受邀担任全国职业院校技能竞赛和四川省职业院校技能竞赛的裁判员，担任中国电子教育学会高等教育分会第七届理事会理事，而且成员荣获四川省教育厅“四川省优秀创新创业导师”“都江堰市优秀创业导师”“四川省物联网优秀教师”等荣誉，入选“四川省首批高等职业（专科）院校紧缺领域教师技艺技能传承创新平台‘电子制造技术与设备’成员”，多人次荣获国家级、省级竞赛的“优秀指导教师”称号，社会影响力明显扩大。

学生在本成果基础上二次开发的“用于包装冲压制品生产的柔性送料设备”“建筑材料难燃性试验的远程监测系统”“用于白酒坛生产的陶瓷吨缸自动化控制系统”等多个项目，分别受省市政府相关部门的邀请，参加了“四川省职业教育改革发展成绩、教育教学成果展示”“2015年成都创业天府”“2016年四川省暨成都市科技活动周启动仪式及主题展示体验活动”等大型展示活动和创业活动，被多家媒体宣传报道。

4. 学生信息化技术应用、工程实践创新能力显著提升，专业技能竞赛成果丰硕

自项目推广应用以来（2014—2019年），5年内我校机电类专业学生信息化技术应用能力和工程实践创新能力都大幅提高，专业技术竞赛成果丰硕，分别在全国职业院校技能竞赛、“挑战杯”大学生课外学术科技作品竞赛等多个国家级、省级赛项中斩获多个奖项，与前5年（2007—2011年）形成鲜明对比，如表2所示。

表2　　成果在学生能力培养上的专业技术竞赛纵向对比表

序号	获奖等级	竞赛获奖数量	
		2009—2013年	2014—2019年
1	全国一等奖	0	2
2	全国二等奖	0	6

续表

序号	获奖等级	竞赛获奖数量	
		2009—2013 年	2014—2019 年
3	全国三等奖	1	5
4	四川省一等奖	1	3
5	四川省二等奖	1	7
6	四川省三等奖	8	17

“校企协同，研教联动，赛创融合”高职育人模式的创新与实践——以工业机器人技术专业为例

成果名称　“校企协同，研教联动，赛创融合”高职育人模式的创新与实践——以工业机器人技术专业为例

成果完成人　蒋正炎、冷雪锋、蒋金伟、李永杰、韩迎辉、高雪、吕心力

成果完成单位　常州工业职业技术学院

一、成果背景

1. 校企协同探索企业和科研发展的创新驱动模式

党的“十九大”报告提出“完善职业教育和培训体系，深化产教融合、校企合作”。2016年，党中央印发《关于深化人才发展体制机制改革的意见》，进一步明确要求“建立产教融合、校企合作的技术技能人才培养模式”。2017年，国务院办公厅正式印发《关于深化产教融合的若干意见》出台深化产教融合的政策措施，明确列入年度深化经济体制改革重点工作。可以说，产教融合、校企协同已成为近年来促进职业教育、高等教育发展，加强创新型人才和技术技能人才培养的一项重要方针，是统筹推进教育综合改革的一项重要制度安排。深化产教融合、校企协同，就是要更好地发挥教育对产业转型升级的支撑引领作用，进一步推动教育与经济社会协调发展，通过人才创新创业加快新旧动能转换。产教融合、校企协同是职业教育的核心和关键环节。但多年来，“校热企冷”的问题一直没有得到根治，合作效果始终不尽如人意。

2. 教与研的有效结合是高校教师亟待突破的难题

著名科学家钱伟长曾指出，“教学没有科研做底蕴，就是一种没有观点的教育”。科研就是教学的“源头活水”，教学没有科研做支撑，就可能失去教育的“灵魂”。特别是在高等职业教育中，将优秀的科研成果直接转化为课堂上的资源，是最直接有效的成果转化方式之一。同时，教学又是科研的巨大“隐形动力”，缺乏对教学的关注，就可能失去提高科研水平的机会。如何将教学与科研

紧密结合、相互促进，是困扰许多高校教师的一个难题。高校教师的研教水平直接关系到高校大学生的受教育水平和学校的发展水平。现实中，许多高校教师表示自身面临着教学与科研的双重压力，且无法同时兼顾。因此，如何通过教与研的有效结合将高校教师的教研压力变为工作动力，是亟待突破的一大难题。

3.“赛、创”融合发展是培养高素质、高技能人才亟待解决的问题

2019年国务院印发的《国家职业教育改革实施方案》中更是明确指出要把职业教育摆在教育改革创新和经济社会发展中更加突出的位置。《国务院办公厅关于深化高等学校创新创业教育改革的实施意见》《国务院办公厅关于深化产教融合的若干意见》等相关政策文件，也对职业教育改革、产教融合、校企合作、创新创业和职业技能竞赛教育等给出了指导意见。在这种政策环境下，创新创业能力是职业教育人才培养的核心目标之一，同时职业技能竞赛作为人才培养质量的试金石也已成为专业教学的重要内容。但目前，创新创业、技能竞赛与专业课程的融合还存在较大问题。因此，如何科学合理的把职业技术能力、竞赛技能、创新创业能力的培养融入课程教学中，促进“赛、创”融合发展，成了培养高素质高技能人才亟待解决的问题。

二、成果内容

常州工业职业技术学院电气工程与技术学院根据产业结构和地域优势以工业机器人技术专业为核心构建智能装备控制技术专业群，辐射周边机器人及高端装备智能控制产业。在人才培养过程中，针对工业机器人技术专业建设的目标定位、业务范围、就业领域、课程体系、培养模式、产教融合和实践教学等问题进行了研究和探索，并创新总结了“校企协同，研教联动，赛创融合”的创新型高职育人模式，破解了专业目标定位不准的问题；在相关理论研究的基础上不断创新，实践项目均来源于企业，破解了课程体系和培养模式单一的问题；校企共建江苏省工程技术研究开发中心，共建工业机器人人才培养中心，共同开发项目，共同培养企业技术人员，现代学徒制、订单培养、企业学院和工学交替的尝试，校企资源共享，互惠互利，协同育人，破解了产教融合和实践教学乏力的问题；教师通过科研和教研的研究，对教学方法和教师手段进行创新改进，形成“引、练、实、拓”式的教学方法和线上线下混合式信息化教学手段，破解了任务发布单一，项目来源单一，评价单一，教学手段和教学方法单一的问题。以技能竞赛作为创新实践的有效载体，培育学生的“工匠精神”，因材施教，分层教学，挖掘学生的最大潜能，破解了教育同一化等问题，注重能力训练，源源不断的激发学生的学习兴趣。

1. “校企协同，研教联动，赛创融合”高职育人模式的内涵

在“新工科”和“互联网+”背景下，以我院工业机器人技术专业为依托，在江苏省高校“青蓝工程”优秀教学团队“智能控制技术教学团队”和院级重点科研创新团队“智能装备与控制技术团队”研究的基础上，不断探索和创新“校企协同，研教联动，赛创融合”高职育人模式。

校企合作，共建教学平台，产教融合，协同育人，从“企业项目”入手，搭建教学载体，引导学生进入任务角色，以“兴趣”切入，以学生为中心，激发学生的学习兴趣；通过“教学—教研—科研”三维联动，使教师在教学、教法、科研等方面不断探索，逐渐形成了科研引领教学，教学助力科研，研教联动、教研互促的育人环境；通过“竞赛—技能—双创”三级结合，以竞赛提高学生的技能，以技能作为创新的动力，以创新作为创业的基础，有效架构多方位育人新路径。

以“项目”作为教学实施的载体，教师在和企业联合制定项目后，通过教学反馈，实时微调项目，使之更加适合教学，通过现代学徒制、订单培养、企业学院和工学交替、信息化的教学手段以及教研项目改进教学模式、教学手段和教学方法，通过科研，提升项目的多维度，开发更多适合教学的子任务。同时通过教学和科研，提升学生的竞赛技能，培养学生的自主学习能力、团队协作能力，以及沟通能力，管理能力，严谨的作风，质量意识、时间意识、成本意识等工程思维和素养培育，从而提升学生的职业核心能力，最终构成“项目—教法—竞赛—双创”四维目标，层层递进，交叉反馈，形成闭环的育人模式，结构关系如图 1 所示。

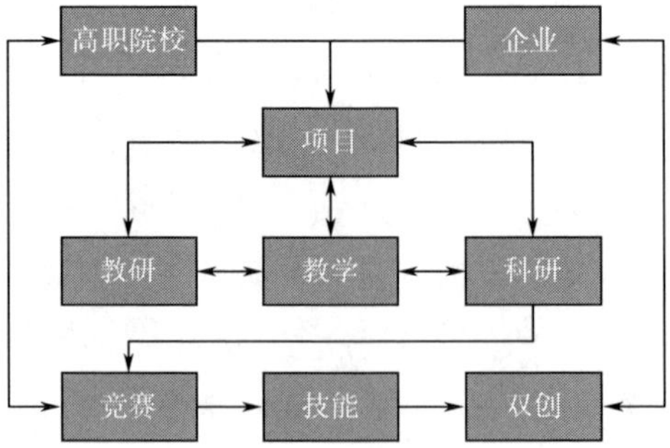

图 1　育人模式的结构、功能关系

2. “校企协同，研教联动，赛创融合”高职育人模式的实践

从2014年开始，工业机器人技术专业团队开始不断探索校企合作、产教融合的人才培养模式，从2018年开始，以江苏省高校“青蓝工程”优秀教学团队“智能控制技术教学团队”和院级重点科研创新团队“智能装备与控制技术团队”研究的基础上，总结出“校企协同，研教联动，赛创融合”的创新型高职育人模式，并不断改进，不断归纳。

（1）以“校企协同，产教融合”为导向的办学模式，搭建全方位多种育人模式。“大所名企”具有良好的企业文化、先进的经营和管理理念，有着把握时局、驾驭市场的能力，有着开拓创新的精神。校企双方发挥各自领域的信息、资源人才及品牌优势，搭建产、学、研多种模式的教学平台，通过现代学徒制、企业学院、订单培养和工学交替的尝试，搭建全方位多种育人模式。

工业机器人技术专业以产学研为纽带，在资源共享、互惠互利的基础上积极开展校企合作，产教融合，先后与遨博（江苏）机器人有限公司共建江苏省协作机器人开发应用工程技术研究开发中心，探索现代学徒制育人模式，教师、师傅联合传授；与常州先进制造技术研究所共建江苏省高校“青蓝工程”优秀教学团队；与江苏恒立液压股份有限公司成立恒立企业学院；与泰金宝电子（苏州）有限公司展开深层次合作，共同培养企业培训讲师和订单培养生产技术人员，学院帮助企业制定培训讲师和生产技术人员的培训体系，培训体系中所需的订单培养人才培养方案、课程标准、课件、培训教材由学院专业教师执笔编写，企业提供教学参考资料所需的视频、手册等，在合作期间，企业提供培训所需的设备整机、部件系统或模块等相应的教学实训设备在教学中使用，同时定期对设备进行维护、保养，保障教学活动顺利进行，学院提供教学场地；汉得利（常州）电子股份有限公司开展工学交替，工作与学习交替进行；与北京华航唯实机器人有限公司共建教育部工业机器人人才培养中心，学院与华航唯实、ABB、项目专家组共同成立专业教学指导委员会，共同参与制定适合学校定位和学生需求的精细化人才培养方案，共同建设教学培训资源，重点突出智能轻工特色，主要围绕教学和培训所需的课程、培训材料、虚拟工作站、企业案例、资源包等。

目前，2门工业机器人国家教学资源库子项目已完成验收，如图2所示，2017年立项的江苏省在线开放课程“工业机器人编程与调试”已完成两期开课，目前已进入验收评审阶段。在建有全国职业院校技能大赛成果转化中心、国家职业教育课程与资源转化中心项目，全国职业院校技能大赛中职组“机器人技术应用”赛项资源转化项目，高职组“制造单元智能化改造与集成技术”赛项资源转化项目。

图 2　工业机器人国家教学资源库子项目

工业机器人技术专业团队与遨博（江苏）机器人有限公司、ABB 以及项目专家组一起，合作开发编写了工业机器人视觉技术及行业应用等多本适用轻工行业工业机器人典型应用的培训教材，如图 3 所示。教材采用新形态教材的编写结构，融合了“互联网+”概念，利用任务驱动教学过程。选取轻工行业典型设备为任务载体，每一典型任务载体都对应了丰富的多媒体教学资源，实现了随看随学，提高学生学习兴趣，减少教师讲授工作量，实现翻转课堂，让学生乐于学习。

图 3　校企合作开发编写的教材

（2）以“校企协同，项目实践”为导向的教学平台，探索创新驱动的育人模式。项目是教学实施的载体，是教学的核心元素，“校企协同，研教联动，赛创融合”创新型高职育人模式以校企共建平台为依托，校企协同育人，产教融合，从“企业项目”入手，项目可以是从企业引入的项目，如图4所示，也可以是校企共同研发的项目，项目又分解为若干基本任务和拓展任务，学生“做中学、学中做”，充分体现以学生为中心，学生团队通过搜集材料，团队合作，利用已学知识，进行拓展创新，完成拓展任务的练习。在项目的实施过程中，可以与企业工程师互动，实时交流，及时解决问题。

图4　来源于校企合作的工程项目

实施知、会、熟、通的能力进阶培养，如图5所示，由知到会，由会到熟，由熟到通，依托校企实践平台和资源，按项目开发设计流程，构建课程体系，将教学项目由简单到复杂，从单一技能训练到综合能力培养进行设计，循序渐进，全方位锻炼学生的动手操作能力和职业核心能力。

按照“课程小项目、学期大项目、毕业总项目”课程体系构建高职育人的创新驱动模式，注重能力培养，将个人综合素质训练放在教学首位，以专业内容学习和实践训练为载体，系统培养学生的职业核心能力。

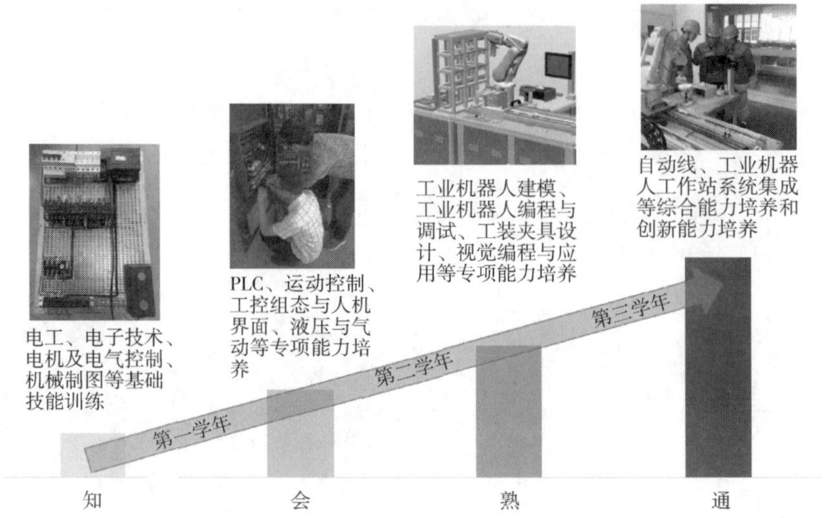

图 5 “课程小项目、学期大项目、毕业总项目”的能力进阶体系

“课程小项目”把专业平台课程中的核心技术融入小项目中，采用任务驱动式项目教学法，让学生学的有乐趣，产生兴趣而形成一种工程思维和意识。例如，“十三五”江苏省高等学校在线开放课程“工业机器人编程与调试”按照“看看”“动动”“练练”“玩玩”工业机器人，如图 6 所示，课程共分为 4 大项目，涵盖了工业机器人操作能力，工业机器人现场编程调试能力，工业机器人及作业系统的安装、调试、操作能力，工业机器人及作业系统的排故、维修能力，以及自主学习能力、创新能力和团队协作能力等知识、技能、素质三维教学目标。

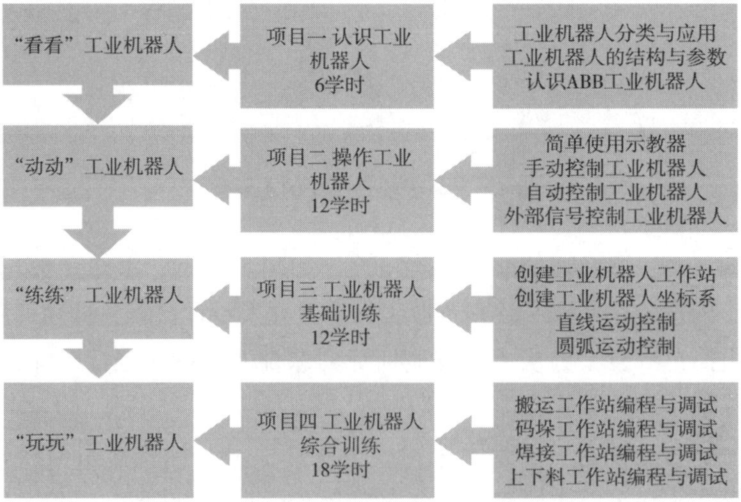

图 6 “工业机器人编程与调试”教学项目

“学期大项目”在一个学期或连续几个学期的一体化课程或实践课程中，围绕一个综合项目，让学生按照工程项目的开发设计流程从总体到局部进行系统化分析。例如，工业机器人方向的综合项目以工程设计实施为主线贯穿，从电机及电气控制→PLC 编程（气动、变频器技术）→工控组态与人机界面→工业机器人建模→工业机器人工装夹具设计→工业机器人编程与调试（离线编程仿真+真实机器人操作）→视觉编程与应用→工业机器人工作站系统集成，综合调试。

“毕业总项目”是选择企业创新项目或技术创新项目，技术创新项目可以是自主创新项目，也可选择大学生自动化创新设计比赛的项目，完成模拟工程应用中和工业机器人相关项目的机械电气设计、制作装配和编程调试，最后完成学生的毕业设计部分，实现学生对整个知识体系的融会贯通。项目课程体系如图 7 所示。

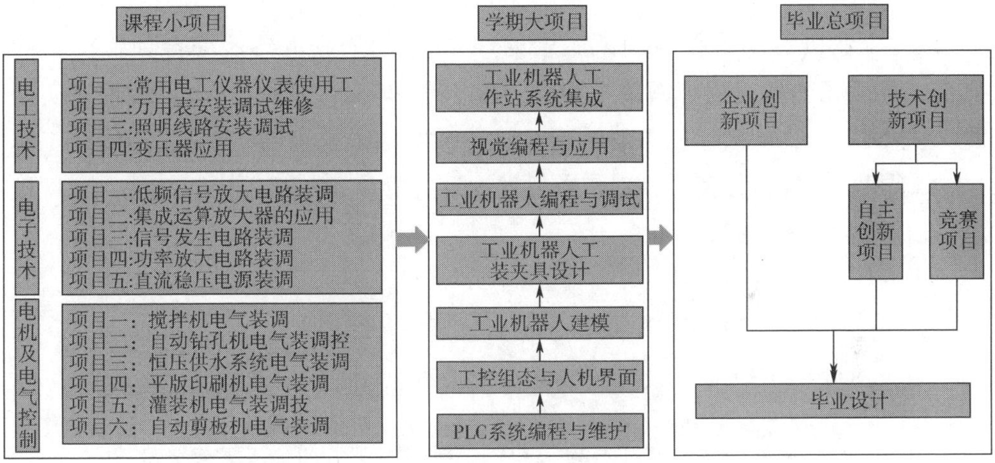

图 7　项目课程体系

（3）以“教学—教研—科研”为导向的高职育人环境，助力高水平专业群建设。通过“教学—教研—科研”三维联动，搭建高职育人环境，使教师在教学、教法等方面不断探索，通过教研项目改进教学模式、教学手段和教学方法，通过科研的研究，提升项目的多维度，开发更多适合教学的子任务，逐渐形成了科研引领教学，教学助力科研，研教联动、教研互促的教学育人环境，助力高水平专业群建设。

常州工业职业技术学院智能装备控制技术专业群包含工业机器人技术、机电一体化技术、电气自动化技术和数控设备应用与维护四个专业，如图 8 所示，专业群面向长三角制造业，培养从事智能生产及自动化成套装备以及高端装备的电气设计、编程开发、调试维护、系统集成、生产技术管理，以及销售和售后服务工作的技术技能型人才。

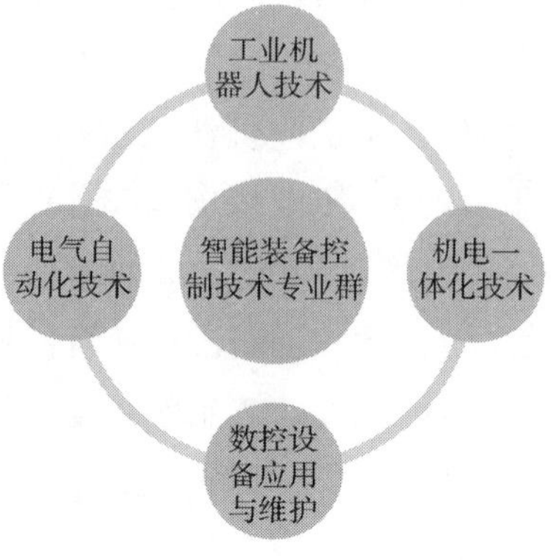

图 8　专业群包含的专业

以“工业机器人编程与调试”中的“项目四 工业机器人综合训练”中的“任务 1 搬运工作站编程与调试”为例，分 4 个单元，如图 9 所示。按照真实项目实施过程设计，从搬运任务的轨迹规划，到离线编程、现场调试，最终在工作站中实现机器人搬运任务，针对三单元的内容进行单元四搬运任务拓展，实现机器人工作站的多物块搬运。

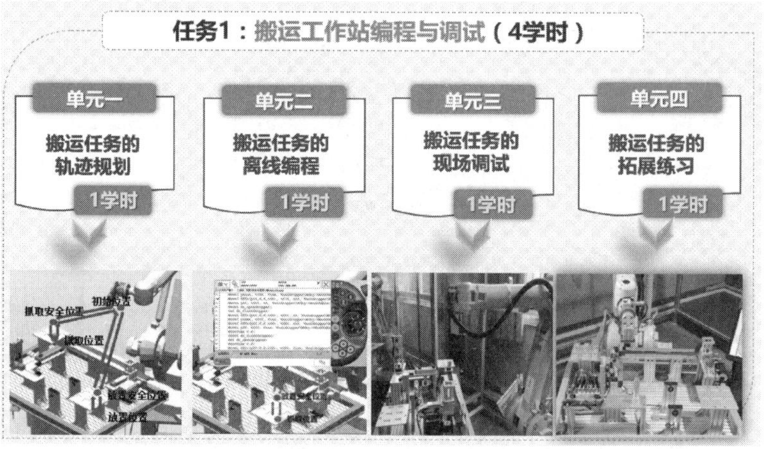

图 9　任务分解

在任务实施的过程中，学生团队完成任务的调试，如图 10 所示，在项目完成的每一个阶段，学生团队都需要进行项目展示答辩，展示项目完成的过程和效果，以及在实施过程中遇到的问题和解决的方法等，如图 11 所示。

图 10　学生团队完成任务的调试

图 11　项目展示答辩

在教学实施过程中，突出虚实一体化，用实际的工作任务提出要求；工业软件虚拟仿真，用虚拟化设计来解决要求；用真实工作站来验证要求，用真实工作站来验证要求；拓展任务提高技能，用课后拓展虚实结合来加深记忆，如图 12 所示。

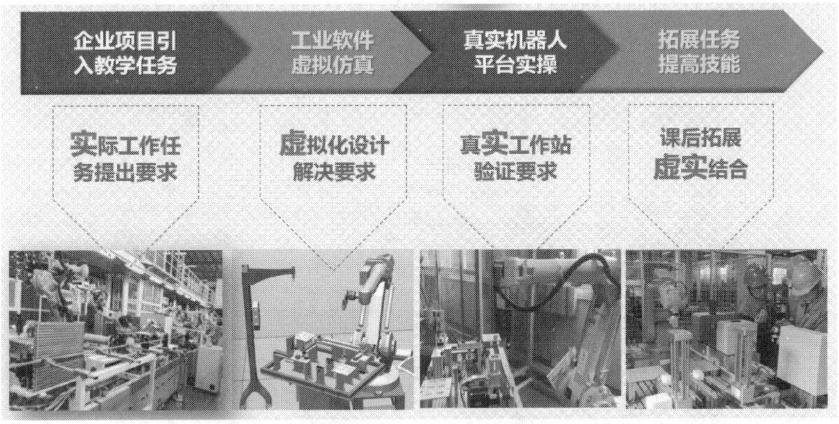

图 12　虚实一体化

教学手段信息化。学情分析和满意度调查通过问卷星在线完成。课前通过资源库进行知识储备。课中和课后通过在线开放课程平台、仿真软件实现、仿真训练和教学互动，如图 13 所示。

多元化学习评价体系，如图 14 所示。线上和线下融合，过程性评价与综合性评价相结合的多元化考核评价模式，促进学生自主性学习、过程性学习和体验式学习。其中，过程性评价权重为 40%，评分包括项目单元测验和线上系统自动生成的成绩；综合性评价权重为 60%，评分包括线下由教师和学生共同评价的操作实践及理论综合成绩。

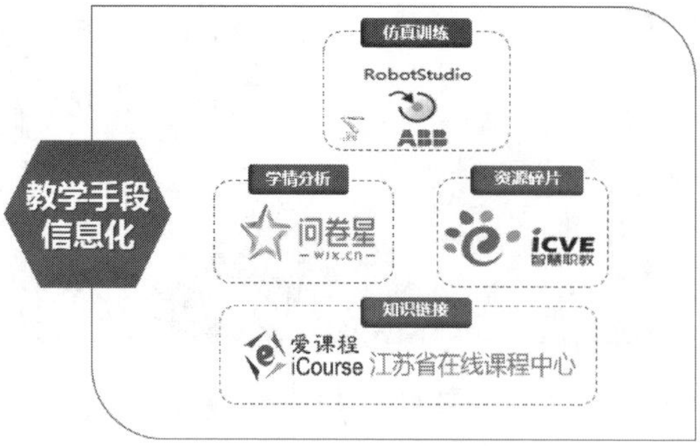

图 13　信息化教学手段

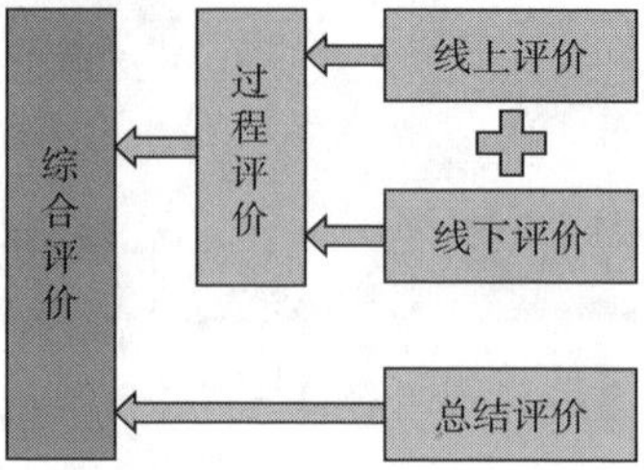

图 14　多元评价方式

通过科研，进一步提升项目的多维度，开发更多适合教学的子任务，如《智能装备与控制技术团队》科研创新团队成员先后与企业合作开展校企合作项目：工业机器人实训系统开发、ABB 工业机器人多工位上下料工作站的建模设计、塑料卷自动码垛电气控制系统设计等，同时将开发项目移植到教学中，开发了上下料工作站、自动码垛工作站等教学子项目，如图 15 所示。

图 15　“教学—教研—科研”三维联动

通过“教学—教研—科研”三维联动，搭建高职育人环境，逐渐形成了科研引领教学，教学助力科研，研教联动、教研互促的教学育人环境，助力高水平专业建设。

3. 以“竞赛—技能—双创”为导向的高职育人体系，有效提升职业核心能力

以竞赛创新创业融合，有效架构高职育人体系，创设“竞赛—技能—双创”

多方位协同育人的新路径，以竞赛提高学生的技能，以创新作为动力，以创业作为拓展，有效提升职业核心能力。

（1）“工程师训练营、各类技能大赛、双创”三平台。育人模式围绕“聚力创新”，以强化创新能力训练、创建真实创新载体为目标，形成校企导师为主导、学生为主体的全方位创新教育氛围，构建了金字塔式的运行体系，由底层“工程师训练营”、中层“各类技能大赛”、顶层“双创”三平台组成，如图 16 所示，校企共同培养学生的创新能力。

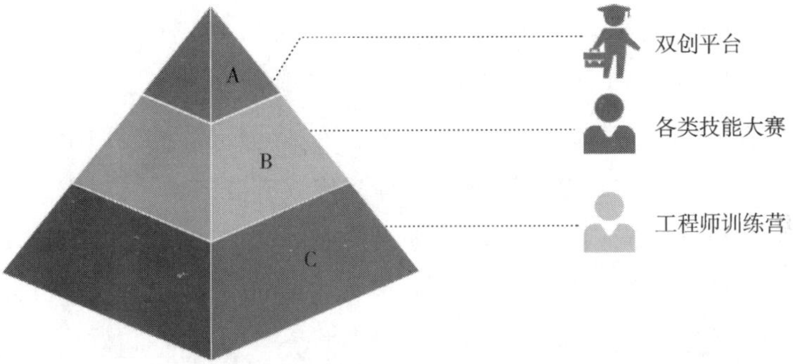

图 16　“工程师训练营、各类技能大赛、双创”三级平台

（2）“国家级、省级、院级”三体系。技能竞赛是创新实践的有效载体，营造“以赛促教，以赛促学，以赛促创新”的竞赛文化，构成国家级、省级、院级三级竞赛体系，如图 17 所示，促进学生人人参与课外技能训练、参与技能竞赛与选拔赛。我院已开展十二届“建军杯”技能竞赛，赛项设置既紧贴专业技术发展，又能增加趣味性。

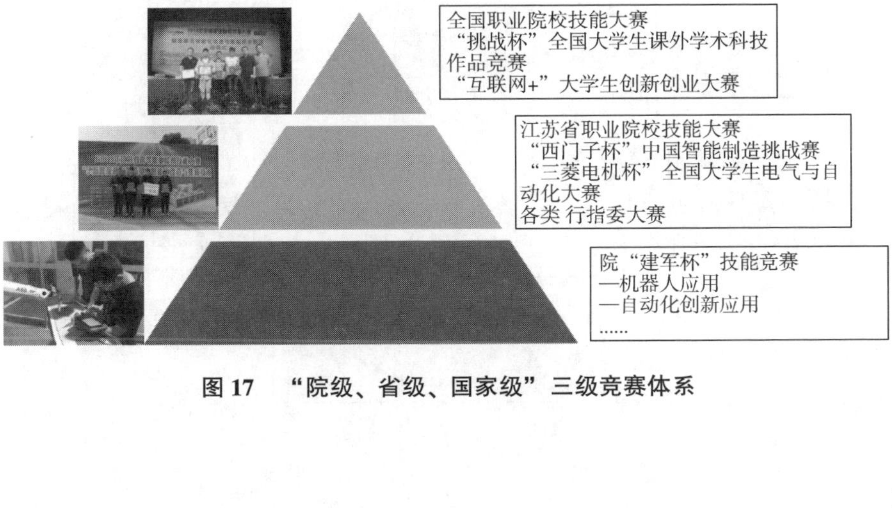

图 17　“院级、省级、国家级”三级竞赛体系

（3）“校内、企业、学长”三导师。工程师训练营培养职教精英，成为高级蓝领工程师的摇篮。优秀学生加入工程师训练营的5个创新技术团队，实行“校内、企业、学长”的三维导师共同负责制，如图18所示，引进企业创新项目、技改项目、创新竞赛项目等。聘任国家“千人计划”苏州凯蒂亚半导体制造设备有限公司创始人景建平博士担任机电专业群校外专业带头人和工程师训练营总导师，聘请遨博（江苏）机器人有限公司吕心力总经理担任工程师训练营团队导师。

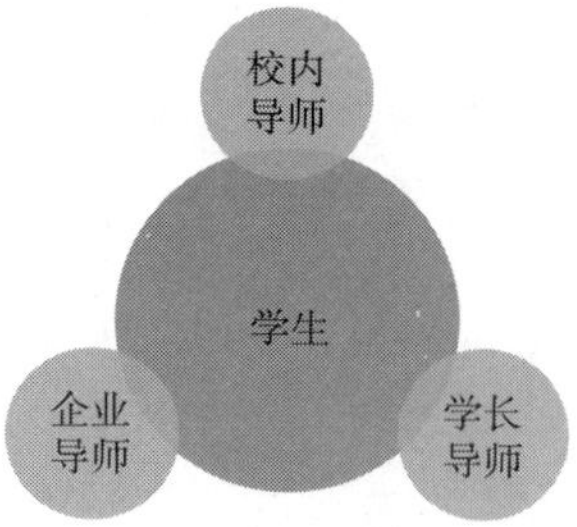

图18 “校内、企业、学长”三导师

（4）“实践、竞赛、双创”三工坊。技能工坊是开放的实践场所，有材料、有工具、有设备，全天开放，有值班教师全程陪伴式答疑，学生能够根据需要练习技能，完成项目的拓展任务，也可以制作创新作品，参加创新创业大赛，还可以提高技能，参加各类技能大赛。实践工坊的教学活动融合了技术、技能、精神、团队、意志力等要素，做到学生主体和教师主导的和谐统一，学生、教师、企业专家的多方参与。技能工坊结构如图19所示，技能工坊的成果如图20所示。

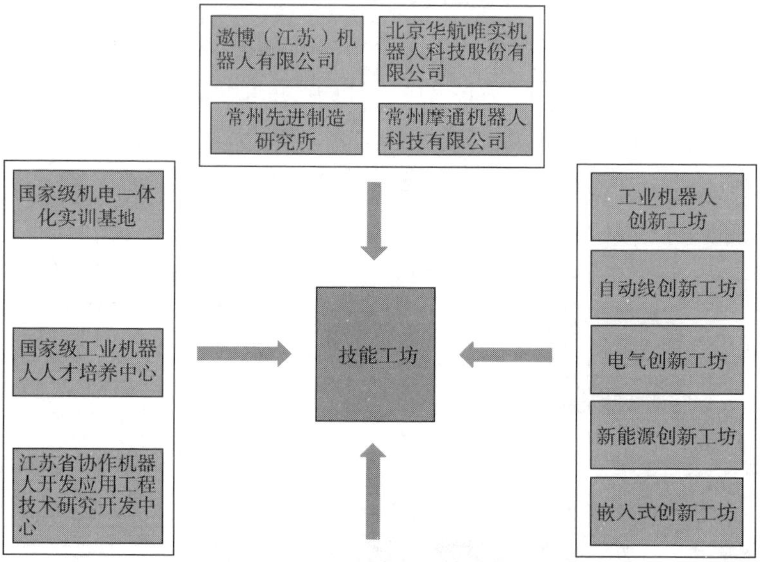

图19 技能工坊结构

常州工业职业技术学院通过课内课外创新项目课程教学，校内校外开放式实践工坊训练，有60%的学生参加各类竞赛，在全国职业院校技能大赛智能装备类赛项中获得14金8银1铜的佳绩，在其他省市级竞赛中获奖100余项，成绩在全国名列前茅。

图20　技能工坊的成果

三、成果特色与创新点

1. 创建了“校企协同，产教融合，项目实践”全方位多模式的校企合作模式

“校企协同，产教融合，项目实践”育人模式，以校企协同产教融合为导向，以企业项目为载体，以创新能力培养为目标，以技能大赛为切入点，是一种融入校企协同的新型育人模式。校企双方发挥各自领域的信息、资源人才及品牌优势，搭建产、学、研多种模式的教科研平台，通过现代学徒制、企业学院、订单培养和工学交替的尝试，搭建全方位多种育人及校企合作模式。

电气学院工业机器人技术专业以产学研为纽带，在资源共享、互惠互利的基础上积极开展校企合作，与遨博（江苏）机器人有限公司共建江苏省协作机器人开发应用工程技术研究开发中心和现代学徒制；与常州先进制造技术研究所共建江苏省高校“青蓝工程”优秀教学团队；与江苏恒立液压股份有限公司成立恒立企业学院。与华航唯实、ABB、项目专家组共同成立专业教学指导委员会，共同参与制定适合学校定位和学生需求的精细化人才培养方案，共同建设教学培训资源，重点突出智能轻工特色，主要围绕教学和培训所需的课程、培训材料、虚拟工作站、企业案例、资源包等，如图21所示。通过多年来的校企合作，我院为企业培养了大批“下得去、用得上、留得住”的实用人才，成为业务骨干。毕业生受到用人单位的广泛欢迎，毕业生就业率始终保持在全省同类院校的前列，也彰显了我院高职教育的特色，丰富了现代职教育人的新模式。

图21 “校企协同，产教融合，项目实践”合作育人模式

2. 创设了“教学—教研—科研”一体的高职育人环境

教师对自身课程的教学、教法等方面不断探索，促进了教研项目的开展，如通过“工业机器人编程与维护”课程教学，先后申报了“机器人技术应用”国家资源库、各类规划教材、江苏省教研课题。同时，教研项目又反过来促进教学模式、教学手段和教学方法的改进，如先后“码垛工作站的设计与调试”教学设计江苏省一等奖、多项江苏省高等学校在线开放课程立项。

另外，通过科研，进一步提升项目的多维度，开发更多适合教学的子任务，如“智能装备与控制技术团队”科研创新团队成员先后与企业合作开展校企合作项目：工业机器人实训系统开发、ABB工业机器人多工位上下料工作站的建模设计、塑料卷自动码垛电气控制系统设计等，同时将开发项目移植到教学中，开发了上下料工作站、自动码垛工作站等教学子项目。

通过“教学—教研—科研”三维联动，搭建高职育人环境，逐渐形成了科研引领教学，教学助力科研，研教联动、教研互促的教学育人环境，助力高水平专业建设。

3. 创立了“竞赛—技能—双创”互通的高职育人体系

“竞赛—技能—双创”融合互通的育人体系，以竞赛提高学生的技能，将创新创业融入高职学生的技能培养中，将双创融入人才培养的全过程中，让学生不仅具备扎实的专业技能，还具备一定的社会能力，进而转变传统的单一技能人才培养方式，实现“复合型、创业型”的方向发展。通过这种转变，更全面地提升了学生的综合素质，使得高职教育在新时期焕发了新的活力。

工业机器人技术专业（方向）学生通过“竞赛—技能—双创”融合互通的育人体系，课内课外创新项目课程教学，校内校外开放式技能工坊训练，有60%的学生参加各类竞赛，在全国职业院校技能大赛智能装备类赛项中获得12金7银1铜的佳绩，在其他省市级竞赛中获奖100余项，成绩在全国名列前茅。平均每个毕业生可选就业岗位超过4个，就业率近100%，在江苏恒立液压、常州百兴集团、麦格纳动力等高收入的大企业就业多，半年后薪资达到4752元/月，毕业生就业满意度高。学生已完成40余项江苏省大学生实践创新训练项目。

四、成果应用推广情况

1. 专业实力增强

工业机器人技术专业建有教育部工业机器人人才培养中心，并在2018年年底第一批通过教育部专家的验收，“智能制造生产线实训基地”立项为江苏省产教融合实训基地。依托校企“跨企业联合培训中心”“智能轻工装备制造技术产教园”“产业学院”已建有2个国家级实训基地（人才培养中心）、6个省级实训基地（工程中心）、2个省市级技术服务平台、5个竞赛创新工坊和1个校中厂，其中建有江苏省第一个ABB工业机器人实训室（培训中心），全国高职院校中第一个基于可视化三菱e-factory柔性生产线等。培养了省“333”人才工程4人、省“青蓝工程”骨干教师7人，行指委专指委副主任2人和委员5人，“双师”素质达到90%以上。建有国家精品资源共享课1门，国家教学资源库子项目3个。“十二五”国家规划教材及省重点教材13本，获得江苏省信息化大赛一等奖和二等奖各1项，获得江苏省微课比赛一等奖和二等奖各1项。

2. 人才培养质量显著提高

据江苏省高校招生就业指导服务中心和麦可思数据有限公司联合调查结

果——《2018 届毕业生培养质量评价数据报告》显示，我院 2018 届工业机器人专业方向毕业生毕业基本工作能力满足度超过 90%，高于全省平均水平。

3. 科研及社会服务能力突出

智能控制技术教学团队和智能装备与控制技术科研创新团队承担企业横向科研项目 23 项，纵向项目 8 项，其中国家级项目 2 项，省级项目 3 项；“基于视觉识别技术的果蔬搬运机器人研发与应用”（2015 年国家火炬计划项目）、“具有感知智能的粮食仓储码垛机器人的研制”（2013—2015 年国家中小企业创业投资引导基金）。“智能控制技术教学团队”获得江苏省高校“青蓝工程”优秀教学团队，“智能装备与控制技术”科研团队获得校重点科研团队。

同时与 ABB、越疆科技、遨博机器人等公司开展了社会化培训，累计培训达 300 人次。通过社会化培训带动了本区域企业在工业机器人上的应用水平，解决了企业生产装备升级的人力技能需要；同时也为合作企业推广了产品，提高了知名度；带动了学校专业技能的教学水平提升。真正达成了校企协同，多方的共赢共存的局面。

“分类定岗 双元保障”高职顶岗实习管理模式的改革实践

成果名称　“分类定岗 双元保障”高职顶岗实习管理模式的改革实践

成果完成人　张伟、张军燕、陆广富、王正云、姚芳、瞿桂香、蒋慧亮、殷玲、施帅、姚悦

成果完成单位　江苏农牧科技职业学院

一、成果背景

高等职业教育是具有较强职业性和应用性的一种高等教育类型，其首要目标是面向经济社会发展和生产服务一线，培养高素质劳动者和技术技能人才。高等职业教育除具有职业属性外，还兼具高等教育属性，培养具有一定创新创业和市场开拓能力的复合型人才也是其重要任务之一。

早在春秋时期，伟大的教育家孔子就提出“因材施教，有教无类”的差异化教学思想。西方的心理发展学家霍华德·加德纳教授提出的多元智能理论进一步认为人类的智能至少可以分为语言、数理逻辑、空间、身体运动等 9 个方面，该理论认为：每个人都是聪明的，但聪明的范畴和性质呈现出差异，这种差异不应该成为教育的负担而应该成为一种宝贵的资源。基于孔子的“因材施教”思想和霍华德·加德纳教授的“多元智能”理论，以高等职业教育的职业属性和高等教育属性为依据，以食品专业为载体，基于学生个体差异，把学生安排到顶岗实践类、创新实践类、创业实践类和市场实践类等不同类别的顶岗实习岗位；运用信息化手段构建线上线下双平台融合的顶岗实习监控体系；运用积分制调动学生顶岗实习的主动性和积极性。使不同类型、不同需求、不同爱好的学生，在顶岗实习这个环节得以个性化精准培养，让每个学生都能在最适合自己的发展道路上各得其所，各尽其才。

二、成果内容

1. 构建了基于“多元智能理论”的顶岗实习分层分类培养模型，实现才尽其用

生源的多样化、差异化，决定着学生的特质和学习能力的差异巨大，为了让每一位学生都有适合自己的平台充分锻炼自己，基于多元智能理论和高等职业教育属性设计了高职顶岗实习分层分类培养模型（图1）。首先，通过多元智能自测量表调研，把学生按特质分为逻辑数学智能型、自然探索智能型、肢体运动智能型、语言智能型、人际智能型五种与可能就业岗位所需能力接近的类型，初步根据学生特质把学生安排到创新性岗位、操作类岗位、市场类岗位、创业类岗位等顶岗实习岗位上。再综合考虑家长、学生的个人意愿，结合指导老师专业辅导，对安排的顶岗实习岗位进行微调。顶岗实践类岗位再进一步借鉴中国职业分级制度，依据学生在校期间的学习成绩和职业技能掌握情况，把这一部分学生分流到基础岗位、提高岗位和发展岗位。近年来，每年把300名左右的高职生安排到不同类型的顶岗实习岗位，这种安排方式充分尊重了学生的个体差异，实现了才尽其用。

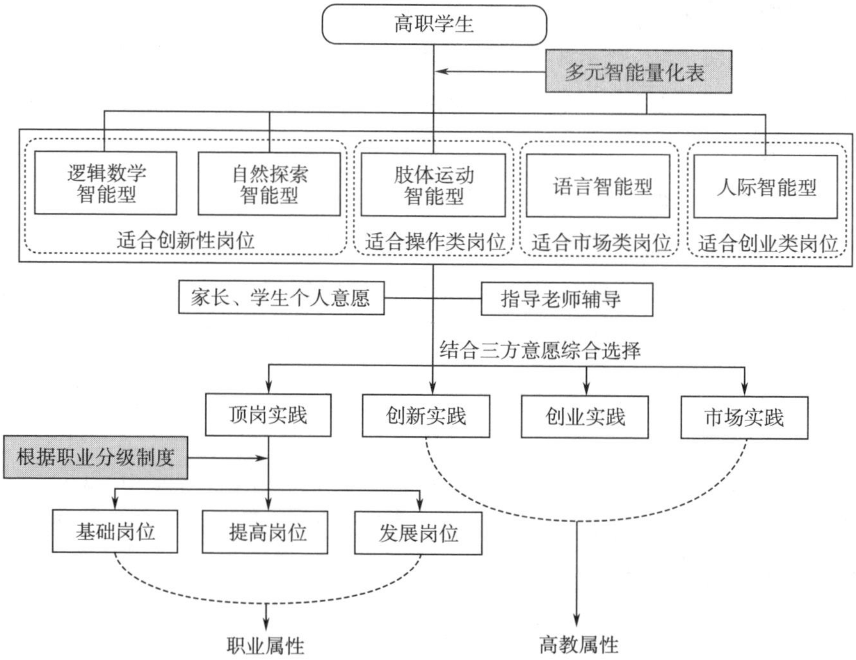

图1　高职顶岗实习分层分类培养模型

2. 构建了基于“平台+活动”的顶岗实习分层分类培养路径，确保人尽其才

“平台+活动”是高职顶岗实习分层分类培养的支撑。为了满足高职学生分层分类顶岗实习的需求，让每一位学生都有合适的场所从事顶岗实习活动，根据食品专业学生特点和食品行业需求现状，为每一种类型，每一个层次的顶岗实习岗位分别创设了培养路径（图2）。

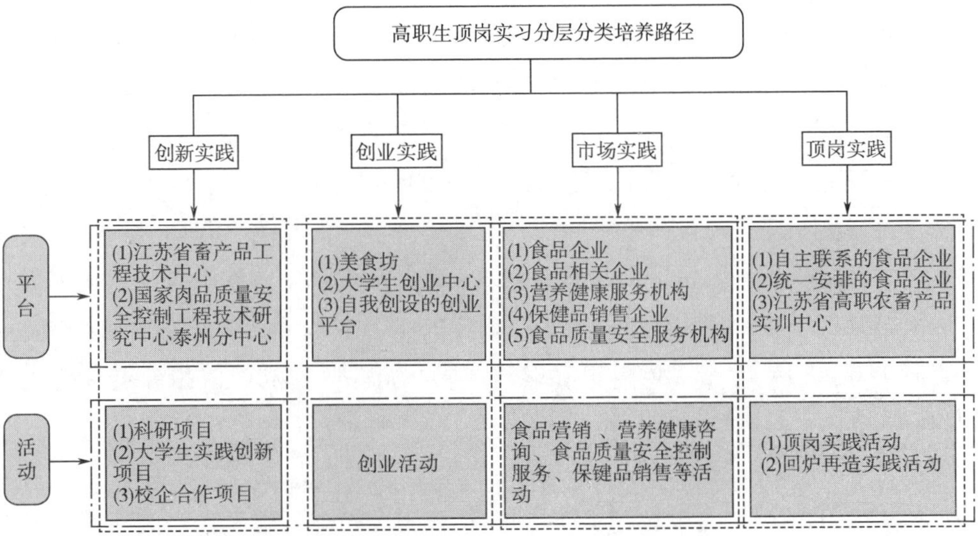

图2　高职顶岗实习分层分类培养路径

创新实践类顶岗实习培养路径：对成绩优秀，逻辑数学推理和自然探索能力强的学生，结合本人意愿，通过导师制的形式，在科研型老师的指导下，于江苏省畜产品工程技术中心、国家肉品质量安全控制工程技术研究中心泰州分中心等科研平台协助老师完成科研项目、大学生实践创新项目、校企合作研究项目等，以科技创新实践代替顶岗实习，以科技文章、发明专利、成果获奖等标志性成果作为考核依据。

创业实践类顶岗实习培养路径：对具有创业意愿，商业嗅觉灵敏，属于人际智能型的学生，可以在创业辅导老师的指导下，借助学院美食坊、大学生创业中心等校内平台或自我创设的创业平台从事创业活动，以创业实践代替顶岗实习，以营业执照、店铺图片、经营记录、创业大赛获奖证书等过程材料作为考核依据。

市场实践类顶岗实习培养路径：对不愿墨守成规，语言能力强，善交际的学生，可以在市场营销辅导老师的指导下，通过找荐结合的方式，在食品及食品相关企业或机构内从事食品及保健品营销、营养健康咨询、食品质量安全控制服务等市场销售及服务类活动，以市场实践代替顶岗实习，以与专业相关的营销策划书，销售、咨询、服务记录等作为考核依据。

顶岗实践类顶岗实习培养路径：《北京市职业教育分级试行办法》把现行的职业教育分为基础性职业教育、提高性职业教育和发展性职业教育三个阶段，分别培养初级劳动者、复杂技术的核心人才、关键技术的拔尖人才。高职生学习能力差异性大，掌握的职业技能也存在着较大差异。可借助职业教育分级制度，对学生进行差异化分流与引导。对于能力较强，职业技能掌握较好的学生，可以通过自主寻找顶岗实习企业，在企业的关键岗位上从事实践活动；对于大多数不能自主寻找顶岗实习企业的学生，学院统一安排到一些用工需求量大的食品企业从事食品加工、检测、质控等技术岗位；对部分企业不愿接受，自己又不能自主联系实习单位的学生，安排他们在学院高职农畜产品实训中心回炉再造。从事顶岗实践类活动的学生均需完成企业和学院规定的实习工作量，在企业师傅和学院指导老师的双重指导下完成顶岗实习报告，接受企业师傅和学院指导老师的双重评价。

3. 构建了基于“企业教师工作站+顶岗实习监控与管理平台”的顶岗实习双元保障平台，落实无缝监控

顶岗实习双元保障平台架构见图3。

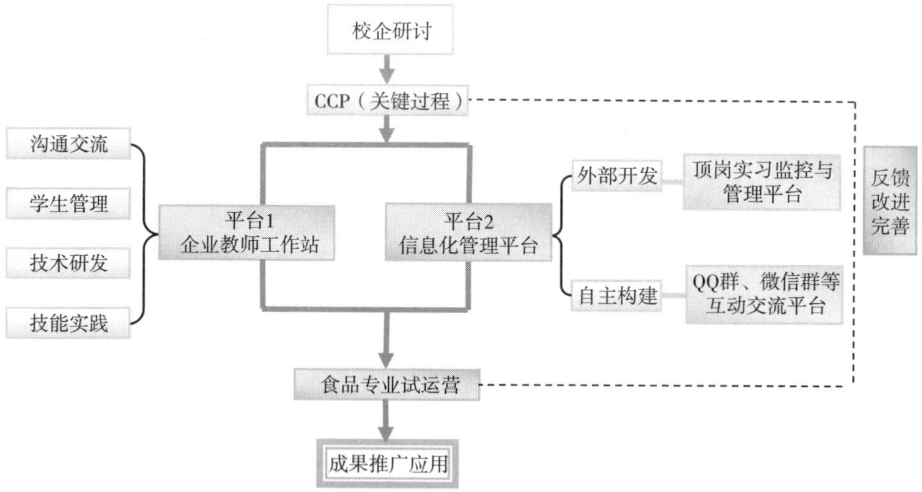

图3 顶岗实习双元保障体系架构

（1）校企共建了企业教师工作站，保证了顶岗实习线下管理有基地。为推进校企合作的广度和深度，解决顶岗实习管理松散、执行不力等问题，校企双方本着“资源共享，优势互补，职权明确，互惠双赢”的原则，先后在南京雨润食品有限公司、泰州市产品质量监督检验所等 7 家接纳学生较多的大型食品企事业组织设置了肉品加工与检测、食品检测等 7 个企业教师工作站。根据“教师工作站管理及考核办法”，学院每次选派 1 名专业教师入驻工作站，代表校方和企业就顶岗实习过程中遇到的问题进行沟通与协调；借助工作站辅导学生学业，解决学生顶岗实习过程中产生的困惑，组织一些有益身心健康的文体活动，消除学生心理的焦虑感；参与企业的技术开发，帮助企业解决生产技术难题，提高专业教师的学术水平和操作技能。近 3 年，学院累计选派专业教师 12 人次入驻企业教师工作站，接纳实习学生 400 余人次，除生病等客观原因外，无一实习学生因主观原因离岗，实习结束后，学生技能显著提升，部分学生和企业签订了劳动合同，成为企业的技术骨干，学院双师素质教师的比例也显著提升至 96. 5%。

（2）借助外力搭建了信息化管理平台，实现了顶岗实习线上管理有平台。大型食品企业并不能接纳所有实习学生，且部分学生对实习岗位有差异化需求，故每年大约有 100 名学生分布在全国各地的食品及食品相关企事业单位从事各类顶岗实习活动，大部分高职院校对这部分学生采用“放羊式”管理，管理工作流于形式，顶岗实习效果较差。为了解决这一问题，学院利用数字化信息技术和现代网络技术，与得实信息科技（北京）有限公司合作，开发了一个顶岗实习监控与管理平台，并制订了《顶岗实习管理信息平台运行管理及考核办法》，实现了顶岗实习的即时沟通，即时监控，即时咨询答疑，在线任务安排，在线考核、在线批假等。每位实习指导老师还建立了顶岗实习交流 QQ 群或微信群，通过 QQ 群或微信群解答学生在实习过程中产生的困惑，为他们送上老师的关怀和鼓励，并要求每位学生每天实习工作完成后发一个即时位置共享到 QQ 群或微信群作为实习签到记录。自平台上线以来，食品科技学院已通过该平台对 1000 余名学生的顶岗实习情况进行有效监控，师生之间的互动交流也日益频繁，学生思想波动较小，顶岗实习效率显著提高，得到了用人单位的一致好评。

4. 构建了基于“积分制”的顶岗实习评价模式，促进主动有为

积分制是一种先进的企业管理技术，把积分制引入顶岗实习评价过程，可通过制度的引导和激励作用破除顶岗实习管理过程中出现的问题。为此，我们制定了“顶岗实习积分制管理办法”，紧扣顶岗实习质量和人才培养目标科学合理地设置了积分指标和分值。积分指标包括：基础积分、激励积分、奖励积分和惩罚积分4大项，实习日记撰写、个人评价、职务晋升、优秀论文、科研成果、安全事故等19小项，其中13小项为学生职业技能和职业精神评价指标，详见表1。在积分制的实施过程中，普通学生只要兢兢业业地实习就能获得满足毕业要求的积分；综合能力突出的学生可以通过有选择性地获得奖励积分和激励积分，取得超越别人的成绩；对无视规则，职业精神淡薄的学生设置了惩罚性指标，一旦触发惩罚性指标，学生将很难取得理想成绩，甚至及格都很困难，需要通过制度的震慑作用杜绝违背底线的行为发生。积分制具有刚柔并济的特点，通过实施积分制，极大地调动了学生顶岗实习的主动性和积极性，顶岗实习效果显著提升。

表1　　顶岗实习积分指标和评价标准

<table>
<tr><th colspan="2">积分指标</th><th>分值</th><th>评价标准</th><th>评定人</th><th>说　明</th></tr>
<tr><td rowspan="6">基础积分70分</td><td>1. 每日签到</td><td>24</td><td>签到1次积0.2分</td><td rowspan="4">学校指导老师</td><td>顶岗实习签满120天得满分，多签不额外加分</td></tr>
<tr><td>2. 实习日记的撰写</td><td>12</td><td>每提交1篇日记积0.1分</td><td>延后3日不积分</td></tr>
<tr><td>3. 实习月报的撰写</td><td>6</td><td>每提交1篇月报积1分</td><td>延后一周不积分</td></tr>
<tr><td>4. 实习总结的撰写</td><td>4</td><td>按时提交得4分</td><td>超过截止日期不积分</td></tr>
<tr><td>5. 企业师傅对个人评价</td><td>16</td><td>优秀 14~16分
良好 12~14分
中等 10~12分
一般 8~10分</td><td>企业指导老师</td><td>从职业技能、职业精神、完成实习任务的数量和质量等方面综合评价</td></tr>
<tr><td>6. 学院指导老师对个人实习情况评价</td><td>8</td><td>优秀 7~8分
良好 6~7分
中等 5~6分
一般 4~5分</td><td>学校指导老师</td><td>从实习材料完成质量、交流互动频率、实习态度、学校活动参与率等方面综合评价</td></tr>
</table>

续表

积分指标		分值	评价标准	评定人	说　明
激励积分30分	1. 满勤率	5	>120 次　5 分 115~119 次　3 分 110~114 次　1 分 <110 次　0 分	学校指导老师	根据签到次数评判
激励积分30分	2. 提交实习材料准时率	5	0 次　5 分 1~2 次　3 分 3~4 次　1 分 >4 次　0 分		在规定的时间外提交材料的次数。以顶岗实习信息平台的记录为依据
激励积分30分	3. 企业荣誉	8	1 次加 3 分，8 分封顶	企业指导老师	实习期间获企业优秀、先进等荣誉
激励积分30分	4. 职务晋升	6	1 次加 6 分，6 分封顶		实习期间获得职务上的晋升
激励积分30分	5. 签订劳务合同	6	签订合同加 6 分		实习期间被企业录用且签订正式劳务合同
奖励积分20分	1. 优秀实习总结或优秀论文	4	校级 2 分 省级 4 分	积分评定委员会	1. 以各类获奖证书、成果的获得时间必须在顶岗实习期间，否则不积分。 2. 在校备赛获完成大学生实践创新实践项目期间默认为顶岗实习出勤 3. 大学生创新创业大赛、大学生技能大赛需获得省级以上奖项方可加分，一级协会、学会、全国行业指导委员会等同于省级 4. 职业技能证书必须是国家主管部门和权威行业协会颁发
奖励积分20分	2. 大学生创新创业大赛获奖	3	一等奖 3 分 二等奖 2 分 三等奖 1 分		
奖励积分20分	3. 大学生技能大赛获奖	4	一等奖 3 分 二等奖 2 分 三等奖 1 分		
奖励积分20分	4. 获得科研成果	3	发表省级以上论文每篇积 3 分，获得专利 1 项积 3 分		
奖励积分20分	5. 取得职业技能证书	3	每获得 1 项职业技能资格证书奖 3 分		
奖励积分20分	6. 大学生实践创新项目	3	校级 2 分 省级 4 分		

续表

积分指标		分值	评价标准	评定人	说　明
惩罚扣分	1. 安全事故	20	重大 15~20 分 一般 10~15 分 轻微 5~10 分	积分评定委员会	因主观因素造成安全事故，经界定后扣分
	2. 逃离岗位	50	>40 天 50 分 20~39 天 30 分		无正当理由脱离顶岗实习岗位的天数

三、成果创新点

1. 创新了高职顶岗实习人才培养模式：“分类定岗”式高职顶岗实习分层分类培养

传统的“一刀切”高职顶岗实习培养模式已经不能适应生源多样化和学习能力差异化的需求。为了满足不同类型、不同需求、不同爱好的学生个性化发展，基于“多元智能理论”，运用多元智能量化表，构建了“分类定岗”式高职顶岗实习分层分类培养模型，为不同顶岗实习类型配置了相应的平台和实习活动，通过“积分制”充分调动学生参与顶岗实习的主动性和积极性，实现了人尽其才，才尽其用，有效提高了学生的职业能力和职业素养。

2. 创新了高职顶岗实习保障体系：“双元保障”式高职顶岗实习管理

为有效解决高职院校顶岗实习管理过程中师资力量不足，不能覆盖到每一位学生，使部分学生处于监管真空，出现离岗离职等情况，建设了线下企业教师工作站和线上顶岗实习监控与管理平台，两个顶岗实习管理平台相互补充，各有优势，既提高了管理效率，又提升了教师专业技能，一举两得。

四、成果应用推广情况

成果在我院食品营养与检测专业经过多轮实践，积累了比较丰富的经验。在此基础上，学院先后在食品加工技术、食品药品监督管理、食品质量与安全、药品生产与检测、饲料生产与检测 5 个专业 32 个班级开展了成果的推广和应用。实践证明，“分层分类”式顶岗实习安排实现了精准顶岗、因材施教；“双线互融”式管理模式使传统的放羊式管理得到了极大改善，能够准确监控并定位学生的顶岗实习情况；“积分制”评价模式极大改善了学生顶岗实习中的逆反心理，调动了学生的积极性，提升了学生的职业技能，提高了学生的就业率和就业质量。近3年，学生职业技能证书获得率达100%，累积承担各级各类大学生实践创新项目28项，参与发表论文和专利24篇，在2017年和2018年全国食品营养与安全检测高职院校在校生技能大赛中分别以团体第一名和第四名的成绩获优秀组织奖，获各类大学生创新创业比赛奖项12项。麦可思调查显示，用人单位对毕业生的满意度逐年提升，学生协议就业率由项目实施前的93.2%提升到2018年的98.3%。本成果6次总结发表于专业期刊上，其中1篇被评为第九届全国农业职业教育教学论文三等奖，2篇被评为江苏农牧科技职业学院优秀教育教学论文一等奖、二等奖。

本研究成果还在新疆农业职业技术学院、甘肃畜牧工程职业技术学院等7所兄弟院校进行了推广，并在兴化市华荣食品有限公司、兴化市长虹食品有限公司等20余家食品企事业单位进行了应用，基于多元智能理论对学生顶岗实习过程实行分层分类培养，搭建顶岗实习双保障平台和通过积分制充分调动学生顶岗实习积极性的做法得到了兄弟院校和食品企事业单位的高度认可，起到了良好的示范辐射带头作用。

食品专业虚拟仿真实践教学平台建设与实践

成果名称　食品专业虚拟仿真实践教学平台建设与实践

成果完成人　罗红霞、句荣辉、王建、段丽丽、贾红亮、汪长钢、杨新建、王伟青、王辉、李淑荣、潘妍、林少华、王丽、刘超

成果完成单位　北京农业职业学院

一、成果背景

虚拟仿真实践教学平台建设与实践是实践教学的创新发展和拓展，是新时代“三教”改革的充分体现和实践，在信息化教学中起着重要作用。食品专业虚拟仿真实践教学平台是建立在“中央财政专项”、北京市财政专项“虚拟仿真实训中心建设”和全国食品行指委项目“仿真软件应用与仿真教学效果研究”等支持基础上建设完成的，项目支持资金500余万元。是以研发的干酪加工、气质联用、液质联用、分子检测、原子吸收等具有自主知识产权的28个仿真软件为基础的现代信息化技术实践教学平台，涉及12门课程。通过6年建设与运行，实现和构建了“互联网+仿真技能”实践教学平台，为进一步提升仿真教学的宽度和广度，达到技能人培养的多渠道、多方式、便捷有效，高效能提供了新的途径和方式。实现了食品加工与检测的仿真模拟教学、培训和竞赛，本校学生使用人数达5000余人，开发的仿真赛项软件于2016年首次应用于“全国食品工业职业教育教学指导委员会”主办的“全国高职在校生食品营养与安全检测”技能大赛中，并连续三年被80余所高校食品专业教师和学生应用于技能大赛和教学培训，得到教师和学生的高度评价，成效显著。

虚拟仿真实践教学解决了食品类专业高端大型仪器价格高、数量少、耗材贵、安全隐患大、仪器设备庞杂及内部构造难以拆卸观察、耗时长难以重复、有毒有害物质及病原微生物造成的污染、先进技术技能难以实现现场的实际问题，使实际操作有模拟和替换，学生在仿真的环境中完成预定实训项目，并能够反复突破时间和空间的限制进行多次操作实践和自我评价，提高技能熟练程度，有效保证了学生实践能力的培养，达到提高教学质量的目的。并创新应用由80余所

高职院校参加的全国技能大赛，顾及了全国相关专业开设层次不均、水平不一、投入不等的现状，使赛项更具全面性、先进性、普及性和参与性。同时实现竞赛内容和竞赛成果向教学资源的转化和示范推广。

二、成果内容

围绕食品加工与检验分析实践课程体系，应用现代信息技术手段和途径，以解决食品类专业实验实训项目中安全隐患大、仪器设备庞杂、实验耗材昂贵、耗时长、短时间内难以重复等教学难题为切入点，校企合作共建虚拟仿真实践教学核心技能库，根据行业需求和教学标准，合作研发仿真教学软件，搭建模拟实训平台，并遵从普适性、开放性、可拓展及虚实结合、有效补充的建设原则，建设虚拟仿真实训中心，以满足食品加工与分析检测专业学生核心岗位能力的培养，并为从业人员及社会学习者提供学习培训。

1. 校企共建虚拟仿真实践教学核心技能库

围绕食品类专业人才培养模式和课程体系，以实践教学为主导，以行业产业岗位需求和教学标准为依据，与“中粮集团”“农业部农产品监督检验测试中心”和“北京三元食品股份有限公司”等高端龙头行业企业共同分析提炼，构建虚拟仿真实践教学核心技能库（表1）。

表1　主要仿真技能库样例

名称	主要技能点	用途
干酪加工	凝乳酶添加条件、干酪槽、恒温搅拌、乳清排出、搅拌等	乳制品加工、畜产品加工质量监控
葡萄酒加工	加工车间布局、发酵工艺（时间、温度、原料、辅料剩余处理、包装、贮藏等）	食品类加工
气质联用检测	气瓶使用、样品前处理、上机操作、软件分析模块等	大型仪器使用与维护、感官检测等
液质联用检测	气瓶使用、样品前处理、上机操作、软件分析模块等	食品、农产品农兽药残留检测等
液相色谱检测	气瓶使用、样品前处理、上机操作、软件分析模块等	农药残留检测等 营养素检测、添加剂检测等

续表

名称	主要技能点	用途
原子吸收检测	样品前处理、上机操作、分管光度计操作、评分系统等	食品、农产品重金属检测等
微生物分子检测	无菌工作台、玻璃器皿、灭菌器、操作流程、模块分析等	致病菌等检测、转基因成分检测等

2. 校企合作开发虚拟仿真实践教学软件

在分析、确定和建设虚拟仿真技能库的基础上，通过与专业公司技术人员合作，将教学需求和技能操作以及评价标准等实践教学要求进行反复沟通、修改和凝练，以达到以仿真模拟现代信息技术手段实现真实环境中的技能操作过程，并通过设定嵌入评价方法和评价标准，达到高质量的操作规范和水平。近6年来，通过研发干酪加工、气质联用、液质联用、分子检测、原子吸收等虚拟仿真软件，实现了食品加工与检测的仿真模拟实训教学，取得良好的教学效果。弥补和解决了食品类专业高端大型仪器价格高、数量少、耗材贵、安全隐患大和具有先进性技术技能难以实现现场的实际问题，使学生在仿真的环境中完成预定实训项目，并能够进行反复多次操作和进行自我技能评价，提高了学生的学习兴趣和技能熟练程度，为实际岗位技能培养奠定了坚实基础。

3. 现代信息化技术仿真实践教学平台建设

遵从普适性、开放性、可拓展及虚实结合、有效补充的建设原则，在研发仿真软件的同时，根据学习工位进行硬件配套建设，搭建仿真实践教学、培训及竞赛平台，形成以“互联网+仿真技能”的形式呈现，实现跨越时间和空间进行学习和实践，促进和补充实践教学方式和模式，以满足食品加工、营养分析与安全检测等专业学生核心岗位能力的培养，并为从业人员及社会学习者提供学习培训，提高学习效能，促进实践技能的质量和水平的提升（表2）。

4. 虚拟仿真实践教学团队建设

通过与仿真公司合作，定期进行师资队伍的仿真教学培训，在实践中不断提升运用信息化仿真教学的能力和水平，并根据应用效果及信息手段的发展不断进行完善和更新，提升人才培养的质量，以适应产业技术进步的新业态。

表 2　　　　虚拟仿真中心实践教学平台建设

项目	课程名称	仿真形式	代表性载体	套数（套） 单项套数	套数（套） 小计
1	畜产品加工质量监控	二维虚拟软件	干酪加工工艺仿真	1	1
2	农产品有害物质检测	二维虚拟软件	气质联用单元仿真-蔬菜中农残 GC-MS 检测有机氯农药	1	7
		三维虚拟软件	1. 高效液相色谱测定食品中兽药残留含量 2. 高效液相色谱测定食品中添加剂含量 3. 液质联用仪三维虚拟现实仿真 4. 农职院生物食品仿真定制	4	
		VR	液质联用仪三维虚拟现实仿真	1	
		在线联网虚拟	气质联用仪测定农残大赛版	1	
3	农产品营养物质检测	三维虚拟软件	1 原子吸收测定食品中金属含量 2. 高效液相色谱测定食品中营养成分含量	2	3
		在线联网虚拟	原子吸收分光光度计测定铜、锌、铁大赛版	1	
4	食品微生物检测	三维虚拟软件	致病菌的生化及分子生物学鉴定仿真	1	2
		在线联网虚拟	致病菌的生化及分子生物学鉴定仿真大赛版	1	
5	大型仪器的使用与维护	手机 APP	1. 气相色谱仪 2. 气质联用仪 3. 液相色谱仪 4. 液质色谱仪 5. 原子吸收分光光度计	5	5
6	粮油加工与质量监控	三维虚拟软件	啤酒发酵工艺仿真软件	1	1
7	免疫检测技术	二维虚拟软件	单克隆抗体仿真软件	1	1
8	微生物检测技术	二维虚拟软件	中试级青霉素生产工艺仿真	1	1
9	分子生物学	三维虚拟软件	West bloting 蛋白印迹鉴定表达产物三维虚拟仿真	1	2
		VR	VR West bloting 蛋白印迹鉴定表达产物三维虚拟仿真	1	

续表

项目	课程名称	仿真形式	代表性载体	套数（套）	
				单项套数	小计
10	基因操作技术	二维虚拟软件	基因芯片仿真软件	1	3
		三维虚拟软件	基因测序 3D 仿真软件	1	
		VR	VR 基因测序 3D 仿真软件	1	
11	食品感官评价	二维虚拟软件	感官评价虚拟仿真软件	1	1
12	食品营养与配餐	二维虚拟软件	营养与配餐仿真软件	1	1
合计				28	

三、成果特色与创新点

仿真教学改变了传统实践教学的发展理念，融入了智能信息化的理念和手段，是适应产业高速发展所需求的岗位新业态人才培养的机制体制创新的高效途径。对实践教学的拓展与完善以及新功能的开发起着重要作用，为培养新时代产业高素质、高技术技能人才的途径与方式注入了新的动能。

1. 率先研发食品类虚拟仿真软件，形成自主知识产权应用于实践教学

研发了具有自主知识产权的食品类虚拟仿真软件 28 套，用于 12 门课程的实践教学。解决了传统教学中因食品加工设备复杂庞大、检测仪器昂贵、耗材消耗量大等造成的实训项目难以开展的难题，节约了教学成本、提高了教学效率、激发了学生兴趣；探索和实践了在食品生产、加工、检测等产业链环节的仿真教学，弥补了食品类虚拟仿真教学软件在国内开发的空白，为食品行业及同类院校起到示范引领作用。

2. 创新设计技能比赛用仿真软件并用于技能大赛

在全国 80 余所高职院校参加的首届食品营养与安全检测技能竞赛内容上，创新引入虚拟仿真新技术实践项目（即气质联用、原子吸收和微生物分子检测），充实了大赛内容。既实现了现代化信息技术教学的实践，又弥补了高端大型仪器价格高、数量少、耗材贵、先进性技术技能难以实现现场比赛以及安全隐患等难题，使实际操作有模拟和替换，顾及了全国相关专业开设层次不均、水平不一、投入不等的现状，使赛项更具全面性、先进性、普及性和参与性。同时实现竞赛内容和竞赛成果向教学资源的转化和示范推广。

3. 创新构建了“互联网+仿真技能”实践教学平台

在不断研发实践的基础上，为拓宽学习培训的范围、时间和空间，改进和提升教学模式和教学方法，满足学生对现代信息化技术的需求，通过技术改造与仿真实践教学理念融合，实现“互联网+仿真技能”实践教学平台，为进一步提升仿真教学的宽度和广度，达到技能培养的多渠道、多方式、便捷有效，高效能提供了新的途径和方式。

4. 可视操作性强，易于被师生接受

观赏性强、具有 VR、动画，图文并茂、方便易行，可操作性强、具有评价体系等特点，广受喜爱，成果在教学、培训及大赛中得到广泛的推广应用。

四、成果的应用与推广情况

1. 通过虚拟仿真教学训练与培养，学生职业能力明显提升

通过虚拟仿真实践教学平台的建设与运行，学生在食品加工仿真实训模块中熟练掌握了加工工艺及关键点控制技能；在食品安全检测仿真实训模块熟悉了先进的检测仪器和相关检测标准，强化了食品安全检测技能；并通过仿真评价系进行自我学习效果的评价。学生职业能力明显提升，获得用人单位好评。

通过技能训练与职业实践，学生的实践技能获得显著提高，近年技能大赛获国家级奖 5 项、省部级奖 30 余项。

2. 通过虚拟仿真软件研发和平台建设，激发和提升教师的创新能力

依托仿真平台建设，教师通过虚拟技能库建设和教学软件的不断开发和改进，有效提升了自身对信息化实践教学的认识和软件研发水平，并应用于虚拟仿真实践教学中，有效改进了教学方法和方式，提高了教学效率和教学质量，获得学生的好评。在指导各类技能大赛、信息化教学大赛以及信息化课程建设中均取得丰硕成果。获仿真体系国家发明专利 1 项；申请仿真软件著作权 6 项；获得技能大赛一、二、三等奖优秀指导教师 30 余人次；信息化教学竞赛一、二、三等奖10余人次；建设信息化课程7门、信息化教学培训包3个、大赛包6个；获得北京市教学名师奖1人；完成教育部食品安全检测企业实际案例库5个；承担食品检验工等职业技能培训与鉴定1000余人次。

3. 充分发挥示范、推广和引领作用，进一步增强社会影响力

虚拟仿真实践教学平台通过近几年的建设、实践和应用，在实践技能培养、人才质量提升、教学改革创新、研究能力提高以及培训服务等方面取得了突出成绩，知名度和影响力大幅提升，受到广泛好评。

（1）在实践教学、综合实训、项目研发、教师实践、技术服务和学生就业等方面发挥了重要作用，提高了专业在行业企业的影响力。应用于实践教学和培训达5000余人次，先后接待国内外同行院校、行业企业、科研机构、中学生学农教育等各级各类的参观学习4000余人次，获得北京市教委、行业企业及同类院校的普遍好评，为仿真教学实践及人才培养新模式起到借鉴和示范作用。

（2）研发的仿真软件连续6年应用于北京市技能大赛的培训；其三套仿真软件被“全国食品工业教育教学指导委员会”推广应用，得到全国80余所高职院校的教学、培训和应用，并连续三年应用于“全国食品营养与安全检测”技能大赛，受到广泛赞誉。实现了竞赛成果的教学资源转化推广。

（3）依托实训基地和信息化仿真实践教学平台，先后承办了多次学生及教师技能大赛，有效提升了仿真实践教学的影响力，取得显著效果。2016年与“全国食品工业教育教学委员会”“中国现代农业职教集团”共同举办了首届高职高专“食品营养与安全检测”在校生职业技能竞赛，研发的三套仿真软件得到80余所院校225名选手的应用；承办了北京市教委“农产品质量安全检测”项目技能大赛暨北京区选拔赛工作。

（4）通过名师、专业带头人等在国内外教学教改会议的发言和交流，扩大了仿真软件研发和仿真实践教学的经验，并得到推广应用，在国内同行中享有较高的知名度；通过仿真平台培训和强化学生实践技能，参加全国及省级、行业等各类教学竞赛和学生技能比赛，提高了教师、学生和专业的知名度。

基于云平台的高职混合教学模式研究与实践

成果名称　基于云平台的高职混合教学模式研究与实践

成果完成人　李阳、朱作付、王鸿磊、陈祥章、张萌、张登宏、耿波、王方杰、张江伟

成果完成单位　徐州工业职业技术学院

一、成果背景

混合式教学是多种授课方式和方法融合在一起的教学模式。“互联网+教育”背景下，如何让现代信息技术服务与课堂教学结合，如何实现深度的融合，如何构建适合目前高职学情的混合教学模式，进而推进人才培养质量的提升，是高职教育工作者需要深入思考的问题。基于云平台的高职混合教学模式是多种教学方式的结合，包括课堂教学、云平台互动教学，实验实训教学、网络学习、翻转课堂、个性化教学、分层教学等教学方法的有机混合。通过基于云平台的高职混合教学实践，调研发现能更有效地提高高职学生的学习积极性、学习效率和教师的授课质量。

各种云平台的不断发展不断涌现，为信息化教学开展提供了契机，也让课堂教学和线上教学可以融合，从而打破传统的教学模式，实现了优势互补。智能云平台服务和传统课堂教学的结合，为基于云平台的混合教学开展打下了基础，从而实现了资源共享、信息同步和实时交流。云平台教学可以设计课前、课中和课后多种学习活动，促进师生、生生之间的交流与互动，为高职教师运用现代化教学手段改善教学质量提供了有力支撑。

以教师为中心是传统课堂教学模式的特点，“互联网+教育”背景下，高职学生的学习环境发生了巨大变化，教学设施也由传统教室向智慧教室转变，教师也需要根据学情的改变而与时俱进，由传统授课模式向信息化教学模式转变。混合教学是多种教学方式和多种教学方法相结合，设计符合学生需求和知识结构特点的教学方式。混合教学模式和云教学平台的结合，为传统课堂教学的改变提供了有效的解决途径。

从国内外关于云平台教学的研究来看，开展基于云平台的高职混合教学的案例不多。基于云平台的混合教学可以实现传统课堂与线上教学的优势结合，在高职院校开展前景广阔。如何在国内更好的开展基于云平台的混合教学是非常必要的研究课题，也是高职教学的必由之路。

二、成果内容

1. 研究项目

（1）结项证明，基于蓝墨云平台的“管理学基础”混合教学模式研究，徐州工业职业技术学院2017年教改课题。

（2）结项证明，高职信息化人才的个性化培养与实践，全国工业和信息化职业教育学指导委员会2017年度课题。

（3）结项证明，“互联网+”高职“翻转课堂”教学研究与实践，全国高等院校计算机基础教育研究会2016年度科研规划（高职）纵向课题。

（4）结项证明，基于混合学习理念的“‘市场营销’翻转课堂”教学设计与应用研究，徐州工业职业技术学院2015年教改课题。

（5）结项证明，互联网+高职“‘市场营销’翻转课堂”教学研究，徐州工业职业技术学院2016年教改课题。

（6）立项证明，基于云平台的混合教学模式研究，中国计算机学会职业教育发展委员会2018年度课题。

（7）立项证明，基于云平台的个性化教学模式研究，全国高等院校计算机基础教育研究会2018年度课题。

2. 出版教材

主编 全国高等职业教育“十三五”新型规划教材《市场营销策划理论与实务》，2018年9月，北京理工大学出版社出版。

3. 发表文章

（1）高职人才个性化培养关键问题及对策研究．王鸿磊．实验技术与管理，2018.2。

（2）基于“云平台”的高职混合教学研究．李阳．电脑知识与技术，2018.9。

（3）基于“蓝墨云”的“管理学原理”混合教学设计与效果测评．李阳．电脑知识与技术，2018. 11。

（4）“市场营销”翻转课堂教学设计与效果测评研究．李阳．现代商贸工业，2017. 5。

（5）“互联网+”背景下高职“翻转课堂”教学研究．李阳．现代职业教育，2017. 4。

4. 曾获奖励

（1）校教学成果奖，2019. 08。

（2）全国职业院校技能大赛会光伏电子工程的设计与实施国赛一等奖。

（3）江苏省高职院校技能大赛“市场营销”赛项中荣获二等奖，2016. 1。

（4）江苏省领航杯大学生数字媒体大赛二等奖，2017. 01。

（5）首届中英“一带一路”青年创新创业技能大赛一等奖，2018. 01。

（6）2018 年淮海职教杯大学生创新创业大赛荣获一等奖两项，2018. 05。

（7）2018 年全国计算机应用能力与素养大赛荣获团体一等奖，2018. 05。

（8）全国职业院校技能大赛会光伏电子工程的设计与实施国赛二等奖，2019. 05。

三、成果特色与创新点

（1）基于云平台的高职混合教学体系引入课堂，把传统的教学方式的优势和线上教学的优势相结合。通过智能化的教学辅助平台，把翻转课堂、个性化教学、探究式教学、分层教学等优势进行有效结合，充分发挥教师主导，学生主动，考核智能的特点，提高了教学实施效果，提升了学业成绩。

（2）基于云平台的高职混合教学模式改变了学生原有的学习形式，通过教学实施与开展，为学生打造了个性化的学习空间，提供了多种学习途径，从而实现了优质教学资源的共享，扩大了学生信息获取量。同时，智能云平台提供了教学资源的多次观看和下载功能，方便学生对课堂学习内容的查遗补漏，从而提升学习效果。

（3）基于云平台的高职混合教学模式能发挥“学生为主体，教师为主导”的教学模式。课程教学过程中，教师和学生的角色发生变化，授课教师起到了课程引导、课中支持、课后的全方位监督作用；高职学生能够用智能云平台教学环境，个性化的开展自主学习。

（4）实时跟踪、记录和评价教学过程。通过智能云教学平台，授课教师与学生能够课前、课中和课后实时与学生进行交流沟通，学生之间也可以通过云平台与组内外同学进行沟通，提高学生的学习积极性和学习兴趣，使个性化学习得到有效保障。

四、成果推广应用效果

课题组积极推广教学成果，在我校信息与电气工程学院、工商管理学院、徐州生物工程学院、九州职业技术学院等院校进行了推广应用。

基于云平台混合教学模式，构建了基于云平台课程混合教学设计模型，通过面对面教学与云学习的优势进行了整合，结合移动互联时代高职学生的特点，研究设计出了基于云平台的混合教学系统。基于云平台混合教学模式的教学成果在我校信电学院、工商学院、徐州生物工程学院、九州职业技术学院进行了推广实施，调研发现，通过混合教学模式的实施，有效激发了学生的学习动机，提高了学生学习兴趣和课堂参与度，取得了较好的教学效果。

用非遗文化育人，产教融合创新
——破解绵竹年画育人和创新“三难”
问题的探索与实践

成果名称　用非遗文化育人，产教融合创新——破解绵竹年画育人和创新“三难”问题的探索与实践

成果完成人　岳文喜、黄志刚、唐宏、刘静瑜、黄志挺、王月颖、张剑、程朝远、严婷婷、苑卉

成果完成单位　四川工商职业技术学院

一、成果背景

在四川大力发展文旅产业的背景下，应用型艺术设计文创人才培养质量及数量与市场需求的矛盾凸显。本成果依托学校轻工行业60年，四川工艺美术教育20多年的积淀，探索实践创新型艺术设计文创人才培养的教学改革。

悠久的历史和灿烂的古代文明为中华民族留下了极其丰富的文化遗产。高职院校肩负服务地方经济、促进文化传承的职责，将高职人才培养与以非物质文化遗产为代表的优秀传统文化结合，对于传播优秀传统文化、培养具有传统文化修养和工匠精神的创新型人才、服务区域经济、继承传统技艺具有重要意义。基于此，绵竹年画工作室2012年在我校建立。随着建设的深入进行我院又引进中国美术家协会会员，四川省有突出贡献的优秀专家，四川省非物质文化遗产绵竹年画代表性传承人刘竹梅在我院建立工作室（毕业于中央美术学院民间美术系）。与绵竹年画传统艺人相比，她不但具备传统绵竹年画的精湛技艺，也有将这种传统艺术运用在教育、教学和创新开发上的实践经验。2017年，刘竹梅绵竹年画工作室被省教育厅确认为十个省级技能大师工作室之一。

二、成果内容

几年来，项目负责人带领教师团队在非遗文化“进校园、进课程、进项目”

中取得了丰富的实践经验，该项目在四川高职院校中走出了一条创新型艺术设计文创人才培养的新路子，为推动非遗文化在高校传承培养构建了新模式，为探索非遗文化传承的新途径积累了可供借鉴的新方法。对我国非遗文化的传承与创新在高等院校的应用具有重要的示范作用和借鉴意义。

1. 非遗文化进校园、进课程、进项目，破解了非遗文化和技艺“三难”

（1）配套支持，引进绵竹年画非遗文化进校园。2015 年，我院引进中国美术家协会会员、四川省有突出贡献的优秀专家、四川省非物质文化遗产项目绵竹年画代表性传承人刘竹梅在我院建立工作室。我院成立了非遗教师团队，建立了工作室制度、非遗项目管理办法、非遗项目支持制度等，为绵竹年画在学院的普及提供了制度保障。该项目省财政投入 150 万元，学校还配套投入了 61.17 万元，实际使用资金为 231.17 万元。

（2）多措并举，推进绵竹年画非遗文化进课程。2015 年起，我院事先在设计艺术系开设绵竹年画传统技艺选修课，2017 年，在此实践基础上我院面向全校开设绵竹年画传统技艺选修课；开办每学期 2 次绵竹年画非遗文化专家讲座；选送 17 名骨干教师参加国内外培训和企业培训；构建了一支能满足绵竹年画传承、创新、开发需要的双师型教师队伍。非遗教学团队制订了“绵竹年画”课程体系，探索了绵竹年画教学模式，编写并出版了《绵竹年画艺术》非遗课程教材。通过开设“绵竹年画”非遗文化选修课、大师讲座等教学方式传承绵竹年画非遗文化。教学团队不断研究非遗文化传承人培养的新途径，探索出符合艺术设计教学特点的“现代学徒制”教育模式，将民间传统“师傅带徒弟”的学徒制与高校教育机制相融合，通过大师与学生的双向选择，培养非遗文化和技艺的传承人。

（3）融合创新，实现绵竹年画非遗文化进项目。在近几年的建设中，我们把绵竹年画传统技艺和中国年画传统文化引入产教融合项目中，紧贴旅游文创产业需求，结合创业教育、创新教育，与一家国内企业和一家国外企业签订了校企合作协议；通过机制体制创新，在校大学生创业师生共建的方式成立了“成都四五一文化传播有限责任公司”进行绵竹年画文创产品的开发与销售。

2. 建设一支实力强的非遗教学及研发团队，提高了非遗文化技艺传承和创新的水平

工作室在刘竹梅大师的带领下组建了一支包含 2 名企业专家、1 名新生代绵竹年画非遗传承人、8 名艺术设计专业教师（其中包含 1 名教授、6 名副教授）

的具有较强的非遗技艺、教学水平和创新水平的工作室团队。通过选送 17 名骨干教师参加国内外非遗传承项目培训和企业课程开发培训等方式，构建了一支能满足绵竹年画传承、创新、开发需要的双师型教师队伍。

3. 建设集研究、教学、产品开发、社会服务于一体的文创基地，深入非遗文化和技艺的科学研究

建设至今新增实训场地 600 余平方米（新增传统年画绘制及装裱工作室 1 个，年画资源库 1 个，年画资源库数字媒体展示厅 1 个，刘竹梅大师工作室 1 个，绵竹年画文创开发中心 1 个）建成包括传统文化研究、教学、开发、推广等功能的文创基地。积极开展各类教研、科研活动，以工作室名师及成员为骨干力量，组织并带动教师开展各类学术科研活动，取得省级课题立项 1 项，公开发表研究论文 3 篇，其中中文核心 1 篇。

4. 结合“双创”教育，深入校企合作和社会服务，实现产教融合

结合创业教育、创新教育，与国内企业成都灿火设计包装服务有限公司和越南艺贤创意投资有限公司国外企业签订了校企合作协议；通过机制体制创新，在校大学生创业师生共建的方式成立“成都四五一文化传播有限责任公司”进行绵竹年画文创产品的开发与销售。

三、成果特色与创新点

1. 成果特色

（1）实施绵竹年画进校园、进课堂、进项目，实践非遗文化技艺传承与创新的新模式，并取得实效。

（2）创新非遗文化传承模式，探索出非遗文化与技艺传承与创新的“学院式”范式。

（3）破解了非遗技艺传承难，非遗文化创新难，非遗文创产品社会转化难。

2. 成果创新点

（1）推广非遗文化“进校园、进课程、进项目”的模式，探索出非遗文化在高校传承培养的新手段，对非遗文化传承的新途径积累可供借鉴的新方法。

（2）通过非遗文化传承与创新教育教学改革，培养具有非遗传统文化底蕴的高素质应用型艺术设计文创人才，找到了艺术设计人才培养的新路子。

（3）通过体制机制创新，建设产教融合平台，为企业开发优秀的非遗文创产品设计，探索社会服务新模式。

四、成果推广应用效果

我校艺术设计类毕业生就业率高于95%，远超四川省的平均水平，新生招生录取分数线已达到美术类本科录取分数线、报到率达98%，在四川省内同类院校中处于较为领先的地位。

多次参加各级创新大赛，先后被省妇联授予“春蕾绽放女大学生创意设计基地”，被都江堰政府授予“都江堰旅游文创产品设计开发基地”。在2016、2017、2018、2019年成功举办“都江堰旅游产品设计展”，都江堰市委市政府相关同志对艺术设计专业服务地方经济提出高度赞扬。

连续4年举办4届“设计艺术月”设计作品展，设计作品受到来访的各级领导、兄弟院校、行业专家、企业等的高度赞赏。如四川人大彭渝副主任、北京大学杨和平教授、同行专家黄强苓教授、行业专家岳斌主席等到我系参观毕业设计作品和工作室时评价：“你们学生的创新创意能力强，设计作品已经超过了部分本科院校学生水平，在高职高专院校中绝对居于前列。”

1. 非遗文化得到有效的传承与弘扬，服务社会效益显著

几年来，开设选修课200学时，覆盖学生1000人次，培养非遗后备传承人4人次，对外培训2000人次，出版教材1本，发表论文3篇，申报省级课题1项，申请专利6个，传授绵竹年画传统技艺40人次，培训教师17人次，新增实训场地600平方米。2017年，刘竹梅绵竹年画大师工作室已立项四川省教育厅高等职业教育创新发展行动计划项目，为全省10个技能大师工作室之一，2019年，项目组成员刘静瑜老师被确定为四川省职业院校“双师型”名师工作室主持人。

工作室师生团队与合作企业一起设计开发绵竹年画文创产品4套并进行生产和推广，实现经济效益110万元。探索了绵竹年画文创产品设计、开发、推广的校企、校地合作新模式。接待国内外参观交流50余次。

2. 学生创新能力提高，专业技能竞赛成绩显著

2016年以来，工作室师生团队参加各级各类技能竞赛获奖30余次，其中国

家级一等奖 1 次、二等奖 2 次、三等奖 5 次，省级奖 12 次。如参加 2016 年全国职业院校技能大赛高职组“工业产品造型设计与快速成型”比赛分别获三等奖、二等奖（中国西部地区高职院校最好成绩）；获 2016 年全国包装设计职业技能大赛三等奖等。

3. 人才培养改革稳步推进，得到校外专家和同行高校高度认可，示范辐射效果显著

艺术设计专业被四川省教育厅确定为“中央财政支持重点建设专业”、四川省示范院校建设省级示范专业、四川省高职高专重点建设专业，2019 年，被确定为全国创新项目 100 个重点专业之一。

近 3 年来，参加省内外各类教育、学术会议 10 余次并会议交流建设发展经验，改革经验获得高度关注；接受全国近 30 所本专科院校到我系交流考察，超过近 10 年总和。

吸收德国AHK职业标准本土化的高职机电一体化专业教学标准创新与实践

成果名称　吸收德国AHK职业标准本土化的高职机电一体化专业教学标准创新与实践

成果完成人　李湘伟、周文玲、肖世耀、吴峥强、郑则炯、吴任和、刘远强、贺爱东、刘红月、郭成铭、陈学文、廖辉、汪利群、刘安静、康俊远、贾春江、李果、关春天

成果完成单位　广东轻工职业技术学院

一、成果背景

“吸收德国AHK职业标准本土化的高职机电一体化专业教学标准创新与实践”教学成果是广东轻工职业技术学院机电技术学院机电一体化技术专业教学团队，从2009年开始，对高职机电一体化专业人才培养存在专业教学标准和岗位职责、职业标准对应度不够紧密；企业参与学校教学的深度不够，学校师资水平和教学条件需要提高；课程评价方式没有参照职业资格考试标准；机电专业需要引进职业标准和职教先进国家的教学经验进行改革等问题进行的研究。联合德国工商会海外分会（AHK）和合作企业——广州市万世德智能装备科技有限公司，通过借鉴和吸收德国AHK职业标准，根据学校教学要求和企业岗位要求，制定人才培养方案，校企联合培养，于2015年形成了机电一体化专业中德班、三年制普通班、省级现代学徒制班、中高衔接三二分段班各种类型一系列专业教学标准和人才培养方案成果，并随后进行实践推广。

二、成果内容

1. 实践成果

（1）形成了吸收德国职业标准并本土化的机电一体化专业人才教学标准和人才培养方案。和德国AHK及企业合作，在吸收德国AHK机电一体化工职业标

准的基础上，根据中国高职专科层次特点和企业岗位要求，加入素质类课程（思政、高数、英语、计算机）、机械设计类课程（机械设计基础、三维软件设计）、职业证书类课程（电工考证实训、CAD 实训、AHK 毕业考试类实训）和行业岗位能力培养课程（自动生产线控制系统设计与实现）。并将德国职业学校教学计划中 13 个学习领域的教学内容和教学要求，融入相关课程内容，实行教学做一体化。表 1 为德国 AHK 机电一体化工职业标准学习领域，表 2 为德国职业标准学习领域和专业课程对应表。

表 1　　AHK 机电一体化工职业标准学习领域

序号	学习领域
1	机电一体化系统的功能关系的分析
2	机械子系统的制作
3	在注意安全技术的观点下的电气工作器具的安装
4	电气动和液压组件中能源流和信息流的研究
5	借助于数据处理系统的交流
6	工作流程的计划和组织
7	简单机电一体化组件的实现
8	机电一体化系统的设计和制作
9	综合机电一体化系统的信息流研究
10	装配和拆装的计划
11	启动、故障寻找和修理
12	预防性维护
13	机电一体化系统向用户的交付

表 2　　德国职业标准学习领域和专业课程对应表

<table>
<tr><th>现有课程名称</th><th>原有课程名称</th><th>对应机电一体化的学习领域</th></tr>
<tr><td>机电一体化专业认知</td><td>专业认知</td><td>1. 机电一体化系统的功能关系的分析</td></tr>
<tr><td>手工加工零件</td><td rowspan="5">互换性测量技术
机械制造工艺
金工实习</td><td rowspan="5">2. 机械子系统的制作；
6. 工作流程的计划和组织</td></tr>
<tr><td>手工加工组件</td></tr>
<tr><td>车削加工零件</td></tr>
<tr><td>铣削磨削加工零件</td></tr>
<tr><td>使用数控铣床加工零件</td></tr>
</table>

续表

现有课程名称	原有课程名称	对应机电一体化的学习领域
电工电子技术	电工技术 电子技术 工厂电气控制 电工考证实训	3. 在注意安全技术的观点下的电气工作器具的安装； 6. 工作流程的计划和组织
电气控制系统安装与调试		
气液控制系统安装	液压与气动技术	4. 电气动和液压组件中能源流和信息流的研究； 6. 工作流程的计划和组织
简单机电一体化系统设计与装配		6. 工作流程的计划和组织； 7. 简单机电一体化组件的实现； 8. 机电一体化系统的设计和制作
机床系统拆装与维护	机电设备维修	6. 工作流程的计划和组织； 10. 装配和拆装的计划； 11. 启动、故障寻找和修理； 12. 预防性维护
PLC 控制系统设计与安装（一）、（二）	可编程控制器技术及应用 电机调速技术 检测技术 自动机械控制技术	5. 借助于数据处理系统的交流； 6. 工作流程的计划和组织； 8. 机电一体化系统的设计和制作； 9. 综合机电一体化系统的信息流研究； 11. 启动、故障寻找和修理； 13. 机电一体化系统向用户的交付
自动生产线控制系统设计与实现		
工厂培训	工厂实习，顶岗实习	工厂培训
AHK 毕业考试（一）		毕业考试（一）
AHK 毕业考试（二）		毕业考试（二）
机械图样的识读与绘制	机械制图+CAD	机械基础能力
机械 CAD 软件及应用		
工程材料与加工基础		
机械系统设计	机械设计基础 Solidworks 软件应用	机械设计能力
三维建模软件应用		
毕业设计	工程材料与加工基础	专业综合应用能力

最终，形成了吸收德国职业标准、中国企业要求的本土化机电一体化专业教学标准和人才培养方案，并将中德班的课程标准、教学案例、教材和教学方法，应用在机电一体化专业三年制普通班、省级现代学徒制班、中高衔接三二分段班，取得了良好的教学效果。

（2）形成了“工学三交替”产教融合培养模式。针对校企合作深度不够等问题，结合学校教学特点和企业岗位需求，联合制定教学标准和课程标准。分清各自职责，学校负责基础知识、基本素质和基本技能的培养，企业负责岗位技能和岗位综合能力的培养。在教学实施上，在第一、二、三学年，分别在第一学期、第三学期、第五学期和第六学期在企业培训，整个六年学校企业三交替轮换进行教学，培养符合企业岗位要求的高级技术技能型人才。表 3 为三年课程安排表。深灰色部分为学校教学；中灰色部分为工厂培训；浅灰色部分为德国 AHK 毕业考试。

表 3　机电一体化中德班课程安排表

<table>
<tr><th>学年</th><th>学期</th><th>1周</th><th>2周</th><th>3周</th><th>4周</th><th>5周</th><th>6周</th><th>7周</th><th>8周</th><th>9周</th><th>10周</th><th>11周</th><th>12周</th><th>13周</th><th>14周</th><th>15周</th><th>16周</th><th>17周</th><th>18周</th><th>19周</th><th>20周</th><th>21周</th><th></th></tr>
<tr><td rowspan="2">第一学年</td><td>第一学期</td><td colspan="2">入学教育</td><td colspan="3">军事教育</td><td colspan="7">理论教学</td><td>工厂培训</td><td colspan="8">理论教学</td><td>寒假</td></tr>
<tr><td>第四学期</td><td colspan="4">手工加工零件</td><td colspan="2">手工加工组件</td><td colspan="9">一体化教学</td><td colspan="2">车削加工零件</td><td colspan="2">铣削加工零件</td><td colspan="3">暑假</td></tr>
<tr><td rowspan="2">第二学年</td><td>第三学期</td><td colspan="10">一体化教学</td><td>气动实训</td><td colspan="2">电气实训</td><td colspan="3">简单机电系统装配</td><td colspan="4">工厂培训</td><td colspan="2">寒假</td></tr>
<tr><td>第四学期</td><td colspan="7">一体化教学</td><td colspan="3">PLC 实训</td><td colspan="2">机械设计实训</td><td colspan="5">AHK 毕业考试（一）</td><td colspan="3">机床拆装实训</td><td colspan="2">暑假</td></tr>
</table>

续表

<table>
<tr><th>学年</th><th>学期</th><th>1周</th><th>2周</th><th>3周</th><th>4周</th><th>5周</th><th>6周</th><th>7周</th><th>8周</th><th>9周</th><th>10周</th><th>11周</th><th>12周</th><th>13周</th><th>14周</th><th>15周</th><th>16周</th><th>17周</th><th>18周</th><th>19周</th><th>20周</th><th>21周</th><th></th></tr>
<tr><td rowspan="2">第三学年</td><td>第五学期</td><td colspan="9">一体化教学</td><td colspan="4">自动生产线控制系统设计与实现</td><td colspan="4">使用数控铣床加工零件</td><td colspan="4">工厂培训</td><td>寒假</td></tr>
<tr><td>第六学期</td><td colspan="7">顶岗实习</td><td colspan="5">AHK 毕业考试（二）</td><td colspan="7">顶岗实习</td><td colspan="3">暑假</td></tr>
</table>

针对学校师资不足、职业针对性教学条件不足的问题，组建校企混编的课程教学和岗位技能指导的教学团队。团队共有教师 32 名，包括 12 名学校专任教师，20 名企业兼职教师。教学成果应用的过程中，“机电专业校企协同育人教学团队”获得广东省高职省级教学团队称号。团队中，广东省高等学校教学名师 1 人，德国 AHK 考官 1 人，德国职业培训师（AEVO）5 人，广东省高层次兼职教师 5 人。建设校内实训基地面积近 2000 m^2，设备总值 1500 万元。投资 290 万元，建设 400m^2的德国 AHK 双元制机电一体化技术训练与考试中心。满足了人才培养中师资和教学条件的要求。

（3）建立 1+X 课证融通的学校、企业、职业“三位一体”人才培养和评价体系。针对课程和职业证书对应度不高的问题，在课程体系中，融入德国 AHK 机电一体化工考试实训、维修电工考证实训、计算机 CAD 考证实训课程，学生完成实训课程后进行职业考证，取得相应职业证书。根据学校课程、企业课程、职业考证三类课程评价主体、评价场所和评价目的的不同，采取不同的评价方式，建立 1+X 课证融通的学校、企业、职业“三位一体”人才培养和评价体系。图 1 为“三位一体”人才培养和评价体系示意图。图 2 为学生获得德国职业证书和毕业证双证书。

图 1 “三位一体”人才培养和评价体系图

图 2 学生获得德国职业证书和毕业证双证书

2. 理论成果

（1）揭示了人才培养产教融合的内涵特征。产教融合的内涵特征主要体现在五个“融合”和三个“双培养”。五个“融合”是：“教学目标和岗位要求融合”，根据岗位能力要求，确定专业培养目标；“教学标准和职业标准融合”，根据岗位能力要求和职业资格标准，确定专业教学标准；“教学项目和生产项目融合”，把岗位典型生产项目转化成教学项目，确定课程标准；“教学过程和工作过程融合”，按照岗位工作工程实施教学；“考核标准和岗位标准融合”，依据岗位标准和职业资格标准，开展考核。三个“双培养”是：“专任教师和兼职教师”双培养；“学校教学和企业实践”双培养；“学校教师和企业导师”双培养。图 3 为五个“融合”和三个“双培养”示意图。

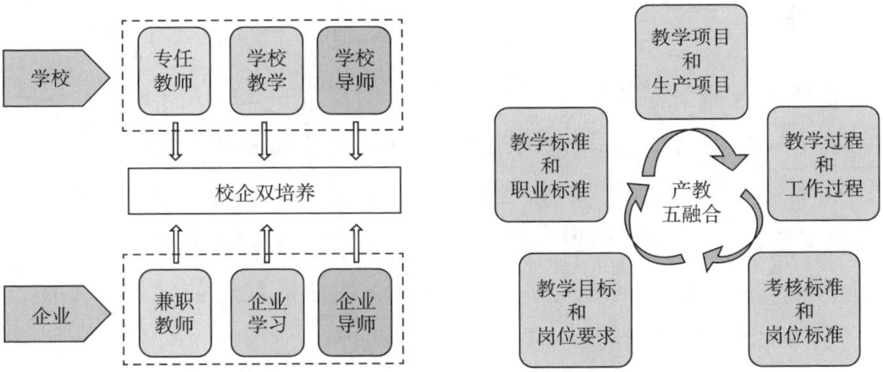

图 3 五个“融合”和三个“双培养”

（2）取得了机电一体化专业教学标准、教材、课程、论文等一系列研究成果。除了形成了较为成熟的机电一体化中德班专业教学标准培养方案，还将中德班的课程标准、教学案例、教材和教学方法应用在其他类型的专业教学中，形成了机电一体化专业三年制普通班、省级现代学徒制班、中高衔接三二分段一系列教学标准和人才培养方案。成果研究和应用期间；建成国家精品资源共享课1门、省级精品资源共享课1门、省级公共实训基地1个。发表教改论文21篇，出版教材11本，校本教材6本。教师团队中，1人获得广东省第六届教学名师，团队获得省级优秀教学团队，国家级师资培训项目2项。

三、成果创新点

1. 形成了吸收德国职业标准、融合本土企业要求的本土化的机电一体化专业人才教学标准

在吸收德国职业标准，响应中国企业要求，建立中德班的基础上，将中德班的课程标准、教学案例、教材和教学方法，应用在机电一体化专业其他类型班级，取得了机电一体化专业中德班、三年制普通班、省级现代学徒制班、中高衔接三二分段各种类型一系列专业教学标准和人才培养方案成果。

2. 创新“工学三交替”校企产教融合培养模式

校企合作，结合学校教学和本地企业对人才需求的特点，分清各自职责，学校负责基础知识、基本素质、基本技能和专项技能的培养，企业负责岗位技能和岗位综合能力的培养。在校企双场所，三年时间，工学三交替，联合培养符合企业岗位要求的高级技术技能型人才。

3. 创新1+X课证融通学校、企业、职业“三位一体”人才培养和评价体系

在课程体系中，融入德国AHK机电一体化工考试实训、维修电工考证实训、计算机CAD考证实训课程，学生完成实训课程后进行职业考证，确得相应职业证书。根据学校课程、企业课程、职业考证三类课程评价主体、评价场所和评价目的的不同，采取不同的评价方式，建立1+X课证融通的学校、企业、职业“三位一体”人才培养和评价体系。

四、成果推广应用效果

1. 校内推广

该成果自2009年开始调研和准备，2013年立项开始正式研究，2015年形成

成果并开始实践。整个过程中，逐步使中德班办学经验应用在机电专业普通班、中高衔接班和现代学徒制班中，近1500名机电专业学生参与实践。2015年开始，成果逐步向机电技术学院电气自动化、机械制造与自动化、工业机器人专业等专业推广，受益学生4000余人。

2. 省内推广

机电专业2010年成为广东省示范专业，自2015年开始，发挥辐射和带动作用，主动将该成果的经验在广东省内兄弟院校（如：佛山职业技术学院、广东交通职业技术学院、珠海城市职业技术学院、惠州城市职业学院、广州铁路职业技术学院）进行交流和指导，老师担任相关专业指导委员会委员，这些学校逐步将本成果经验应用到其机电类专业教学实践及教学改革中。2018年，面向广州铁路职院20名师生开展“AHK机电一体化教学标准培训”。近四年，兄弟院校受益学生上万人，取得了非常好的应用效果，得到了兄弟院校的良好评价。

3. 国内推广

成果应用在湖北轻工职业技术学院、新疆职业大学、济南职业学院、广西电力职业技术学院，获得了良好效果。2018年，和德国AHK合作举办“2018年AHK校企合作实施方案研讨会”。2019年，李湘伟去广西电力职业技术学院开展德国AHK职业教育培训和专业建设经验分享。2019年4月，李湘伟在由全国机械职业教育教学指导委员会举办的“自动化类新专业标准及专业建设研讨会”上发言。2019年7月，“德国职业教育AHK机电类专业教学标准和教学能力培训”项目获得国培项目2项（中职和高职），招收学员55人。2019年8月，李湘伟去新疆和田职业技术学院面向和田地区60位中高职职业教师，开展培训专业指导。通过这些方式，向更多的院校分享成果经验，取得更大的社会效益，为广东省和全国的职业教育发展和兴盛做出贡献。

在线开放课程“双反馈生成性学习资源”建设与教学模式实践

成果名称　在线开放课程“双反馈生成性学习资源”建设与教学模式实践

成果完成人　王春媚、刘靖、范平平、张杰、李娜、孟帙颖、林兆娟、赵元元、夏红梅、翟永君、姜涛

成果完成单位　天津轻工职业技术学院

一、成果背景

2016年6月，教育部《教育信息化“十三五”规划》明确指出，“要继续推动高校建设并向社会开放在线课程……开展在线开放课程线上线下混合式教学改革……在提升高等教育、继续教育质量中发挥重要作用”。现阶段，在线开放课程正朝着深化应用、融合创新的方向发展。随着职业院校教育信息化基础设施逐步完备，网络教学平台、多媒体教室、数字图书馆等信息及资源管理平台在高职院校已基本普及。

成果以工科专业课程建设为研究与实践对象，针对传统在线课程学习者体验差、资源一次性开发建设、持续进化能力弱、缺乏对学生的有效引导、闲置率高、不具备长久生命力等问题，以天津市精品课程、普惠专业网络核心课程、天津市“十二五”示范校优质核心课程、优质专业群对接优势产业群核心课程、国家“十二五”规划教材、国家级教学资源库等课程建设项目为契机，经过两年的教学实践，创设了在线开放课程“双反馈生成性学习资源”的建设与教学模式，建成仿真互动系统、3D互动教材、移动端AR实训等特色资源，旨在为在线开放课程的持续更新与应用推广提供参考。

成果以学习者为中心，创设了“线上个性创造，线下重构更新”的“线上、线下双反馈生成性学习资源”的在线开放课程建设模式。生成性学习资源是指学习者在学习过程中通过线上、线下两种方式，自主或通过同伴互助、师生交流生成的一切有价值的资源，包括学习者上传的与主题相关的拓展性资源、对资源进行的笔记标注、学习总结以及在互动空间中的评论、反馈、反思、讨论、答疑

等。生成性学习资源是学习资源的新型创作与组织形式，是未来学习资源发展的新形态，实现了课程资源的动态生成、持续进化、开放使用。

课程设计遵循职业教育本质属性和教育教学规律，邀请企业深度参与重构课程学习资源系统，基于工作过程弹性设置 8 个学习情境、28 个任务，建成 1000 余条资源，课程平台与移动端 APP 同步更新，为天津轻工职业技术学院、秦皇岛职业技术学院等 9 所职业院校提供资源平台支持，惠及校内外学生 3100 余人。

二、成果内容

1. 构建双反馈资源生成机制，解决了资源更新速度慢及不能持续进化的问题

注重发挥学习者对课程资源建设的能动性，构建“线上个性创造、线下重构更新”的教学绩效双反馈路径，引导学习者在个体认知生成的基础上，利用线上互动与线下课堂，激发学习者通过多元化的思维方式相互碰撞、启发和互补，不断深入加工学习资源素材、主动建构知识网络、创造性地丰富学习资源，从而实现学习资源的动态生成、及时更新和持续进化。

2. 建成类型丰富的立体化课程资源，解决了在线课程学习效度差的问题

以学习者为中心，尊重学习者的主体感受，以学习兴趣为导向确定资源形式。建成：教学文档、教案、课件、二维码教材、3D 电子教材、仿真互动系统、虚拟现实系统、微课、动画、视频、学生作品展示等 1000 多条资源以及试题库。课程平台提供在线学习、上传下载、笔记标注、互动交流、组课组卷、在线测试等功能，移动端 APP 与 PC 端同步更新（图 1、图 2）课程平台网址：http：//qgzyk. 36ve. com/。

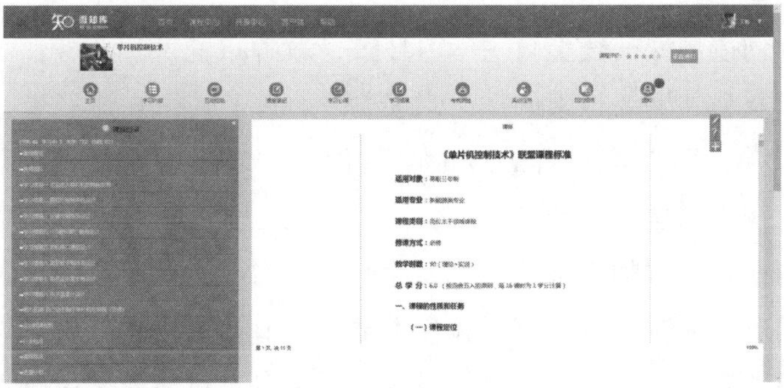

图 1　课程平台首页

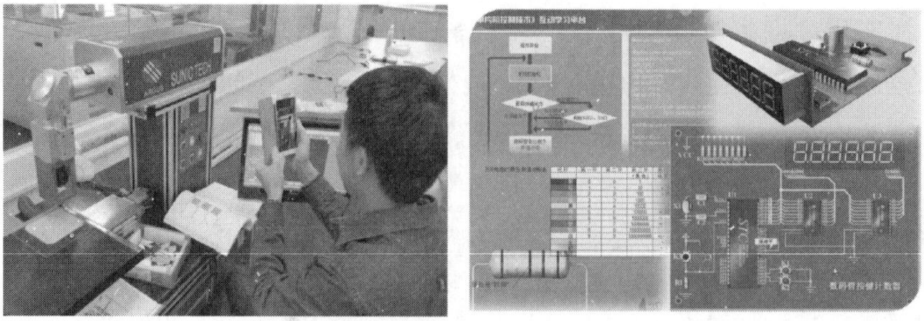

图 2　富媒体资源、多平台应用

3. 激励学习者线上线下双方反馈，解决了在线课程闲置率高的问题

在多年教学实践中建立了一套高度可操作、可复制的线上线下双反馈激励机制，以工作逻辑为主线重构教学过程，以教师活动和学生活动为载体，促进学生的学习行为，引导学生全程积极参与学习，使课程始终具有生命力。

三、成果的创新点

1. 形成以学习者为中心的在线课程资源更新迭代机制

（1）个体创造与群体互动共同构建。资源生成的起点有两种形式：一种是未经加工的原始“公共资源”，学习者可以从公共网络获取；另一种是教师经过初始建构生成的互动电子教材、视频、动画资源。在平台学习者之间资源完全开放共享的前提下，学习者通过自主学习、小组讨论、教师传授的方式，将“公共资源”和“初始建构资源”二次或三次建构生成具有个人意义的知识，从而真正实现知识的内化。

线上个性创造：课前线上自主学习环节，教师布置自学任务，学习者对教师推送的资源以及公共网络检索的“公共资源”，基于以往知识经验，生成学习者特有的主观经验，形成学习者的线上个性创造，通过平台的课前“学习心得”模块上传分享初步构建的新知。

线下重构更新：教师将基于自身经验所建构的新知在课堂中通过讲授、答疑的方式表述出来，并对学习者作答和自主学习环节初步构建的资源进行点评——对学习者作答和自主学习中有价值的内容进行肯定，对与教学主题不相符的内容予以剔除，实现线下重构更新。

群体互动建构：通过平台的“课堂笔记”功能，对平台资源进行实时编辑、修改与完善，在已有资源中标记、嵌入新知生成点，并结合小组协作学习中常用的小组讨论、头脑风暴活动等方式凝结群体智慧，拓宽知识生成的广度和深度。

课后资源重构：教师将基于学习者认知而激发的新问题通过平台“学习成果”栏目发布给学习者作答，并对作答中学习者生成的知识采用点赞的方式进行评价，以保证新知识的质量。

（2）弹性设置与动态生成相辅相成。课程遵循职业教育本质属性，基于工作过程弹性设置 8 个学习情境和 28 个任务，每个教学任务均有可更新的空间和价值，支持教师动态规划设计教学活动；通过线上线下的教学活动，有效地驱动学生在资源生成过程中进行自主建构；通过在线课程平台提供的课前“学习心得”、课中“课堂笔记”、课后“学习成果”工具，实时记录学习过程中的思维产物，形成学习者动态生成、分享和更新学习资源的机制，保障了课程持续旺盛的生命力。

2. 建成充足的立体化特色资源，适合各类学习者作为初始资源使用

自主开发了在 PC 端运行的以企业工作过程为载体的“仿真互动学习系统”、以教材为载体整合 200 余个富媒体资源的“3D 互动电子教材”、使用 AR 技术生成的移动端“虚拟现实实训 APP”均为原创，技术领先。此外，已建成文本资源 387 个、图像 89 个、视频 107 个、动画 304 个、微课 8 个、课件 43 个、习题 150 个、试卷 29 套，原创资源占比 95%以上（图 3~图 5）。

图 3　仿真互动学习系统

图 4　3D 互动电子教材

图 5　虚拟现实实训 APP

3. 建立资源生成激励机制，保障课程持续生命力

为课程设置“经验值”制度，对学习者进行形成性评价，激励学习者进行学习，建立资源生成独创性保障机制。在这种保障机制下，学习者需要通过与教师、同学的交流讨论并基于自己的经验建构新知，这些新知在课前在线自主学习、课中集体讲授、课后讨论交流中不断生成。通过课程多年的教学实践验证了该机制的有效性，实现了课程资源的动态生成、持续进化。

四、成果的推广应用效果

1. 依托资源库项目面向全国院校推广应用，学习者数量显著增加

依托资源库平台开放共享以来，宣传推广到内蒙古机电职业技术学院、常州信息职业技术学院等30余所院校，课程学习用户由最初本校的237人增长到目前的3100人，人数增加10余倍。含前期优质核心课程用户，累计达3800余人。秦皇岛职业技术学院、衢州职业技术学院等9所院校将课程纳入日常必修或选修课程，师生互动交流信息7363条，累计使用3252452小时，得到师生的一致好评（表1）。

表1　课程资源与学习信息

授课视频	总数量（个）	107
	总时长（分钟）	2053
文本资源	数量（个）	387
动画资源	数量（个）	304
图像资源	数量（个）	89
课件资源	数量（个）	43
微课资源	数量（个）	8
测验和作业	总次数（次）	83
	习题总数（道）	512
	参与人数（人）	1033

续表

授课视频	总数量（个）	107
	总时长（分钟）	2053
互动交流情况	发帖总数（帖）	309
	教师发帖数（帖）	115
	交流次数（次）	7363
累计使用时长（小时）		3252452

2. 以优质配套教材为载体推广应用，全国同类学校普遍使用

《单片机控制技术与应用》教材2015年被国家教育部认定为高职高专“十二五”规划教材，在全国20多所职业院校使用，累计销售近3700册。2017年教材再版并嵌入二维码，扫码直接观看优质在线资源，把专业教学资源库分散碎片式的素材资源串起来，让在线课程与学生的学习过程紧密结合起来，实现即学即查，随时扩展，贯通学习。

3. 引领、辐射、带动联盟院校课程建设，提高教学效益，师生教学成果丰富

多次获得联盟课程建设评比一等奖，近三年新增原创资源600余条，引领联盟院校课程建设。主讲教师被聘为国家级“电力系统自动化技术”资源库建设指导专家、中国轻工业职业教育教学名师。支持大赛培训，受益学生中103人获得省级以上奖项。助力教师在信息化教学大赛及微课比赛中获省级以上奖项10项。申报课程相关市级课题6项，发表论文10余篇，申报专利6项。

4. 面向社会培训推广，促进了校企深度融合，教学模式被复制推广

课程为天津圣纳科技有限公司等企业培训员工210余人，助力职业教育与行业企业之间有效沟通、技术同步。为国家级骨干教师培训80余人，为印度鲁班工坊EPIP师资研修班培训外籍教师，教师感觉拓宽了信息化教学思路，已将课程教学模式推广到本校使用。

天津圣纳科技有限公司总经理魏所库说：“企业需要的是实践能力强、具有良好职业道德的人才，高职教育必须高度重视学生实践能力的培养。单片机课程的混合教学模式，完善了实践教学的不足，切实提高了人才培养质量。”

基于立德树人的创新创业教育“三融合”模式研究与实践

成果名称　基于立德树人的创新创业教育“三融合”模式研究与实践

成果完成人　余克泉、夏能权、杨丽敏、刘英武、谢文波、李晚晴、匡晓华、侯丽华、王坤奇

成果完成单位　湖南工艺美术职业学院

一、成果背景

2012年，党的“十八大”报告首次将“立德树人”确立为教育的根本任务。创新创业教育体现出学生创新创业意识偏弱、创业行动力不足、创新创业项目层次较低、创新创业持续性不强等问题，加上市场经济的发展，学生创新创业行为也受到了不良价值观冲击，如创业项目“同质化”严重，创业行为“失范”，创业价值观“功利化”，创业精神“虚无”，创业文化“庸俗化”等现象，其中“功利化”表现尤为突出。正是因为缺少了正确有效的价值引领和理想信念教育，从而直接影响了高职学生创新创业成效。因此，项目组紧扣立德树人这一根本标准，将创新创业教育与思政教育、非遗保护传承、精准扶贫、融合，明确创新创业教育的价值导向不仅是要培养实干家创业家，更要培养有理想、有信念、有担当、有责任的时代新人。

二、成果内容

本成果是系统研究基于立德树人的创新创业教育与思政教育、与精准扶贫、与非遗保护传承“三融合”模式的系列成果。成果经过两年（2012年5月—2014年4月）的研究和五年多（2014年5月—2019年7月）的实践检验，构建了融思政教育、精准扶贫、非遗保护传承与一体的“作品载体、三阶递进、全程融入”创新创业教育体系。该成果有效解决了高职院校创新创业教育与思政教育、精准扶贫、非遗保护传承融合的诸多关键问题，成效显著，极具应用推广价值。

本成果包括实施方案1个、立项课题35个、论文85篇、专业人才培养方案34个、国家级专业教学资源库3个、国家级和省级资源共享课程28门等和精准扶贫、非遗保护传承系列成果。项目实践以来，学校获得“全国普通高校创新创业典型经验高校”“全国普通高校创新创业教育与实践先进单位”“国家级众创空间”“湖南省大学生就业创业优秀示范校”“湖南省创新创业带动就业示范高校”等创新创业教育荣誉和项目21项。

1. 研究情况

项目组以校级重点课题“高职院校创新创业教育体系研究与实践”为依托，自2012年5月开始研究，于2014年4月结题并通过鉴定，形成了《高职院校创新创业教育体系研究与实践研究报告》和《湖南工艺美术职业学院大学生创新创业教育实施方案》，为实施创新创业教育提供了理论依据和实践指导。

（1）着眼教学问题。

①解决职业院校创新创业教育教学中存在人才培养模式、课程体系不适应创新创业能力的培养等问题。一方面，创新创业课程设置不成体系；另一方面，创新创业教育与思政教育融合不够，尚未形成创新创业教育与专业教育、与思政教育融合的人才培养体系。

②解决创新创业教育落实立德树人根本任务不足的问题。创新创业教育体现出学生创新创业意识偏弱、创业行动力不足、创新创业项目层次较低、创新创业持续性不强等问题，如创业行为“失范”，创业价值观“功利化”，创业精神“虚无”，创业文化“庸俗化”等现象。正是因为缺少了正确有效的价值引领和理想信念教育，直接影响了高职学生创新创业成效。

③解决师生创新成果转化不够。由于缺乏成果孵化平台，师生的创意创新成果不能走出校门，面向市场；成果转化机制不健全，导致师生缺乏创新创业原动力。

（2）搭建理论框架。实施创新创业教育，课程改革是关键。项目组研究并提出了创新创业教育课程改革必须坚持四个原则：科学性、发展性、创新性、可操作性。遵循三个理念：改革人文素养课程、思政课程、创新创业基础课程和专业基础课程；培养学生审美素养和创意思维，嵌入非遗项目、精准扶贫项目的专业核心课程；培养学生作品设计与制作能力，基于实习实训和创新创业实践活动，促进作品变产品，基于顶岗实习、社会实践、创业孵化等，促进作品变产品。处理好三个关系：专业技能培养与创新创业能力培养的关系，非遗项目、精准扶贫项目与专业核心课程的关系，创新创业实践活动与实习实训的关系。依托众创梦工场，系统培养学生创新创业能力，锤炼学生意志品质，有效解决创新创业教育体系构建和人才培养的系列问题。

（3）提供实践方案。在研究的基础上，项目组制定了《湖南工艺美术职业学院大学生创新创业教育实施方案》，为实施创新创业教育提供总体思路：

①全面修订人才培养方案，将创新创业教育与专业教育、思政教育、非遗保护传承、精准扶贫等有机融合。

②政行校企联动，打造众创梦工场。

③系统构建创新创业教育与思政教育、与精准扶贫、与非遗保护传承“三融合”。

2. 实践检验情况

本成果自2014年5月起进行实践检验，边实践边研究，实践检验期间，主要开展了以下工作：

（1）深化教学改革，构建“作品载体、三阶递进、全程融入”创新创业教育体系（图1）。

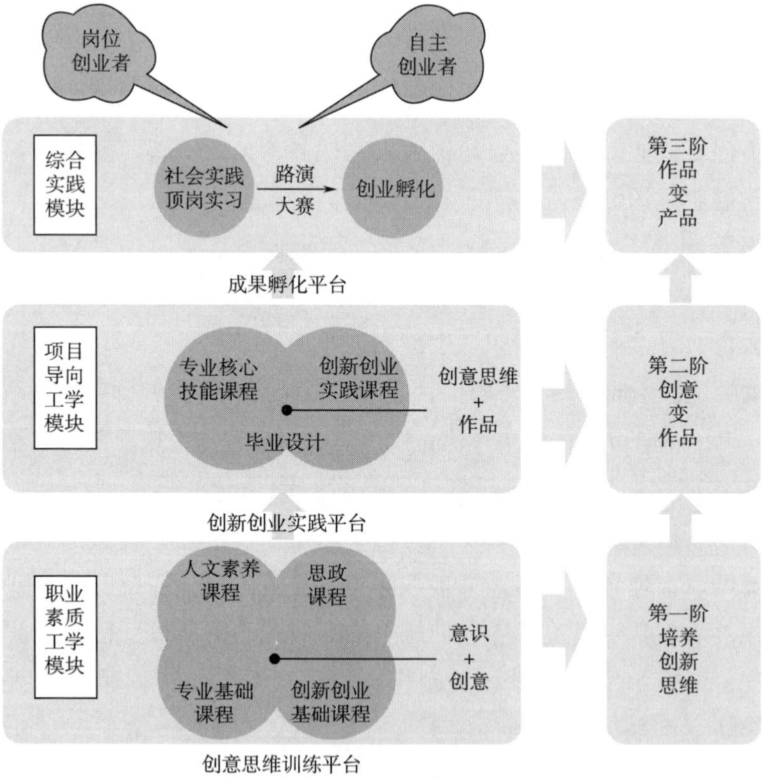

图1 作品载体、三阶递进、全程融入的创新创业教育体系

①修订人才培养方案，重新定位培养目标。2016 年全面修订专业人才培养方案，将创新创业教育与思政教育、非遗保护传承、精准扶贫等有机融合，为国家战略和湖南文化创意产业培养高素质创新创业型人才。

②构建“模块化、进阶式”创新创业课程体系，强力推进课程建设。各专业设置了 9 个学分的就业创新创业模块，建成了由 59 门课程组成的创新创业课程群。

③政行校企联动，打造众创梦工场。全面改造各教学楼、校园景观等，升级校内 278 个项目教学工作室、5 大专业群实习实训基地，创建了集创意思维训练、创新创业实践、成果孵化转化于一体的“众创梦工场”：大学生创意创业街、五大专业群创新创业孵化区、尚艺创意设计中心以及湖南工艺美术创意设计园（核心区）、湖南湘绣产业科技园等政校企协同创新中心（图 2）。

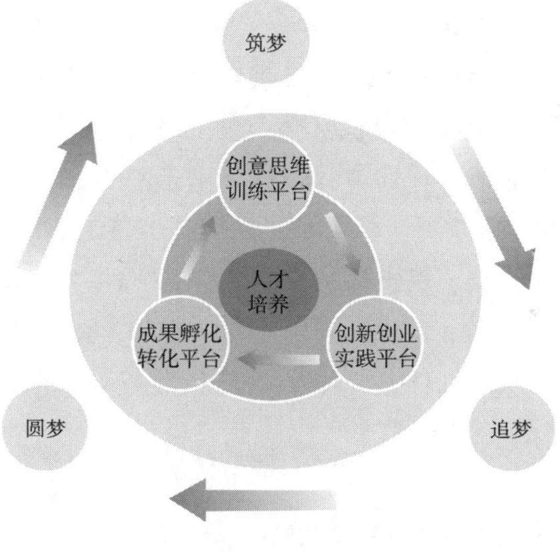

图 2　众创梦工场示意图

④实施“三阶递进”人才培养模式。第一阶，培养创新思维。改革人文素养类课程、创新创业基础课程、专业基础课程、思政课程四类课程，有机融入创新创业精神、理念、知识等。第二阶，创意变作品。专业课程引进行业企业新知识、新技术、新工艺，将扶贫项目、非遗项目、真实项目、竞赛项目等引入专业课程，专业课程教学与项目实施融为一体，教学过程即设计制作过程，课程作业即作品。第三阶，作品变产品。教学中引进的企业真实项目、扶贫项目，其教学作品直接变产品；成立了大学生创新创业协会、创客俱乐部等社团，定期举行创新创业成果展、创意集市、美院微商城售卖会等活动，学生作品直通市场。

（2）创新创业教育与思政教育融合，培育时代新人。

①开展“课程思政”改革。一是挖掘课程的思政元素，进行德育渗透，将“首创、奋斗、奉献”红船精神、“心忧天下、敢为人先”的湖湘精神等红色精神融入课程。二是融入课程体系。将红色文化元素融入专业教学，开发红色创新作品，打造红创品牌。如学生创业项目“印湘工社——贫困地区品牌研发及推广项目”先后参加了江西省、湖南省青年红色筑梦之旅活动，与宜春市政府、瑞金中央革命根据地纪念馆等4家单位签约，开发系列红创产品21件套，产生经济效益近100万元。三是融入教材，将红色文化中相关故事、案例编入教材，编写创新创业“课程思政”改革试点创新校本教材3本。

②开展红色文化实践活动。一是建立毛泽东、周立波、通道转兵等9个红色校外创新创业实践育人基地，从2014年起，学校开展“青年红色筑梦之旅”活动、暑期“三下乡”活动、创新创业类社团活动等，先后组建了34支小分队，共计385名师生走进井冈山、瑞金、安化、通道等革命老区、贫困地区开展实践活动，行程共计3400公里，引导学生扎根中国大地了解国情民情，在艰苦奋斗中锤炼意志品质。二是开展以红色文化为主题的大学生创新创业训练项目。五年来，立项校级创新创业训练计划中有红色文化元素的28个，其中获得国家级、省级创新创业竞赛奖励8项。

③创作了“制作精良、思想精神、艺术精湛”的“三精”作品。学校打造“新湘绣”“新湘瓷”品牌，师生共同设计创作的587项“制作精良、思想精神、艺术精湛”的作品以及“红色中国”“写生中国”等绘画作品，其中254项被企业采用、4幅作品入选全国美展。

④建设“红创文化”网络平台。在学校创新创业教育网、官微中开辟“青年红色筑梦之旅”活动专栏和“红创文化”专刊，唱响网络红色主旋、弘扬网络正能量，在红色文化的指引下，培养学生社会责任意识、担当意识，增强学生创业信念，培育了“敢闯、耐挫、尚成、容败”为核心内涵的校园创新创业文化。

（3）创新创业教育与精准扶贫融合 助力贫困地区精准脱贫。

①构建创新创业教育与精准扶贫“双融合”模式。即创新创业项目研发与扶贫项目开发融合、创新创业实践活动与精准扶贫融合。五年来，6300余名学生在通道县、隆回县、安化县等国家级贫困县完成“青年红色筑梦之旅”活动和顶岗实习，近90%的学生毕业设计作品源于贫困地区实践。在精准扶贫的生动实践中，学生思想受到洗礼，理想信念更加坚定，责任意识和担当精神明显增强。

②开发创新创业教育与精准扶贫“三共享”资源。即基地、人员、资源共享。与贫困地区政府及民族工艺企业共建“侗族非遗保护与研发工作站”“梅山文化创意产品设计研发中心”等校外创新创业实践基地，共建“湘瓷”“侗锦”“花瑶挑花”大师工作室等；打造了一支由345名教师、48名企业优秀工匠、19名国家级省级技能大师和非遗代表性传承人组成的育人与扶贫团队；师生共同开发了民族工艺创新产（作）品2600余件套。

③完善创新创业教育与精准扶贫“四协同”机制。即学校、政府、行业、企业协同开展创新创业教育与精准扶贫。与政府、行业、企业签订精准扶贫和合作育人协议19个，共同制定扶贫和育人方案4个，形成了协同育人与扶贫格局。师生共同组成了12个扶贫小分队，开展技术会诊7次，解决技术难题45个；形成调研报告9个，给当地政府提出建议125条，被采纳64条。

（4）创新创业教育与非遗保护传承融合 促进传统工艺振兴。

①创新创业型人才培养模式与湖湘非遗保护传承模式融合。构建“四位一体”非遗类专业人才培养模式，即创新创业型人才培养“理论学习、实践教学、教学科研、社会服务”四位一体，非遗保护传承“文化研究、技艺传承、创新研发、传播推广”四位一体，二者整体融合。

②创新创业项目研发与非遗项目挖掘整理融合。把非遗保护传承项目作为学生创新创业训练计划的主要内容，三年来，立项的创新创业训练计划项目中有45项属非遗保护传承项目，其中有23项获得国家级、省级创新创业竞赛奖励。打造了“新湘绣”“新湘瓷”品牌，不仅引领湖湘非遗产业振兴发展，还走向了巴基斯坦、马来西亚、肯尼亚等“一带一路”沿线国家以及智利、格鲁吉亚等其他国家。

③创新创业实践活动与湖湘非遗保护传承活动融合。近年来，学校组织开展了“非遗走进贫困县”“非遗作品创意集市”等非遗类创新创业实践活动；打造了毕业设计开放展示周、“新湘绣·学院展”、学院奖等非遗品牌活动；与湖南省工艺美术协会等共同打造了湖南省湘绣文化艺术节、湖南省工艺美术品博览会、湘赣鄂皖四省非遗联展等非遗活动。此外，学校鼓励师生参加省级、国家级专业展览、专业竞赛，通过非遗类活动、赛事，显著提升了学生创新创业能力。

三、成果特色与创新点

1. 成果特色

（1）鲜明的红创特色。将红色文化融入课程标准，融入教材，融入课程体系，融入课堂教学，创作一大批红色作品，开展红色文化创新创业实践活动，建设“红创文化”网络平台，用红色精神引导学生树立科学正确的创业价值观，提升大学生创新创业品质与成效。

（2）鲜明的湖湘非遗保护传承特色。非遗保护传承项目融入创新创业教育体系，创新创业教育成果转化为产业扶贫项目，两者紧密围绕非遗保护传承开展。本项目系统保护传承湖湘特色非遗 16 项，其中贫困地区非遗 7 项，对保护传承创新湖湘文化发挥了独特作用。

（3）鲜明的创新创业教育与精准扶贫协同推进特色。五年来，学校培养创新创业型人才 10139 人，其中贫困地区学生 1417 名，选派了 1730 名毕业生扎根西部及贫困地区就业创业。2000 余件套师生共创创新作品被贫困地区企业采纳，引领通道县、安化县、凤凰县等贫困地区非遗产业创新发展。

2. 成果创新

（1）从理论和实践两个层面诠释了高职院校创新创业教育与思政教育、精准扶贫、非遗保护传承融合创新、协同推进的必要性和可行性。本成果在理论上揭示了职业院校创新创业教育与思政教育、精准扶贫，与非遗保护传承的内在逻辑联系，在实践层面积极落实立德树人的根本任务和精准扶贫、振兴中华优秀传统化等战略。理论和实践均证明了创新创业教育与思政教育、与精准扶贫、与非遗保护传承融合创新，既必要又可行。

（2）构建了“作品载体、三阶递进、全程融入”创新创业教育体系。本成果打造了众创梦工场，构建了“作品载体、三阶递进、全程融入”的创新创业教育体系，形成了创新创业教育与专业教育、思政教育、非遗保护传承、精准扶贫等有机融合的生动局面。该模式成效显著，有着较广的适用性、创新性，培养了一大批又红又专的创新创业型时代新人。

（3）构建了适合职业院校特点的创新创业教育“三融合”模式。职业院校的首要任务是培养又红又专的人才，贫困地区脱贫致富靠人才，非遗保护传承也是靠人才，因此，职业院校开展精准扶贫、非遗保护传承，以培养创新创业型人才为核心，以产教融合为途径，以政校行企协同为机制，将创新创业教育与思政教育、与精准扶贫、与非遗保护传承相融合，培养可担民族复兴大任的时代新人，助力贫困地区脱贫致富，助力传统工艺美术振兴发展。

四、成果推广与应用

（1）成果达到国内领先水平。学校在国家级、省级会议上做经验介绍11次；学校成为全国职业院校精准扶贫协作联盟理事长单位和全国高校创新创业教育联盟、全国大学生创新创业实践联盟等组织发起单位。湖南省职业教育与成人教育学会教学成果鉴定专家组对本成果做出了如下鉴定结论："该教学成果理论上有重大创新，教学改革有重大突破，在全国产生重大影响，极具应用推广价值。"

（2）为职业院校创新创业教育提供了学校样本。4个案例在全国高职高专校长联席会上展示，吸引全国17个省市共93所兄弟院校来校学习取经，其中29所职业院校应用或部分应用本成果，项目主持人余克泉在"光明日报"发表项目成果的署名文章。

（3）成果为实施国家战略提供了成功案例。经与3个国家级贫困县联动应用，服务了"创新驱动发展""精准扶贫"战略，产生了积极社会影响，具有重大的推广价值。

构建产学研一体化育人平台培养烹饪类专业工匠型人才的创新与实践

成果名称　构建产学研一体化育人平台培养烹饪类专业工匠型人才的创新与实践

成果完成人　王东

成果完成单位　常州旅游商贸高等职业技术学校

一、成果背景

随着社会经济文化水平的不断发展，餐饮行业的消费需求已经从简单的“吃饱”“吃好”，慢慢向“吃出特色”“吃出文化”“吃出品味”的方向转变，餐饮企业对于菜品及就餐氛围的特色性、文化性需求的日益加剧，使一味追求基本功训练的烹饪专业传统教学模式已经不能满足餐饮行业用人的新需求。另一方面，烹饪行业由于对客服务及成本控制等特点，对厨师技艺的精准性及综合性要求较高，学生从掌握简单的基本功到能独立上岗仍存在较大距离，而传统的烹饪教学中从学校的基本功训练，直接到实习单位的定岗实习便是这样简单的两段式培养，缺少了中间过渡过程即综合性实践技能的培养和训练，从而给学生的职业适应性带来了较大困难，也给用人单位的管理造成较大困扰。因此，如何建立更加科学合理的人才培养模式，树立适应行业发展的人才培养目标，更新反映行业发展新趋势的烹饪课程，提供学生技能提高综合实训的平台，成为烹饪专业职业教育中急需解决的重要问题。

二、成果内容

《国务院关于加快发展现代职业教育的决定》提出产教融合、特色办学，推进人才培养模式创新，开展现代学徒制试点要求。常州旅游商贸高等职业技术学校创新烹饪专业人才培养模式借助常州菜研究院平台引领、常州菜体验中心孵化，培养掌握烹饪基本技能，擅长制作地方特色菜点，能够挖掘餐饮文化内涵，具备菜品研发设计能力的高素质技能型人才。

2013年，由常州市政府牵头，整合常州市商务局、常州市烹饪餐饮行业协会、常州旅游职教集团资源，在常州旅游商贸高等职业技术学校设立产学研创协同的专业发展平台——常州菜研究院。常州菜研究院建有常州菜研发中心、常州菜体验中心、常州菜推广中心和国际交流与合作中心。其中，常州菜体验中心是在企业化运作理念下，由校企双师指导、学生实岗实训，为师生提供体验式餐饮服务的综合实践平台。学生在体验中心完成了从学校学生到企业员工的转变，形成了实训、实践、实习三阶段培养机制，实现了基本专业技能、综合实践技能、顶岗实习技能的一体化成长，引导学生在专业成长过程中轻松地确定了专业方向、结对师傅、专项技能、实习企业、职业发展规划。

经过五年的实践，“1315”人才培养模式通过常州菜研究院引领，提升常州菜体验中心孵化能力，促进烹饪专业发展，人才培养成效显著、专业建设成果丰富、品牌辐射作用明显，如图1所示。

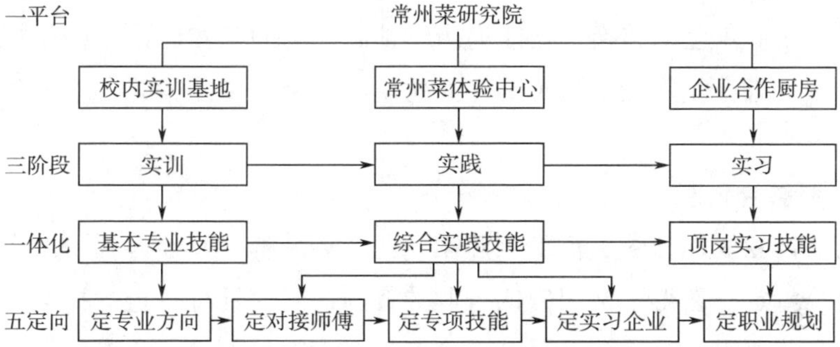

图1 “1315”人才培养模式

三、成果的创新点

1. 教育理念创新

培养“能挖掘餐饮文化内涵，具备地方菜品制作研发能力的高素质技能人才”是我校烹饪专业的育人宗旨，在学习现代烹饪技术的基础上，重视传统技艺的传承与创新，尤其是对于常州本土菜肴，家乡菜品的挖掘、传承、保护、开发成为我校教学的突出亮点与特色。同时，注重对饮食、烹饪文化的宣传与教育，培养对家乡菜系的情感与认同，强调学生在家庭烹饪中的锻炼与对父母的回馈。希望能将学生培养成练得出厨艺、品得到文化、记得住乡愁、学得会感恩的一代巨匠。

2. 教学平台创新

常州菜研究院对学校烹饪专业的教学与实训乃至对整个常州餐饮行业的引领与服务均发挥着重要作用。我校不仅拥有国内一流的工位化的教学实训场所，更拥有集烹饪研究、餐饮行业标准制定、常州菜品传承、研发的科研型机构——常州菜研究院，下设的集学生定岗实践与社会服务功能相结合的常州菜体验中心，一起形成了集产、教、研、训多功能为一体的新平台。

3. 专业培养创新

我校依托常州菜研究院，开创了“1315”人才培养模式。引导了学生对传统工艺的了解与认识，启发了学生对专业的钻研与创新，完成了专业知识体系的贯通与构建。同时，常州菜体验中心为学生架起了从学校到社会顺利过渡的桥梁，学生在常州菜体验中心的教学实训活动，可以帮助他们实现身份上由在校学生到企业员工的职业角色的转换，技能上由学徒到大厨的工作体验上的衔接。为学生走向社会、走进企业建立了完善的专业化培养、岗位化体验的人才培养通道。

4. 资源整合创新

我校烹饪专业作为国示范重点建设专业、省品牌专业，得到了教育领域专业办学的充分肯定，赢得了常州餐饮行业的普遍认同，具有一定的社会影响力。因此，以常州菜研究院为平台，引进了许多行业大师，承担了众多餐饮行业的横向课题，承办了许多重大的行业、企业的烹饪赛事。学生在全程观摩、参与各级各类烹饪盛事的过程中，开阔了眼界、学得了本领，享受到了我校经多方资源整合创造的独特教学资源，也使烹饪专业逐步成了校、政、企、行联合办学的特色专业。

四、成果的推广应用效果

1. 教学改革效果显著，学生素质高

2013 年，我校实施“1315”人才培养模式以来，显著提升了学生烹饪实践和创新能力，受益学生 800 余人。毕业生素质高，就业对口率、应届毕业生月平均工资以及用人单位对毕业生的满意率都逐年增加。用人单位评价毕业生“专业技术能力优秀、实践创新能力强”。更涌现了一批创业明星，由孙焕、李梦茹等优秀毕业生创办的运河制造、食令西点烘焙等企业引入 O2O 电子商务模式，已初具规模，深得常州市民喜爱。

近五年，学生积极参加省、国家级各类烹饪比赛，获得省赛 4 金 18 银 10 铜；国赛 3 金 3 银的优异成绩。13 级学生贾柳柳被评为全国最美中职生。

2. 人才培养成效明显，教师成长快

通过教学改革带动了学校师资队伍的建设，五年来，专业教师专注于教科研，1 位教师获评教授职称，10 位教师获评江苏省烹饪大师，其中 3 位教师成立了名师工作室，共立项课题 9 个；撰写论文 9 篇，其中 3 篇被收录国家级核心期刊；编写教材 4 部；申请专利 2 个；研发常州名菜 100 道、名点名小吃 50 道；积极参加省级各类教育教学技能大赛，共获 6 金、2 银、2 铜的好成绩。

3. 校政企行充分肯定，社会服务广

本教学成果深受校政企行的广泛好评，获国家科学技术奖励——中餐科技进步奖，积极服务地方产业。每周通过旅游时尚和常州好味道两大媒体分享常州菜；2015 年起分别与听松楼花园大酒店、富都青枫苑宾馆等近 10 家企业共建合作厨房，提供技术服务，促进企业销售额稳步增长；通过海外实习、美食节等项目打开常州菜海外市场；承办状元赛、917 活动等各项赛事；指导行业选手参加各级各类比赛，其中，指导的孙滔选手获得全国残疾人岗位精英大赛烹饪项目第一名和第九届国际残疾人职业技能竞赛第四名，宋小康选手获得江苏省技能状元大赛烹饪项目状元；承接教育惠民培训近千人次、学生社会实践 5000 人次。

4. 改革成果广泛推广，示范作用强

本成果的教学有效性较强，我校已将成果运用到旅游管理、酒店管理等专业，着手建立乡村旅游研究所、酒店博物馆等校内研究院；在省内外也得到全面推广，多次在省内外教学工作会上进行经验介绍和成果交流，其中，辽宁锦州职教考察团、南京信息职业技术学院、安徽省第四期中等职业学校校长团等 30 多个学校及教育团队专程来校考察交流；海南三亚技师学院和滁州市旅游商贸等近 10 所学校慕名选派优秀学生作为交流生来我校实地研习。

基于“慕课+翻转课堂”的服装CAD课程设计与实践成果总结报告

成果名称　基于“慕课+翻转课堂”的服装CAD课程设计与实践

成果完成人　马万林、吴国华、王桂芹、陈慧君、邓春容、肖祥高、周洁、陈莉芳

成果完成单位　湖南工艺美术职业学院

一、成果背景

在教育全球化和信息化的背景下，基于“大规模在线开放共享”理念的MOOC（慕课）开放教育资源运动是全球教育发展的重要趋势。探索课程的信息化教学，仅仅是教育资源的开放与共享还远远不够，更为重要的是将网络课程资源与课堂教学进行有机结合，构建“慕课+翻转课堂”的混合式教学。所谓“兵马未动粮草先行”，基于“慕课+翻转课堂”的课程设计显得尤为重要。本成果以服装CAD课程为例，探讨基于“慕课+翻转课堂”的课程设计与实践，历经5年的研究与实践，通过整合优秀的教学资源，开放课程教学过程，将积分竞争贯穿于课程设计的整个过程，探索出适合“慕课+翻转课堂”的混合式课程设计模式，资源共建共享，为学生进行量身定制。

二、成果内容

1. 基于积分引导的课程重构理念，建立慕课课程

基于“慕课+翻转课堂”的“服装CAD”课程，改变课程以软件项目为载体进行教学设计，重构以品种项目为载体。重构后的课程以企业的真实工作过程为教学情境，职业性得到加强，与高职教育理念相符，但课程重构难度大（图1）。

课程遵循“积分激励，寓教于乐，多元自主”的教学思想，体现“教师为主导，学生为主体，教学团队为辅导，积分竞争为引导，工作过程为导向，

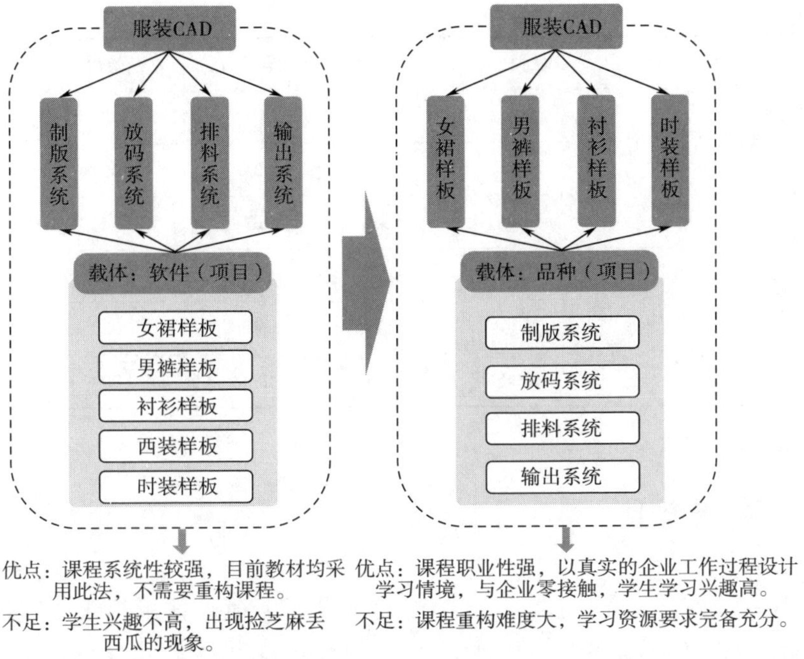

图 1　基于“慕课+翻转课堂”的“服装 CAD”课程重构

MOOC 平台为依托”的教学理念，按照“由简到难、由模仿到创新”的原则，重构教学内容，学生完成相应工作任务将会获得数量不等的积分，晋升一定的等级或职务（图 2）。

《服装 CAD》达人实施方案

一、经验升级（表 1）

表 1　　经验升级表

等级	财富值	制版币	放码币	排料币	经验币	晋升职务
1	见习员	0	0	0	0	
2	技术助理	100	0	0	50	值长
3		300	50	0	100	
4		500	100	0	200	

续表

等级	财富值	制版币	放码币	排料币	经验币	晋升职务
5	技术员	700	200	100	300	技术主管
6		900	400	200	400	
7		1100	650	300	500	
8	资深技术员	1300	900	500	600	经理
9		1500	1200	600	700	
10		2000	1500	800	800	董事长

二、晋升规则

1. 第一周结束，按照学生人数20%晋升值长，值长技术等级必须达到技术助理3级以上；每一名值长可以选取学生人数的16%为自己的团队组员。

2. 第二周结束，按照学生人数10%晋升技术主管，技术主管技术等级必须达到技术助理5级以上，每一名技术主管可以选取值长人数的30%为自己的团队组员，同时递补10%值长；

3. 第三周结束，按照学生人数10%晋升经理，经理技术等级必须达到技术助理8级以上，每一名经理可以选取技术主管人数的30%为自己的团队组员，同时递补20%的技术主管和值长；

4. 第四周结束，选出董事长1名，董事长技术等级必须达到技术助理10级。

5. 职务采取晋升制，总体原则按照财富值的多少晋升，职务聘任时间为一周，下一周重新全员聘任。

三、游戏秘籍

1. 财富值由制版币、放码币、排料币、打印币和经验币组成，等级晋升参照财富值的获取量晋升。

2. 制版币、放码币、排料币和打印币按照完成工作任务的完成度进行计算获得；经验币可以通过理论测试、话题讨论、知识竞赛、组织团队等获得。

3. 担任值长、技术主管、经理和董事长会增加相应的财富值，见列表。

表 2　　基于"慕课+翻转课堂"的《服装 CAD》积分晋级方案

晋升职务	制版币	放码币	排料币	经验币
值长	50	0	0	50
技术主管	100	20	50	100
经理	200	100	100	200
董事长	300	300	200	300

积分，根据课程的特点设置有 CAD 币、交流币、测试币和管理币。学生完成制版、放码、排料和输出，即可获得相应的 CAD 币；参与课程讨论、自主测试等将会获得数量不等的交流币和测试币；参与课程管理则根据其管理的范畴给予一定的管理币奖励。然后根据学生获取的币值，对应《服装 CAD 达人晋级方案》进行等级划分和职务晋升（表 2）。

基于"慕课+翻转课堂"的《服装 CAD》课程设计，始终将学生处于学习的主体，学生可根据教学内容自主选择难易不同的工作任务进行任务式自主学习、作业、交流和测试，获取积分；而教师始终以"导师"的身份给学生"答疑解惑"，针对学生完成的任务进行阶段性评价和终结性评价。

2. 基于混合式教学方案构建资源，保障课程质量

课程资源是学生学习知识、培养技能的主要来源和载体，主要从指导资源、学习资源和练习资源来进行课程资源设计。

（1）指导资源的构建。指导资源的设计对学生要起到引领作用。学生通过阅读指导资源可以对课程的内容、教学安排、积分晋升规则等进行初步的认识，为进一步的正式学习进行热身准备。《服装 CAD》课程的指导资源由达人竞技场、晋级排行榜、群组交流等构成。

CAD 达人竞技场是课程学习的主入口，界面要求美观大方、简洁明了。内容涵盖课程的学习任务、学习时间、各类积分分值以及将取得的等级（表 3）。

CAD 达人竞技场

注：

1. 点击下列任务，进入该场景训练，获取相应 CAD 币，提升个人等级。
2. 任务完成后，请将作品安装任务提示进行递交，不能正确递交无法获得相应币值。

表3　　基于“慕课+翻转课堂”的“服装 CAD”达人竞技场

周次	项目一　初始服装 CAD——第一次亲密接触（4课时）		经验币	制版币	放码币	排料币	等级
1	任务 1.1	大开眼界——服装 CAD 的发展现状与发展	10	0	0	0	新手
	任务 1.2	精彩纷呈——ET 服装 CAD 系统的显著特色	10	0	0	0	
	任务 1.3	熟悉环境——ET 服装 CAD 系统的界面认识	10~200	0	0	0	
周次	项目二　企业产品拉练——服装 CAD 样板制作（12课时）		制版币	放码币	排料币	打印币	等级
2	任务 2.1	先睹为快——西服裙 CAD 样板制作	100	0	0	0	新手——见习员
	任务 2.2	我来试试——变化裙款 CAD 样板制作	100~400	0	0	0	
	任务 2.3	见识放码——西服裙 CAD 线放码	0	50	0	0	
	任务 2.4	有了印象——变化裙款 CAD 线放码	0	50~200	0	0	
周次	项目三　了解企业产品——裤装 CAD 样板制作（16课时）		制版币	放码币	排料币	打印币	等级
3	任务 3.1	见识裤装——男西裤 CAD 样板制作	200	0	0	0	见习员——技术助理
	任务 3.2	裤装世界——变化裤款 CAD 样板制作	100~600	0	0	0	
	任务 3.3	尝试放码——男西裤 CAD 公式放码	0	100	0	0	
	任务 3.4	加深印象——变化裤款 CAD 公式放码	0	50~300	0	0	
	任务 3.5	寸寸计较——男西裤 CAD 排料	0	0	100	0	
周次	项目四　领略企业文化——衬衫 CAD 样板制作（16课时）		制版币	放码币	排料币	打印币	等级
4	任务 4.1	领略衬衫——女衬衣 CAD 样板制作	200	0	0	0	技术助理——技术员
	任务 4.2	衬衫王国——变化衬衫 CAD 样板制作	100~600	0	0	0	
	任务 4.3	乱中有序——女衬衣 CAD 不规则放码	0	100	0	0	

晋级排行榜是学生完成每一个项目后，教师根据学生获取的积分币值按照《晋级实施方案》进行综合排名，然后根据学生所取得的币值积分确定相应的技术等级并晋升一定的职务，下一次的排行榜积分要累积上一次的币值积分，累积进行综合排名（表4）。

表 4　基于“慕课+翻转课堂”的《服装 CAD》晋级排行榜

晋级排行榜（第四周）								
用户 ID	教育身份号	用户姓名	制版币	放码币	排料币	经验币	等级	职务
971062	430003554866	彭艳	1460	1340	650	700	8	
971061	430001695357	胡艳梅	1540	1280	530	680	9	值长
971063	430001245397	任仁秀	1380	1270	520	680	8	
971048	430003844926	黄紫晨	1660	1250	760	760	9	值长
971065	430001465351	雷玉雄	1880	1320	580	560	9	经理
971064	430000655492	饶丽洁	1470	1240	480	670	8	
970548	430000735621	杨婷	1560	1340	600	650	9	值长

群组交流是 MOOC 课程设计的重要环节，学生在 MOOC 平台中遇到的学习困难，将通过该群组发布问题，等待教师或者其他同学解答，教师也可以在这个平台发布与课程有关的议题让学生参与讨论，学生通过该群组进行讨论将获得一定的交流币（图 2）。

图 2　基于“慕课+翻转课堂”的“服装 CAD”群组交流

（2）学习资源的构建。学习资源的构建要符合知识科学性、资源多样性、材料完整性和更新及时性，要根据学生的工作需求、软件更替则需要维持定时、持续的知识更新，确保学习资源始终处于时代前沿。“服装 CAD”课程的学习资源主要有任务指导书、PPT 课件、案例教学资源库、参考书及网络资源库等。

任务指导书集合视频教学、任务指导、作业递交、自主测试和互动交流等功能为一体，简化学生查阅资料的繁琐程序，做到一表通全程（图 3）。

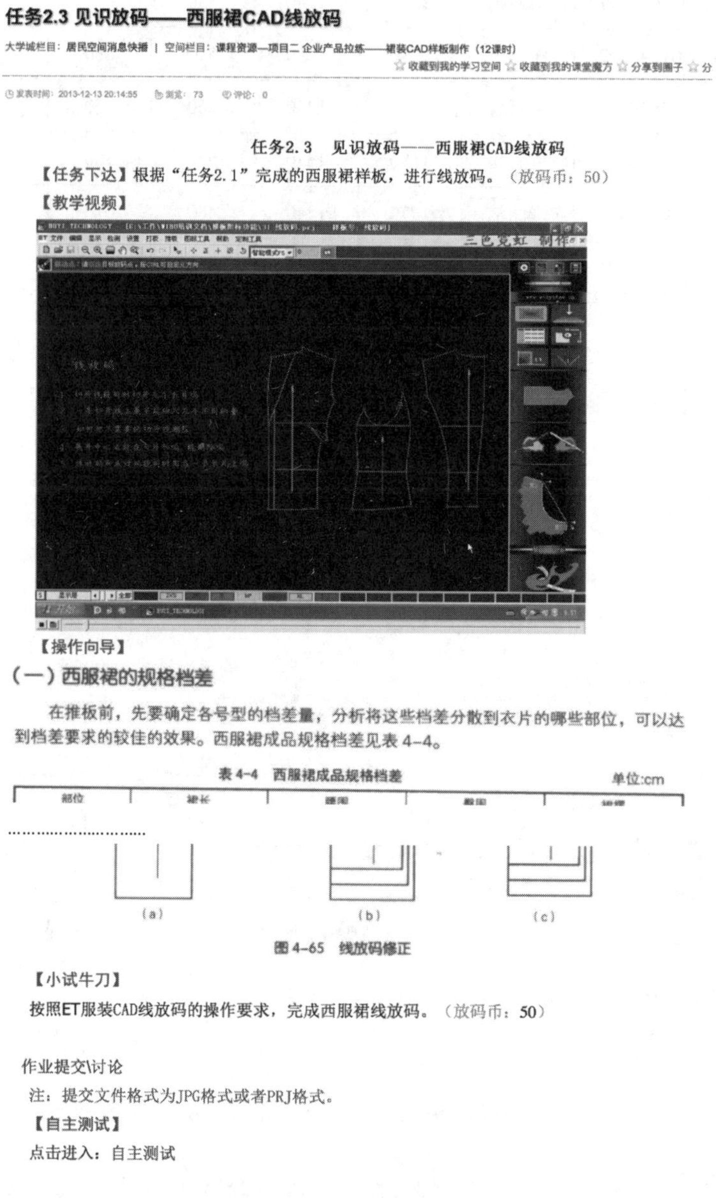
任务2.3 见识放码——西服裙CAD线放码

大学城栏目：居民空间消息快播 | 空间栏目：课程资源—项目二 企业产品拉练——裙装CAD样板制作（12课时）

☆收藏到我的学习空间 ☆收藏到我的课堂魔方 ☆分享到圈子 ☆分

发表时间：2013-12-13 20:14:55 浏览：73 评论：0

任务2.3 见识放码——西服裙CAD线放码

【任务下达】根据“任务2.1”完成的西服裙样板，进行线放码。（放码币：50）

【教学视频】

【操作向导】

（一）西服裙的规格档差

在推板前，先要确定各号型的档差量，分析将这些档差分散到衣片的哪些部位，可以达到档差要求的较佳的效果。西服裙成品规格档差见表 4-4。

表 4-4 西服裙成品规格档差 单位:cm

部位	裙长	腰围	臀围	[illegible]

……………………

(a) (b) (c)

图 4-65 线放码修正

【小试牛刀】

按照ET服装CAD线放码的操作要求，完成西服裙线放码。（放码币：50）

作业提交\讨论

注：提交文件格式为JPG格式或者PRJ格式。

【自主测试】

点击进入：自主测试

图 3 《西服裙 CAD 线放码工作任务单》范例

教学 PPT 以项目的划分为依据分成五个方面进行建设（图 4）。

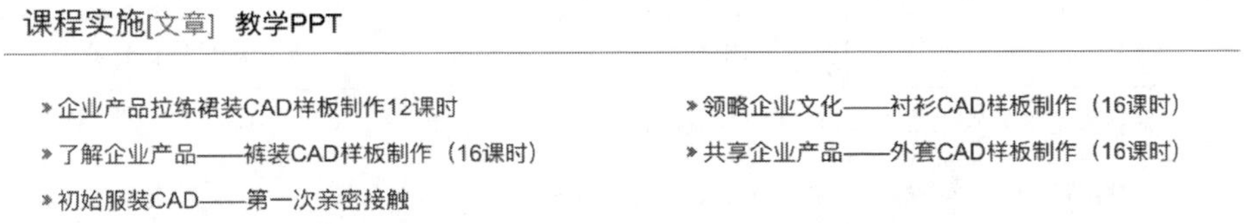

图 4　基于“慕课+翻转课堂”的服装 CAD 教学 PPT

案例教学库提供企业 CAD 打板、放码、唛架和读图等教学视频近 200 个（表 5）。

表 5　　基于“慕课+翻转课堂”的服装 CAD 企业案例视频库

打板视频		
含缩木纸样怎样放码和变更缩水率	服装大师绘图机设置	多段（刀口）对位检查
调整袖笼和袖山长度	拉链缝合在破缝上作袋位最理想	修改缝边、修改尺寸
双排扣、青果领、半连身袖打板	双排扣、青果领、半连身袖	放大缩小功能为何不起作用
自定义快捷菜单	打印机参数设置，打印纸样、网样	样片对齐、组合
更新、分割、增减样片	输出和输入 DXF 文件	处理缩水的几种方法
插肩袖、牛角袖制板	男西装打板	借肩袖小西装一样片名、里布和朴
六开身女西装 et 打板	借肩袖小西装一裁剪、缝边和刀口	借肩袖小西装领子和袖子
借肩袖小西装主体结构	插肩袖女 T 恤纸样制作	公主缝女西服 ET 打板
时尚吊带衣裙（原型打板）	修身男衬衣打板	袒胸礼服裙纸样设计（附件打板）
双吊带连衣节裙（原型打板）	女衬衣 et 打板	旗袍纸样设计（图片制板）
修身包臀连衣裙	连衫短裤纸样设计（看图打板）	时尚高腰半裙打板
荷叶边泡泡袖制作	荷叶边泡泡袖制作	女休闲牛仔裤制单出样（英寸）
怎样清除原纸样缩水率	制作衣褶和修改衣褶	西装领设计
铅笔裤 et 打板	袖笼与袖山连动修改	拉链缝合和再次修改
接角圆顺和二次修改	贴边的特殊用法	男西裤电脑打版
制作扣子（眼）和二次修改	女装原型的制作	女西裤 ET 打板配字幕
键盘在服装 CAD 的应用		

续表

放码视频		
不等距扣子、分割、放码	利用圆周率放码荷叶领	多分割女装长裤放码
有牌袋休闲裤放码	百褶裙片放码保证褶位大小不变	中山装（三开身）放码
分组放码	多褶裙开样和保形放码	弯驳领女西装放码
青果领、半连身袖放码	插肩袖、牛角袖放码	女夹克放码分割放码

参考书共收集电子书籍六本；网络资源共收集资料200余条，打开链接后可以预览和下载；其他资源包括ET服装CAD的快捷键列表、有关尺寸换算表、专业术语和电脑基础知识（表6）。

表6　　　　基于“慕课+翻转课堂”的服装CAD参考书及网络资源

参考书籍		
（ET）服装CAD应用实践	服装CAD工业制版技术ET	《服装CAD应用实践》 张俊英　朱宏达
《服装CAD实用制版技术-格柏篇》 张辉　郭瑞良　金宁	《服装CAD技术》	《GERBER服装CAD教程》 竺梅芳
网络资源		
文化式裤子原型	文化式原型上衣	旗袍，连衣裙、原型
文化式原型上衣	裤子	裙装
ET2009旗舰版	ET模板	ET练习库
et服装cad视频教程打版工具-裁片拉伸	et服装cad视频教程打版工具	男衬衫CAD对条对格排料
外厂纸样（16款）	网上款式（56款）	基础类（20款）
大衣、棉衣、羽绒（9款）	改款、改缩水（2款）	插肩袖、运动类（4款）
礼服、时装（24款）	外套、西装（14款）	衬衣、恤衫（16款）
裙类（29款）	裤类（21款）	模板练习源文件下载
排料练习源文件下载	排料练习源文件下载	放码练习源文件下载
打版练习源文件下载		
其他资源		
附录1 ET服装CAD软件打板、推板系统申的快捷	附录2 ET服装CAD软件排料系统中快捷键表	附录3 ET服装CAD系统智能笔主要功能介绍
附录4 英寸进制表	附录5 电脑基础知识	附录6 服装常用专业术语对照表

(3) 练习资源的构建。练习资源的设计是为了巩固和检测学生的学习，这个阶段的设计要注重调节、导向和激励作用。“服装 CAD” 的练习资源主要可以包括一分钟练技园、课堂作业与评测、在线自主测试题库。

一分钟练技园是根据 “服装 CAD” 课程特点设计的（图 5）。学习服装 CAD 软件的关键是要掌握 CAD 软件中的各种工具的使用，将每一个工具的使用制作成短小精悍的小视频供学生随时操兵之练习，解决学生在线下进行软件操作时出现的问题。

新建	任务单	款式追加
款式文件导出	将小排料图导入到WORD	更改样板号
方案设定	对格子、设定条纹	床次设定
操作环境、如何选片	功能	功能
功能	功能	功能
线放码	移动量检测、移动量拷贝	片规则拷贝
文件间片规则拷贝	分割拷贝	领曲线推板
曲线组长度调整	缝边式放码	拼接合并
距离约束点	长度约束点	对齐移动点
量规点规则	锁定放码点、解锁放码点	增加放码点、删除放码点
删除放码规则	要素平行交点	方向交点
方向移动点	要素距离点	要素比例点、两点间比例点

图 5　基于 “慕课+翻转课堂” 的服装 CAD 一分钟练技场

课堂作业与自测的设计要满足学生递交作业、师生评测作业之用，教师根据学生作业完成情况和同学互评情况等综合因素，确定学生完成该任务将获得的 CAD 币（图 6）。

在线自主测试题库的设计要满足学生完成单元任务后的在线测试要求，学生完成相应的自主测试可以获得一定的测试币（图 7）。

在线自主测试题库按照任务要求共设计 5 套试卷。每套试卷均为随机出卷，试卷总分为 100 分，考试时长为 45 分钟，试卷题型包括单项选择题、判断题、填空题和主观题等四类（图 8）。

课堂作业与评测

大学城栏目：居民空间消息快播 | 空间栏目：课程创新

☆收藏到我的学习空间 ☆收藏到我的课堂魔方 ☆分享到圈子 ☆分享 ☆站外分享 ☆举

发表时间：2013-12-31 15:32:25 浏览：139 评论：1

课 堂 作 业 与 自 测

注:请点击下表中的项目任务，即可进入该项目任务课堂作业与自测环节。

项目一 初始服装CAD——第一次亲密接触（4课时）	
任务1.1	分析搜索国、内外服装CAD软件5种以上，并分析她们各自的特点。（经验币：10）
任务1.2	分析搜索ET服装CAD的发展历程，以及各种版本软件的特点。（经验币：10）
任务1.3	制图工具练习心得（经验币：20）
任务1.3	按照各种制图工具的视频教学要求，练习制图工具的操作方法和技巧。（经验币：10~200）
项目二 企业产品拉练——裙装CAD样板制作（12课时）	
任务2.1	按照西服裙服装CAD操作的要求，用ET服装CAD绘制西服裙。（制版币：200）
任务2.2	按照变化裙装服装CAD操作的要求，用ET服装CAD绘制变化裙装。（制版币：200~400）
任务2.3	按照"我来试试——变化裙款CAD样板制作"的裙款，遵循线放码的基本要求，用ET服装CAD进行裙款线放码。（放码币：100~200）
项目三 了解企业产品——裤装CAD样板制作（16课时）	
任务3.1	按照男西裤服装CAD操作的要求，用ET服装CAD绘制男西裤。（制版币：200）
任务3.2	用ET服装CAD绘制变化裤装。（制版币：200~400）
任务3.3	按照ET服装CAD公式放码的操作要求，完成男西裤公式放码。（放码币：100）

图 6　基于“慕课+翻转课堂”的服装 CAD 课堂作业与自测

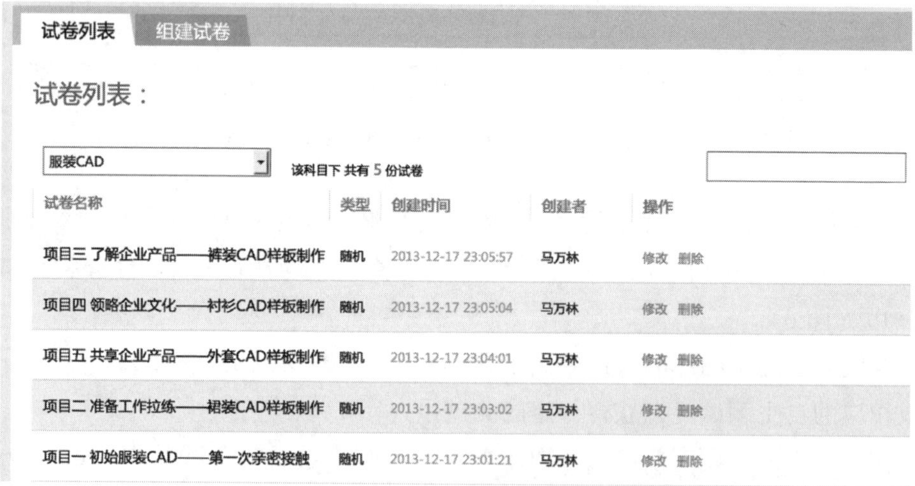

试卷列表　组建试卷

试卷列表：

服装CAD　该科目下 共有 5 份试卷

试卷名称	类型	创建时间	创建者	操作
项目三 了解企业产品——裤装CAD样板制作	随机	2013-12-17 23:05:57	马万林	修改 删除
项目四 领略企业文化——衬衫CAD样板制作	随机	2013-12-17 23:05:04	马万林	修改 删除
项目五 共享企业产品——外套CAD样板制作	随机	2013-12-17 23:04:01	马万林	修改 删除
项目二 准备工作拉练——裙装CAD样板制作	随机	2013-12-17 23:03:02	马万林	修改 删除
项目一 初始服装CAD——第一次亲密接触	随机	2013-12-17 23:01:21	马万林	修改 删除

图 7　基于“慕课+翻转课堂”的服装 CAD 在线自主测试题库

图8 基于“慕课+翻转课堂”的服装CAD试卷类型

三、成果特色与创新点

基于“慕课+翻转课堂”的服装CAD课程教学设计，遵循“教师为主导，学生为主体，教学团队为辅导，积分竞争为引导，工作过程为导向，MOOC平台为依托”的教学理念。

1. 课程组织策略

学习情境的改变，教学的主体也发生转变。由学习初期的教师传授为主体到学习后期学生为主体的转变，由学习初期简单模仿到学习后期个性化创新的转变，由学习初期操作演示法到学习后期任务教学法的教学方法转变。实现“手把手，放开手，育巧手，手脑并用；学中做，做中学，学会做，做学结合”（图9）。

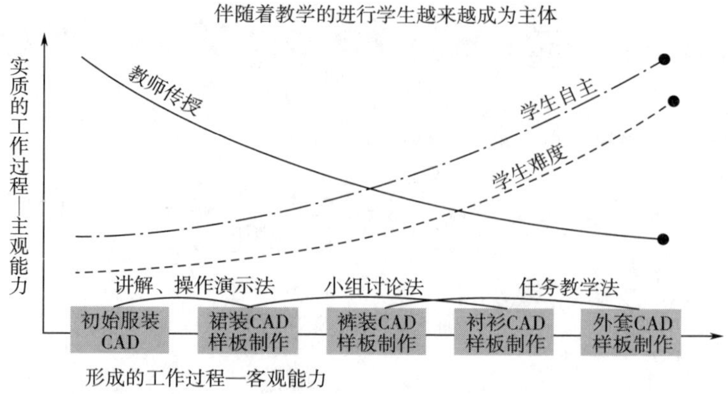

图9　基于“慕课+翻转课堂”的服装CAD组织策略

2. 课程流程设计

混合式教学实施遵循工作过程六步法的要求，从教师下发工作任务、教师和学生分析工作任务内容，查找学习资料、交流工作信息，然后制定工作计划并在老师的指导下确定工作方案，学生团队进行工作任务实施。在实施阶段，要求学生自检互查、修正错误，一直到学生和老师均为满意为止（图10）。

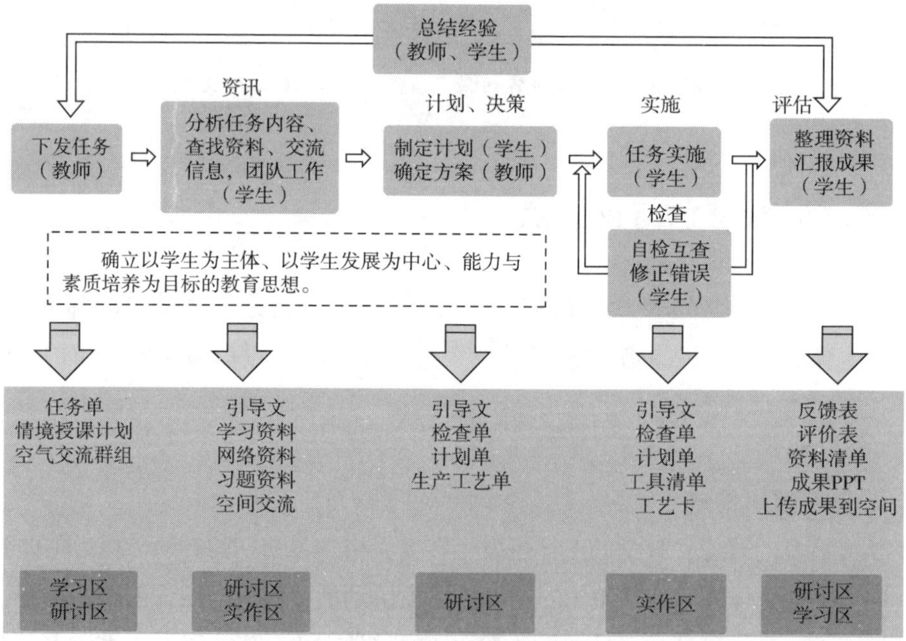

图10　基于“慕课+翻转课堂”的服装CAD组织流程设计

3. 混合式教学组织流程

服装 CAD 混合式教学组织实施遵循工作过程六步法的要求。

第一步，发布工作任务：教师通过微信、QQ、世界大学城 WebIM 即时通讯工具、邮箱和世界大学城私信等通讯平台推送课程二维码（图 11），学生扫描或者识别二维码进入表格化教案首页，即可找到当次的工作任务。

图 11　表格化首页二维码

第二步，资讯工作任务：学生扫描二维码在 MOOC 平台上找到相应的《任务引导文》《一分钟练技园》等资源进行任务学习，小组在学习中针对重点问题进行讨论，小组讨论还不能解决的问题，小组可以将疑难问题问题发布在《群组交流》，等待教师或者其他小组的解答（图 12）。

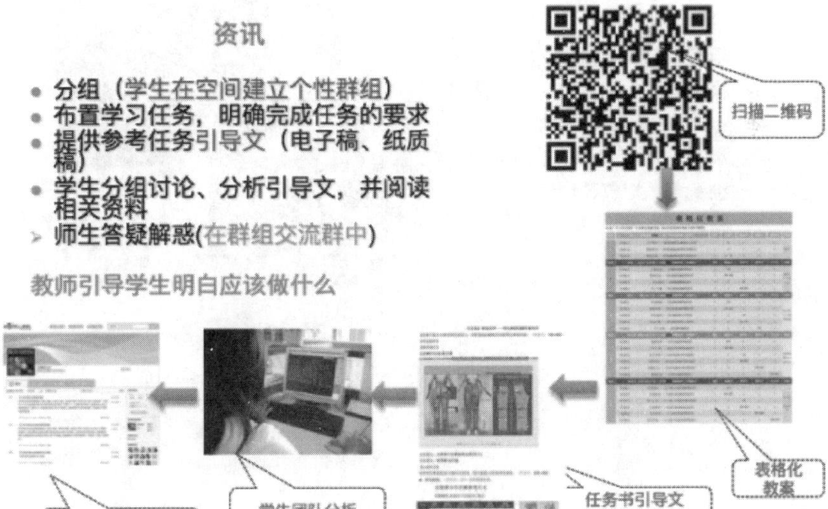

图 12　学生资讯流程图

第三步，计划工作任务：任务确定后，在任务引导文的引导下，小组讨论任务的重点、难点，讨论结束后小组制定工作计划并将制定好的工作计划上传到交流群组供教师审阅（图 13）。

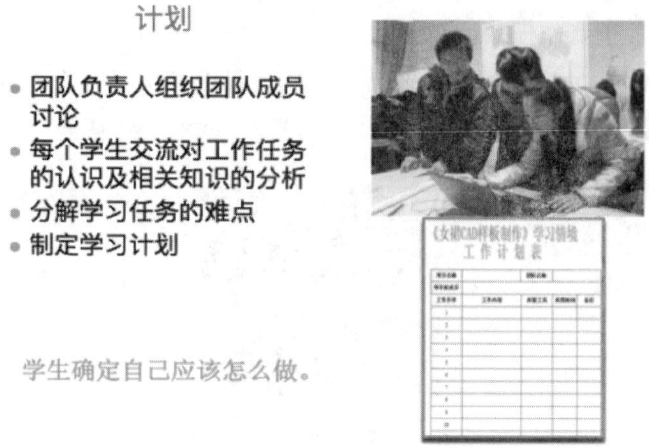

图 13　学生讨论计划流程

第四步，决策工作任务：任务计划通过师生共同商议确认，学生才可以根据意见修改工作计划，并编制详细的实施方案（图 14）。

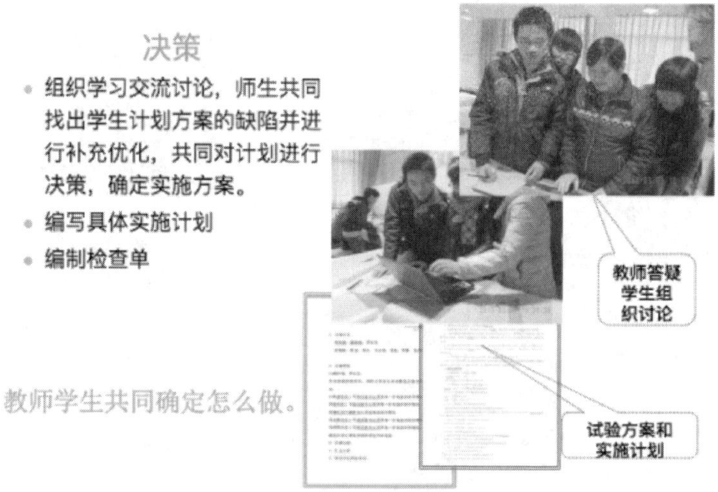

图 14　学生决策流程

第五步，实施工作任务（图 15）：学生通过课程平台完成自主学习后根据知识的内化情况完成工作任务。学生在实施任务阶段中遇到的问题可以发表在群组交流空间，也可以将学习中的心得体会发表在群组交流，供其他同学共勉，也能为教师的教学改革取得第一手资料。

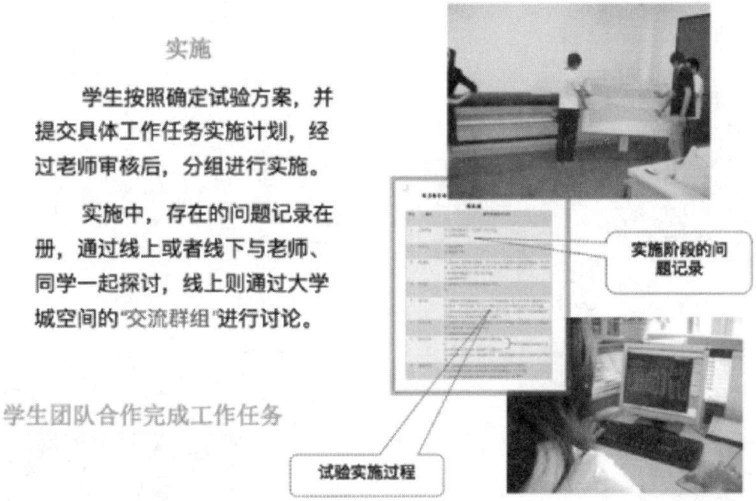

图 15　学生实施流程

第六步，检查、评价工作任务：工作任务完成后，学生要对照《课程标准》的要求自检互查，发现问题要及时修正，确认无误后将作业以电子稿的形式上传到 MOOC 平台的作业递交处。教师和同学们在作业递交处对每个同学递交的作业进行审阅并发表个人的评论，学生针对师生评论情况进行作品的修正（图 16）。教师根据作业完成情况和学生评价情况，按照奖励的积分范畴给予一定的积分，然后将评比的结果通过“竞技排行榜”张榜公布（图 17）。

图 16　学生检查流程

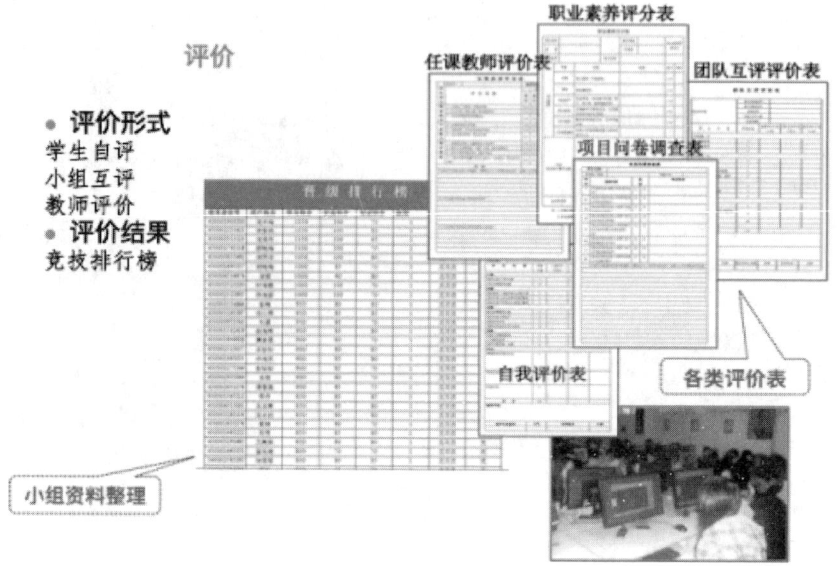

图 17　学生评价流程

四、成果推广应用效果

1. 推广情况

自 2013 年起面向本校 3400 名学生，实施基于 MOOC 的翻转课堂教学。通过举办教学工作坊、大会发言等宣传活动，已有湖南科技职业学院、湖南大众传媒职业技术学院等 5 所高校教师利用本慕课进行混合式教学，教学效果有了明显的提升。2015 年服装 CAD 子课程《订单款式打板》入选中国电化教育馆“国家教育资源公共服务平台”。2015—2016 年，陆续有“服装 CAD”“服装产品制版”和“民歌小调”等省级名师空间课堂经湖南省教育科学研究院验收通过，纳入“湖南省教育信息化创新应用十百千万工程”。

2. 应用效果

本校学生留言：“讲解的知识点逻辑鲜明、很好理解与接受”“精确到位”“视频内容字字珠玑”“看完视频能感受到老师们的严谨敬业”“以前不是很接受慕课这种形式，现在开始接受了”。

社会学习者留言：“老师讲得清晰明了，感觉一下子就能把重点提炼出来，不带半句废话”“课件中的动态图做得很好，很容易让学生跟着老师的思路走，不走神”“现在从事结构设计，属于半路出家，有幸学到这个课程，很幸运，对我帮助很大!”。

同行观点：湖南大众传媒职业技术学院肖慧老师指导4个班进行了教学实践，学生有很强的获得感。肖慧老师表示：“教学逻辑清晰合理、教学内容制作精良的MOOC线上内容，是灵魂所在，湖南工艺美术职业学院的“服装CAD”慕课各方面都比较完善，我们选对了慕课”。

本成果应用范围大，对提高高职MOOC（慕课）课程设计水平和教学水平产生了重大的成效，在学院乃至全省产生了较大影响。湖南省职业教育与成人教育学会组织专家对本成果应用效果进行了第三方评价，做出了如下评价结论：“该成果为系统研究基于‘慕课+翻转课堂’的课程设计与实践的教学成果，在高职课程设计和教学领域有较大突破，科学解决了线上教育与课堂教学诸多关键问题。我会组织相关专家对该成果应用情况进行了深入调查，对成果应用进行了有效性分析，相关数据显示，该成果应用效果显著。专家组一致认为，该成果有很大的应用推广价值，建议在更大范围内推广应用。”

岗位精准对接，“一对多”创新现代学徒制人才培养模式

成果名称　岗位精准对接、“一对多”创新现代学徒制人才培养模式
成果完成人　孙伟、金璐玫、吕洪燕、刘长志、高斌
成果完成单位　辽宁轻工职业学院

一、成果背景

中小企业集群在大连市区域经济发展中的作用日益增强，装备类企业也日益呈现出“小企业、大集群”的特征。为解决中小企业“用工难”及创新发展的人才需求，辽宁轻工职业学院机械制造与自动化专业成立机床班，面向机床装调修产业，推行一个学徒班对多家企业的现代学徒制人才培养。

学院已参与学徒制学生达 249 人，通过实施“一对多”的现代学徒制，不仅为中小企业精准培养了应用型人才，也聚集跨企业的个性化优势资源，实现“1+1>2”的资源倍增效应。加盟企业已有 8 家，毕业生已成为机床装调中小企业的新生骨干力量。

二、成果内容

（1）遴选企业，搭建培养“工匠”人才平台，解决中小企业“用工难”，以及参加“学徒培养难”的问题，满足中小企业参与深度校企合作，学徒式培养储备人才的需求。

在现代学徒制试点工作中，选择格劳博机床（中国）有限公司、山崎马扎克机床（辽宁）有限公司等教育型企业作为学徒制人才培养的合作骨干企业。骨干企业有完善的企业内部培训体系，拥有充足的教育教学资源，有学徒职业教育的经验，并且生产设备设施与工艺水平高，引领行业技术发展标准；其他企业的加入审核条件为企业信誉度好，文化先进，并乐于承担社会责任和资源共享，积极参与职业教育建设。

校企结合我国的企业实情以及我院专业建设情况，构建出符合本土的“一对多”的现代学徒制职业人才培养的运行机制。在共建实训基地、师资队伍建设、专业课程开发、社会培训、技术研发等方面积极开展合作，为“工匠型”人才培养提供有力保障。

引入“一对多”的现代学徒制培养模式，成功解决了中小型企业组建学徒班难的壁垒。

（2）夯实基础、制度先行。为有序推进我院现代学徒制人才培养工作，进一步深化产教融合、校企合作，提高技术技能人才培养质量，2018 年，辽宁轻工职业学院制定现代学徒制试点工作系列管理办法：《辽宁轻工职业学院现代学徒制试点工作管理办法》《现代学徒制试点项目实施细则》等，成立现代学徒制工作领导小组、工作办公室、项目工作小组和招生招工小组，落实责任主体，全面推进现代学徒制试点项目。通过制度和规范，来保证人才培养的顺利进行。

（3）依托骨干企业生产工艺水平、教育教学资源和内部培训体系，学徒培养质量得到保证。骨干合作企业生产设备设施与工艺水平高，在同行业中具有一定代表性和影响力，引领行业技术发展标准，并且属于教育型企业，因此，校企制定了高质量的岗位标准和系列教学标准，通过在所有学徒企业贯彻系列教学标准，使得“一对多”现代学徒制职业人才培养的机制能高质量畅通运行。

由于企业的产品和生产装备的新颖性、先进性、独特性都在不停提升，因此，学院的实训硬件和师资满足不了学生岗位精准对接培养要求。学院工程教育实践环节主要用来进行专业基础能力和职业普适能力培养，满足不了不同企业生产工艺独特性培养要求，采取现代学徒制人才定制培养模式，可利用企业中的先进设备和技术人员来弥补学校实践教学条件和师资力量弱的缺憾。

校企联合成立了现代学徒制建设指导委员会，按照“合作共赢、职责共担”原则，沿着“学生→学徒→准员工→员工”四位一体的人才培养路径，校企根据机床机械装调工、机床电气装调工、机床操作工、机床维修工岗位职业知识能力需求的深入分析，按照企业岗位用人标准，在遵循教学规律与技能培养规律的基础上，共同梳理各岗位所要求的知识、技能与职业素质，融合职业资格标准以及公司员工培训有关内容，完成了《机械制造与自动化现代学徒制专业教学标准》和《机械制造与自动化专业现代学徒制人才培养方案》的制定与修订。根据合作企业岗位标准，细化岗位任务，以“职业能力培养”为主线，基于机床生产与加工全流程，校企共同重构以“专业平台+岗位方向”为特征的由“基本素质与能力课程+专业基本能力课程+职业岗位能力课程+专业拓展与素质选修课程”为主要构成的适合学徒制的课程体系。

校企共同制定课程标准及相应教学资源建设，开发“机械制造工艺”等5门普适性较强，能在专业群中推广的课程教学设计；开发《电气控制与PLC应用》《数控机床结构与数控原理》等校本一体化教材5部；共建电子资源点406点。学院购买40点对接德国AHK机电一体化工职业资格考试课程资源，为深化课程改革，以及学徒采用“在线课程”学习奠定基础。制定课程教学、实训考核标准，突出能力、现场、职业表现的评价，采用多方法、多途径的考核模式，形成学徒成长档案。

（4）实现了学徒的高质量就业。沿着“学生→学徒→准员工→员工”四位一体的人才培养路径，企业全程介入人才培养方案的制定和实施，学生定期到企业进行学徒职业技能培养，提高了人才培养规格与岗位需求的匹配度，学生毕业就能马上适应工作岗位。由于在企业进行学徒培养中投入较多的人力、物力和财力，因此，学徒在企业中基本都是骨干力量，其职业晋升平台远好于非学徒生。

（5）校企互聘共用，形成高素质专业化教师队伍。完善专兼职结合的“双导师”制。建立“双导师”选拔、培养、考核、激励制度，形成校企互聘共用、双向挂职锻炼的管理机制。以教师培养、评聘和考核为核心，强化“双导师”制团队制度建设。组建项目团队，双导师协同发展，形成高素质专业化教师队伍。双导师优势互补，打造竞赛培训、科研、课程资源建设等各项团队。坚持以教师全员培训、集中专题培训为主要形式，建设高素质专业化教师队伍。

三、成果特色和创新点

1. 创新点

（1）理论创新。在人才定制培养中不断总结经验，首次提出以下理论：

①在学徒培养中，提出“实施企业联盟按需定制人才培养模式”的理论，打破了中小型企业进行学徒人才培养困难的壁垒。中小企业由于规模小等原因无法开展学徒合作，出现只能招工后企业二次培养的现象，“一对多”校企联合培养突破了这个瓶颈。

②在人才培养中，提出“以强带弱，标准贯穿”的理念。依托骨干企业生产工艺水平高、教育教学资源丰富、内部培训体系完善的优势，制定学徒岗位标准和系列教学标准，协助其他企业完善学徒培养体系，学徒培养质量得到保证。

（2）实践创新。

①实施企业文化“育人、用人、留人”的策略。为保证学徒班人才培养的质量，达到校企生三方共赢的局面，我们一直协助企业提升文化，并将各企业的优质文化随时渗透在学徒培养中，强调学徒的精神诉求，为其提供一种愉快、和谐、向上的工作氛围，使学徒在观念上确立一种内在的、自我约束的行为标准，形成一种自我约束的职业道德，在日常工作中形成一种强烈的、自律的心理氛围。

②实施集中与分散相结合的工学结合人才培养的策略。学徒第三、第四学期的工学结合课程是学校与优质资源企业共同实施。学徒在寒暑假以及第五、六学期，到各学徒企业进行职业技能培养，学院根据各教学标准监控其学徒培养质量，并通过线上课程集中提升学徒的理论水平。

学校课程重点内容关注普适性技术技能基础和综合素养的培养，企业课程则以完成工作任务来构建和开发相关的知识与技能，进行现场学习，强调学生个体的实践参与。实现“积优、保质、岗位精准对接”的有机结合。

（3）机制体制创新。

①“一对多”现代学徒制，打破原先一个学徒班只针对一个企业的现象，形成多主体培养学徒、企业以优带弱，共同发展的良好局面。

②学院以机械专业“一对多”现代学徒制作为试点，学校与联盟企业成立学徒制专业建设指导委员会，校企制定了系列体现现代学徒制特点的教学管理、学徒管理、双导师管理等方面的制度，保障现代学徒制的人才培养质量以及学徒制各方的利益。

2. 项目特色

①采用集强、集约、集合实施方式，满足了中小型企业参与学徒培养，达到了“1+1>2”共赢效果。依托校企的优质资源，通过工学结合、制度先行、标准贯穿、文化引领的培养路径，突出人才培养宽基础，课程实施实用性、综合性、双元性，教学方法先进性，管理开放性，评价实效性的特点，为学徒培养的高质量奠定了基础。

以协助企业文化提升、企业培训制度修订、优质资源企业定标弱质资源企业贯标、校企双导师互培、资源共享等路径，达到共赢效果。

②实现了精细化、个性化学徒培养，学徒班学生宽基础，所学技能与企业精准对接。学徒班通过专业课程、第二课堂以及创新创业活动形成相互补充的课程

体系，通过集中与分散相结合的工学结合课程实施，学校课程重点内容关注普适性技术技能基础和综合素养的培养，企业课程则以完成工作任务来构建和开发相关的知识与技能，学习在现场进行，强调学生个体的实践参与。因此，形成学徒专业基础宽、岗位技能优势明显的特点。

③为企业对新员工的培养打造立交桥，提供新的路径。企业在学徒培养过程中，承担较大的人力、财力和物力成本。通过企业加入“一对多”现代学徒制人才培养模式，培养少量学徒作为新员工骨干，在企业新员工培养中起到引领、示范作用，推动新员工整体职业技能迅速提升。

部分企业没有完善的员工培训体系，教育培训资源缺乏，通过在“一对多”现代学徒制人才培养的贯标过程中，借助优质企业经验梳理了具有本企业特色的培训体制机制，形成自己的优质培训资源。

“一对多”现代学徒制人才培养中，学校也会借助自己普适性理论强的优势为企业员工进行义务培养。

四、成果推广应用效果

1. 在校内乃至校外其他同类高职专业的推广应用和效果显著

本教学成果研究思路辐射影响了本校其他专业，为专业人才培养模式改革提供思路和改革路径。2017 年，智能制造专业群（以机械制造与自动化为核心专业）成功申报辽宁省高水平专业群项目。2018 年，机械制造与自动化专业被国家教育部《高等职业教育创新发展行动计划项目》（2015—2018 年）确定为国家骨干专业。2018 年，机械制造与自动化专业成功申报国家第三批现代学徒制试点。2018—2019 年我院环境艺术设计专业和服装设计与工艺专业成功申报辽宁省现代学徒制试点。

项目组到大连轻工业学校、辽宁建筑职业技术学院等 10 余所学院交流经验，对其人才培养模式改革起到推进作用。

2. 应用程度

我院机电类专业群全面推广“一对多”学徒培养模式，并与 20 余家企业进行人才学徒培养，人才培养质量明显提高，专业群每年就业率达 98%以上。此种人才培养模式提高企业参与专业建设热情，每年会吸引 2～3 个企业加入学徒培养。

3. 实施效果

（1）学生的职业技能和创新能力有了很大提高。2014—2018 年，学徒在职业技能大赛上获国家级一等奖 1 项，二等奖 2 项，三等奖 3 项，辽宁省一等奖 5 项等，学生在全国创新创业大赛中获得二等奖 1 项，获辽宁省创新创业大赛一等奖 2 项，三等奖 3 项。2014—2018 年，学徒发明实用新型专利 13 项，正在申请发明专利 3 项。

（2）通过校企教师互培，打造“创新力强”的“双导师”教学队伍。2014—2018 年，教师在教学大赛中获国家级一等奖 2 项，二等奖 1 项，三等奖 2 项目，辽宁省一等奖 3 项、二等奖 5 项，三等奖 4 项等。教师发表论文 40 余篇，其中课题相关教改论文 18 篇，SCI 收录一篇；出版教材 10 余部，专业群教师完成省市级教学教改课题 13 项。教师个人技能赛获得辽宁省一等奖 2 人，二等奖 1 人。

4. 预期前景

本项目成果对校企合作人才培养方面有很好的借鉴作用，本成果主要解决了中小型企业组建学徒班难的壁垒，解决了企业学徒培养经验少以及岗位标准不完善的瓶颈，以及解决了传统“订单班”和“学徒班”强烈的针对性直接导致了学生知识面窄、职业拓展相对较弱的缺陷等。本教学成果可以在大连市、辽宁省，乃至全国职业教育推广开来，解决了职业教育学校和企业合作对人才培养两张皮的现象。

教学名师篇

王正云

一、基本情况

王正云，女，中共党员，副教授，食品科技学院副院长，从事相关专业领域教学15年。

1. 政治立场和职业精神

热爱社会主义祖国，具有坚定的政治立场，认真学习党的“十九大”会议精神、新党章和党的各项方针政策；坚持以习近平新时代中国特色社会主义思想为指导，求真务实，勇于探索，开拓创新，坚持严格按照党员标准要求自己，努力践行科学发展观；热爱社会主义职教事业，爱岗敬业，敢于担当，坚持严肃认真地对待自己从事的每项工作，勤奋刻苦、任劳任怨、不断进取，带领系部教师在专业建设、人才培养模式创新、课程体系改革、实验实训条件建设、师资队伍建设、校企合作等方面取得了显著的成绩，在其所在的二级学院起到了模范带头作用，近5年先后被学院评为优秀党务工作者和优秀教育工作者，被评为“泰州市首届高等学校教学名师”。

2. 形成的师德风范

自2005年进校以来，一直在食品科技学院从事一线教学工作。近5年先后被学院评为优秀教育工作者、优秀教师、优秀教研室主任等，在2015年、2017年和2018年学院年度考核中均获得优秀等级。

3. 所获奖项

（1）2019年2月被评为“泰州市首届高等学校教学名师”。

（2）2018年获教育部职业教育国家级教学成果奖二等奖。

（3）2017年获中国轻工业联合会教学成果奖一等奖。

（4）2017年获江苏省教学成果奖二等奖。

（5）2013 年获江苏省教学成果奖一等奖。

（6）2016 年获教育部全国职业院校信息化教学大赛一等奖。

（7）2016 年、2018 年分别获江苏省高职院校信息化教学大赛一等奖。

（8）2015 年获江苏省微课教学大赛二等奖。

（9）2018 年指导学生获江苏省高等职业院校技能大赛二等奖（农产品质量安全检查项目）。

（10）2018 年指导学生获全国食品工业职业教育教学指导委员会颁发的全国高职院校食品营养与安全检测技能大赛团体一等奖。

（11）2013 年指导学生获省高等学校专科优秀毕业设计团队奖。

（12）2018 年 12 月荣获江苏农牧科技职业学院“教学质量优秀奖”。

（13）2018 年 9 月获学院“优秀教学工作者”荣誉称号。

（14）2016 年 9 月获学院“优秀教师”荣誉称号。

二、专业教学资源建设

1. 主持或参与校内外实训基地建设的成效

积极实施改善校内外实训条件，加强校外实训基地建设。通过校企共建、政府投入、学院自筹等途径，学院校内实训基地和校外实习基地的建设与管理水平显著提升，建成了江苏省农畜产品加工与检测实训基地和江苏省食品质量与安全实训基地，生均教学实验仪器设备价值达 1.4 万元，为学生的职业技能训练、职业素质训导和职业的可持续发展能力培养创造了良好的条件。建立了一批如江苏雨润肉食品有限公司、蒙牛乳业集团、伽力森主食企业（江苏）有限公司、江苏益客集团、江苏双鱼食品有限公司等具备一定影响力的校外紧密型实训基地。

2. 近 5 年出版具有轻工职业教育特色的新版教材情况

出版了《农产品质量检测技术》教材（主编），该教材被评为中国轻工业优秀教材、中国农业农村部“十三五”规划教材。

3. 主持或参与相关教学文件制订和修改工作情况

（1）2008 年至今作为专业带头人和教研室主任一直负责本学院食品营养与检测专业教学标准及人才培养方案的制定工作，同时制定了食品营养与检测专业建设标准。

（2）负责制定了本学院“食品理化检测技术”“农产品质量检测技术”“食品理化检验实训”“农产品食品检验工职业技能训练与鉴定”等多门课程标准。

（3）2019 年参与了《高等职业学校专业（农牧渔类）农产品加工与质量检测专业教学标准》制定工作，目前已通过初审。

4. 参与精品资源共享课程和专业资源库建设工作情况

（1）主持建设的“食品理化检测技术”课程被江苏省遴选为立项建设在线开放课程。

（2）主持建设了江苏食品药品职业技术学院食品加工技术专业国家教学资源库的“食品检验技术技能训练库”课程建设工作。

（3）对“农产品质量检测技术”进行了基于工作过程的项目化课程改革，完成了课程资源库建设。

三、教学方法改革及效果

1. 近 5 年主持省级及以上的教育教学改革项目取得的成绩，重点介绍教学内容、教学方法改革等方面成绩，积极进行课程体系与教学内容方面的改革，依据专业教学标准，结合岗位需求，以项目为导向，任务为驱动，重新整合教学内容，实施理实一体化、线上线下混合式教学等多种教学方法，因材施教，注重培养学生学习的主动性和积极性，取得了良好的教学效果

（1）主持省级以上教育教学改革项目 2 项，均已结题。分别为中国职业技术教育学会教研课题“基于校企合作产教融合的食品营养与检测专业课程改革探索”和全国食品工业职业教育指导委员会教研课题“高职本科‘3+2’分段培养教育衔接体系研究与实践——以食品营养与检测专业为例”。

（2）负责的“食品营养与检测专业”被遴选为省高水平骨干专业。

（3）教学研究成果“高职食品类专业‘三层次、三融合’创新创业实践教学体系的构建与实践”获 2018 年职业教育国家级教学成果奖二等奖。

（4）教学研究成果“基于创新创业能力培养的食品营养与检测专业实践教学体系的构建与实践”获 2017 年中国轻工业联合会教学成果一等奖。

2. 近 3 年，发表过高质量的教改教研论文或出版具有一定影响的教改教研专著

（1）2018. 09 基于校企合作产教融合的食品营养与检测专业课程改革探索，

科技创新导报，224-228，第一作者。

（2）2018.02“双平台双融合”实践教学体系的构建——以食品营养与检测专业为例，新课程研究，24-26，第一作者。

（3）2018.12 高职本科食品营养与检测专业“3+2”分段培养课程衔接体系研究，新课程研究，第一作者。

（4）2017.35 依托专业建设规划 打造食品营养与检测优秀教学团队．科技创新导报，241-242，第一作者。

（5）2015.11 主编《农产品质量检测技术》（中国农业出版社），被中国轻工业联合会评为优秀教材。

3. 主持或主要参与省市厅级及以上科研项目，获得过省级及以上成果奖情况

（1）主要参与泰州市科技项目“发酵鸭加工关键技术及产业化”，并获泰州市科技进步三等奖（2016 年）。

（2）主要参与泰州市科技项目“肉脯嫩化技术研究”，获泰州市科技进步三等奖（2011 年）。

（3）作为主要完成人之一的姜堰市科技项目“溱潼鱼丸传统生产工艺关键技术优化的研究”（已结题 2013 年）。

（4）参与泰州市科技项目“玉米蛋白源免疫调节肽的构效关系及在功能性食品中的开发应用”（已结题 2018 年）。

（5）近 3 年指导学生获江苏省大学生创新创业训练项目 2 项。

4. 教研科研成果代表作

公开发表论文《草鱼下脚料制备鱼酱油的酶解工艺》（期刊名称：中国调味品），《基于校企合作产教融合的食品营养与检测专业课程改革探索》（期刊名称：科技创新导报）等 11 篇；教学、科研课题 5 项；公开出版教材两本；获各类奖项、荣誉 13 项。

四、在教学团队建设中发挥的作用及效果

1. 教学团队梯队建设及培养青年教师情况

高度重视食品营养与检测专业教学团队梯队建设，通过引进、培训及实践训练等多种措施，打造了一支既有扎实理论知识又有丰富实践经验的“老、中、

青”相结合的“双师型”教学创新团队。本专业教学团队共有15人，其中教授2人，副教授5人，高级实验师1人，讲师6人，实验师1人；具博士学位教师5人，其余10人均为硕士；“双师型”教师12人，来自行业企业兼职教师2人。

通过组织青年教师听取名师公开示范课，参加实践教学、教学信息化、双语教学等教学基本功培训，其教学创新能力和教书育人水平得到显著提高。3名教师获全国信息化教学大赛一等奖，2名教师获全国信息化教学大赛三等奖，2名教师获全国食品营养素检测技能大赛优秀指导教师奖，5名教师获江苏省信息化教学大赛一等奖，7名教师获江苏省微课教学大赛二等奖，6名教师先后获学校教学质量优秀奖，本人被学院评为“优秀教研室主任”。

2. 师德教风及“传、帮、带”团队文化建设情况

高度重视师德教风建设及对团队内青年教师的“传、帮、带”，通过实施一对一的“师徒青蓝工程”，以老带青，教育教学经验丰富的老教师言传身教，将教学经验传授给青年教师，促进教师的职业水平的提高，同时通过教研活动、教师座谈、讲座报告等形式，组织团队教师相互学习、互相探讨，改革教学手段和教学方法，形成了良好的“传、帮、带”团队文化。团队中1名教师被评为江苏省教学名师，1名教师被评为泰州市师德模范，1名教师被评为泰州市教学名师，2名教师被评为学校优秀教育工作者，近10名教师被评为学校优秀教师。本人指导的青年教师蒋慧亮获全国信息化教学大赛一等奖，指导的战旭梅老师获全国信息化教学大赛三等奖，并获江苏省微课教学大赛二等奖及学校教学质量优秀奖。

3. 在创新型、学习型教学团队建设中的引领作用

（1）带领团队成员积极进行课程改革，不断提高教师的课程开发能力。将创新创业教育融入专业教育全过程，构建了“平台+模块+拓展”的课程体系。

（2）发挥传帮带作用，促进教学团队整体水平的提高。始终把打造具有承担新模式教学能力的“双师型”教师队伍作为团队建设的首要任务。通过实施一对一的传帮带“师徒工程”，形成教学团队合力与整体优势，大大提高了人才培养质量。

（3）创新实践教学模式，不断提高学生的动手能力。以强化学生实践和创新能力培养为抓手，带领团队教师开展实践教学，通过教师的“做中教”，学生的“做中学”，运用混合式教学、任务驱动、案例教学等多种教学方法，使学生学习自主性和主动性大大提高。

五、教学感言

我始终将“教以学为本，育以品为上，师须德为先”作为自己从教的座右铭，始终坚持以德为先，为人师表，立德树人，做一名有道德情操的好老师；始终坚持言传身教，率先垂范，以高尚的诚信人格影响学生，感染学生；始终坚持不断学习，与时俱进，增强自身的学识和教学能力；始终坚持以生为本，因材施教，关爱每一位学生的成长，将“育人”全程融入“教学中”。

李云梅

一、基本情况

李云梅，女，中共党员，研究员/高级工程师，教育学博士。1998 年大学毕业后分配到天津市二轻局职工大学（现天津轻工职业技术学院），并工作至今，先后从事教学、教学管理、项目建设、科研、校企合作、培训、资产管理等工作，现为学院新能源专业带头人，学院副院长。近几年，她曾获得天津市黄炎培杰出教师奖、天津市五一劳动奖章、天津市最美女教师等荣誉；作为团队负责人，带领团队获得首批国家级职业教育教师教学创新团队、天津市模范集体团队、天津市师德建设先进单位团队等殊荣。

1. 热爱职教事业，师德风范崇高

她政治立场坚定，忠诚于党和人民的教育事业，全面贯彻党的教育方针，以习近平新时代中国特色社会主义思想为指导，落实立德树人根本任务，把思想政治素质和职业道德水平摆在首要位置；她爱岗敬业、潜心育人，事业心强，工作作风雷厉风行，以创新的协作精神和坚韧的钉子精神感染着身边的每一位师生；从教 21 年来，她将教师工作作为一份事业去经营，一直以“四有”好老师标准严格要求自己，模范践行社会主义核心价值观，无论身处教师岗位还是管理岗位，时刻恪守“亲其师，信其道”的师德品质，自觉践行“细节决定成败”的工作准则。

她始终牢记“为师首要是德高”的育人宗旨，治学严谨、教风端正、为人师表、体知躬行、淡泊名利，一切为了学生，为了一切学生，为了学生的一切，坚信每一名学生都有人生出彩的机会。课余经常与学生会干部、社团成员、大赛学生等谈心交流，帮助他们做好未来职业生涯规划；在生活上，以慈母之心关爱班级每一名学生，与单亲家庭和困难家庭的学生结对子，为其排忧解难，先后资助过张海英等 10 余名学生。高尚的师德，精湛的教法，赢得了学生、老师、家长的赞誉和肯定。

2. 求实严谨，教研科研有成果

她始终坚持学习—工作—思考—研究—理论结合实际，将工作中的问题作为课题去研究，秉承“课题源自教学，教学积累课题，课题促进教学”的工作思路，积极参加全国机电、自动化、新能源类各专业教研科研活动、学术研究与交流活动。近5年，主持市级及以上的教育教学改革项目7项，参与市级及以上科研、教改、调研及重大项目建设等10余项，其中，组织完成国家级骨干校建设项目、市级高水平示范校建设项目，目前正在进行“双高校”建设方案的修订和建设任务的分解落地等工作，每天超负荷工作已经成为家常便饭，但她每天都精力旺盛，乐此不疲；结合教学、管理不断地总结和凝练教学成果，先后公开发表与自己教学和管理相关的论文10篇，其中5篇为中文核心期刊；主持发明专利2个；主要参与国家、市级教学成果奖3项，其中“高职院校”融入递进式“创新创业教育体系的构建与实践”获得国家级教学成果二等奖、天津市教学成果一等奖，“面向先进制造业的‘校企协同、三级贯通’技术技能人才培养探索”获得国家级教学成果二等奖、天津市教学成果特等奖，“基于发达国家标准培养国际水平模具技术技能人才的实践创新”获得天津市教学成果二等奖。

3. 深入企业，社会服务能力强

她十分重视自身业务素质和专业技能提高，注重新技术的发展。不但是天津市轻工职业职业技能鉴定站站长，还先后取得了电工高级工、电工技师、小风电利用工高级技师等多个职业资格证书。每年坚持1~2个月到企业挂职锻炼或参与企业项目研发，除了了解企业动态和技术发展，更多关注的是教学与生产的深入融合，探索技术变革对人才需求的变革。

从2012年开始，坚持在天津圣纳科技有限公司顶岗实践，在实践中与企业技术员一起研制了新型太阳能电动观光车，该车集电动和太阳能发电双功能于一体，成为校园、景区的代步车；2015年被聘任为天津圣纳科技有限公司技术总监，参与普通充电桩到快速充电桩的研制，一直在为企业的充电桩技术改造进行服务；2015年对第一代太阳能电动进行改造，如车身、控制部分进行了升级，能够实现快速充电模式，成为鲁班工坊标配设备。目前，印度鲁班工坊、泰国鲁班工坊等都用此车进行教学实训，也成为海河教育园部分高职校园里的观光车，目前销售额达到1500万元。2016年，与圣纳科技积极合作，联合申请并获得“创新创业科技创新企业顶岗高职骨干教师国家级培训项目”，目前已经开展了两期的培训，是全国第一家科技创新培训基地，受到全国职业院校教师的欢迎。

2014 年，完成滨海新区新能源产业链培育资金项目：新能源产业实训和研究基地建设，滨海新区拨付 50 万元，共建校内光伏发电实训基地；2016 年，完成了“数控技术的集成开发——两端同时加工的 CNC 车床”项目，研发的两端加工的 CNC 车床，取得了良好的经济和社会效益。

此外，她先后被聘任为国家级新能源类专业教学资源库共建共享联盟副主任、天津市新能源产教对接委员会秘书长、中国成人教育协会资源建设与培训专家委员会专家、中国高等教育博览会信息化（高职）专家委员会委员、天津市耀华嘉城国际中学聘请为学生生涯指导校外辅导员等兼职工作。

二、专业教学资源建设

作为光伏发电技术与应用专业国家级教师教学创新团队负责人，主要承担机电一体化技术、光伏发电技术与应用、工业机器人技术等自动化类专业建设、国际化专业标准、核心课程标准制定和审核工作。近几年主讲“电工电子技术”“单片机技术”“C 语言”“PLC 应用技术”等课程，并承担了光伏、机器人技术专业学生的顶岗实习、毕业设计和技能大赛指导等工作。她每年的评教均为优秀，深受学生喜爱。

面对生源质量不断下滑的情况，因材施教，她较早地提出利用信息化的手段+形式多样的资源，激发学生专业学习兴趣，提高学习积极性。在“PLC 应用技术”教学过程中，以学生为本，灵活运用各种教学方法，尝试用教学平台做到课前、课中、课后随时地交流，并改革考试模式，通过形成性评价与终结性评价相结合，理论与实践相结合，技能与作业态度相结合，笔试、口试与操作相结合，学生自评与互评相结合、线上线下考核等多维度综合考量学生，学生综合能力和应变水平大幅度提升。2007 年，她也成为这门市级精品课的优秀主讲教师，对推动学院的精品课、在线开放课、网络课程以及微课等起到较好的教学示范作用。2014 年，她带领团队进行“单片机应用技术”课程信息化教学开发工作，积极运用现代化教学措施将动画、视频、模拟仿真等大量多媒体技术融入教学过程，极大地激发了学生的学习兴趣，提高了学生的学习积极性，与此同时，该课程也荣获了全国职业院校信息化教学大赛国家一等奖，实现了学院在国家级教师大赛获奖的零的突破。她还是“电力安全生产及防护”电力系统自动化国家教学资源库标准化课程负责人，“就业与创业教育”市级示范课程负责人。先后20余次应邀到兄弟院校交流资源库课程建设、应用以及OTO教学模式的实践，2018年，她在教育部组织的全国职业教育专业教学资源库建设工作研讨会上做专题报告，受到与会领导、老师们的好评。

她时刻以学生为中心，春风化雨，带领同学们爱技能、学技能、比技能。近几年，她指导学生参加各类专业技能比赛，获得包括天津市职业院校电脑鼠走迷宫、机器人技能大赛一、二等奖在内的10余项奖项殊荣。2019年，她指导的电脑鼠走迷宫一等奖获得者李占芳同学应印度方邀请，与印度鲁班工坊选手联合组成代表队参加“印度MicroMouse国际挑战赛”获得冠军，并在世界各国的挑战赛中取得第四名的好成绩。学院承担全国职业院校技能大赛12载，她既是赛事组织者，活动周活动的设计者，顺利完成每年的大赛承办任务。她也是全国职业院校技能大赛机器人技术应用赛项监督组组长、全国职业院校技能大赛市场营销技能赛项监督组组长，指导承办院校的赛事顺利开展，2014年，她获得“全国职业院校技能大赛优秀工作者”称号。

同时，她还积极带头在非思政课程中融入课程思政元素，践行课程思政与思政课程的同向同行的育人要求，比较早的在学校建立院级层面的课程思政研究组，指导组建课程思政团队、制定课程思政精品课实施方案等，目前，学院有2门市级课程思政课，2门海河教育园课程思政课，40余门院级课程思政精品课，力争在教学中将社会主义核心价值观贯穿课堂始终，使优生更优，能手更强，增强学生的实践能力，提升职业素养和责任使命担当。

三、教学方法改革及效果

1. 校企共建实训基地

为适应专业工学结合人才培养模式的改革，满足基于工作过程课程体系的教学要求，大力进行了各专业校内外实训基地的建设。其中，新能源专业群建成10个一体化实训室，形成了“单项技能训练—综合技能训练—模拟生产—真实生产—顶岗实习”的系统性实践体系，实现了教、学、做合一；企业先后捐赠约310万元的设备，在校内共建3个生产实训车间，实现工学交替、双主体育人模式。在满足新能源类专业的项目实训任务，积极承担国家、市级职业院校技能大赛和国家级教师培训任务的同时，面向企业承担各种技术服务和员工培训，成立了首家京津冀新能源协同创新中心。另外，为服务国家“一带一路”倡议，助力中国企业走出去，2017 年组织建设了印度鲁班工坊新能源技术实训室，2019 年建设了埃及鲁班工坊新能源技术实训室，为当地国家经济发展培养高素质技术技能人才，受到两国合作院校、企业的高度盛赞。

2. 开发特色新版教材

根据新能源技术工艺改进和生产实际要求，与企业技术人员共同确定教学内容，编写教材和实训项目，近 5 年主编了具有轻工职业教育特色的新版教材《风光互补发电技术》《单片机控制技术与应用》《自动控制系统》等 5 本教材，已在国内多所高职院校中使用，也成为企业员工培训教程。

2017 年编著的《风光互补发电技术》为双语教材，不仅作为印度鲁班工坊师资培训的教材，也是鲁班工坊学生学习和企业员工培训的教材。书中在关键知识点、技能点嵌入二维码，支持学习者扫码获取国家新能源类专业教学资源库中相应立体化教学资源，实现“书网融通”。2014 年编著的《单片机控制技术与应用》获得 2014 年度中国轻工业优秀教材，2017 年再版后的教材，在纸介质书籍上嵌入二维码，还开发了复合型的电子教材，方便各类学习用户网上学习和体验。

3. 共享型资源库建设

作为第一执行负责人，紧紧围绕国家新能源产业发展，联合全国 20 个省市的 30 所职业院校和 24 个行业企业共同建设新能源类专业教学资源库，2015 年以综合第一名的成绩立项，2018 年顺利通过验收。新能源类专业资源库涵盖光伏发电技术与应用、风力发电工程技术等五个专业教学标准，建设了共享型的标准化课程 18 门，个性化课程 21 门。截至 2019 年 9 月，平台资源总量达到 26000 余条，包括微课 120 余个，互动学习系统 18 个，交互式电子教材 18 本等；平台注册人数达到 43700 余人，其中，学生用户 36700 余人，教师用户 1120 余人，企业用户 3500 余人，社会用户 2300 余人。

四、在教学团队建设中发挥的作用及效果

作为国家级教师教学创新团队负责人，十分注重团队的管理与建设，围绕“高标准、高水平、高质量”的发展理念，积极推动创新教师团队建设，实现结

构、内涵、特色的全面优化，全力提升办学综合实力与核心竞争力，建设具有示范引领作用，高水平、结构化专兼结合的“双师型”教学团队。

在教学过程和教学团队建设中，以“学高为师，身正为范”严格自律，一方面，悉心关注专业发展动向，迅速掌握专业领域的主流技术和共性技术；另一方面，注重优秀教学团队的建设，注重新教师的培养。每年带领团队进行专业调研，把握学科发展动向，将企业生产真实案例为教学改革的源泉，使专业的建设与改革适应行业与企业发展需要。作为一名老教师，先后指导了王春媚、张杰、侯雪、范平平、皮琳琳、肖方等8名青年教师，老师们先后被学校聘任为专业带头人和骨干教师，并在每年指导学生参加全国职业院校学生技能大赛和教师教学能力比赛中多次获奖，成员还获得市级五一劳动奖章、市级劳动模范、市级优秀党员等。

目前，团队形成“精益求精、追求卓越”干事创业的工作劲头，通过承担全国职业院校技能大赛高职组风光互补发电赛项、通过组建全国新能源共建共享联盟建设国家级新能源类专业教学资源库、通过承担《高等职业教育创新发展行动计划（2015—2018年）》项目——光伏发电技术与应用骨干专业、通过印度鲁班工坊、埃及鲁班工坊师资培训……新老教师“传、帮、带”成效显著，获得企业、院校以及外国教师的好评。

五、教学感言

潜心育人，春风化雨，师者要努力做将阳光播撒到学生心中之人，这是我的教学感言！勤耕不辍、精益求精，这是我不改的初心！履职尽责，做一名“四有”好教师，为推进职业教育事业发展贡献力量，这是我肩上的使命！我深信：一分耕耘，一分收获。我将怀着一颗年轻、热忱、进取的心，以天道酬勤、业道酬精、人道酬诚勉励自己，在高职教育的道路上一路向前。

王海英

一、基本情况

王海英，女，1975 年 8 月出生，中共党员，天津职业大学眼视光工程学院教授，副院长，国际接触镜教育者学会中国区协调员，全国验光与配镜教育教学指导委员会常务副秘书长。主持的课题获得国家级教学成果奖 2 项，全国微课大赛一等奖 2 项，国家级课件大赛二等奖 2 项，全国黄大年优秀教学团队负责人，天津市黄炎培优秀教师，天津市劳动先锋示范岗，国家级信息化教学大赛三等奖 1 项，主持省部级以上课题 4 项，发表论文 30 余篇。

1. 师德方面

王海英从事眼视光技术专业领域教学已有 22 年，一直工作在教育第一线。在政治立场方面，坚决拥护党的路线、方针和政策，遵纪守法，教风优良，团结同事，爱岗敬业，勇于奉献，责任心强。在工作方面，热爱教育教学工作，积极弘扬、努力践行职业教育思想，坚持育人为本，德育为先，有较强的服务意识和较高的服务效率，热衷社会服务，创新能力强，作风扎实，具备较强的责任感和使命感；在教学和科研工作中不断进取，能优质完成教学和科研任务；积极参加大学生思想政治教育工作，引导学生树立正确的世界观、人生观和价值观，培养学生爱岗敬业，无私奉献，服务社会，精益求精的工匠精神。在学习提升方面，坚持学习新的教育教学观念，与时俱进，治学严谨，努力掌握和运用现代教育技术辅助教学，积极改革教学方式和方法，开展教育教学课题研究；坚持通过学习提高自己，积极参加专业学习培训、学术会议交流等；掌握专业领域前沿的发展动态，及时吸取国内外先进理念、知识和技术，充实自己。紧密围绕市场需求不断改革，与时俱进，持续提高自己的综合素质，带领全院师生积极服务国家发展战略，维护国民视觉健康，助力视光行业发展（表 1）。

表 1　　近 3 年在师德师风方面省部级获奖情况

序号	获奖名称	奖励级别	排名	获奖时间
1	黄大年教师团队	国家级	负责人	2017. 12
2	天津市教育系统劳动竞赛“示范岗”	省部级	个人	2018. 01
3	黄炎培杰出教师奖	省部级	个人	2018. 09
4	天津市师德建设先进单位	省部级	集体	2018. 12
5	天津市三八红旗集体	省部级	集体	2019. 03

2. 教研科研方面

（1）教学改革情况。在教育教学改革中不断进取，坚持以学生为中心，注重分析学生群体及个体特点，因材施教，采用灵活多样的教学方法，有效利用信息化技术和现代教育技术开发各种教学资源，提高教学效率，先后七次获得国家及省部级教学比赛的奖励，制作的教学课件四次获得全国大赛一、二等奖，教学成绩显著。开发的教学资源与行业企业、高职院校共享，并用于企业员工培训。

积极探讨教学内容和教学方法改革，教学研究能力强，主持完成的“隐形眼镜验配技术课程立体化教学体系的架构与实践”课题基于接触镜验配的工作过程解构重构知识技能体系，创设 4 个工作情境，并立体化构建了课程资源，学习模式，评价方式，形成可借鉴的课程建设经验，获得 2014 年度国家教学成果二等奖。主持完成的“三平台支撑，四层次贯通的眼视光培训体系的架构与实践”获得 2018 年国家教学成果二等奖。参与完成的“基于运动视觉检测系统的开发，创新国际化人才的培养与实践”获得 2018 年度轻工业教学成果二等奖。

（2）教改教研专著发表情况：

①终身教育体系下眼视光专业人才学习方式研究［J］. 高等职业教育（天津职业大学报），2016. 12，第二作者。

②高职接触镜验配实训室“6S”管理的思考［J］. 中国眼镜科技杂志，2019. 3，第二作者。

③美国视光教育课程及视光师职业资格考试［J］. 中国眼镜科技杂志，

2015，第一作者。

④基于校企、学会合作的立体化教学体系的构架与实践［J］．中国职业教育，2015，第一作者。

（3）省部级及以上科研项目情况：积极开展科研，在研究工作中具有独立开拓、主持科研课题的能力，创新精神与创新能力较强，能把握本专业学科的研究热点和方向，并把科研和教学紧密结合起来，实现科研与教学的双向互动，研究工作立足于双眼视觉和接触镜两个领域，成绩显著。

3. 发表论文情况

发表《主客观验光相差悬殊的病例分析与探讨》《集合功能的测试》《高职接触镜验配实训室“6S”管理的思考》等论文39篇。

二、专业教学资源建设

1. 校内外实训基地建设情况

为适应职业教育的发展要求，结合学院特色，进一步强化学生的实践能力和技能训练扩展，培养高素质技术技能人才，在现有实训室的基础上与国内行业龙头企业合作，共同打造校内及校外实践教学基地。积极联系企业，成效斐然，促成了天津职业大学和美国强生，博士伦和美国酷博的合作，设立了多个企业奖学金；联系到多家企业为学校提供支持，华厦眼科集团，美国博士伦，日本美尼康、天津欧普特，奥腾思格玛及万新集团等在天津职业大学设立了企业挂牌实训室和校内外实训基地，投入资金约400余万元。在2015—2018年高职职业教育创新发展行动计划中，眼视光学院的实训基地在生产性实训基地，双师型教师培养培训基地，虚拟仿真实训中心和协同创新中心获得教育部认定（表2）。

2. 近5年出版的轻工职业教育特色的新版教材情况

（1）第二届全国高职高专眼视光技术专业教材评审委员会主任委员。

（2）接触镜验配技术．高等教育出版社，副主编（2014年）。

（3）屈光检查．人民卫生出版社，编者（2013年）。

（4）接触镜验配技术．人民卫生出版社，编者（2013年）。

（5）国家职业技能标准——眼镜验光员，主笔人（2019年）。

（6）接触镜验配技术．人民卫生出版社，主编（2019年）。

（7）国家职业技能培训教程——眼镜验光员（基础知识、初级、中级），主编（2019年）。

3. 教学标准、国家职业标准修制订工作

撰写了全国高等职业教育眼视光技术专业人才调研报告；作为主要成员完成了全国高等职业教育眼视光技术专业教学标准；作为主要完成人起草了眼镜验光员国家职业标准；成为眼镜定配工国家职业标准的审稿人。

4. 精品资源共享课程和专业资源库建设工作情况

（1）主持完成的“隐形眼镜验配技术”被评为2008国家精品课，2012年升级为国家精品资源共享课程。

（2）全国高职眼视光技术专业教学资源库接触镜验配技术课程负责人。

（3）2017年主持全国高职眼视光技术专业教学资源库平台迁移，并负责资源库的整体规划，设计，主持接触镜验配技术课程。

（4）中国大学慕课Mooc“视光核心能力临床实践”课程负责人，三轮开课，选课总人数一万余人。

表2　　近2年校内外实训基地建设情况

校企共建实训室名称	合作企业	建设时间
美尼康接触镜实训室	美尼康生物科技有限公司	2019年
SIGM视光实训室	奥腾思格玛（中国）集团有限公司	2018年
博士伦接触镜实训室	北京博士伦眼睛护理产品有限公司	2018年
欧普特视觉训练实训室	天津欧普特科技发展有限公司	2018年
优视路基础眼保健实训室	北京优视路科技有限公司	2018年
天津职业大学眼视光工程学院临床实习基地	天津市北辰区妇女儿童保健中心	2018年
天津职业大学华厦眼视光学院实训中心	华厦眼科医院集团	2018年

三、教学方法改革及效果

根据验配工作岗位所需的职业能力构建教学内容，建立课程的立体化教学体系，不断尝试创新各种教学方法并运用于“接触镜验配技术”和“验光技术”等课程的教学，把马克思主义基本原理与学生的人生经验、课堂体验和未来理想联系起来开展教学，促进理论与实践的渗透和互动，指导学生发表论文，获得学校科研创新立项，提高其综合职业素质，为学生可持续发展奠定良好的基础。教学效果好，得到督导员和同行的肯定，学生课评的满意度高，评价等级均为优秀。同时积极指导青年教师，带领团队完成的“隐形眼镜验配技术”被评为2008国家精品课，2012年入选国家精品资源共享课程立项项目，相应的课件获全国多媒体课件大赛二等奖；主持的高职眼视光技术专业教学资源库“隐形眼镜验配技术”的课程建设，获全国信息化教学大赛三等奖；指导的学生获全国验光配镜大赛一等奖；先后多次获得校级、省部级及国家级教师教学技能比赛奖励，带领团队完成的“隐形眼镜验配技术”课程立体化教学体系的架构与实践课题于2014年获得国家教学成果二等奖（表3）。

表3　　　　教学获奖情况

序号	获奖名称	获奖项目名称	奖励级别	等级	排名	获奖时间
1	国家教学成果奖	“四平台支撑，三层次贯通”眼视光人才培训体系的构建与实践	国家级	二等奖	第一	2018.04
2	国家教学成果奖	“隐形眼镜验配技术”课程立体化教学体系的构架与实践	国家级	二等奖	第一	2014.10
3	天津市教学成果奖	“四平台支撑，三层次贯通”眼视光人才培训体系的构建与实践	市级	二等奖	第一	2018.04
4	天津市教学成果奖	接触镜验配技术课程立体化教学体系的构建与实施	市级	二等奖	第一	2014.05
5	微课大赛	第四届全国高职微课大赛	国家级	一等奖	第一	2019.04
6	微课大赛	第三届全国高职微课大赛	国家级	一等奖	第一	2018.04

续表

序号	获奖名称	获奖项目名称	奖励级别	等级	排名	获奖时间
7	信息化教学大赛	隐形眼镜	国家级	三等奖	第一	2012.12
8	课件大赛	眼镜维修与检测技术	国家级	二等奖	第四	2009.11
9	课件大赛	隐形眼镜验配技术	国家级	二等奖	第一	2008.10
10	课件大赛	屈光学	国家级	二等奖	第一	2007.10
11	大赛优秀指导教师	第三、四届全国验光与配镜职业技能竞赛高职验光组	国家级	一等奖	第一	2017.12 2019.12
12	教师技能大赛	验光员及定配工	局级	优胜奖	第一	2014.10
13	天津市教委国际化专业大赛	接触镜验配技术	市级	三等奖	第一	2014.09
14	青年教师技能大赛	验光员及定配工	局级	优胜奖	第一	2011.10
15	汇通杯教师教学能力竞赛	软镜的验配	局级	一等奖	第一	2011.01
16	天津市青年教师基本功竞赛	屈光学	市级	一等奖	第一	2007.11

社会服务方面

(1) 技术服务情况。对接奥腾思格玛集团完成基于现代视光检查设备的眼健康筛查、常见眼部疾病筛查诊断及设备实操技术和视光中心视功能检查及双眼视异常处理3个技术服务项目；为企业制定了规范的流程，完成200名从业人员的培训，帮助企业解决实际难题；对接华博恩集团完成“看得见的希望”全面外部调查项目的评估，完成英文分析总结报告；与北辰妇幼保健院合作完成北辰区3万名小学生屈光状态及斜弱视筛查工作。

(2) 行业人员及师资培训情况。面向深圳博士眼镜，西安宝岛、亮视点、海南精工眼镜、河南福盛康举办视光专项培训，参与培训人员100~600人/场。面向行业从业人员举办眼镜行业各级各类培训，引进国际前沿培训课程，规范验光及视功能检查，角膜塑形镜，渐变焦验配等，培训人员涉及眼镜店职工、经理等，每年2000余名行业人员。同时举办国际眼镜展视光论坛5场，服务人次上万人；每年组织行业师资培训，参与光明行，面向小学生、老年人举办科普讲座等公益活动，服务约1000人次，助力健康中国规划。

（3）横向课题情况。

积极承担并参与来自相关行业企业的横向课题，完成基于现代视光检查设备的眼健康筛查技术服务、视光中心视功能检查及双眼视异常处理技术服务等5项横向课题。

（4）技术专利。

①双眼影像分视检查系统，软件著作权，署名第一。

②一种运动视觉检查测试系统及方法，发明专利，署名第六。

③电脑验光仪人眼跟踪系统，实用新型，署名第三。

四、在教学团队建设中发挥的作用及效果

1. 教学团队梯队建设及青年教师培养情况

专业聘请了日本菊池眼镜专门学校关真司教授、华柏恩视光研究所陈家伟博士为外聘专业带头人，并聘请美国、日本等多位国内外知名视光专家为客座教授，定期来校指导专业建设或授课。专业派出多位青年骨干教师赴境外学习先进视光理论和现代职业教育，提升了教师专业水平。对新入职的青年教师，进行专业教学方法、专业技能和一体化教学设计实施能力培训，定期选派青年教师参加国内外视光会议，学习视光新技术、新工艺；通过下企业实践等途径，提高青年教师的专业技能和课程教学能力；并且通过国内专业技能培训、企业实践以及参加教学研讨会等多种方式和途径，强化校内专业中青年教师培养，形成可持续发展教学团队。眼视光技术教学团队于2017年被评为首批全国高校黄大年式教师团队。近年来专业教师获全国信息化教学大赛三等奖1项，入选“中国视光学发展健康计划（CODE）”师资培训计划3人，近5年共发表学术论文100余篇，出版教材20余本，横纵向科研立项结题课题20余项。

2. 师德教风及“传、帮、带”团队文化建设情况

秉承“洞微察幽、精益求精”的院训，团队坚持科学精神，恪守学术道德，探索教育规律，是一支教风优良，师德高尚、治学严谨、博学多识、敢于创新、甘于奉献的优秀教学团队。注重把思政工作贯穿于日常教育教学的全过程，实现

全程、全方位育人，培养学生爱岗敬业，精益求精的工匠精神，以及追求成为卓越视光人，全方位服务社会的职业情操。同时，团队注重青年教师、新教师的培养，常年聘请国际知名视光专家和企业名师来校对专业建设进行指导，并重视培养青年教师形成学院的后备力量，选派青年教师赴先进地区和国家研修前沿的视光理论和现代职业教育理念。团队教师在学院的各项工作建设中积极合作，把爱国之情、报国之志的黄大年的精神融入、贯穿于职业教育事业发展的过程中，并在实践中不断诠释着“洞微查幽，精益求精”的院训，用实际行动阐释延续师者之德、行、风、魂！被评为全国高校黄大年式教师团队，获评天津市师德建设先进单位、天津市先进集体标兵、天津市三八红旗集体等荣誉。

3. 在创新型、学习型教学团队建设中发挥的引领作用

作为眼视光学院专业群带头人，有较强团队意识和集体荣誉感，以前瞻性的国际化视角与创新意识，扎实的专业技术知识与技能水平、缜密的逻辑思维与判断能力，带领团队不断拓展专业建设，形成了符合国际视光企业需求的专业课程建设方案，并以国际现代化视光学教育理念为指导不断创新人才培养模式、探索新型视光学教育机制体制并积极开展课程的改革与建设，教育教学成绩斐然，获得的各种国家级教育教学奖项不胜枚举，多年来专业团队主持建设多项国家和市级项目，是国内同行业建设的领航者。

担任多个世界500强企业的KOL，编写培训教材，推动了相关学科的建设与发展，积极为企业服务。担任全国验配行指委常务副秘书长及国际接触镜教育者学会中国区协调员，搭建了“国际教学组织”课程平台，通过在36所高校建立资源中心等一系列活动提高隐形眼镜教育者的教学能力，信息化教学能力。牵头组织5次教育论坛，3期全国中高职教师暑期师资培训项目，促进同类院校和视光行业整体提升。

4. 团队建设铸就学院发展情况

坚持党建引领团队建设，以“四有”标准打造数量充足、专兼结合、结构合理的高水平双师队伍。外聘国际知名视光专家，引领专业与国际接轨；聘请境外教师积极参与专业建设，合作开展课程建设，建立国际化的课程教学标准，完成专业核心课程的国际化教学实训指导书；聘请企业一线技术人员参与实践课程的教学，让学生掌握国内外企业的岗位需求；对新入职的青年教师，进行专业教学方法、专业技能和一体化教学设计实施能力培训，定期选派青年教师参加国内外视光会议，学习视光新技术、新工艺；通过下企业实践等途径，提高青年教师的专业技能和课程教学能力；并且通过国内专业技能培训、企业实践以及参加教学研讨会等多种方式和途径，强化校内专业中青年教师培养，形成可持续发展教学团队。建立健全教师职前培养、入职培训，提升教师教学和科研能力，促进教师职业发展。创新教师评价机制，制定适合教师职业道德和素养提升的考核机制，构建适合专兼结合教师专业发展的长效机制。

魏明英

一、基本情况

魏明英，女，1979年2月生于四川省内江市，汉族，中共党员，教授，2004年毕业于四川农业大学，2004年至今就职于四川工商职业技术学院酒类与食品工程系，先后担任食品营养与检测、食品生物技术专业的专职教师与教研室主任，现任四川工商职业技术学院食品生物技术专业带头人和学校教务处处长，任生物技术行指委员、食品生物技术专指委副主任，兼任食品企业ISO9000、HACCP等体系认证审核技术专家。

魏明英同志政治方向坚定，时刻发挥中共党员的模范带头作用，拥护社会主义教育事业，2015年荣获学校“教学名师”称号，近年来，该同志还先后多次获学校“优秀共产党员”“优秀教育工作者”“先进教师”等各项荣誉。

1. 政治立场和职业精神

该同志坚持以习近平新时代中国特色社会主义思想为指导，拥护中国共产党的领导，拥护社会主义事业，贯彻党的教育方针，遵守教育法律法规，依法履行教师职责。在课堂内外的教学与实践中踏实践行，努力成为四个自信与社会主义核心价值观的坚定信仰者、积极传播者、模范践行者。

该同志坚守职业精神，贡献社会主义教育事业，遵守新时代高校教师职业行为准则，以德立身、以德立学、以德施教、以德育德，争做“四有”好教师，以培养符合食品产业转型发展需要的创新型、复合型技术技能人才为初心，为实现中国梦提供食品产业人力资源支撑为己任，全心全意做学生锤炼品格、学习知识、创新思维、奉献祖国的引路人。

2. 师德风范

该同志坚持立德树人，践行教书育人职责。牢固树立“四个自信”，忠于党的教育事业，始终坚持以培养食品产业转型发展需要的具有良好的职业道德和创新意识的高素质技术技能人才为初心，在以德立身中提升自我修养，为人师表，在以德立学中明道信道。时刻牢记“老师是第一身份、教书是第一工作、上课是第一责任”，遵循教书育人规律、学生成长规律，“坚持教书和育人相统一、言传和身教相统一、潜心问道和关注社会相统一、学术自由和学术规范相统一”。

该同志担任食品类专业课教师以来始终力求做到产业与专业对接，课程内容与职业标准对接，认真备课上课，认真批改作业，认真辅导学生，平常教学工作中关心爱护学生，尊重学生人格，平等公正对待学生。切实肩负起塑造灵魂、塑造生命、塑造新人的时代重任，更好地为人民服务、为产业转型升级服务，为培养更多食品产业转型升级的时代新人努力服务。

二、专业教学资源建设

1. 校内外实训基地建设成效显著

该同志长期参与食品类专业校内实训基地建设，2006年，担任食品生物技术教研室主任期间，作为主要成员参与食品生物技术小规模实训基地建设（中央财政支持项目）。该基地累计支撑3000余名校内食品专业人才培养和500余食品行业人员继续教育，并完成了猕猴桃深加工、安岳柠檬深加工等10余项应用性研究任务。

2017—2018年，该同志作为教务处负责人，牵头申报立项并组织建设食品检测中心、HP成都大数据创新应用基地、包装印刷生产性实训基地、“互联网+农业（ 农产品）”创新创业项目实践与孵化四个四川省级生产性实训基地建设任务，其中金山HP成都大数据创新应用基地和食研院—四川工商食品检测中心于2019年被认定为创新行动计划项目国家级生产性实训基地，产教融合生产性实训基地建设成效显著。

2. 积极参与教材编写工作

该同志于2014年8月担任教材《食品添加剂应用技术》（科学出版社）的第一副主编，该教材为“十二五”职业教育国家规划教材，该教材及时吸纳了GB 2760—2014《食品添加剂使用标准》的内容，保证了教材内容与产业技术的紧密融合。该同志还于2015年1月担任教材《生物产品分析与检验技术》（科学出版社）的第二副主编，该教材为“十二五”职业教育国家规划教材，是项目化教材，教材内容吸纳了新检测标准方法。

该同志主编教材《发酵微生物》于2016年5月在科学出版社出版，该教材为四川工商职业技术学院国家骨干专业食品生物技术专业建设教材，编写团队由学校教师与发酵食品企业技术骨干组成，以微生物在发酵行业的应用为主线，遵循使用微生物、培养微生物、认识微生物以及微生物污染控制、微生物筛选育种、微生物发展现状等逻辑顺序进行编排，全书坚持以技术技能、知识的获取顺序为逻辑编排顺序，以案例和项目为载体，选用酸奶、酱油、醋等简单、贴近生活、贴近专业的案例，将案例、任务、微生物应用技术与理论知识有机融合，消除了理论与实践分离的缺陷。

3. 主动承担教学标准等教学文件制订（修订）工作

该同志坚持参与专业教学标准、人才培养方案、课程标准等标准性文件的制订与修改工作，注重引入《悉尼协议》《华盛顿协议》等国际标准，学习德国萨尔兰应用技术大学培养标准，将新技术、新规范、新标准贯彻落实到教学标准性文件中。

该同志于2004—2010年连续参与学校食品生物技术、食品营养与检测专业人才培养方案制定和修订工作；于2010年至2019年组织学校人才培养方案制定工作，牵头完成学校人才培养方案制定顶层设计。

该同志于2017—2019年主持修订全国高职高专食品生物技术专业教学标准，2019年通过师资队伍国培项目和食品生物技术专业教学指导委员会会议等途径，向全国专业教师解读该专业国家教学标准，将教学标准研制的团队成员组成、研制程序、研制的逻辑思路、标准的体例、标准的内容等向全国各学校推广，较好的引领并规范了专业标准的编制（修订）。

该同志2017—2019年组织学校课程标准制定（修订）工作，牵头完成学校课程标准制定顶层设计。

4. 积极带头参与精品资源共享课程和专业资源库建设工作

该同志2004—2018年间先后作为主持人和主要参与人建设“发酵制品检测技术”“食品营养与健康”“食品检测检测技术”“生物化学”等四川省级精品课程6门，校级精品课程3门，是西南地区食品类专业教师建设省级精品课程最多、推广辐射最广的教师。

该同志于2019年参与教育部酿酒文化教学资源库中白酒文化教学资源库建设，2017—2020年间组织学校包装印刷、产品艺术、旅游跨文化交际等教学资源库建设。

三、教学方法改革及效果

（1）主讲课程与示范作用。该同志主讲课程“发酵制品检测技术”与“食品检测技术”于2013年、2016年分别建成四川省级精品资源共享课程和四川省级精品在线开放课程。该课程作为第一门四川省级食品饮料类在线开放课程，辐射推广到雪花啤酒、舍得酒等各大酒企，帮助企业在岗技术人员实现继续教育，服务行业企业技术革新。

主讲的两门课程以学生为中心，以项目为导向，培养学生严肃认真、实事求是、精益求精的职业道德和创新意识及主动学习的习惯，引导学生获取先进的检测知识，以检测为基础，培养学生分析问题和解决问题的能力，形成了立德树人与能力培养并重的教学风格。

该同志主讲的课程教学内容紧跟行业产业技术发展的新技术新工艺，持续优化教学模式，创新教学方法，服务在校生学习与企业继续教育。在2014年，课程建设成果在学校食品生物技术、食品营养与检测、印刷媒体技术等20余个轻工类专业课程教学中广泛推广。并带动内江职业技术学院等8所西部地区高职院校食品专业课程建设，帮助100余门专业课改造教学模式与方法，课程示范与引领效益明显。

（2）教学获奖情况。该同志教学能力突出，于2010年、2015年先后获全国食品教指委说课大赛三等奖与创新奖及四川省微课教学大赛三等奖，2010—2018年连续9年学生评价优秀。指导张崇军教师团队“浓香型白酒上甑、蒸馏工艺及操作”项目获国家级信息化教学能力大赛三等奖。该同志牵头组织学校40余支队伍参加2017—2020年四川省教师教学能力大赛，获四川省教师教学能力大赛一等奖6项、二等奖8项、三等奖14项，学校连续获得2019年、2020年四川省教师教学能力大赛最佳组织奖。

四、在教学团队建设中发挥的作用及效果

1. 重视团队建设

该同志重视教学团队梯队建设，通过课程建设、教改项目、纵横向科研项目和社会培训项目，持续带动食品专业群34位青年教师改进教学方法，广泛参加

课程建设、教研教改、科研项目和社会服务，15 年来建设食品专业群省级精品课程 8 门、国家级生产性实训基地 2 个、国家级骨干专业 1 个、央财支持建设专业 2 个，建设教学资源库 2 个，纵横向课题 20 余项。近两年申请专利 15 项，获得专利 8 项，发表学术论文 85 篇，将食品专业群教学团队建设成了一支年龄结构合理，硕士、博士为主力，教授领衔的教学科研并重的队伍。

2. 师德师风与团队文化建设

该同志带领团队成员加强师德师风建设，2018 年 6 月，团队深化“124”“三全育人”模式建设改革，项目获省级教育体制机制改革试点项目立项。团队成员魏明英获得“优秀共产党员”称号，邓林、隋明、胡继红等 12 人次获得学校最高荣誉“五好教师”称号，张崇军等人获国家级信息化教学能力大赛三等奖，隋明、魏明英、邓林等人多次获学校科研一等奖。

该同志从全局出发，为培养食品产业转型升级的具有创造性、工匠精神的技术技能人才和把食品生物技术专业建设成为国内一流、国际知名的专业，带领团队成员共同努力，相互配合、相互协作，增加了团队协作精神。

根据专业建设规划、人才培养目标、教师个人发展目标，教学团队指导每位新教师制订 5 年、10 年职业生涯规划，并指定 1 位团队经验丰富的教师主要对口指导新教师逐步实现并超越职业生涯规划，每学期对新教师进行不定期团队集中辅导，保证团队老带新质量，如此，代代相传，相互帮助，助推食品专业教师快速成长为教学、科研、社会服务的熟手、能手。

3. 坚持学习创新

为培养支撑食品产业转型升级的创新型、复合型高素质人才，该同志作为专业带头人带领团队成员坚持学习悉尼协议等新教学理念与教学方法，学习萨尔兰应用技术大学等国际先进人才培养范式，学习产业新标准、新规范、新技术和信息化技术等新知识，将新知识、新理念全面应用到高职高专食品生物技术专业教学标准修订中，在专业标准修订实践中学习成长。食品生物技术专业为学校首批按照悉尼协议进行专业教学设计、教学实施与管理的专业，团队成员知识持续更新，各类型科研与社会服务项目激发团队创造性，团队成员指导的学生获省级及以上“互联网+”等创新大赛奖 5 项，团队成员获教学成果奖 2 项，获全国教师信息化教学竞赛奖 1 项，获专利 10 余项，团队成员在教学、教改、科研等方面都走在学校各专业的前列，辐射引领学校内其他专业和其他学校同类专业开展人才培养、专业建设、科研社会服务等工作。团队的创新进步推动食品生物技术于2019年成为全国食品生物技术专业中唯一的骨干专业。

4. 团队建设计划

为进一步建设“双师”结构的专业教学创新团队，该同志计划选择更多来自食品行业企业的高级工程师作为专业的兼职教师，同时将学校专任教师到企业实践成为一种常态，提升学校专任教师实践能力，进一步推进课程结构化授课，理论知识部分由专任教师完成、实践性技术技能课程主要由企业教师好学校教师协同完成。

桂元龙

一、基本情况

桂元龙，教授，高级工业设计师，九三学社广轻支社主委，广东轻工职业技术学院艺术设计学院院长。毕业于江南大学工业设计专业获硕士学位，先后有8年企业实践工作经历，从事职业教育25年，是一位有着丰富实践经验的“双师型教师”。兼任教育部职业院校艺术设计类专业教学指导委员会产品设计专门委员会主任、中国工业设计协会科技设计分会理事长、全国轻工职业教育教学指导委员会艺术设计专委会副主任、粤港澳数字创意职业教育产教联盟理事长等多个职务。

主持完成教育部高职教育“产品艺术设计”专业教学标准制定，和国家级精品（精品资源共享）课程“产品设计”建设；目前正主持中国特色高水平产品艺术设计专业群建设，带领艺术设计学院探索数创意设计人才培养改革；主持国家（广东省）职业教育广告设计与制造专业教学资源库建设，积极推进信息化教学改革；主持全国机械行业职业教育现代化服务制造领域重点建设项目“桂元龙工业设计名师工作室”建设；其主持的“高职艺术设计类专业‘工学商一体化’人才培养模式的改革与实践”获得广东省职业教育教学成果一等奖。

其个人先后获得“中国工业设计十佳教育工作者”“金尺至尊奖”“广东十大青年设计师”“广东省十大工业设计师”“新中国成立70周年，广东设计70人”等荣誉称号。

1. 师德风范

（1）政治立场和职业精神。桂元龙教授政治立场坚定，拥护中国共产党的领导，坚决贯彻执行党的路线、方针、政策，在思想和行动上与党中央保持一致。深入贯彻落实习近平新时代中国特色社会主义思想和党的“十九大”精神，以“坚持立德树人、培养大国工匠”为指引，以培养“精设计、懂科技、通商道、厚人文”复合型、创新型技术技能人才为抓手，立德树人。同时，作为九三学社广轻支社主委，能够带领支社社员围绕学校工作重点，积极参政议政，为学校发展积极建言献策。

（2）师德风范。桂元龙教授热爱党的教育事业，对工作勤勤恳恳，任劳任怨，团结同志，教育教学成绩显著。遵循教育规律和学生身心发展规律，依照教学标准和人才培养目标，精心设计教学过程，改进教学方法，探索高职教育的教学规律，备好、上好每一堂课，不断提高教学水平和业务能力。在培养青年教师工作中，亲自进行帮扶带，为青年教师分忧解难，引导青年教师健康成长。大局意识强，有担当精神，带领艺术设计学院坚持党建工作与师德师风建设、教书育人和服务创新驱动相融合，着力构建“三全育人”体系。

2. 教学效果

（1）主讲课程的影响力、教学风格及引领示范作用。作为广东轻工职业技术学院产品艺术设计专业带头人，主讲“产品设计”等专业核心课程超过 20 年，授课深入浅出，在实践课程中不仅能亲自示范，手把手教学，而且善于从理论的高度进行指导和启发，连续多年教学评价获得优秀等级。2007 年，其主讲的“产品设计”课程被评为广东省精品课程；2009 年，被评为国家级精品课程；2014 年，被评为国家级精品资源共享课程。在此基础上，开始研究与探索高职艺术设计类专业“工学商一体化”人才培养模式改革，引企业真实项目进课堂，遵循商业规范开展项目化教学，实现课堂作品的商品转化，学生到设计师的转变，打通人才培养与市场需求的“最后一公里”。改革成果逐步推广至艺术设计学院 6 个专业及方向，受益学生达 4500 多人。2016 年起，成果应用于乌鲁木齐职业大学、南京工业职业技术学院、福州职业技术学院等 100 多所高校，受益学生超过 8000 人；并与新加坡南洋理工学院等进行国际交流与推广。2019 年，“高职艺术设计类专业‘工学商一体化’人才培养模式的改革与实践”获得广东省职业教育教学成果一等奖。

（2）指导或参与各类大赛中突出的贡献及获奖情况。2019 年，获得“新中国成立 70 周年，广东设计 70 人”荣誉称号；2019 年，获中国轻工业职业教育教学名师奖；2019 年，“桂元龙工业设计名师工作室”获全国机械行业职业教育现代化服务制造领域重点建设项目立项；2016 年，获教育部职业院校艺术设计类专业教学指导委员会“杰出贡献奖”；2011 年，获“中国工业设计十佳教育工作者”称号；2010 年，获广东省高等学校工业设计教师创新大赛“金尺至尊奖”，和第五届“省长杯”“广东省十大工业设计师”称号；2008 年，获“广东十大青年设计师”称号。

近5年，学生在参加iF、金犊奖、“省长杯”工业设计竞赛、广东省高校工业设计创新大赛等竞赛中，获得国际、国家级省级奖数十项。

二、专业教学资源建设

1. 主持或参与校内外实训基地建设的成效

主导学校两校区资源整合，规划广州校区“轻工产品设计协同创新平台”，将校内艺术设计学院的11个专业、9个专业方向的全部实训资源进行统筹规划，打造艺术设计类专业公共实训平台。平台的部分功能和项目，于2019年被认定为“国家生产性实训基地”“轻工联合会中国工艺美术大师传承创新基地”和“广东省第二批高校中华优秀传统文化传承基地（漆艺）”。

推动产教深度融合，构建“大数据设计创新共享平台”实训实践教学基地，与行业龙头企业共建广轻粤广集团广告产业学院、广东轻工顺德珠宝产业学院、许鸿飞国际文化创意学院，广轻大数据时尚产业学院4个产业学院，与国际生态设计促进中心共建“生态产品研发中心”，与广东省生态工业设计研究院共建“智能产品研发中心”，引进品牌企业共建“广轻·SSWW浪鲸卫浴工程研发中心”“广东省博物馆文创产品研发基地”等产教融合8个研发中心；与产业内优秀企业，如广汽丰田、树德科技、阿里游戏、幻影星空、广州集和等联合共建近100个实训基地。广告设计专业校外实践教学基地被评为“省级校外实践教学基地”。

2. 近五年出版具有轻工职业教育特色的新版教材情况

近5年，主编出版《产品模型制作与材料》《产品设计》《产品项目设计》教材3部；主编出版《与时代同行》和《工学商一体化项目制课程作品集》。

《产品设计》被教育部高等学校高职高专艺术设计类专业教学指导委员会授予第四届“精品教材一等奖”，《产品项目设计》获第二届中国轻工业“优秀教材二等奖”，《产品模型制作与材料》被教育部高等学校高职高专艺术设计类专业教学指导委员会授予第四届“精品教材二等奖”。《产品设计》和《产品模型制作与材料》等教材得到同行高度肯定，被全国近百所高职院校采用。

3. 主持或参与相关教学文件制订和修改工作情况

2018年，主持教育部高职教育“产品艺术设计”专业教学标准制定。

为保障“工学商一体化”人才培养模式的实施，组织制定了《艺术设计学院实验实训室（工作室）安全管理制度》《艺术设计学院项目课程工作室平台管理条例（试行）》《高职艺术设计类专业“工学商一体化”人才培养模式推广实施方案》和《“工学商一体化”项目制课程项目引进和成果转化管理办法（试行）》等10项制度和办法。

4. 参与精品资源共享课程和专业资源库建设工作情况

（1）主持国家级精品课程“产品设计”建设。

（2）主持国家级精品资源共享课程“产品设计”建设。

（3）主持国家（广东省）职业教育“广告设计与制作”专业教学资源库建设项目。

（4）参与“产品艺术设计”广东省高等职业教育教学质量与教学改革工程专业教学资源库建设。

三、教学方法改革及效果

1. 近5年主持省级及以上教育教学改革项目取得的成绩，重点介绍教学内容、教学方法改革等方面成绩

主持中国特色高水平产品艺术设计专业群建设，探索创意设计人才培养改革；主持国家职业教育广告设计与制造专业教学资源库建设，推进信息化教学改革；主持“高职艺术设计类专业“工学商一体化”人才培养模式的改革与实践”，获广东省职业教育教学成果一等奖。

开展“工学商一体化”项目制课程教学，实现课堂作品向商品转化。将真实项目引进课堂，实施“多级项目、能力递进”的人才培养路径，开展由易到难的多级项目教学，建立教师主导型—校企双导师主导型—校企双导师辅助型—学生自主型的递进式课程体系，在有限的学制内高效推进创意设计类职业化人才培养。

整合优化教师资源，打造一支数量充足、梯队合理的“三导师、四功能”国家级教学创新团队，培养数字创意产业急需的技术能手、工匠人才和创业精英。

推行“精准设计、创意优+”模块化教学方法：基于客户需求，严格遵照商业设计的规范进行精准设计教学，对设计方案集中优选，再不断循环推进，直至形成客户认同的方案为止，培养优中选优、精益求精的工匠精神。

2. 近三年，发表过高质量的教改教研论文或出版具有一定影响的教改教研专著

主编出版《与时代同行》和《工学商一体化项目制课程作品集》系统介绍广轻艺术设计专业落实产教深度融合，开展“工学商一体化”教学改革的实践经验，获得同行高度肯定，被全国近百所高职院校借鉴采用。

《基于传统文化遗产的地域特色产品设计方法》2017 年 10 月发表于《亚洲设计文化学会论文集 No. 11》，《基于“工学商一体化项目制课程”的教学改革》2017 年 5 月发表于《广东教育》，《从社会设计洞察信息时代高职艺术设计人才培养》2019 年 5 月发表于《广告人》。

3. 主持或主要参与省市厅级及以上科研项目，获得省级及以上成果奖情况

（1）主持中国特色高水平产品艺术设计专业群建设。

（2）主持教育部高职教育“产品艺术设计”专业教学标准制定。

（3）主持国家（广东省）职业教育“广告设计与制作”专业教学资源库建设项目。

（4）主持广东省一流高职院校高水平“广告设计与制作”专业建设项目。

（5）主持《基于“工、学、商一体化项目制课程”的高职设计创新材料馆的建设与研究》项目与教学改革。

（6）参与“中国传统文化艺术传承与现代艺术设计的创新研究”课题项目。

4. 近期教育教学改革的设想

作为广东轻工职业技术学院产品艺术设计专业群的专业带头人，开展国家“双高计划”专业群建设，打造“中国特色、世界一流”专业群是近期的主要工作。

专业群精准对接国家战略性新兴产业——数字创意产业，面向创意设计与数字技术相融合的创意设计产业升级，借鉴新加坡科技设计大学与伦敦设计大学等世界一流设计院校经验，践行创意设计与数字技术相融合的专业教育改革，以产品艺术设计、广告设计与制作两个优势专业为核心，融合数字技术协同中心的数字媒体应用技术、软件技术、大数据技术与应用 3 个专业，按照“一产业一中心”思路构建，满足粤港澳大湾区创意产业转型升级与智能化发展的人才需求。

专业群的建设目标为：以习近平新时代中国特色社会主义思想为指导，坚持立德树人根本任务，面向国家战略性新兴产业——数字创意产业发展需求，响应“扩容、提质、强服务”的号召，服务粤港澳大湾区轻工业转型升级与智能化发展，基于互联背景下创意设计和新兴信息技术的融合，对标新加坡科技设计大学和伦敦艺术大学，创新数字创意设计教育，打造以产品艺术设计和广告设计与制作专业为核心、与数字技术协同中心相融合的高水平专业群，培养“精设计、懂科技、通商道、厚人文”复合型、创新型技术技能人才。创新“工学商一体化”产教融合人才培养模式，突破设计成果转化的瓶颈，畅通作品向商品转化的“最后一公里”；打造“跨界混编”国际化高水平教学创新团队；与行业领先企业共建一批行业认证、国际认可的教学标准；构建“新设计+新技术”深度融合的课程体系，建设开放共享的专业群课程教学资源和高水平专业化实践教学基地；构建人才培养和技术服务于一体的“国际数字创意谷”技术技能创新平台，助力大湾区轻工业增品种、提品质、创品牌“三品”战略实施和创新能力提升；打造国际职教品牌，形成岭南文化传承与创新的范式，辐射“一带一路”沿线国家；实现群内专业从共融共生到共生超越，建成中国特色、世界一流的产品艺术设计专业群。

（1）“新设计+新技术”跨界融合，深化和完善“工学商一体化”人才培养模式。

（2）打造“跨界混编”国际化高水平教师教学创新团队。

（3）建设国家级高水平专业化产教融合实践教学基地。

（4）建设“国际数字创意谷”。

（5）构建多层次、专业化的社会培训与技术服务体系。

（6）打造数字创意教育国际品牌。

（7）建设数字岭南文创研发中心和数字技术协同中心。

四、在教学团队建设中发挥的作用及效果

1. 教学团队梯队建设及培养青年教师情况

通过引培结合，建立了一支师资雄厚、梯队合理、专兼并用的“双师型”高素质教学团队。全职教师 103 人，拥有国家技术能手、“金教鞭”教师等国家级荣誉教师、广东省技术能手、广东省五一劳动奖章获得者、广东省高等学校优秀青年教师培养计划对象、广州国家青苗画家培养计划对象等国家级荣誉教师

13 人，正高级职称 9 人，副高级职称 29 人，中级职称 49 人，双师 75 人；校外兼职教师 155 人，均为行业领军人才、国家级大师、知名企业高级技术人员、工匠型人才，专兼职教师比为大于 1：1.5。

根据教师团队中各位教师的特长和发展意愿，制订教学团队的建设方案，实施教学团队的培养计划，培育各级教学名师，有计划地培养青年教师和骨干教师。注重对青年教师的培养与指导，在教育教学和科研上起到示范带头作用，帮助青年教师确定未来的发展方向，使之能够尽快成长。

2. 师德教风及“传、帮、带”团队文化建设情况

突出政治引领，坚持以习近平新时代中国特色社会主义思想和习近平关于教育的系列重要论述为指导，以社会主义核心价值观为引领，以规范教师职业行为和提高教师职业道德水平重点，围绕凝心铸魂加强师德建设；通过多渠道、多层次地开展各种形式的师德师风教育，唤起师德自觉自省、实现师德内化；完善师德制度，实现师德管理规范化、制度化、常态化，深化师德实践；优化师德环境，努力创设有利于形成优良师德师风的环境氛围。

积极实行“导师制”，实现老教师传、帮、带新教师，传承教师高尚的道德情操、敬岗爱业的职业精神；帮助教师根据专业现状和发展趋势，制定教学团队发展的长期目标和短期目标，形成团队的愿景、价值观和行为准则；帮助教师切实提高青年教师的教学能力，带动教师尤其是青年教师教学、科研工作的积极性，推动师德建设工作的深入，从而建设一支具备良好的师德师风、具有传承精神的优秀教学团队。

3. 在创新型、学习型教学团队建设中的引领作用

作为创新型、学习型教学团队的负责人，承担重大教学改革的任务，构建了高职艺术设计类专业“工学商一体化”人才培养模式，实施教学方法、教学模式、教学评价方法改革，建设专业教学资源，深化产教融合，积极组织教师团队申报教学改革项目和教学创新团队，以严谨科学的态度、开拓创新的精神带动整个教师团队完成教学改革任务。

同时，作为多个国家教指委和协会组织的负责人，也是科研活动的重要参与者和引领者。不仅自身在教育科研及技术研发上起到示范带头作用，同时组织和引导整个教学团队积极参与科研活动，及时了解行业发展的最新动态，挖掘区域行业、企业的社会服务需求，通过引进企业的科研项目或直接参与企业的技术攻关与产品开发，带动培养和提升整个教学团队的科研服务能力，助推区域经济转型升级。

最后，作为团队的核心和灵魂，带领团队与国内外相关院校开展互访交流，传播团队品牌，互学互鉴，提升团队影响力。

4. 近期教学团队建设的设想

落实中国特色高水平产品艺术设计专业群建设，计划通过内培外引，构建“三导师、四功能”的国家级教学创新团队。实施卓越人才培养计划，培育省级名师、省级专业领军人才，提升高级职称数量和比例；实施骨干攀登计划，培育能够提供创意设计解决方案、突破企业新兴信息技术问题的专业骨干教师团队。“三导师”由设计专业教师+信息技术专业教师+企业导师组成；“四功能”融人才培养、技术服务、国际合作、传统文化创新四大功能为一体。

对接粤港澳大湾区数字创意产业，引进一批来自 Facebook、Google、阿里巴巴、腾讯等企业和国际知名大学的国际设计大师、国家级大师等行业领军人才，引进一批设计总监、产品经理等企业一线精英。构建名师与大师互动互通培育机制，打造“高技能+高职称”“设计大师转名师、名师转设计大师”联合创新团队，实现创意设计专业教师和新兴技术专业教师的深度融合。

五、教学感言

面对“云计算、物联网、大数据、智能化”带来的颠覆性革命，作为一位长期从事设计实践与高职艺术设计教育的工作者，深感“压力山大”，要以积极、开放、学习的心态适应新时代、新技术、新业态带来的改变，使自己能与时俱进，不被淘汰。

在智能时代，设计创新能力作为国家竞争力的一种体现，必将导致创新能力培养成为全民素质教育的一个核心组成部分，设计创新教育将得到政府和社会前所未有的高度重视。面向未来的艺术设计职业教育应该是什么样子？要如何开展？

传授学生专业技能并不难，难的是切实做好立德树人工作，将学生培养成为贡献民族与社会，有益于人类发展的栋梁之材。

张小华

一、基本情况

2004年毕业于南京农业大学微生物系，获得微生物学硕士学位，目前就职于江苏农林职业技术学院茶与食品科技学院，副教授，主要从事微生物方面的教学与研究。

本人坚决拥护党的领导，长期致力于一线教学工作，积累了较为丰富的教学经验。在具体的教学实践中，认真钻研业务知识，努力把教育教学理论应用于实践，全面贯彻素质教育思想，注重因材施教，注重对学生创新创业能力的培养。先后获得全国教学成果二等奖1项、全国农业职业教育教学成果奖2项；江苏省微课比赛获奖2项；获江苏省普通高等学校本专科优秀毕业论文一等奖、二等奖和团体奖指导老师称号；获全国高职院校食品工业类专业（群）教师教学能力比赛一等奖、高职高专生物技术及食品教职委举办的教师说课比赛二等奖、江苏省高职院校说课比赛一等奖。

本人注重教科研研究，勇于创新。一方面，注重对教学经验的反思、总结、提升，结合现实和学生实际，进行系统的思考和大胆的尝试，寻找提高教学效果的办法。先后主持省哲社项目1项、全国农业职业教育“十三五”科研课题1项，立项省精品在线开放课程1门、江苏高校省级外国留学生英文授课课程1门，建成院级精品资源共享课1门，主编教材1本，参编教材6本，发表教研论文6篇。另一方面，依托学校实训平台，积极开展科研学研究。先后参与国家948项目、江苏省自然科学基金项目、林业三新项目、农业三新项目各1项；主持院级课题4项，发表论文12篇（SCI 1篇、EI 1篇）。

1. 政治立场和职业精神

作为一名从事教育工作15年的教师，时刻不忘教师应有的形象，讲政治、顾大局、守法纪、钻业务、思进取，主要表现在以下方面：

（1）提高政治素质。作为一名盟员，积极参与党员先进性教育活动，学习党政方略、教育法规、教育行政部门相关文件等，思想素质不断提高，无任何违法乱纪行为。在思想上与党中央保持高度一致，坚信党的领导，紧跟党的步伐，坚守在教书育人的岗位上，不忘初心。

（2）养成职业精神。具有热爱教育事业，坚守岗位、甘为人梯的奉献精神；做到诲人不倦、言传身教、血汗浇灌桃李的爱岗敬业精神；具有魄力、讲科学、敢开拓、勤实践的开拓创新精神；真正做到一言、一行、一举、一动都不愧为人师的廉洁自律精神。

2. 师德风范

（1）乐教勤业。多年来，我一直用正直、坦率、真诚、友爱的朴素人格去影响一届又一届的学生；用自己的一言一行去为他们行为示范，用自己对学生、对事业的爱心去帮助学生树立远大理想，培养他们对社会、家庭、集体的责任感。

在讲授专业课的过程中，我总是把握各种时机，教育学生奋发向上，拼搏进取。告诉他们作为学生就要学好本领，提高素质，为将来做好准备。让学生懂得学好专业知识要有坚持不懈的精神，并用我自身的经历帮助学生明白只有刻苦努力，才能学好本领的道理。

（2）提升自我。在做好教书育人工作的同时，我刻苦钻研业务，确立“边学边干、边干边学、终身学习”的观念，紧跟当代知识和技术的发展步伐，不断提升自身的内涵修养；利用假期在企业兼职，提升自身专业水平，利用访问学者的机会，大本科院校进修，提高自身的专业技能。

二、专业教学资源建设

1. 课程建设

主持完成“微生物基础与检验技术”课程资源的建设工作，共有 PPT 录屏、微课和视频 78 个，实训操作视频 10 个，拓展 3D 视频 30 个，该课程于 2018 年认定为学校 SPOC 课程，并于 2019 年立项为省精品在线开放课程。

主持完成“微生物应用技术”院级资源共享课的建设工作，于 2016 年验收通过；2016 年主持江苏高校省级外国留学生英文授课培育课程“微生物实验技术”的建设工作，将于 2020 年通过验收；以第四完成人参与农产品与食品质量检测技术资源库子课程“农产品/食品理化分析技术”的课程资源建设，并于

2017 年通过验收；现参与食品营养与检测专业资源库子课程“食品理化检验技术”课程资源建设，建设任务已全部完成。

2017 年开始，与化学工业出版社共同开发“食品标准与法律法规”在线课程数字资源，项目组在查阅大量文献、法律法规的基础上，邀请句容市市场监督管理局的裔秀局长为课程框架把关，结合最新的法律法规及其实际工作的任务分工，优化课程内容。目前已完成全部教学资源制作（教学视频资源 18 个、微课资源 64 个、PPT 资源 54 个、图片资源 226 幅、在线试题总题量 175 道、教案 46 个、案例 7 个）。

2. 教材建设

共编写教材 7 部。与湖北生物科技职业学院王琪教授共同主编《微生物学》，于 2018 年 9 月正式出版，本教材以知识目标和技能目标为导向，本着理论知识“必须”“够用”和突出职业能力培养的原则进行编写，集系统性、科学性、实用性、可读性于一体，使学生在完成任务的过程中掌握专业知识和技能。本教材适用于食品药品与粮食大类、生物与化工大类、农林牧渔大类相关专业作为专业基础课教材使用。

3. 实训基地建设

负责学院农产品检测中心的运行。为强化学生检测技能，并与国家标准相对接，学院组建农产品检测中心，占地 970m^2，主要负责农畜水产品例行监测及风险监测共 163 个指标的检测，目前处于试运行阶段，预计将于年底完成资质认证工作。

负责茶与食品科技学院所有校内实训室（发酵食品加工实训室、啤酒加工实训室、粮油休闲食品加工实训室、农畜产品理化检测实训室、微生物实训室、无菌室等 34 个实训室）的管理，负责教学的正常运行、仪器设备的采购、实验室的装修改造、实验室安全管理等工作。并参与《江苏农林职业技术学院学生学籍管理实施细则（试行）》《江苏农林职业技术学院实训（验）室建设管理办法》等多个文件的制定与修改。

4. 教学文件制订与修改

2013—2018 年，本人任职于学校教务处，负责日常教学管理及质量工程项目的申报与鉴定，曾主持或参与多个文件的修订工作。主持《江苏农林职业技术学院教育教学成果奖励实施办法（试行）》《江苏农林职业技术学院学分制管理办法（试行）》《江苏农林职业技术学院二级学院（部）教学工作考核办法（修订）》等多个文件的制定和修改。

三、教学方法改革及效果

多年来，本人一直讲授食品类专业的“微生物基础与检验技术”课程，形成以下特点：

1. 教学风格

在教学过程中积极探索线上线下混合式教学，利用课程平台开展翻转课堂等教学改革，让学生占据主导地位，教师作为引导者、辅导者开展教学，增强了学生的自主学习能力；课程网站 24 小时不间断的在线资源使学生可以反复观看视频、循环测试、剖析案例、讨论答疑、练习操作，突破了时空的局限。

2. 影响力

作为第二主持人与课程团队人员共建该课程，自主制作 PPT 录屏、微课和视频 78 个，实训操作视频 10 个，拓展 3D 视频 30 个，方便学生随时利用碎片化时间学习。2017 年通过验收成为院 SPOC 课程，并于 2019 年立项为省精品在线开放课程。

3. 引领示范

该课程已上线学银在线平台，共开课 3 次，选课人数达 1817 人。经统计，共有 22 所高校 486 名学生参加了本课程学习，占总人数的 26.8%，其中江苏大学 13 人、江苏大学京江学院 20 人、宁波城市职业技术学院 193 人、山西药科职业学院 96 人、黑龙职业学院 11 人、江苏食品药品职业技术学院 44 人；社会学习者为 658 人，占总人数的 36.2%。

4. 参与大赛及获奖情况

为强化技能操作，提高实践动手能力，曾多次参加各类比赛或指导学生参加比赛，以提高自身教学业务能力。在 2009 年举办的全国高职高专生物技术职业技能竞赛中，学生获食品检验工二等奖，本人获优秀指导老师奖；2012 年、

2013年指导学生论文获江苏省优秀毕业论文团体奖和三等奖；2013年在江苏省农业职业院校教师说课比赛中获一等奖；2016年、2017年江苏省微课比赛中获三等奖各一项。

四、在团队建设中发挥的作用及效果

1. 教学团队建设

本教学团队由5人组成，高级职称2人，中级职称3人；博士2人，硕士3人；40岁以上1人，30岁以上4人；专业包括微生物学、食品发酵、食品检测等，关联性强，研究范围广。

2. 青年教师培养

（1）对于新进教师实施导师制培养。要求多听“师傅”的课、多与“师傅”沟通交流；“师傅”多示范、多指导，使其尽快缩短磨合期，成为一名合格的教师。

（2）对于中坚教师进行提升培养。通过观摩、研讨、比赛等形式，由经验丰富的教师带领或指导创造机会走出去参加各级各类教学活动，吸取成功经验，不断提升水平。教师谢正林指导学生在2017年第二届全国食品营养与安全检测技能大赛获一等奖、在2018年全国职业院校技能大赛农产品质量安全检测赛项中获一等奖。教师操庆国、张小华、陈岑组成的团队于2016年、2017年分别获三等奖；本教学团队自主研发的精酿啤酒VR仿真实训系统，应江苏省科协农村技术服务中心邀请，于2019年9月6日参加“全国科普日”江苏主场活动，受到广大市民和青少年欢迎。

3. 团队内涵建设

（1）师德教风建设。“百年大计，教育为本，教育之计，教师为本”，在教学团队建设中师德教风建设至关重要。课程团队成员政治立场坚定，热爱职业教育事业，爱岗敬业、勇于奉献；为人师表，治学严谨，具有“师爱为魂，学高为师，身正为范，理念为先”的师德风范。

（2）团队文化建设。发挥传帮带的作用，促进教学团队整体水平的提高。团队重视师德教风建设，采用以老带新、外派学习、企业顶岗、学历学位进修、参与技术改造项目、内部交流等各种手段，形成互帮互学的良好学习氛围。教师按水平高低结成对子，安排教风正派、教学水平高的教师承担青年教师和水平较低的教师培养指导工作，互听课程不少于 16 节，定期交流，记录过程进展情况，促进教师队伍快速发展，强化专业教师的课程设计能力、教育教学能力、职业实践能力、应用技术研究能力和技术服务能力，不断提升师德风尚和教师职业素质养成，教风正派，形成良好的“传、帮、带”团队文化。

4. 教学团队的引领作用

（1）以指导大学生参加创新实践活动为主体，努力培养高技能人才。培养大学生创新精神、创新能力是本团队建设的一项重要内容，把强化大学生创新精神、创新能力的培养与实践作为本团队建设的特色来抓，指导大学生进行创新作品制作，参加省市级各种大赛是本团队建设的一项主体活动。谢正林老师指导学生在 2018 年全国发明杯创业大赛获得一等奖。

（2）以参加多层次教学交流和合作为契机，提高团队影响与知名度。加强团队成员教学交流活动，倡导多层次、多渠道地开展教学交流，提高团队教师教学水平，也是团队建设的重要内容。通过“请进来、走出去”的方法开展了广泛的交流活动，并通过省精品在线开放课程“微生物基础与检验技术”、精酿啤酒 VR 仿真实训系统等对外展示团队成果，目前已有近 30 所省内外学校前来参观学习，22 所高校的学生参加“微生物基础与检验技术”课程的在线学习。

五、教学感言

作为职业学校的老师，应该对每一个学生负责，让每一个学生合格，把课堂教学当成研究，把学生未来当成动力，做好每一件事，上好每一堂课。

刘莉萍

一、基本情况

刘莉萍，女，1962 年 8 月出生，副教授，高级工程师，食品检验工高级技师。

1. 主要学习经历

1980 年 9 月—1984 年 7 月，吉林大学化学系分析化学专业学习（本科）。

1984 年 9 月—1987 年 7 月，中国科学院长春应用化学研究所分析化学专业学习（硕士）。

2. 主要工作经历

1987 年 7 月—1998 年 12 月，大连轻工业学院（现大连工业大学）食品工程系教师。

1998 年 12 月—2000 年 12 月，大连新丽化学建材研究所总工程师。

2001 年 1 月—2003 年 6 月，宏聪软件开发（深圳）有限公司课程主编。

2003 年 6 月至今，深圳职业技术学院应用化学与生物技术学院教师，先后担任食品生物技术专业专任、食品专业群负责人（下设食品生物技术专业、食品营养与检测专业）、食品营养与检测专业主任，年均教学工作量 664 学时。

3. 主要获奖及荣誉

2010 年 11 月，被认定为深圳市高层次专业人才（地方级）。

2012 年 9 月，荣获“深圳市优秀教师”称号。

2014 年 11 月，荣获“深圳职业技术学院教学名师”称号。

2014 年 6 月，荣获广东省第七届教学成果二等奖。

2011 年 11 月，荣获全国多媒体教育软件大奖赛网络课程二等奖。

2011 年 12 月，荣获广东省计算机教育软件网络课程二等奖。

2004—2019 年，累计 14 年荣获校教学质量优秀个人、连续 14 年荣获校考核优秀。

4. 教师师德风范

刘莉萍老师倾心教学、育人为乐。她说：“自己热爱教师这个身份，也很喜欢和学生打交道。”在课堂上她十分投入，讲课条理清晰又激情饱满，这也是学生们对刘老师的一致评价。课后，她经常通过微信、电话、面谈等方式与学生谈心，关心学生的生活和学习，毕业季，她广泛联系企业，推荐学生就业，尽力帮学生找到理想的工作。刘老师经常说“只要把学生当作自己的孩子一样对待，你就会发自内心地爱学生，去培养他们，为他们的每一次进步和成功而由衷地高兴”。在教学中，她特别注重对学生心灵的培养，会从学生的角度考虑事情。连续 14 年校级考核优秀，累计 14 次获得校教学质量，是对她师风师德最好的诠释。

二、专业教学资源建设

1. 实训基地（平台）的建设

教学条件的建设，尤其是实践教学条件是培养高素质创新人才的重要基地，对提高实践教学质量至关重要。作为食品专业的负责人，全面规划专业校内外实践教学条件建设，主持建设了校内食品营养与检测专业食品理化检验实验室；作为技术负责人，参加建设了校企共建第三方分析检测实训室（CNAS 认可实验室）、深圳市生化分析检测公共服务平台、学院分析检测平台等工作。作为专业负责人，十分重视专业校外实训基地的建设，目前专业已建稳定校外实训基地 30 余个（深圳市中鼎检测有限公司、深圳凯吉星农产品检测认证有限公司、深圳市计量质量检测研究院等），积极探索校企合作双赢模式。2016 年，与企业合作成功申报了深圳市“深圳职业技术学院深圳中检联检测公司校外实训基地”建设项目，获得市政府 60 万元建设经费，全部用于校外基地建设，为教师下企业锻炼、学生实践学习、毕业实习与就业搭建优质平台。企业每年接收百人次学生实践学习、十余名毕业生就业，校企合作订单培养优质人才，合作企业感恩学校对毕业生的培养，特设奖学金 15 万元，每年 5 万元。

2. 出版教材

编写出版了具有轻工职业教育特色的教材《仪器分析》2 部、《检测实验室管理》和《分析化学》4部。《仪器分析》补充现有教材先理论后实践，学生理解不直观的不足，从分析仪器认知、案例分析入手，根据实践需要引入理论学习，学生反映良好；《检测实验室管理》则以ISO/IEC17025《检测和校准实验室能力认可准则》为依据，采用丰富的案例全面解读检测实验室管理，实用性强，目前已出版第二版。

3. 教学文件制订和修改

为规范人才培养规格，作为专业带头人积极参与专业标准、教学标准制订工作。

（1）主持撰写了食品生物技术专业设备配置标准。

（2）作为专家参加了由食品工业行指委主持的高等职业学校《食品营养与检测专业教学标准》《食品检测技术专业教学标准》以及《食品营养与检测专业实训教学条件建设标准》制定工作。

（3）作为专业负责人主持本校食品营养与检测专业、食品科学与工程（本科）专业的专业标准、教学标准制订工作；作为课程负责人主持完成专业核心课程“食品检验”“食品检验综合实训”“仪器分析”“现代仪器分析综合实训”等课程标准制订和修改工作。

（4）课程资源建设。

①积极承担课程资源建设工作，主持“食品检验”国家精品课程、国家精品资源共享课程数字化教学资源建设；作为主要参加者参与“分析化学”国家精品课程、国家精品资源共享课程教学资源建设；主持校级项目化课程“食品检验综合实训”数字化信息资源建设等。“食品检验”荣获全国多媒体教育软件大奖赛网络课程二等奖、广东省计算机教育软件网络课程二等奖。

②参加食品加工技术国家级教学资源库建设以及升级改进项目，主持“食品质量安全管理”课程资源、行业信息库以及健康生活馆子项目建设工作。

三、教学方法改革及效果

1. 潜心教育、愉悦教学

从事职业教育16年，一直奋斗在教学一线，主讲食品检验、仪器分析和分析化学等6门专业核心技能课程，年均授课664学时。始终不忘初心，为人师表、严谨治学，精心设计每一堂课，教学效果得到学校督导和学生的高度评价和认可。

2. 教育教学方法改革

（1）积极探索工学结合，大胆尝试教学改革。在教学中大胆探索教学方法改革，所授课程食品理化检验技术、食品检验综合实训以学习成果为导向进行课程设计，以职业标准确定课程内容，以国家标准方法、行业规范为实操技能训练教材，在校企共建第三方检测实验室开展实境教学、岗位育人：同学扮演学生和员工的双重角色，专业教师与企业工程师共同指导学生，学生根据企业实际工作任务，参照国家标准方法，在真实的企业环境完成食品检验全过程。同时将工匠精神、职场文化、职业道德内化于课程中，全面培养学生职业技能和职业素养，专业毕业生受到企业好评，改革成果荣获广东省第七届教学成果二等奖、校级教学成果一等奖。主讲的2门课程（分析化学、食品检验）被评为国家级精品课程、国家级精品资源共享课程；食品检验全国多媒体教育软件大奖赛网络课程二等奖、广东省计算机教育软件网络课程二等奖。

（2）信息技术灵活运用于教育教学中。重视课程资源建设，将信息技术应用于课堂教学中，采用“线上+线下”结合混合式教学方法，开展分层次教学，激发学生学习兴趣，鼓励学生自主学习。

（3）以赛促教、以赛促学。坚持以赛促教、以赛促学的教育理念，通过大赛增加与兄弟院校教师的交流，让学生在大赛中不断成长。目前，大赛项目已列入精英人才培养计划中，大赛评分标准部分作为课程实操考核标准。自2007年起，先后作为领队组织并指导学生参加广东省教育厅、全国食品工业行业指导委员会主办的检测类大赛多次，并取得丰厚的成果：指导学生参加广东省高等职业院校技能大赛农产品质量安全检测大赛荣获二等奖（2019年）、三等奖（2017年）；指导学生参加全国食品营养与安全检测高职院校在校生技能大赛荣获一等奖（2018年）、二等奖（2016年）；指导学生参加“奇都药业杯”全国高职高专食品生物技术职业技能竞赛荣获二等奖（2010年）、“渤化杯”全国石油与化工职业院校化学检验工技能大赛荣获二等奖（2007年）等。

四、在团队建设中发挥的作用及效果

1. 做好“领头羊”，搞好“传、帮、带”

担任食品专业群负责人14年，十分重视教学梯队建设，以专业建设、课程建设、科研平台为抓手，指导和帮助青年教师提高教学、科研水平，同时，发挥老教师的特长，一对一指导青年教师，形成良好的“传、帮、带”团队文化，已建成一支教学能力强、科研水平高、创新意识强的教师团队，食品专业先后被认定为国家示范校重点建设专业（地方财政支持）、广东省示范性专业、广东省二类品牌建设专业、校三育人示范专业，2018 年荣获深圳市巾帼文明岗。

2. 以专业核心课程建设为契机，培养优秀教学团队

作为“食品检验”专业核心课程负责人，注重教学团队建设和发展，重视青年教师的培养，指导和帮助青年教师提高教书育人水平，重视师德教风建设，为青年教师成长甘当绿叶。该课程先后被评为国家精品课程、国家精品资源共享课程，并荣获全国多媒体教育软件大奖赛高等教育组网络课程二等奖、广东省计算机教育软件高等教育组网络课程二等奖。课程团队多次指导学生参加广东省、行业大赛，均取得好成绩，该团队也被评为校优秀教学团队。

3. 重视教学团队和科研团队建设

专业有 12 名教师（71%）分别参加了功能食品加工技术、食品检验、生物化学与技术、分析化学四门国家级精品课程、精品资源共享课程建设，形成了敢于创新、教学能力突出的教学团队。专业 80%教师参加市级以上科研平台，青年教师无论是在教学上、科研上都得到良好发展。

五、教学感言

执教 27 年，我始终坚信身教重于言传，为师者要有父母心。把学生当成自己的孩子，从严要求、真情付出，从学生的需求出发，挖掘学生潜力，以人格魅力感染学生，帮助他们成就不一样的自己。而教师也会从学生的成长中获得乐趣，从自身的成熟中获得幸福。

王汉卿

一、基本情况

王汉卿，男，1963 年 9 月生于江苏无锡，中共党员。苏州工艺美术职业技术学院教授、研究员级高级工艺美术师，校长助理、事业部部长。先后获江苏省轻工系统“科技先锋”荣誉称号、苏州市优秀教育工作者、苏州市劳动模范、苏州市“姑苏高技能重点人才”、江苏省教科研系统先进个人、苏州工艺美院“教学名师”与“师德标兵”、江苏省文化创意紫金奖优秀奖、苏州市文华美术提名奖等荣誉。

从教 33 年来，他始终工作在教学、科研、管理和社会服务第一线，率先垂范，以老带新，充分发挥“传、帮、带”作用，使一批德才兼备的青年教师脱颖而出；他以高尚的师德、好学不倦的精神、爱生如子的情怀、扎实的专业基础、深厚的学术造诣、精湛的教艺和不断创新的工作态度，赢得了学生的喜爱、家长的欢迎和学校同仁的肯定、社会各界的赞誉。

近年来，先后主持文化部科技创新项目、教育部百工录子项目、苏州市非遗项目、江苏省非遗项目，创建“苏州片”古法铸造研究工作室和王汉卿劳模创新工作室，带领团队攻坚克难、传承创新；复活了失传已久的非遗绝技“苏州片”失蜡铸造工艺，找回 8 项核心技术、9 道关键工序，研发 63 个技术要点和 158 句制作要诀；出版《苏州片》专著 1 部，发表论文 7 篇，其中核刊 5 篇、获奖 3 篇，在国内外学术会议上交流 10 次；艺术作品参展 5 次、获奖 4 次；先后获国家发明专利 3 项、实用新型专利 4 项、江苏省轻工业科学技术进步二等奖 1 项等。发挥专业特长，把社会服务当目标，与企业合作，多次主持或参与公共环境艺术作品和工艺品的研发项目；多次担任校内外各种形式的培训班主讲教师和相关行业、企业的评委工作，积极为地方文化、教育事业服务。

二、专业教学资源建设

1. 简述主持或参与校内外实训基地建设的成效

（1）树立实训实习全新理念。建立“企业参与职教，职教服务企业”的全新理念。一方面，聘请企业技术骨干来校教学；另一方面，把青年教师及学生放在企业参加实践。通过这种“重能力、重实践”的教学模式，使教与学、理论与实践紧密结合，使学生在团队协作能力、设计能力及施工实践能力等方面得到了有效提高。

（2）健全实训实习运行机制。以校内外实训实习基地为基础，为学生提供项目设计、施工、实训、顶岗实习、就业一体化的平台，整合各方人力资源和硬件设施，以专业教师为主导、学生为助理，采取引进来和走出去的双向模式，把供需链条与人才市场连接在一起，这样不仅有利于培养学生入职后“零适应期”的能力，而且有利于教师实践经验的积累和更新。

（3）改善实训实习基础设施。近年来，不断完善了各类专业教学工作室、设计事务所、工程实训中心、专项设计工作室等实习实训场地、添置实习实训设备、完善生活配套设施，强化实习实训条件建设，达到生产性、虚拟性和仿真性的实验实训效果。

2. 近5年出版具有轻工职业教育特色的新版教材情况

2014年11月，作为“百工录——中国工艺美术记录丛书”之一的《贴蜡法仿古铜器技艺》新版教材，由江苏凤凰美术出版社正式出版。缘于本人主持的文化部科技创新项目“苏州传统失蜡铸造工艺的挖掘与传承研究”，通过复活失传已久的“苏州片”古法铸造技艺整理而成，其内容主要由概述、特色、现状及其代表作品鉴赏四部分组成，内容丰富，图文并茂，通俗易懂。“百工录——中国工艺美术记录丛书”（18本）荣获第六届中华优秀出版物图书奖。

3. 主持或参与相关教学文件制订和修改工作情况

（1）在课堂教学中实施任务驱动，把课堂教学内容设计成一个或多个具体的任务，通过让学生完成一个个具体的任务，掌握教学内容，并通过确定主题、自主学习和协作学习、学习效果评定等4个环节的教学实现教学目标。

（2）以教研室为单位，每月进行专业教学汇报；以专业为单位，每学期进行教学汇报；以每届毕业生为单位，每学年进行毕业设计作品汇报；实施以“工作室制”和“项目+主题、真实场景、团队教学、顶岗实习”进行教学改革，强化项目导向的教学模式。

（3）充分利用校内外实训实习基地优势，承接真实项目作为载体设计相关综合性实训内容，以学生为主体，以职业能力和职业素质培养为核心，以工程项目生产过程为导向，设计课程结构，组织教学。

4. 参与精品资源共享课程和专业资源库建设工作情况

主持国家职业教育专业教学资源库“民族文化传承与创新子库——百工录：中国工艺美术非遗传承与创新”子项目“青铜器修复与仿古技艺”，以传统手工技艺为主体，兼及相关的文化、历史、工具与材料，以工艺美术大师和非遗代表性传承人为主角，应用数字媒体技术，政、校、行、企共建宽视野、大容量、全开放、多互动、可更新的专业教学资源库，为民族传艺，为文化存根，为大师立传，为百工留名，实现了职业教育与非遗传人培养的双向互动，有力地推进了我国传统手工技艺的传承保护与创新发展。

三、教学方法改革及效果

1. 主讲课程的影响力、教学风格及引领示范作用

2016 年 1 月，在江苏省职业院校艺术设计专业基础课程联合展暨艺术设计职业教育教学改革研讨会上，本人作为本校环境艺术学院专业基础课程的负责人，做了关于《设计之根 · 艺术之魂——从四校联合课题看环境艺术设计基础课程教学改革》的主题发言。

（1）主题教学目标清晰、过程完整，注重互动式教学方法，突出设计方法；当今的艺术设计学科已不是原来的美术+工艺的概念，而是和多门科学相融合，专业更倾向于应用科学，更关注日常生活，更注重审美提升。

（2）在入学初期，帮助学生养成强基础、拓视野、善合作、好学习、勤动手、懂设计等习惯。教师的教学目的不仅仅是“教”，重点是引导学生如何“学”。教师必须养成终身学习的习惯，以适应不断发展的教学需要，达到教师思想观念与教学实践的一致。

（3）主题教学促进了教学相长，教学团队也得到了锻炼与提高。教师向学生提供解决问题的相关线索、获取信息的相关途径，不再是知识的灌输者，而是学生学习过程中的合作者、指导者。

实践证明：设计贵在创新，重在执行，成在文化。文化素养是艺术设计的基础和保障，也是艺术创作的灵感和源泉。只有让学生接地气、聚人气、强底气、生灵气、长才气！设计才有根、艺术才有魂！

2. 苏州工艺美院——中国美术学院联合课程创作营的教学成效

2019 年 5 月，在第二届苏州太湖公共艺术节暨苏州工艺美院——中国美术学院联合课程创作营展中，指导学生团队的作品《光辉灿烂，活力无限》荣获“一等奖”，本人被授予“优秀指导教师奖”。将课题项目始终作为一个整体来对待，在实践中教师的指导与学生的自我活动性都得到了充分发挥。

四、在团队建设中发挥的作用及效果

1. 教学团队梯队建设及培养青年教师的情况

作为环境艺术学院专业基础课程学术带头人，非常重视教学团队建设，发挥“传、帮、带”的作用，培养和指导青年教师成了义不容辞的责任，把自己多年积累的艺术实践和教学经验毫无保留地传给他们，帮助他们解决在艺术实践和教学中所遇到的难题，同时还与他们共同磋商、创新教学方案和教学手段，不断提高他们的实践能力和教学水平。如本系参加 2015 年江苏省四校专业基础课程联合课题，主持环境艺术系专业基础课程教学团队，以“双城记”和“舞·影”两个主题为主，运用主题教学法，将大平台基础课程（造型基础、色彩基础、综合基础）融合一体。在教学过程中完成了收集资料、主题调研、思维发散、造型研究、色彩归纳、材质实验、等比放大、展示交流、总结研讨等一系列教学环节。2016 年 1 月，在南京艺术学院美术馆“江苏省职业院校艺术设计专业基础课程联合展”中，本系入选的 22 套（件）学生作品登台亮相，教学团队在各方面得到了锻炼与提高，受到了上级领导和兄弟院校的一致好评。

2. 师德教风及“传、帮、带”团队文化建设情况

作为江苏省教科研工作先进个人和双师型教师，除了承担对青年教师的“传、帮、带”任务外，还非常重视加强所在团队教师的师德师风建设，营造爱岗敬业和乐于奉献的良好气氛；对教职工的职业道德、业务水平和工作业绩定期进行考核；将师德师风纳入教师考核体系，使专业基础教研室成为一个理论与实践并重、教学与科研并重的结构合理的教学团队。2018 年 12 月，王汉卿劳模创新工作室被苏州市总工会、苏州市劳动模范协会授予“苏州市劳模创新工作室”；2019 年 3 月，被中国铸造协会授予“中国铸造行业古法铸造技艺示范性研究创新工作室”；2019 年 12 月，王汉卿劳模创新工作室被江苏省教育科技工会授予“第二批江苏省教科系统示范性劳模和工匠人才创新工作室”。

3. 在创新型、学习型教学团队建设中的引领作用

作为苏州市劳动模范、学校教学名师和师德标兵，利用自身影响力，通过发挥“传、帮、带”的作用，构建了一支以专业带头人为核心、以骨干教师为中坚、以双师型教师为基础的创新型、学习型教学团队，有效地激励着校内外教师，尤其是青年教师不断鼓足干劲，力争上游，不仅对本学科教师的教学理念的更新发挥着积极作用，还引领了其他学科教师积极钻研课程教学，主动进行课改探索与尝试，不断提升业务水平，促进教师教科研水平进一步提高。

4. 近期教学团队建设的设想

以王汉卿劳模创新工作室的教学团队为载体，教书育人，建功立业；以创新发展为抓手，不忘初心，牢记使命，把培养科学技术、文化艺术、传承创新融为一体的艺术设计人才作为根本目标，在推动学校教学改革、提高人才培养质量的进程中，主动承担传统工艺的发掘与传承，做到了教学、科研与社会服务的有机统一，从而使劳模创新工作室起到劳模引领示范和党员先锋模范作用，真正成为传承劳模精神、劳动精神、工匠精神、团队精神的“新平台”，解决非遗绝技难题的“攻关站”，推动学院科技创新的“孵化器”，培养高技能人才的“练兵场”，开辟对外传播中国文化艺术的“新途径”。

五、教学感言

习近平总书记在党的“十九大”报告中提出“建设知识型、技能型、创新型劳动者大军，弘扬劳模精神和工匠精神，营造劳动光荣的社会风尚和精益求精的敬业风气。”再次昭示我们党崇尚劳动、尊重劳动的价值理念，这对我们进一步做好本职工作提出了明确要求。今后五年是学院发展的关键时期，我们肩负着实现新时代、新发展的伟大使命，必须牢牢把握发展机遇，不断开拓新思路，谋划新突破，实现新发展。

作为劳模创新工作室的负责人，愿为学院共同发展添砖加瓦，尽绵薄之力，以崭新的工作状态和角色，不断调整和提升自己，以“不忘初心、牢记使命，砥砺奋进、充实光辉”的坚定信念，带领着一支充满活力、敢于追逐梦想的青年团队，在新的起跑线上出发，紧紧围绕立德树人这个中心环节，以党建创新实践为基础，以科研为先导，以课题研究为龙头，以教育科研促教学改革，把劳模精神和工匠精神融入课堂教学、社会实践的具体环节之中，敬业爱生、精业乐业、潜心育人，为把我院建设成为“立足苏州、面向全国、国际有影响力”的艺术类高职院，为建设“强富美高”新江苏，为服务文化强国而努力奋斗！

蒋正炎

一、基本情况

自2001年进入常州工业职业技术学院（原常州轻工职业技术学院）从事职业教育教学已19载，从普通一线教师、教研室主任、系副主任到二级学院院长，坚持教学上课和教学方法改革，积极探索符合现代职业教育教学改革，践行“新工科”背景下高职智能制造类专业创新人才培养。期间，2013年参加长三角高校优秀中青年干部挂职担任浙江机电职业技术学院教务处副处长，学习国示范学校先进管理经验和办学特色，我一直秉承着“学高为师，身正为范”的职业责任感，满怀职教情感，为职教职业付出青春年华。

融入全国职教大家庭，担任江苏省第六届青年科协委员、常州市第十届青联委员、全国机械行指委智能控制专指委委员、全国电力行指委电气工程专指委委员、全国航空行指委产教融合专指委委员、中国职教学会自动化研究会委员、全国机械行业现代机电职教集团资源转化专指委副主任等，在行业内具有较高知名度，2012—2019年连续担任全国职业院校技能大赛多个装备制造类赛项的执委、专家组长、裁判长、仲裁、裁判等。

在思想上能够要求进步，认真学习各种业务知识，贯彻执行党的方针、路线、政策，拥护党的领导，用科学发展观指导实际工作，与同事共同努力创造和谐站区。在工作岗位上要求自己做到精神饱满，积极热情，勇于奉献，工作中做到兢兢业业，一丝不苟，讲奉献、讲担当，能够和学院同事团结协作，顾大局、识大体，不怕吃苦，发挥出应有的作用，深得领导及同事的赞扬。自觉维护集体的荣誉和利益，服从集体的安排，积极主动地为集体建设贡献才智。

二、专业教学资源建设

1. 服务区域经济产业升级，打造智能轻工装备专业群

服务区域经济和轻工产业升级发展，刻苦钻研技术发展，准确把握专业方

向，立标杆、树品牌，打造国内一流专业集群。负责主持建设了江苏省第一期品牌专业（机电一体化技术专业）、江苏省高水平骨干专业（电气自动化技术专业）、教育部工业机器人应用人才培养中心（工业机器人技术专业），探积极索1+X证书制度试点，同时牵头起草教育部1+X《工业机器人集成应用》证书标准和试点工作。

担任教育部电气自动化技术专业教学装备标准专家，负责起草了电气自动化技术教学仪器装备标准。参与智能控制技术专业教学标准制定，作为GIZ中德风电项目专家，起草了教育部风能动力专业教学标准要求。受全国电力行指委委托，参与新能源类专业目录调整，负责起草了新能源装备专业的教学标准。

2. 运用现代信息技术和教学理念，建设优质教学资源

及时掌握现代信息技术，把教学经验转化为优质教学资源，2015年主持教育部工业机器人技术专业教学资源库子项目“工业机器人机床上下料应用”（2017年验收通过），2017年主持立项江苏省在线开放课程“工业机器人编程与调试”（已面向全国第六轮开课）。2018年主持建设全国职业院校技能大赛成果转化中心、国家职业教育课程与资源开发中心3个国赛资源转化项目“机器人技术应用”“制造单元智能化改造与集成技术”“现代电气控制系统安装与调试”，主持院级在线开放课程“工业机器人编程与调试”，以优秀通过验收，主持院级精品课程“自动生产线安装与调试实训”。

2010年，作为第二负责人参与建设国家精品课程“轻工自动机电气系统安装与调试”，2016年升级为国家精品资源共享课。2013年作为第二负责人建设教育部机电一体化技术专业教学资源库子项目“自动机装调与维护”（2016年验收通过），参与教育部工业机器人技术专业教学资源库子项目“机器人技术应用”（2017年验收通过），教学资源建设经验非常丰富。

围绕轻工产业转型升级，服务智能轻工装备控制，开发国内首创的基于互联网+的EPIP系列教材（获得2017年中国轻工联合会教学成果一等奖），融合先进教学理念，将多媒体教学资源和纸质教材相融合，“线上线下互动、新旧媒体融合”。主编2部教育部“十二五”规划教材《可编程控制器及网络控制》《工业机器人技术应用》，副主编教育部“十二五”规划教材《工业机械手与智能视觉系统应用》，主编1部江苏省“十二五”重点教材《可视化柔性生产线安装与调试》和主编7部校企合作教材、国赛资源转化教材《机器人技术应用项目教程》《工业机器人工作站安装与调试》《工业机器人视觉技术与应用》《现代电气控制系统安装与调试》《电气控制系统安装与调试项目教程（三菱系统）》《电气控制系统安装与调试项目教程（西门子系统）》等，多部教材为2014年国家教学成果特等奖“技能赛项与教学资源开发成果”的赛项教学数字资源。以赛促教、以赛促学，以赛促改，有效发挥技能大赛载体作用，开发赛项、资源转化、成果推广。

3. 紧扣先进技术发展，校政企共建产教深度融合平台

紧扣工业4.0和中国制造2025战略发展，以智能轻工为背景，主持和负责建设了4个国家级、省级实训基地，与国内外工控名企（ABB、三菱、西门子、台达、安川、康尼等）个性化合作，共建技术服务中心、培训中心、认证中心、迷你车间等，校企互利互惠共同发展。2017年主持申报教育部工业机器人应用人才培养中心（于2018年底答辩验收通过），建成了全国高职院校第一个三菱可视化柔性生产线实训室、江苏省第一个ABB工业机器人培训中心、全国第一批ABB工业机器人认证中心。2013年负责建设中央财政支持机电一体化实训基地建设（2016年验收通过），2012年负责建设江苏省现代装备控制实训基地（2016年验收通过），2017年负责建设江苏省智能制造生产线产教融合实训基地，2019年负责成功申报江苏省工程机械关键零部件智慧制造产教融合集成平台培育项目。校企联合培养人才，服务企业技术升级和设备改造，负责建设了常发集团、傲博机器人、阿通摩尔机器人、昆达电脑等一大批校外实训基地。

4. 聚焦多元化创新人才培养，技能大赛成绩优异

培养符合产业升级的创新人才，以工程项目为载体，培养学生的技术、技能、精神、团队、意志力等综合要素，做到学生主体和教师主导的和谐统一。由我倡议并从2012年开始已经连续组建了八届工程师训练营，学生带着兴趣和自发项目入营，导师围绕各技术方向指导学生，营员已完成江苏省大学生创新实践项目40余项，学生发表论文10多篇和申报实用新型专业30多项。在全国职业院校技能大赛中获得14金6银1铜佳绩，在国家级、省级技能大赛中获奖100多项，在国内同类专业中领先。

2017—2019年担任全国职业院校技能大赛中职组“机器人技术应用”专家组组长、裁判长；2012年至今担任了全国职业院校技能大赛高职组“智能电梯装调与维护”“工业机械手与智能视觉系统应用”“智能楼宇系统安装与调试”“现代电气控制系统安装与调试”“机械设备装调与控制技术”“制造单元智能化改造与集成技术”等赛项的执委、专家、裁判、仲裁等工作；也担任全国机械行业、全国电力行业、以及山东省、广东省、浙江省等省职业院校技能大赛多个赛项裁判长。连续三年被评为全国职业院校技能大赛优秀裁判员、优秀工作者，荣获江苏省职业院校技能大赛优秀工作者称号。

指导学生参加各类创新技能大赛，获得全国职业院校技能大赛一等奖1项、江苏省职业院校技能大赛一等奖1项、全国三菱电机杯大学生自动化创新大赛一等奖，以及在其他国家级、省级大赛中获奖10多项，还获得江苏省信息化教学设计比赛一等奖。

三、教学方法改革及效果

始终坚持教学第一线，主要讲授课程“PLC系统编程与维护”“自动生产线安装与调试”“工业机器人编程与调试”等，课程教学坚持立德树人为核心，探索在专业课程教学中融入思政要素，擅长运用丰富的教学语言、经典的行业案例故事，把新技术、新工艺、新产品融入课程项目。把“能力模型、课程大纲和方法大纲”进行有机融合，陪伴式教学，充分引导学生在课堂的主动性和积极性。每一学期教学结束后，能做到“教然后知不足”，通过总结和反思，不断提高教学能力、改善教学方法、完善教学项目，真正做到课程教学受学生欢迎。

国内首创PECCW创新人才培养模式，主持在装备制造类专业推行实施，依托工程项目（project）、建立企业学院（enterprise）、重构课程体系（curriculum）、聚焦课堂改革（classroom）、搭建教学工坊（workshop），五方面改革内容环环相扣，充分体现在人才培养路线图中，校企协同育人，使其更适合装备制造类专业创新型人才培养。工程项目（P）从实践中来，又具体应用到实践中去；以工程项目应用为导向，通过智能轻工产教园、跨企业培训中心、企业学院等真实职场环境（E），校企共建协同育人新机制，人才培养针对性更强；按照“项目引领、过程导向、能力递进”的原则，根据行动导向工作过程重构了“课程小项目、学期大项目、毕业总项目”的学做创一体化课程体系（C），建立了全新的课程教学标准，更好地适应了装备制造业的发展趋势；以学生为中心，推行“教服务于学”的多元化教学方式变革，形成“能力模型+课程大纲+方法大纲”三位一体的课堂教学新生态，实现了“能力为本、角色转换、情境重构”的高职课堂革命（C）；校内外搭建实践教学工坊、竞赛创新工坊、技术创新工坊等实践教学平台（W），将创新与第二课堂相结合、创新与竞赛相结合，坊坊相连，有效地实现了创新型人才的培养目标。该模式获 2018 年国家教学成果二等奖、江苏省教学成果一等奖。

四、在教学团队建设中发挥的作用及效果

带领的智能控制技术团队既是江苏省优秀教学团队，又是全国机械行业职业教育服务先进制造专业领军教学团队，始终坚持校内外专业双带头人共聘，骨干教师和青年骨干教师培养形成“传”承，团队新成员从加入团队到参加团队各项建设任务都能得到带头人的“帮”助，形成合理年龄结构、合理职称学缘和校内外互聘，在团队负责人“带”领下，在专业建设、教学改革、课程建设、技能竞赛、科研服务、培训继教等方面取得优异的成绩，目标为打造国家级教学创新团队。

团队鼓励青年教师进行教学、科学研究。选派多名年轻干部到乡镇挂职科技副镇长、高校职能部门，加强政校、校企、校校合作，使产教融合更深入。把“德技并修、工学结合”作为立德树人的重要切入点，促成思政课程向课程思政转变，探索思政教育与专业教育相互融通。团队成员遵循全员全程、全方位育人模式，秉承杰出校友、全国劳动模范、国之工匠邓建军的工匠精神，涌现出韩迎辉、蒋金伟、孙春晖等一批教师获得全国黄炎培优秀教师、江苏工匠、江苏省优秀教育工作者、常州市师德模范、全国职业院校技能大赛优秀指导老师等荣誉称号，他们在日常教学工作中默默践行立德树人的宗旨，起到榜样模范作用。

团队教师为企业技术升级和设备改造，完成纵横向课题 20 多项。团队教师承担纵向、横向课题，为学生毕业设计带来了丰富的题材，把毕业设计论文与科研和生产实践充分结合起来，保证了学生毕业论文的水平和质量。近三年，智能控制技术类专业学生毕业论文题目来自教师的各类科研项目的比例分别为 78. 72%、79. 47%、80. 73%，平均为 79. 80%。学生既接受了实际的项目训练，又在教师承担的科研项目工作中起到了重要作用，实现了毕业环节教学与科研的双向互动。学生完成了 40 项江苏省大学生实践创新训练项目，师生共同完成了“基于 IRB120 双机器人电机装配系统设计”“大功率 LED 路灯散热系统的优化设计”等企业合作项目，学生发表论文 10 多篇和申报实用新型专业 30 多项。

团队教师科研成果直接编入改革课程的出版教材之中，团队主编《工业机器人技术应用》是教育部“十二五”规划教材唯一一部 ABB 机器人职业教育教材。横向课题“柔性线机器人控制系统”的核心技术也编入了江苏省“十二五”重

点教材《可视化柔性制造系统安装与调试》，很多企业技改项目和智能制造升级项目也转化课程教学项目和编入《工业机器人工作站安装与调试（ABB）》和《现代电气控制系统安装与调试》，贴近校企合作产教融合，符合技术发展前沿，体现出许多创新之处。

五、教学感言

“教之本在师”，既然我选择当老师就要担起对学生的责任。努力把每一个学生培养成对社会有用的人，这将是我一直秉承的信念。我将始终从自身做起，从小事干起，从点滴抓起，养成严谨细致、求实高效的工作作风。我外表亲和平静，工作沉稳干练，即使在非常烦琐细致的工作中，也能做到工作标准坚持一流，一丝不苟，用于争先。我谨言慎行、言行一致，举止体现文明和教养，平时注重学习，强化研讨，使自己的思想和认识满足工作要求。在工作过程中，能吃苦、能付出、敢探索、敢创新，兢兢业业，夯实各项本职工作基础，吸收新鲜养分，尝试工作新法，让工作稳中有变，变后见成效。我为人谦和，待人亲善，善于沟通，讲究交流，与同事彼此诚信、互动互助，在愉悦的状态中创佳绩、享韶华。

青年教学能手篇

叶军

一、基本情况

叶军，男，出生于1981年10月，汉族，副教授，获“广告设计高级技师（一级技能）”职业资格证书，广东省技术能手。2004年6月毕业于江南大学设计学院后，就职于广东轻工职业技术学院艺术设计学院至今，从事相关专业领域教学时间累计15年，目前担任视觉传播设计与制作专业教研室主任。

叶军老师自2004年开始从事高职艺术设计教育工作，15年里，始终忠于党的教育事业，热爱自己的岗位，政治思想坚定，严格贯彻党的路线、方针、政策，保持严谨认真的工作态度。他把全部心血倾注于一线教学工作中，深深扎根于职业教育这片沃土，踏踏实实工作，勤勤恳恳育人，工作受到同志的好评，领导的认可。

在教育教学工作中，他时时以一个“专业+思政”复合型教师的标准要求自己，始终把立德树人作为教育的根本任务，在课程中将社会主义核心价值观融入艺术设计专业课程全过程，充分发挥课堂教学主渠道在高职院校思想政治工作中的作用，深入挖掘提炼各类课程所蕴含的思政要素和德育功能，实现思政教育与专业教育的协同推进，实现知识传授、能力培养与价值引领的有机统一；在课程之外坚持深入开展理想信念教育、爱国主义教育、中华优秀传统文化教育和革命传统教育，坚持以美育人、以文化人，进一步提高高职艺术设计专业学生的审美和人文素养。

二、教学能力与水平

1. 教学设计

教学设计也称为教学系统设计，是以教学效果最优化为目的，以解决教学问题为宗旨，简单地说，就是为了实现教学目标，对“教什么”和“如何教”进行的策划。作为广东轻工职业技术学院艺术设计学院视觉传播设计专业带头人，该如何根据教学对象和教学目标，运用系统方法，将学习理论与教学理论等原理转换成对教学目标、教学内容、教学方法和教学策略、教学评价等环节进行具体计划，创设有效的教与学系统，形成教学方案，成了叶军老师带领视觉传播设计专业教师们在一线教学工作中，落实习总书记关于职业教育“一个论断五项部署”指示的重中之重。

职业教育作为与经济社会联系最为紧密的一类教育，其发展方向与区域产业、经济发展导向密切相关。借助广东轻工职业技术学院坐落于粤港澳大湾区的地理位置与商业环境优势，叶军老师积极跟踪大湾区内广告、包装、印刷产业发展趋势和行业动态，遵循“教师走出去接一线地气，企业引进来传实战经验”的思路，与多家4A广告公司、包装设计公司及印刷企业负责人、总监、HR、资深设计师保持密切交流与教学互动，收集与分析广告设计师、包装设计师、平面设计师等职业岗位任职要求和变化，以此与时俱进，来确定视觉传播设计专业课程教学实施的目标、内容和方法；教学设计重视各年级学生在校学习与实践工作重点、难点的一致性，能将行业职业知识、能力和态度融合于5个学期不同课程的教育教学过程中，体现视觉传播设计专业与产业、职业岗位对接，26门专业课、专业核心课程内容与职业标准对接，教学过程与生产过程对接，学历证书与职业资格证书对接，职业教育与终身学习对接；并综合考虑学生去4A广告公司、包装设计公司、印刷等企业顶岗实习和生产性实习，系统设计课程的实践教学，成效显著。

叶军老师凭借十多年来主要教授的课程“好创意，无极限——广告设计与制作课程”的教学设计经验与积累，在2018年广东省信息化教学大赛中，获得了省级一等奖的好成绩。

2. 教学资源建设

信息技术的应用日趋普遍，教学资源的数字化建设成为一种常规任务。高职艺术设计教育同样要注重数字化资源建设的长远发展，平台的建设一方面要满足当下的需求；另一方面要着眼于长远发展。叶军老师一直积极参与由广东轻工职业技术学院主要牵头，艺术设计学院院长桂元龙教授主持的国家级广告设计专业教学资源库平台的建设，实现了广告设计与制作专业、视觉传播设计与制作专业课程资源建设的全面性、扩展性、易用性等，同时和建设团队分工将资源进行了分级、分模块管理和应用，以满足教学实施的各个环节。建设过程中，叶军老师及其专业教师们时刻注重生成性资源的建设，以用促建、以建促用才能保证资源的可持续发展。组织专业教师将自己在教学过程中完成的资料，学生完成的作业，教师和学生互动的讨论等作为资源的重要组成部分，并进行科学整合。近年来，叶军老师分别参与建设了国家级“包装装潢设计与制作”精品课程、国家级“包装装潢设计与制作”精品资源共享课；主持省级“图形创意设计”精品在线开放课程、参与建设省级“书籍装帧设计”精品资源共享课（第二完成人）；参与建设（国家级备选库）省级“广告设计与制作”专业资源库；主持资源库子项目“图形创意设计”课程；参与资源库子项目“传统装饰图形创新设计”课程等项目建设；充分利用已经建成的教学资源，并共享包括全国9所国家示范高职院校在内的共计26所学校的教学资源，课程教学资源丰富，社会认可度高。

校企合作是一种注重培养质量，注重在校学习与企业实践，注重学校与企业资源、信息共享的“双赢”模式。校企合作做到了应社会所需，与市场接轨，与企业合作，实践与理论相结合的全新理念。除校内教学资源开发外，叶军老师及专业教师们在借鉴《教育部关于全面提高职业教育教学质量的若干意见》等文件精神的情况下，希望能充分利用广东省内优质行业、协会教育资源，加强院校与企业之间的合作，培养更多高素质技能型人才，推进校企双方可持续发展，本着“以服务为宗旨，以就业为导向”的方针，着眼于“精细化培养，高位化就业”的目标，加强优势互补，实现互惠共赢。其积极开发校企合作的资源，包括广东省广告集团、因赛营销集团、狮域包装集团、LOGO大师、广州酒家、广东建筑设计院、广东低碳发展促进会等多家知名企业一线设计项目教学案例，并引入教学资源库平台中。

保持学习国内外高职艺术设计专业成功办学经验成为常态，2019年，叶军老师通过整合广东省广告协会、广东省广告集团股份有限公司等行业、协会、企业资源，开展校外实训平台“省广集团实践基地”的创设与实施，被广东省教育厅认定为“省级大学生校外实践基地”，使本专业群校外实践基地成为国际标准的现代职业教育基地，每年超过百所院校前来参观学习，同时引进真实项目课题与教学资源（海天酱油包装设计、蓝月亮洗衣液包装设计、二锅头酒包装设计等）进入课堂教学，取得良好成效，受到各大媒体报道，为专业教学成果与社会服务形成完美对接。

3. 教学获奖

（1）参加教学能力竞赛、专业技能比赛等获得相关奖项。2009年参加教育部高职高专艺术设计教指委“金教鞭青年教师说课大赛”获全国一等奖；2011年参加“广东省青年教师教学基本功大赛”获省级三等奖；2014 年被广东省人力资源与劳动保障厅授予“广东省技术能手”称号；2017 年参加广东省高职高专艺术设计教指委“信息化教学大赛”获省级一等奖；2018 年参加广东省教育技术中心“信息化教学课程案例”获省级二等奖；2018 年参加广东省教育厅“广东省信息化教学大赛”获省级一等奖；2018 年参加广东轻工职业技术学院“第一届课程思政教学说课大赛”获一等奖。

（2）获得优秀指导教师等相关奖项。2005 年、2011 年两次被教育部高等教育司授予全国“优秀指导教师”荣誉证书；2013 年广东省教育厅颁发“优秀指导教师”荣誉证书；2014 年广东省教育厅颁发“优秀指导教师”荣誉证书；2015 年广东省教育厅颁发“优秀指导教师”荣誉证书；2016 年获广东轻工职业技术学院“金牌讲师”称号；2017 年广东省教育厅颁发“优秀指导教师”荣誉证书；2018 年广东省教育厅颁发“优秀指导教师”荣誉证书。

（3）指导学生参加省级以上专业、技能大赛获得相关奖项。2018 年指导学生参加广东省教育厅举办的“互联网+广告设计”技能大赛，获广东省一等奖；2011 年指导学生参加国家教育部高教司举办的“全国大学生广告大赛”，获国家级一等奖 1 个；2011 年指导学生参加国家教育部高教司举办的“全国大学生广告大赛”，获国家级二等奖 5 个；2011 年指导学生参加国家教育部高教司举办的“全国大学生广告大赛”，获国家级三等奖 4 个；2016 年指导学生参加广东省教育厅举办的“全国大学生广告大赛（广东省赛区）”，获省级二等奖 5 个；2016 年指导学生参加广东省教育厅举办的“全国大学生广告大赛（广东省赛区）”，获省级三等奖 4 个；2017 年辅导本专业学生参加由教育部高教司主办的全国大学生广告艺术大赛，广东赛区 1 个一等奖、4 个二等奖、7 个三等奖，全国赛区 1 个二等奖、1 个三等奖，获广东省教育厅颁发“广东省优秀指导教师”证书；2017 年指导学生参加第二届广东高校网络媒体节活动之“粤易公益”，获省级 2 个二等奖；2017 年指导学生参加全国职业院校艺术设计类作品“广交会”，获 1 个全国一等奖；2018 年指导学生参加广东省教育厅举办的手绘大赛，获 2 个一等奖；2018 年指导学生参加由高等教育学会主办的全国大学生广告艺术大赛，广东赛区 5 个一等奖、13 个三等奖，获广东省教育厅颁发“广东省优秀指导教师”证书。

2013 年带领并指导学生赴韩国参加“韩国国际广告节——YOUNG STARS 青年之星国际大学生广告设计竞赛”，获“评委会特别奖暨最佳创意——水晶奖”。该国际大学生广告设计大赛吸引了来自韩国、日本、中国、俄罗斯、新加坡、马来西亚、英国等世界各地共36支国家大学生代表队。本次大赛共6支队伍获得奖项，我校代表队为唯一获奖的中国代表队，为广东省高职教育赢得荣誉。

三、教学实施

随着我国高等教育大众化的推进，高等职业教育正在以前所未有的速度前进。习总书记在全国职业教育工作会议上，用三个“重要”描述职业教育的战略地位。第一个“重要”是，职业教育是国民教育体系和人力资源开发的重要组成部分；第二个“重要”是，职业教育是广大青年打开通往成功成才大门的重要途径；第三个“重要”是，职业教育肩负着培养多样化人才，传承技术技能、促进就业、创业的重要职责。这深刻地反映出，习总书记是从实现“两个一百年”奋斗目标和实现中华民族伟大复兴的中国梦提供坚实人才保障这个角度做出的指示。

通过学习领会习总书记的指示，再结合高职艺术设计教育的特点，叶军老师及其专业的教师们，在设计学院院长桂元龙教授的引领下，积极探索高职艺术设计项目制的教学实践。从最初的实践入课堂到“工学交替项目驱动”，直至发展到3.0阶段，也就是形成了目前较为完整的一套基于“工学商一体化”的人才培养模式。这样有针对性地采取工学交替、任务驱动、项目导向、“教学做”一体化等行动导向的教学模式，让视觉专业的学生们的实践实习参与到真实的设计项目中，引进企业进课堂，将学生的身份转化为项目参与人员，进入职业角色，做到学到。以2018—2019学年第二学期为例，叶军老师将广东省广告集团股份有限公司所服务的海天酱油品牌在2019年母亲节期间进行的“我的妈呀——感恩母亲”金标生抽酱油包装营销项目引入课堂教学，通过“购买行为全程洞察，制定包装营销策略；革新传统流程，包装设计与生产新体验；以厂为媒，建立年轻用户体验品牌新触点；开放式设计，让用户成为包装核心设计者；声量转销量，线上线下定点精准销售投放”这一系列商业设计的过程实践，学生在该项目的参与中，了解并掌握了整个过程及每一个环节中的职业要求、技能要求、素质要求，调动了学生学习的主动性、创造性、积极性等，学生唱“主角”，而老师转为“配角”，实现了教师角色的换位，加强了对学生自学能力、创新能力的培养。同时，企业方还为参与学生给予专业能力考核评价认定，为学生就业提供实践经验证明。最终，广东省广告集团凭借此次营销案例获得了第6届TMA移动营销大奖，为“工学商一体化”人才培养模式的持续发展，打下坚实的校企共创价值基础。

因材施教是高职艺术设计教学中一项重要的教学方法和教学原则，在教学中根据不同学生的认知水平、学习能力以及自身素质，教师选择适合每个学生特点的学习方法，有针对性的教学，发挥学生的长处，弥补学生的不足，激发学生学习的兴趣，树立学生学习的信心，从而促进学生全面发展。叶军老师始终坚持因材施教，关心高职艺术设计类学生们个性化发展的诉求，从职业岗位分类，包括广告设计师、包装设计师、品牌设计师、UI 设计师、插画师、摄影师等，引导学生以兴趣为出发、以岗位为落点，让学生自主选择向往的职业发展方向、专业技能提升方向，加以培养学生，十多年间以顶岗实习指导老师的身份，已为广东设计行业输送多达五百余名优秀学生。

四、社会服务

1. 培训鉴定情况

在近十年中，叶军老师多次在全国骨干教师培训班就广告设计、图形创意设计等专业课程的教学实战模式进行分享与介绍，在校内外得到有效运用，具有较大推广借鉴价值，在高职教育的同行中被高度认可。2019 年，叶军老师成功申报主持了“工学商一体化项目制课程——中职艺术设计类专业骨干教师高级研修班”国培项目，期间向参加此次培训的教师们分享了《以赛促学——广告设计课程教学实战分享》为主题的讲座，讲座围绕广告设计课程教学实战，分析品牌广告策略意识、广告创意全流程，组织学生参加比赛及锻炼学生专业能力的内容，获得参培老师一致好评。

2. 技术服务情况

叶军老师在视觉传播设计专业教学中进行校企共育教学模式的改革，组织由“企业设计总监+学校专业教师”组成的项目指导团队，建设以校、企、行三方共建的实训平台，在教学中带领学生展开项目实践，完成了多项技术服务。其中包括：广东省发改委低碳发展促进会低碳吉祥物设计项目（横向课题）；广东省建筑设计研究院文创设计类开发制作项目（横向课题）；广东省廉江市扶贫包装设计项目（横向课题）；广州革命博物馆文创开发项目（横向课题）；广东省能源研究会形象设计项目（横向课题）；美即面膜包装设计项目（横向课题）等，项目成果获得企业认可好评。

李亚东

一、基本情况

李亚东，男，汉族，1987 年 12 月生，中共党员，硕士研究生，天津现代职业技术学院“双师型”教师，2016 年 12 月取得讲师专业技术职务，2018 年 8 月取得“钟表及计时仪器制造工（高级）”职业资格证书，他于 2014 年 4 月在机电工程学院精密机械技术专业教研室工作。主要培训经历：参加由中国钟表协会等组织的机械钟表专项培训 8 次，教育部中国教育报刊社培训中心等组织的信息化教学能力提升师资培训 4 次，参加国家中西部地区职业教育师资培训中心等组织的实践项目、英语培训、网络培训等 10 余次。

1. 加强师德修养，重视立德树人

他政治立场坚定，努力学习马克思列宁主义、毛泽东思想、邓小平理论、“三个代表”重要思想、科学发展观、习近平新时代中国特色社会主义思想，树立共产主义理想信念，坚持党的基本理论、基本路线和基本纲领，在思想上、政治上和行动上与党中央保持高度一致。能够认真总结学习《习近平的七年知青岁月》的心得体会、学习习近平总书记在南开大学考察时重要讲话精神、学习贯彻党的“十九大”精神，为学校发展干事创业担当作为。在教学过程中及担任本科和专科班主任期间，他关注学生心理健康状况，重视全过程融入“课程思政”，师德高尚、教书育人、为人师表，受到师生的一致好评。

2. 德技兼修，培养新时代钟表人才

十年树木，百年树人，立德树人是立身之本，培养人才是世纪工程，要把眼光放得长远些。在每一门课堂中（理论和实践），他都会充分挖掘与专业课程相关的思政资源，把做人做事的基本道理，把中国制造 2025，把社会主义核心价值观的要求，把实现中华民族伟大复兴的理想和责任融入每一门专业课中，激励学生把个人理想追求融入国家和民族的事业中。努力争做有理想信念、有道德情

操、有扎实学识、有仁爱之心的“四有”好老师。

近三年，主讲“机械计时技术”和“手表检测与测量技术”两门本专业课程，承担本校教学任务平均620学时/年，其中，专业课教师实践教学工作量平均140学时/年。具有在天津海鸥表业集团有限公司和西安轻工业钟表研究所有限公司等企业、研究所钟表维修与保养岗位6个月以上的实践经历。立志为钟表行业培养新时代具备德技兼修、工匠精神的知识型、技能型、创新型人才。

3. 探索新型教学模式，提升专业教学能力

基于工作过程开发的校企合作课程“机械计时技术”是以提高学生能力为本位，并把立德树人、促进人的全面发展和“现代学徒制”人才培养模式贯穿于技能型人才培养的全过程。采用“分析典型工作任务→确定职业行动领域→确定相关课程→制定教学方法”模式，激发同学们的学习热情、主动性和创新创造能力。

组建“现代时光钟表坊”创客团队，传承与发扬钟表文化、继承与创新钟表技艺，建立线上普及钟表知识、线下钟表服务进社区等钟表社会服务。勇于尝试基于云班课等信息化教学模式，提升自己线上线下课堂教学效率，获得“天津市2018年度十大魅力教师”第一名。近三年学校组织的教学质量评价均为优秀。

二、教学能力与水平

1. 教学设计能力

（1）关注钟表行业动态，确保课程知识与时俱进。及时跟踪钟表产业发展趋势和行业动态，参加由国内顶尖专家和国际知名专家领衔的“与德国专家和海鸥集团技术交流会”，就手表零部件的设计、手表相关理论、从板材到手表零部件的制造、手表的维修和手表质量的保障等进行深入交流；参加由中国轻工业职业技能鉴定指导中心指导下的“2017钟表（珠宝）特有工种职业技能鉴定考评员培训”，并获得国家（钟表及计时仪器制造工）及行业（钟表维修工、营业员等）考评员证；参加“机械手表装配及维修技能专项培训”，引进德国瑞士先进理念提升职业教育办学水平，并利用国际师资的优秀资源为钟表行业进行技术支持和服务等。

（2）量化企业实际需求要素，确保课程内容无缝对接。确定“机械计时技术”课程中“机械手表能源装置的结构及基本要求”和“直传式机械手表传动”

等模块与钟表企业职业岗位任职要求和变化相适应的教学实施的目标、内容和方法。综合考虑学生顶岗实习和生产性实习情况，教学设计重视知识目标、能力目标、素质目标充分体现职业教育即专业与产业对接、课程内容与职业标准对接、教学过程与生产过程对接、学历证书与职业资格证书对接、职业教育与终身教育对接，在整个教育教学过程中渗透追求精益求精的工匠精神。根据“机械计时技术”教学实施报告，系统设计课程的实践教学，成效显著。

2. 教学组织能力

（1）探索应用现代学徒制，培养高端钟表人才。根据职业教育特点，积极探索应用“海鸥学徒制”的现代学徒制，培养钟表高端制造业急需人才，通过“现代学徒制”钟表专业人才拜师仪式，增强学生的职业精神意识，进一步强化了现代学徒管理、校企互惠双赢的理念，进一步深化了校企双方在“现代学徒制”人才培养模式方面的共识，为我校精密机械技术专业的人才培养、课程建设、师资队伍建设、实训基地建设等提供了强有力的保障。

应用现代学徒制培养高端制造业急需人才，天津海鸥表业集团有限公司工程师兼任现代学院精密机械专业实训教师，辅导学生掌握手表机芯走时精准度调试技艺。现代学院精密机械专业学生在海鸥机芯装配车间顶岗实习。

（2）建立校企合作机制，保障合作有效进行。为了全面推进精密机械技术专业“海鸥学徒制”人才培养模式的有效实施，在互利、共赢的基础上真正实现学校与企业之间的深度融合，进一步拓展校企合作的内涵、方式与路径，进而提升企业技术发展水平和职业教育人才培养质量。天津现代职业技术学院和中国钟表行业育人联盟各企业本着优势互补、资源共享、互利互惠、共同发展的基本原则，制定了“轮岗实践顶岗工作合作协议书”，建立了“校企学徒管理体系平台”。

（3）强化工匠精神的培养，引领技能人才培养新风尚。制定了《基于现代学徒制的工匠精神培养的方法和途径标准》，逐渐培养追求卓越的创造精神、精益求精的品质精神、用户至上的服务精神。

①采用“三位一体”的培养模式。基于现代学徒制的培养模式，融入“思想品德、职业素养和知识技能”三位一体的培养模式，并全部纳入考核范畴，将工匠精神内化到同学们的生活中去，有助于学生真真切切地感受到要干一行、爱一行，让学生真正走进一个行业领域。

②教师和师傅的示范作用。学校教师和企业师傅的言传身教直接影响学生思

想和行为的形成，为此必须切实抓紧抓牢学校教师和企业师傅职业道德的建设工作，在整个教育教学过程中都应贯穿体现工匠精神的示范作用。定期邀请大师进行专业讲座，让学生零距离与大师级工匠师傅接触，激发同学们想做事、敢做事、做成事的勇气。

③严格的实训管理。把每一次实训都当作第一次实训，把每一个机芯都当作一个新机芯，把每一个机芯都当作唯一的机芯，严格控制学生或学徒更换零部件的频率，思想上要重视、操作上要规范，把每一次困难都当作挑战，敢于探索属于自己的工艺标准。

④使用校企合作开发的课程。基于工作过程开发的校企合作课程“机械计时技术”“机械手表装调技术”和“自动车加工技术”是以提高学生能力为本位，采用“分析典型工作任务→确定职业行动领域→确定相关课程→制定教学方法”模式确定课程及教学内容，让学生或学徒工匠精神的培养无论是在学校还是在企业都能实现无缝对接。

⑤平台展示。实践是检验真理的唯一标准。引导学生自发地组装符合自己意愿的机械手表，并提供在校内展览会、校外展览会或其他大型展览会上展示他们自己组装手表的机会。学生通过展示自己的产品，实现自己的价值，对学生工匠精神的培养有直接促进作用。

（4）实施线上线下“混合式”教学模式，提升教与学效率。分析对比传统教学模式，基于实施线上线下“混合式”教学模式，采用任务驱动、“教学做”一体化等行动导向的教学方法，根据移动平台大数据分析功能，关心学生个性化发展，引导学生参与课程微课制作，利用虚拟现实技术提高学生学习的积极性，优化教学过程，提高教学效率。

①有效整合各类教学资源。通过手机 App 在课上课下（线上线下）游览各类教学资源，开展各种教学活动，使用过程性评价，科学准确客观，可以充分利用学生自己的时间随时随地学习、测试、提交作业。教师也可以随时随地批改作业，答疑解惑，观察学生学习的动态，更新教学资源。

②线下自主学习、解惑答疑全天候。通过信息化平台学生可以自由安排自己的分散时间，随时随地进行线下学习，微课、视频、动画等资源均在 5 分钟以内，如有疑惑随时通过手机 App 提交问题，教师或其他同学也可以随时解惑，再配合线上的学习与指导，使得教学效果显著提高。

（5）探索教学考核评价方法，科学评价教与学效果。通过信息化设计，总成绩=过程性考核（40%）+期末考试（60%），过程性考核：利用超星学习通进行全过程考核，包括出勤、预习、作业、讨论、三次考试等经验值。利用移动终端设备，将自主学习、考核评价、交流互动等环节连接在一起，为学生营造了一个职业环境的学习乐园，信息化教学手段和递进式教学任务帮助攻克教学重难点，实现了教学目标。针对“机械计时技术”课程而言，整个教学过程有三次过程性测验，第一次主要考试作用及结构；第二次主要考试工作过程及原理；第三次主要考试影响因素，难度等级逐渐递增。

三、教学实施

近年来，积极开展精密机械技术专业核心课程教学资源建设，积极开发企业生产实际教学案例，并引入教学中，课程资源丰富，得到钟表行业的一致好评。基于“全国轻工行业钟表与精密制造职业教育集团”平台，有效整合机械计时原理和机械手表实践操作等社会资源。在教学中充分利用建设的教学资源，并共享给其他职业学校教学资源。

（1）努力更新专业知识，编写校企融合型教材。教学中努力钻研，与企业师傅深度探讨专业知识，共同编写教材 3 部。其中云教材 2 部：2016 年主编《机械计时技术》，该云教材获得“2016 年度全国十佳云教材”第四名，参编《自动车加工技术》。2019 年参与完成国家职业资格《钟表及计时仪器制造工（初级和中级）培训教程》1 部。

（2）开发课程实训项目，挖掘生产实际教学案例。与企业生产实际深入对接，开展“机械手表装调技术”课程实训实习条件的建设，重新开发“机械手表装调技术”课程实训项目，融入维护与保养等企业生产典型案例，参与完成钟表及计时仪器制造工“职业培训包”项目。

（3）建设课程网络资源，服务钟表行业。校企共同开发的“机械计时技术”课程的网络资源包括云教材（数字化教材）、“机械手表自动机构的装配”微课、钟表及计时仪器制造工“职业培训包”项目、超星平台课程建设、中国大学 MOOC 平台课程建设，并共享给钟表企业、院校和钟表爱好者。

1. 教学成效评价

（1）搭建展示平台，提升自我价值实现信心。连续 4 年来指导学生毕业论文，2016 年《基于“双导师制”在应用型本科毕业设计中的探索与实践》论文获得省级优秀论文一等奖。提供在校内展览会、校外展览会或其他大型展览会上展示他们自己组装手表的机会，通过展览，他们会对自己的产品更加精雕细琢、追求品质的精益求精、萌发用户至上的服务精神。学生通过展示自己的产品，实现自己的价值，对学生工匠精神的培养有直接促进作用。

（2）创建创客项目，充分施展学生潜力。“现代时光钟表坊”创客项目依托国内钟表龙头企业天津海鸥表业集团、潜水表知名企业天津君士潜海计时仪器有限公司和高级钟表人才培养学校天津现代职业技术学院等中国钟表行业育人联盟协会、企业、科研机构和院校，长期得力于国内外品德高尚、技术精湛的大师级钟表专家的技术支持。

该项目主要由熟知钟表理论知识、掌握钟表装配维修技能、了解钟表市场需求的精密专业教师1名和熟知机械制造理论知识、掌握多种钟表加工技能、具有丰富加工经验的数控专业教师1名，共计2名专业教师组成“现代时光钟表坊”创客项目专业指导教师。由1名热爱钟表行业、团队意识强、拼搏尽头足、沟通能力好、品学兼优的项目负责人，在钟表技术技能、管理运营、销售策划等方面各具特色的3名热爱钟表行业的项目组成员，共计4名精密机械技术专业学生组成“现代时光钟表坊”创客项目成员。

“现代时光钟表坊”项目以成品钟表为载体，主要经营钟表个性化设计与制造、钟表品牌代理、钟表维修与保养等业务，始终秉承“人品·产品、匠品·精品”的品牌价值观，传承与发扬钟表文化、继承与创新钟表技艺，建立线上普及钟表知识、线下钟表服务进社区等钟表社会服务。

2. 教学研究与改革

（1）积极参与教改项目，提升专业水平。2014年和2015年参与“国家示范性骨干高职院校精密机械技术专业及其专业群建设项目”中关于国家重点精密机械技术专业的师资团队、实训基地建设等任务，2017年和2018年参与“天津市高职院校提升办学能力项目国际钟表学院建设项目”中有关精密机械技术专业的师资团队、实训基地和专业教学资源等建设任务，做出了突出贡献，得到领导和同事的一致好评。

（2）深入教学研究和改革，提升成果转化能力。积极学习、借鉴先进职业教育理念和经验，参与完成“基于现代学徒制中国高端制表匠人才培养体系的改革与实践”国家级教学成果等2项，主持完成中国轻工业“十三五”“机械计时技术”数字化项目等3项，以第一作者发表《基于“双导师制”在应用型本科毕业设计中的探索与实践》等教学研究与改革方面的论文8篇，并将这些成果积极转化为课堂中能够使用的教学资源，切实提升了教学水平。

四、社会服务能力

1. 培训鉴定情况

面向钟表企业实际需求，2017 年参加了天津君士潜海计时仪器有限公司关于员工“钟表维修工”的理论知识和实操技能的职业培训和鉴定工作，培训效果非常好，参加“钟表维修工”技能鉴定考试的员工全部顺利获得相应职业资格证书。

2. 技术服务情况

（1）面向企业需求，开展钟表培训。面向钟表企业、院校等实际需求，开展相关培训完成“重庆垫江职教中心计时机械专业师资培训项目”中 15 人次的钟表实操培训；参与完成“海鸥员工职业技能培训项目”60 人次的机械计时原理培训，得到受培训单位领导及学员的好评。

（2）与企业协同创新，开展应用性研究。为国内唯一一家专业生产潜水表的企业天津君士潜海计时仪器有限公司钟表质量检测工艺改进，提升了钟表检测效率及产品合格率。主持与海鸥集团研发工程师共同开发的“在线课程开发与基于虚拟仿真平台的教学方法研究”项目，该项目具有很好的推广价值。

张宁宁

一、基本情况

张宁宁，1985 年 9 月生于辽宁省大连市，2008 年毕业于大连工业大学服装艺术设计学院，2008 年任职于湖南工艺美术职业学院服装艺术设计学院至今，2016 年考核为优秀，2017 年、2018 年考核为称职。近 3 年担任“服装画技法”“服装品牌设计与企划”等 10 余门专业核心主干课程的主讲教学工作。3 年总课时达到 1450 课时，学生人数共 994 人，实训实践课时年均 300 课时以上。

二、教学能力与水平

张宁宁同志在 11 年的高职服装设计专业教学经历中，一直积极研究高等职业教育教学特点与规律，及时跟踪服装产业的发展趋势和行业动态，通过分析服装设计职业岗位任职要求和变化，确定所任教课程的教学目标、内容和方法，具备工作过程导向的职业教育理念和教学观，形成了以现场作业流程、任务、案例、项目、产品为导向来设计教学模块的能力。教学设计重视学生在校学习与实践工作的一致性，能将服装行业以及职业岗位所需的知识、能力和态度融合于课程教育教学过程中，将工作过程导向的教学理念融入服装设计专业建设和课程改革之中；综合考虑顶岗实习和生产性实习的需求和特点，积极开展实训项目的设计与实施，为加强学生的专业技能训练，以项目任务和工作流程为引领、岗位需求和职业标准为依据，构建面向市场、突出职业能力培养的项目导向模块化实习实训体系；及时将服装行业的新知识、新技术、新工艺、新理念纳入教学内容中，充分体现了专业与产业、职业岗位对接，专业课程内容与职业标准对接，教学过程与生产过程对接等五个对接。2011 年 7 月—2014 年 12 月参与服装设计生产性实习实训（教师认证培训）基地项目建设，省部级，排名第三；2013—2015 年，主要参与“服装品牌设计与企划”国家级精品资源共享课项目建设，国家级，排名第三；主持“服装品牌设计与企划-1”“毕业设计-3”“手工毛织工艺"等课程标准的修订，使学生除了主要掌握设计表达能力，还要重点掌握资讯收集与整合分析能力、流行趋势的策划与开发能力以及演讲表达能力等。

张宁宁同志具有较强的专业理论水平和教学科研研究能力，能学习、借鉴先进职业教育理念和经验，及时掌握服装设计专业领域的发展前沿动态。教学工作之余，认真钻研专业，潜心科研，积极参与教改项目，参与校级及以上重点专业、特色（精品）专业、教学团队、实训基地、专业资源库等教学改革项目建设，教学改革成效明显。

1. 参与的校级及以上教研或科研项目

（1）2013—2015 年参与"服装品牌设计与企划"国家级精品资源共享课项目建设，排名第三。

（2）2011 年 7 月—2014 年 12 月参与服装设计生产性实习实训（教师认证培训）基地项目建设，省部级，排名第三。

（3）2011—2014 年参与服装设计专业学生专业技能抽查考试标准与题库项目建设，省部级，排名第三。

（4）2013—2014 年参与服装设计与工艺专业"同步课堂"和"专递课程资源"建设项目建设，省部级，排名第三。

（5）2013 年 2 月—2013 年 12 月参与 2013 年中等职业学校服装设计与制作专业骨干教师企业顶岗培训项目建设，省部级，排名第四。

（6）2017 年 9 月参与 2017 年职业教育专业教学资源库备选库"民族文化传承与创新子库——少数民族服装与服饰传承与创新"项目建设，排名第三。

（7）2015 年 7 月—2020 年 7 月参与时装设计专业"1+3"中高职网络联校示范项目建设，省部级，排名第三。

（8）参与 2013 年中等职业学校服装设计与制作专业骨干教师企业顶岗培训，省级，排名第四。

（9）参与湖南省教育厅科学研究项目"湘西少数民族服饰图案纹样在现代定制旗袍中的应用"，排名第三。

2. 以第一作者在正式刊物上发表教学研究与改革方面的论文

（1）《运用"大学城空间"进行教学改革创新的思考》发表于《艺海》，2013.6，一般期刊，独著。

（2）《戴着脚镣跳舞——基于审美法则的服装创新设计》发表于《华章》，

2013.5，一般期刊，独著。

（3）《〈毛线编织服装工艺基础〉教学研究与实践》发表于《大众文艺》，2015.12，一般期刊，独著。

（4）《2016年杭州地区服装专业毕业生就业调研报告》发表于《艺术科技》，2016.11，学术期刊，独著。

（5）《梭戛苗族服饰元素在现代服饰中的创新设计与应用》发表于《牡丹》，2017.12，一般期刊，独著。

（6）《服装设计中时尚女装的数字化表现研究与实现》发表于《参花》，2018.6，一般期刊，独著。

（7）《中国传统文化在服装设计中的创新应用研究》发表于《参花》，2018.7，一般期刊，独著。

（8）《提升高职服装设计专业教学质量的措施摭探》发表于《成才之路》，2018.10，学术期刊，独著。

（9）《中国高职服装设计人才培养途径探赜》发表于《成才之路》，2018.10，学术期刊，独著。

（10）《服装设计艺术风格与品牌文化内涵的相关探讨》发表于《好家长》，2018.4，一般期刊，独著。

（11）《绿色服装设计理念与应用探究》发表于《好家长》，2018.4，一般期刊，独著。

（12）《中国风格服装设计过程中传统与时尚的融合》发表于《山西青年》，2018.6，一般期刊，独著。

（13）《中国传统造型元素与服装时尚设计研究》发表于《山西青年》，2018.7，一般期刊，独著。

（14）《服装设计中装饰工艺的具体应用》发表于《知识文库》，2018.7，一般期刊，独著。

（15）《结合流行趋势探讨服装设计元素的优化》发表于《知识文库》，2018.8，一般期刊，独著。

（16）《服饰用多梳拉舍尔蕾丝面料设计探讨》发表于《知识文库》，2018.9，一般期刊，独著。

（17）《对于《服装产品设计》课程教学的一点思考》发表于《明日风尚》，2018.4，一般期刊，独著。

（18）《服装设计的艺术表达与视觉感》发表于《明日风尚》，2018.6，一般期刊，独著。

(19)《服装设计中拼接艺术的实践运用》发表于《明日风尚》，2018.7，一般期刊，独著。

(20)《基于情感化的亲子装设计分析》发表于《明日风尚》，2018.8，一般期刊，独著。

(21)《苗族装饰图案色彩构成解析及应用研究》发表于《明日风尚》，2018.9，一般期刊，独著。

(22)《朋克服装元素在现在奢侈品服饰设计中的应用》发表于《东方藏品》，2018.2，一般期刊，独著。

(23)《苗族服饰造型艺术中现代设计元素的发掘研究》发表于《东方藏品》，2018.3，一般期刊，独著。

(24)《对高职服装设计专业实践教学体系建设的思考》发表于《新校园》，2018.8，一般期刊，独著。

(25)《高职院校服装设计工作室建设的模式探讨》发表于《新校园》，2018.10，一般期刊，独著。

(26)《张宁宁作品》发表于《美术教育研究》，2013.6，学术期刊，独著。

三、教学实施

该同志连续多年指导毕业设计作品的设计制作与顶岗实习。指导的学生毕业设计作品参加了2016—2017年中国国际大学生时装周，学生们的创意设计作品获得了行业内专家、教育同行及媒体的一致好评。共有腾讯网、人民网、新华网、今日头条、新闻现场、湘微教育、搜狐时尚、中国服装时尚网、纺织服装周刊等20余家媒体报道湖南工艺美术职业学院毕业生作品发布会，给予了高度肯定和赞誉。她通过不断探索实践，在总结11年职业教育经验和企业兼职工作经验的基础上，积极探索基于校企合作、工学结合的人才培养模式和工学交替、任务驱动、项目导向、“教学做”一体化等行动导向的教学模式。改革学生学习评价方法，注重与职业资格证书、企业岗位工作考核等社会评价对接，有效利用信息技术平台等多种途径考核评价，成效显著。在教学中，针对高职学生的特点，坚持因材施教；教学方法灵活多样，尊重学生、鼓励学生、帮助学生、感动学生，想尽办法激发学生的学习兴趣，提高学生的自主学习能力，促进学生积极思维和开发学生能力。如在“服装品牌设计与企划”课程教学中，让学生分小组模拟公司成立设计团队，自己模拟公司管理者，并针对每个小组的工作进展情况以讨论会的形式进行“一对一”辅导，辅导内容不仅有专业技能，还包括了工作态度、职业道德、奉献精神、团队精神、质量意识和创新意识等，讨论由教师引导，让学生自由讨论，然后归纳、总结学生发言。每个小组的“一对一”辅导讨论会时间经常长达一两个小时，教学相长，与学生共同进步，在育人中育己，收获快乐。在专业课程教学中渗入大量的职业素质、职业道德方面的教育，使学生养成了良好的职业习惯，不迟到、早退，课后学生们都主动清扫工作室，摆齐工作台后才离开。因材施教激发了学生的学习积极性，得到学生的充分赞扬和肯定，取得很好的效果。积极开展教学方法手段改革，依托“大学生空间”等网络平台，建设了“毛织服装设计基础”“手编毛衣”“创意钩编”“毛织服装制版与工艺”等网络课程，“服装设计基础—女装设计”微课程，在教学实施中科学、合理、有效地使用了现代教育技术和翻转课程、微课等课程方式，优化教学过程，提高教学效率，强化学生实践能力培养。将立德树人作为教育教学工作的核心价值追求，注重学生思想品德、职业素质养成和可持续发展能力培养。除了兢兢业业上好每一堂课，课余时间仍然不忘初心，任教 11 年来以来，坚持利用课后、寒暑假、节假日等课余时间辅导学生，从生活到专业学习悉心照顾与指导，通过自己的努力，取得了显著成效，获得了一系列成绩和荣誉称号：被评为 2017 年全国职业院校技能大赛优秀指导教师（全国职业院校技能大赛组织委员会）；2017 湖南技能大赛·第 45 届世界技能大赛湖南选拔赛优秀指导教师（湖南省人力资源和社会保障厅）；2017 湖南省职业院校技能竞赛优秀指导教师（湖南省教育厅）；2016 湖南省职业院校技能竞赛优秀指导教师（湖南省教育厅）；第十三届湖南省普通高校师生美术与设计艺术作品评选优秀指导教师（湖南省教育厅）；2016 年度学院优秀教师（湖南工艺美术职业学院）。获得 2016“黄炎培杯”全国纺织服装职业院校技能大赛铜奖（中华职业教育社）；第二届“广德精准杯”中国服装立体裁剪创意设计大赛获得铜奖（教育部高等学校纺织类专业教学指导委员会）；2017 年“明龙·希柏润杯”第三届中国服装创意设计与工艺教师技能大赛铜奖（教育部高等学校纺织类专业教学指导委员会）。

张宁宁同志还多次参加服装系毕业生浙江省就业情况调研与企业访谈，到广州吉祥服饰有限公司、广州丰捷企业管理服务有限公司、湖南派意特服饰有限公司、湖南东方时装有限公司、湖南旭荣制衣有限公司、湖南凯特密欧服饰有限公司等国内服装企业进行考察、实践和交流。她还积极参加了职业院校专业教学资源库建设与信息化教学大赛能力提升培训，湖南工艺美术职业学院和广州丰捷企业管理服务有限联合举办的服装标准工时（GSD）培训，湖南工艺美术职业学院举办的花瑶挑花教师培训、创新创业教育师资培训、成衣立体裁剪、高级礼服立体裁剪、Adobe Illustrator 等培训，培训总学时达 312 学时，均考核合格。

张宁宁同志具有多年服装企业专业社会实践工作经验，利用假期等业余时间到校外实训基地参加顶岗实践，了解专业最新动态，提高专业技能，向服装行业企业实际需求，与服装行业企业密切联系，主动承担与服装设计专业相关的技术服务项目和来自相应行业企业的横向课题，与行业企业协同创新，合作开展技术应用性研究及应用推广，帮助企业解决技术上的问题。如先后与校外企业合作组建设计工作室，担任企业的服装产品设计等工作，取得良好的实际效果：

（1）为《北京青年报·尚色》时尚周刊绘制栏目约稿插画数期。

（2）参与湖南省圣得西（集团）有限公司旗下“柯尚”春夏产品设计与开发。

（3）参与广州“薇薇物语”服装有限公司广交会秀场发布作品的设计工作。

（4）为辽阳克里特摄影基地的礼服订制项目做设计企划，并指导材料采购与产品陈列。

她对高职教学模式深入研究，全方位、多角度设计与组织教学，采用问题教学法、基于兴趣的教学法、课堂讨论式教学法等一系列教学方法实施教学，学生学习积极性高，学生的图形表达能力、专业知识的应用能力、创新能力都明显提升，动手能力明显加强，取得了很好的教学效果：

（1）2013 年 5 月，辅导学生谭玉慧、彭昂参加湖南省技能大赛服装设计与工艺赛项，获一等奖。

（2）2013 年 6 月，辅导学生谭玉慧、彭昂参加全国技能大赛高职服装设计与工艺赛项，获二等奖。

（3）2014 年 12 月，辅导学生匡攀奇、邓权、黄洁参加湖南省黄炎培杯创业大赛，获二等奖。

（4）2014 年 10 月，指导黄巧贞等的毕业设计《太阳的女儿》获得第八届全国“优秀毕业设计奖”铜奖。

（5）2014 年 12 月，辅导黄巧贞等的毕业设计《太阳的女儿》获第 11 届湖南省高校优秀设计作品展三等奖。

（6）2016 年 4 月，辅导学生刘梦玲参加湖南省技能大赛服装设计与工艺赛项，获一等奖。

（7）2016 年 5 月，辅导学生刘梦玲参加全国技能大赛高职服装设计与工艺赛项，获三等奖。

（8）2016 年 11 月，辅导学生王胡君参加湖南省普通高校师生美术与设计艺术作品评选活动，获二等奖。

（9）2016 年 11 月，辅导学生张帆参加湖南省普通高校师生美术与设计艺术作品评选活动，获三等奖。

（10）2017 年 4 月，辅导学生刘梦玲参加湖南省技能大赛服装设计与工艺赛项，获一等奖。

（11）2017 年 4 月，辅导学生唐桂华参加湖南省技能大赛服装设计与工艺赛项，获一等奖。

（12）2017 年 6 月，辅导学生唐桂华参加全国技能大赛高职服装设计与工艺赛项，获一等奖。

（13）2017 年 6 月，辅导学生刘梦玲参加全国技能大赛高职服装设计与工艺赛项，获一等奖。

（14）2017 年 12 月，辅导学生刘坤参加世界服装技能大赛湖南省选手选拔，获第二名。

四、社会服务能力

张宁宁同志根据经济发展、产业升级、技术进步的需要以及服装设计专业对知识、能力和素质的要求，有效整合服装行业、企业等社会资源，积极开展服装设计专业课程教学资源建设、实训实习条件的建设，开发课程实训项目等；积极参与编写服装设计专业课程校级教材，从服装行业产业技术发展的角度，不断优化本专业课程教材内容，编制具有创新性、先进性、实用性，体现职业教育特征的教材；积极参与精品在线开放课程、专业资源库等项目建设，将教学资源建设与应用融入日常教学，开展了优质课程资源的推广与运用工作；充分利用建设的教学资源，并共享其他职业学校教学资源，课程教学资源丰富，积极开发企业生产实际教学案例，并引入教学中，社会认可度高：

（1）2017 年 9 月参与 2017 年职业教育专业教学资源库“民族文化传承与创新子库——少数民族服装与服饰传承与创新”项目建设，排名第三。

（2）2013—2014 年参与服装设计与工艺专业“同步课堂”和“专递课程资源”建设项目建设，省部级，排名第三。

（3）2011—2014 年参与服装设计专业学生专业技能抽查考试标准与题库项

目建设，省部级，排名第三。

（4）2015 年 7 月—2020 年 7 月参与时装设计专业“1+3”中高职网络联校示范项目建设，省部级，排名第三。

（5）2013 年 2 月—2013 年 12 月参与 2013 年中等职业学校服装设计与制作专业骨干教师企业顶岗培训项目建设，省级，排名第四。

皮琳琳

一、基本情况

皮琳琳，中共党员，副教授/高级工程师，研究生学历。2007 年大学毕业后分配到天津轻工职业技术学院并工作至今，先后从事辅导员、教学、项目建设、科研等工作，现为自动化学院光伏发电技术与应用专业教研室主任、专业带头人。她曾获得学院“轻工工匠”、天津市“优秀指导教师”等荣誉；作为团队负责人，带领光伏专业获得渤轻集团“四合力班组”等殊荣。是全国职创新教学团队重要成员。日日行，不怕千万里；常常做，不怕千万事。把想法落实到行动上，一步一个脚印去实践。她 13 年坚持扎根一线教学工作，始终将立德树人放在首位，坚持将德育与智育相结合，教书和育人相统一的教育理念。秉持“师德为先、能力为本、学生为重、终身学习”的教师发展理念，全面提高自身综合素养，以崭新的姿态继续朝着大国良师新境界不断迈进。

作为一名党员教师，皮琳琳老师政治思想坚定，坚决拥护党的路线方针政策，忠诚于党和人民的教育事业，全面贯彻党的教育方针。努力践行社会主义核心价值观。教书育人德育为先，早年的带班经历给皮老师积累丰富的思政经验，2010—2013 年连续四年被评为院级十佳优秀辅导员，自 2007 年至今发表思政论文 4 篇。

从教 13 年来始终扎根在教学一线，担任光伏发电技术与应用、风力发电工程技术、节能工程技术专业的专业、实训主干课程以及电子信息与自动化学院创新创业实务课程的理实一体化教学工作。在专业教师人数少授课任务重的情况下，勇于担当，主动承担教学任务，达到 320 学时/年以上，其中实践教学工作量平均 100 学时/年以上，学生人数达到 300 人次/年。为了更好地教学、紧跟专业技术发展，她始终坚持学习，利用业余时间学习技术技能，在不断努力下，先后取得了维修电工高级、网络工程师高级、小风电利用工技师等技能证书。其积极参与企业实践，近三年累计企业实践锻炼时长 8.5 个月。并同时带动专业教研室教师共同进步，2019 年 4 月带领光伏发电技术与应用专业教研室获得“渤海轻工四合力班组”称号。

她思考德育和智育的结合，2016 年主持完成天津市高等职业技术教学研究会课题“基于德育智育相结合增强高职学生创新能力研究”，为后期的“课程思政”打下坚实基础，2018 年 3 月成功主持申报学院“新能源技术”课程，进行“课程思政”教学改革；她注重党的知识学习，积极参加党员学习活动，2016 年 7 月获得学院“两学一做”学习教育党的基本理论知识竞赛优秀奖；她乐于和学生沟通交流，注重因材施教，多次帮助厌学学生找到学习兴趣方向，2015 年、2017 年凭借“蒙尘工作室”“梨园童趣”项目获得天津市大学生创业大赛二、三等奖；2018 年她亲自带领 16 级光伏专业 3 个班的学生，成立专业社团开展社会实践活动，1 年间先后开展 14 次社会实践活动，每次必定亲力亲为和学生干部将活动计划制定周密，用自己的言行感染学生，让学生体会什么是责任担当，让学生在实践中验证专业知识，提高了学习兴趣和活力，最终成为天津市唯一获得天津市“新时代实践行”主题实践活动“标兵优秀集体称号”和“优秀指导教师”的高职学院团队和教师。

二、教学能力与水平

1. 教学设计能力高，组织能力强

作为一名专业教师，在教育教学工作中锐意进取、业务精良。

她将专业与产业、职业岗位对接，利用挂职锻炼机会，走访企业，开展岗位调研，紧跟光伏产业发展趋势和行业动态，根据新的产业发展和岗位需求动态调整光伏专业人才培养方案。将专业课程内容与职业标准对接，更新课程标准，及时调整课程内容，先后开展多门课程教学改革，将职业标准融入课程标准、课程内容的设计和实施中。重新定位教学实施目的，主动利用信息化教学资源和翻转课堂等教学方法，依托国家级教学资源库课程平台实施课前复习、课上导学、课后复习的“互联网+”线上线下教学模式。将教学过程与生产过程对接，强化工学结合，加强实习实训环节，培养符合产业标准的人才。与企业合作共同研讨教学内容实现“工学结合、理实一体”。并将教学过程改革进行加工设计，通过参加教师竞赛进一步验证，自 2015 年连续四年参加国家级、天津市高等职业院校信息化教学竞赛，以赛促教，对教学设计内容进行验证反复打磨，得到专家一致肯定。并将信息化教学经验进行总结撰写了《基于“互联网+”课堂模式下增强学生创新意识与创新能力途径探索——以〈齿轮传动在小型风力发电机中的应用〉一课教学设计为例》，并于2016年发表在国家级期刊《教育界》上。将学历证书与职业资格证书对接，有针对性对学生进行培养。利用顶岗实习、实训，将行业、企业证书引入课程，先后与天津英利、北京汉能等企业开展现代学徒制试点工作，开展国家级取证培训模块课程建设和培训。将职业教育与终身学习对接，响应国家号召根据产业发展和技能型人才成长需要，拓宽继续学习渠道，为人才可持续发展提供支撑。参与高职百万人才扩招计划，完成机电专业百万扩招面试工作。2016年受邀到内蒙古锡林郭勒职业技术学院进行信息化教学设计培训，服务200余名教师，2017年7名该学校教师在地区信息化类竞赛中获奖。

探索现代学徒制、校企合作的人才培养模式。根据职业教育特点，探索现代学徒制，先后与天津英利、北京汉能开展现代学徒制试点，开发基于校企合作、工学结合的人才培养模式。修订光伏专业人才培养方案，并投入使用。2018年年底作为带队老师带领17光伏专业学生团队，赴北京汉能集团开展为期一周的学徒制试点班学习，为了保证学生的学习质量和安全，皮老师坚持和学生吃住在一起，并参与到学习中去，利用课余时间与企业交流，为学生答疑解惑。

坚持采用任务驱动、项目导向、“教学做”一体化等行动导向的教学模式开展教学，并撰写出版项目教程3本以及项目化校本讲义4本；关注学生个性化发展，坚持因材施教，培养学生职业精神。坚持根据学生爱好和特长进行创新思维培养，2018年利用TRIZ创新方法进行产品开发设计，指导学生获得天津市大学生创新方法大赛一等奖；2018年带领学生团队参加“新时代实践行”主题活动，注重培养学生的职业道德和职业精神，最终获得市级优秀标兵集体称号，作为指导教师获得“天津市优秀指导教师”。2014年至今勤于观察学生，发现特点充分发挥学生主动性，鼓励学生参加各类创新创业大赛均获得好成绩，例如2017年发现有戏曲爱好的学生，为了提高学生学习专业知识的兴趣，鼓励学生从戏曲爱好和专长出发，将传统文化内容加入兴趣中，参加创新创业大赛，最终获得天津市三等奖的好成绩，有了自信心专业知识学习也有了动力；2018年主持“新能源利用与开发”成功立项新时代“思政课程”改革精品课。

坚持进行信息化教学设计研究开发，引导学生自主学习。开展“微课”设计工作，先后使用录屏讲解、动画演示、实景操作等手法进行“微课”设计和制作，并将“微课”成果应用于教学过程中，辅助翻转课堂等教学方法的实现，激发学生学习兴趣，提高教学效率，所设计“微课”分别获得2016年全国职业院校教师微课大赛三等奖、2018年全国职业院校教师微课大赛（高职高专技能类）三等奖、2018第二届全国机械行指委职业院校微课大赛一等奖。坚持以信息化平台、资源为依托开展信息化教学，充分研究学生课上学习情况，进行信息化设计，并将设计成果进行归纳和总结作为设计方案，连续四年参加全国、天津市高等职业院校信息化竞赛教学设计赛项。

运用资源库学习平台实现校企交流、多元化学习评价。坚持根据学生实际情况开展教学改革，积极参与到国家级新能源类专业教学资源库建设中，并将平台运用到日常教育教学中，借助资源库学习情况大数据平台分析学生学习情况和知识掌握情况，进行线上作业、测试，并通过资源库学习平台的论坛功能实现与企业工程师的交流与沟通，先后建设了“小风电利用工”培训课程、“歌美飒 T1 证书”培训课程，帮助学生解决岗位能力认知、职业资格取证等问题，并将线上学习融入取证环节。对两年制学生采取已证代考的评价模式，注重与职业资格证书评价对接，有效利用信息技术平台等多种途径考核评价，成效显著。

2. 教学资源丰富，教学成效显著

（1）开展实训实习基地建设。2016—2018 年参与“天津市高等职业院校优质专业群对接优势产业群建设项目”，作为二级项目负责人完成风电未来教室、电能监测实训室、风电基础实训室建设，并投入使用至今，其中“风电未来教室”2019 年 6 月被认定为《高等职业教育创新发展行动计划（2015—2018 年）》国家级新能源实训基地。

（2）教材、校本讲义出版情况。截至目前，作为主编完成《新能源利用与开发》，作为副主编完成《节能技术与优化方法》《办公自动化案例教程》等教材并出版应用于教学，主编《能源审计实训教程》《能源审计原理与实践》《企业节能技术》《小风电技术》校本讲义 4 部，并在教学中投入使用，并受到学生的肯定。

（3）教学资源使用情况。通过共享主持、参建的“应用光伏技术”课程、“新能源利用与开发”课程、“风力发电工程技术”课程以及“小风电利用工”培训课程等国家级教学资源库主干课程，坚持在资源库建设中进行政行企校研通力协作，以全国 30 所高职院校、新能源协会、应用技术研发中心为平台，通过“学分互认”进专业，“普职融通”进校园，“终身学习”进企业，“百万扩招”助三农，惠及全国高职师生、中学师生及企业员工共计 3000 余人。在鲁班工坊培训项目中，将资源运用到培训印度、埃及师生的教学过程中。

3. 教学成效显著，成绩突出

积极指导学生参加技能、创新创业大赛，并将多年指导竞赛经验进行归纳和总结，2018 年主持申报完成“协同育人机制下‘双赛联合’高职学生创新能力培养实践”，获得天津市高等职业技术教育研究会第二届教育科技优秀成果二等奖，校级教学成果三等奖。

同时注重自身提高学习，积极参加各级各类教师比赛，以赛促教，严格要求自己，近三年学校教学质量评价均为优秀。

（1）2013 年至今坚持培养学生专业技能和创新创业技能，并多次在市级以上竞赛中获奖，指导学生获奖情况如下：

①专业技能大赛：2013 年天津市高职高专院校“圣纳杯”学生技能大赛“计算机网络技术应用”获得二等奖 1 项、三等奖 1 项；2016 年天津市高职高专院校“圣纳杯”学生技能大赛“风光互补发电系统安装与调试”获得二等奖；2017 年天津市高职高专院校“圣纳杯”学生技能大赛“风光互补发电系统安装与调试”获得二等奖；2018 年全国高职院校技能大赛“智能电梯安装与调试”获得二等奖；2018 全国职业院校虚拟现实教学资源创作大赛三等奖；2019 年全国高职院校技能大赛“光伏电子工程的设计与实施”获得二等奖。

②创新创业大赛：2014 年“创青春”天津市大学生创业大赛获得铜奖；2014 年天津市第十一届女性创业计划书大赛获得创业示范铜奖；2015 年“于家堡杯”天津市青年创新创业大赛暨第二届“创青春”中国青年创新创业大赛获得天津赛区三等奖；2015 年天津市第十二届女性创业计划书大赛获得创客奖二等奖；2017 年“互联网+”天津市大学生创业大赛获得二等奖 1 项、三等奖 2 项；2018 年第三届“中国创翼”创业创新大赛天津赛区暨正保杯创业创新大赛三等奖；2018 年天津市大学生创新方法大赛获得一等奖；2018 年第四届中国“互联网+”大学生创业大赛获得天津赛区二等奖。

（2）在指导学生提升技能的同时时刻严格要求自己，坚持提升自身技能，积极参与到各类教学比赛中，并注重开展“传帮带”活动，2018 年、2019 年组织、辅导新教师 3 名，并一起组成团队参加到信息化教学竞赛中去，获得奖项。2009 年获得“正保教育杯第五届全国 ITAT 教育工程就业技能大赛”优秀指导教师奖；2018 年获得“天津市优秀指导教师”称号；2016 年 11 月获得全国职业院校信息化教学大赛高职组信息化教学设计比赛二等奖；2016 年 6 月获得全国职业院校教师微课大赛三等奖；2019 年 9 月获得天津市高等职业院校信息化竞赛教学设计三等奖；2018 年 9 月获得天津市高等职业院校信息化竞赛教学设计三等奖；2015 年 9 月获得天津市高等职业院校信息化竞赛教学设计二等奖；2016 年 9 月获得天津市高等职业院校信息化竞赛教学设计二等奖；2017

年获得天津市高职院校国际化专业教学标准课堂教学竞赛三等奖；2018 年 3 月获得全国职业院校教师微课大赛三等奖；2018 年获得第二届全国机械行指委职业院校微课大赛一等奖。

三、教学实施

学习借鉴先进职业教育理念和经验并进行实践，主持开展教改课题、科研课题并获得显著成效：参加培训学习，在德国菲尼克斯集团学习双元制教学理念、借鉴先进职业教育理念和经验，开展教学改革，坚持德育教育与专业教育相结合的教育理念；主持完成国家级、市级教改课题 10 余项、科研课题 4 项，获得天津市级成果奖 2 项。在国家级期刊公开发表论文 6 篇。先后完成修订 2017、2018、2019 级光伏发电技术与应用专业三年制（及两年制）人才培养方案；制定 2019 年光伏发电技术与应用专业（国际化）人才培养方案、2019 年光伏专业百万扩招人才培养方案。跟踪岗位需求，修订《新能源利用与开发》课标、《应用光伏技术》课标，完善专业知识结构，并应用到国家级教学资源库中。

作为专业带头人，带领本专业——2018 年光伏发电技术与应用专业被评为“渤海轻工四合力班组”局级称号、校级优秀党支部称号；2019 年 6 月被认定为《高等职业教育创新发展行动计划（2015—2018 年）》国家级骨干专业；2019 年作为重点专业群领衔专业参与全国特高校申报，在专业建设方面做出了突出贡献。

2016—2018 年参与“天津市高等职业院校优质专业群对接优势产业群建设项目”，作为二级项目负责人完成风电未来教室、电能监测实训室、风电基础实训室建设，并投入使用至今，形成“理论—仿真—虚拟—现实”四步递进式现代化实训室，其中“风电未来教室”2019 年 6 月被认定为《高等职业教育创新发展行动计划（2015—2018 年）》国家级新能源实训基地。

四、社会服务能力

她始终坚持将企业需求和教学科研相结合，长期坚持到企业调研，从实际出发开展课题研究，主持参与天津市级横向课题 3 项，纵向课题 10 余项。2014—2015 年，她在天津圣纳科技有限公司项目部参与新能源充电桩的研发工作，其团队生产的新能源车成功在海河教育园区内诸多院校和境外鲁班工坊投入使用，获得经济效益八百万元。主持参与发明专利 4 项，实用新型专利 4 项，并作为特聘专家服务企业参加全国企业级创新方法大赛。

13 年来面向行业企业需求，积极将成果进行推广开展相关培训和鉴定工作，先后面向本校师生、印度、埃及鲁班工坊师生、兄弟院校教师、合作企业员工开展培训百余次，培训人数达到千余人次。

吴琦

一、基本情况

吴琦，男，1981 年 4 月出生于四川省都江堰市，汉族，中共党员，讲师，国家职业技能鉴定考评员，2003 年毕业于西南交通大学，2004 年至今就职于四川工商职业技术学院机电工程系，担任电子信息工程技术、工业机器人应用技术专业的专职教师、兼职辅导员。

吴琦同志坚定拥护党和国家的路线、方针、政策，遵守国家的法律、法规和学校的规章制度，能以一名中共党员和人民教师的标准严格要求自己，踏踏实实，任劳任怨，体现一名人民教师应有的社会公德和职业道德。近三年，该同志连续获学校最高荣誉“五好教师”，并获首届中国轻工业职业教育教学成果奖一等奖（第一完成人）、四川省教育厅“四川省优秀创新创业导师”、四川省物联网产教联盟“四川省物联网优秀教师”、都江堰市政府“都江堰市优秀创业导师”等各级表彰共 15 次。

二、教学能力与水平

该同志长期担任电子信息工程技术专业的专业核心课和专业基础课教学，在教学过程中一直关注四川省电子信息产业发展，每年都会定期深入企业调研，并根据企业对职业岗位的要求和变化，动态调整课程的目标、内容和教学方法。

在实际教学过程中，该同志长期坚持“以赛促教、以赛促学”，将全国职业院校技能大赛的竞赛内容融入日常教学中，并取得了一定成效，近三年，指导四川省教育厅主办的职业院校技能大赛，获省级二等奖 3 项，省级三等奖 4 项。分别如下：2016 年、2018 年四川省高职学生电子产品设计及制作技能大赛获四川省二等奖 1 项、四川省三等奖 1 项；2017 年四川省大学生工业机器人技术应用技能大赛获四川省二等奖 1 项；2017 年、2018 年四川省电子产品芯片级检测维修与数据恢复技能大赛获四川省二等奖 1 项、四川省三等奖 3 项。

自 2015 年起，该同志就积极推动企业专家和技术骨干参与教学，并在“单片机应用技术”课程中实现“企业导师远程教学”。该课程的“企业远程教学交流互动”视频和学生优秀作业“基于物联网应用的智能无线控制系统”两项作品代表学校，参与四川省职业教育改革发展成绩、教育教学成果展示。

2016 年起，该同志担任智能技术教研室主任。2017 年主持电子信息工程技术专业的建设，并成功申报四川省第三批现代学徒制试点专业，制定并修改了《电子信息工程技术专业人才培养方案》《工业机器人专业人才培养方案》，积极探索与企业深度融合的方式，探索电子信息工程技术专业“数字蓝领”的人才培养模式。在其主讲的“电子小产品创新制作”“无线传感器网络技术”“单片机应用技术”等核心课程中，积极将企业案例、科研项目按项目化的方式转化为教学资源。

在实际教学中，该同志重视学生全面发展、重视学生创新创业教育，于 2017 年获四川省教育厅的“四川省优秀创新创业导师”，都江堰市政府的“都江堰市优秀创业导师”。担任电子信息工程技术专业成立的“电子创新协会”指导教师，指导 2016 年省级大学生创新创业训练计划项目获四川省教育厅立项 3 个，指导学生参加由教育部、教育厅等主办的“挑战杯”“互联网+”“发明杯”等多种创新创业类竞赛，近三年成绩显著，获省级以上奖项 16 项，其中获全国一等奖 2 项，全国二等奖 7 项。

以“单片机应用技术”课程建设为例，该同志能较早采用微课方式进行在线精品资源共享课程建设，于 2016 年获校级精品资源共享课程认定，并在该课程中使用信息化手段实现“企业专家远程教学交流互动”的视频代表学校成功案例，参加四川省职业教育改革发展成绩、教育教学成果展示。

在课堂实际教学中，该同志重视学生兴趣，特别是在专业基础课程中积极融入当前学生喜欢的事物，例如，在 C 语言课堂教学中不仅积极引导学生的想象力与专业知识相结合，还将学生喜欢的游戏融入课堂教学中。该教学方式在 2018 年四川省教育厅主办的四川省高等职业院校教师教学能力大赛中获四川省三等奖。

同时，该同志积极改革学生学习评价方法，“以评代考”将 PCB 高新信息职业资格证书融入课程中，重视信息技术进行成绩考核。其中，主持院级教改课题“智能开放式实验室的研究、设计及实现”“实践教学服务及管理平台的开发及应用”2 项，采用信息化技术积极开发“智能开放式实验室系统”和“实践教学服务及管理平台”，以实现实践教学环节的网络考核和评价，将这 2 项成果用于电类基础课程实践教学中，并成功申报、主持 2018 年中国轻工业联合会教育工作分会课题“基于信息化的电类专业基础课程实践体系研究——面向轻工行业智能制造应用”。

该同志目前正在建设“机电（电子）小产品创新制作”课程，以该课程为例，介绍该同志的课程建设思路：

在“机电（电子）小产品创新制作”课程中，该同志设计了六大主线模块，涉及 19 个分支模块和更多的细节模块，贯穿了机电智能产品从“前期需求调研、设计构思、产品及推广定位、产品实物化制作、产品调试、新产品推广、产品的展示”整个产品的周期。

为了达到课程教学目标，该同志不仅在校内组建了一支跨系部、跨专业的教师团队，团队成员分别来自“机电、艺术、信息、财经管理、酒类与食品”五大系部，覆盖了“机电一体化、电子信息、机器人、软件、网络、工业设计、产品造型、市场营销、企业管理、会计”等多个专业。同时，聘请了以四川省千人计划专家李冉为首的多名企业技术专家、技术骨干担任课程建设专家，并承担部分具体内容的授课。

整个课程以学生为中心，以企业真实产品开发过程为主线，用实际项目为案例，通过案例引导、项目模拟等“做中学、学中做”的方式，循序渐进，实现“同化—顺应—平衡”的学习过程。并且，每个分支和细节模块都按照“教师讲要素、企业专家做点评、学生介绍经验和过程”进行建设和教学，整个课程有 1~2 个主线案例贯彻全过程，每个模块都有至少 1 个扩展案例进行补充，形成更细致的学习单元。

在课程的案例资源方面，该同志积极将“隆昌市陶瓷吨缸自动化控制系统”等多个企业案例和横向科研课题按项目化的方式转化为教学资源；以隆昌市碧檀陶瓷有限公司的“陶瓷吨缸上模自动化改造”项目为例，将企业的技改项目转化教学资源。

在课程的考核方式上，该同志借鉴了“多元智能理论”，采用“以过程性评价为主，结果评价为辅”的考核方式，评价学生在“数理逻辑、语言、肢体运动、人际、内省、自然摸索”等方面的成长；同时，借助信息化技术自动生成每个学生的能力结构图供学生参考。

近三年，该同志不仅教学质量连续评为优秀，而且长期坚持指导学生的创新创业工作和职业技能竞赛工作，长期坚持“课赛结合”，指导学生参与全国职业院校技能大赛（教育部主办）、挑战杯（共青团中央、教育部等主办）、发明杯（教育厅等主办）、“互联网+”等竞赛，共获全国一等奖2项，全国二等奖6项，全国三等奖5项，省二等奖3项，省三等奖6项，获优秀指导教师荣誉4次。

三、教学实施

1. 教学资源建设情况

近三年，该同志积极开展课程资源和实践教学资源建设，所主持的“面向轻工行业智能制造的无线传感技术实践教学系统的研发及应用”项目，于2017年9月获首届中国轻工业职业教育教学成果奖一等奖；该项目不仅成功研发出了具备开放式二次开发功能，具有“五合一、1+3”特色的无线传感技术实践教学系统，拥有独立的知识产权（专利3项），而且成功研发出了针对轻工行业需求，整合课程和实践资源，独创5门专业课程共享共用一个实践教学系统的教学方式，建立了“五合一”模式下的教学标准及其对应的教学模式，增强了专业核心课程之间的衔接，缩短了专业核心课程的学习时间，提高了学习应用效率，并有效降低了教学成本。

在课程资源建设方面，该同志主持和参与院级精品资源共享课程2门，编写教材1部；其中，主持“单片机应用技术”课程建设，2016年被评为院级精品资源共享课程；参与“电机与电气控制技术”课程建设、担任第五主讲人，2017年被评为院级精品资源共享课；2018年担任《工业机器人应用技术——基于ABB机器人IRB120》教材的副主编。

在教学科研工作中，该同志重视科研项目、企业项目、企业案例向教学资源、教学案例的转化，围绕学院成立的机电科研创新团队（轻工智能装备与产品设计应用科研创新团队）的研究方向，组建学生科研创新团队，参与多个企业的项目研发，指导学生将企业项目、科研项目分解转化为教学案例和教学资源，开发了多个电子主要实验实训项目，并于2018年成功入选四川省首批高等职业（专科）院校紧缺领域教师技艺技能传承创新平台“电子制造技术与设备”成员。

此外，该同志还长期致力于实践信息化教学改革相关的研究和信息化教学系统的研发，并将课题成果用于实际教学。以所主持的“实践教学服务及管理平台的开发及应用”和“智能开放式实验室的研究、设计及实现”2项课题为例，课题成功研发出了“实践教学服务及管理平台”“智能开放式实验系统”共2套教学类软件系统，不仅已在我校2018级工业机器人班的“模拟电子技术”课程和“电气控制与PLC”课程中进行了试点运行，而且2套软件已获得国家版权局的软件著作权。

2. 教学改革与研究

近三年，该同志主持并参与省级教改课题4项，主持并参与院级教改课题4项，发表公开教改论文2篇。主要成绩如下：

（1）2017年获首届中国轻工业职业教育教学成果奖一等奖，第一完成人。

（2）2018年主持中国轻工业联合会教育工作分会课题“基于信息化的电类专业基础课程实践体系研究—面向轻工行业智能制造应用”，并结题。

（3）2019年4月主持申报四川省2018—2020年高等教育人才培养质量和教学改革项目“‘互联网+’创新创业项目跨界协同孵化模式的探索”，获四川省立项。

（4）主持院级教改课题“智能开放式实验室的研究、设计及实现”“实践教学服务及管理平台的开发及应用”2项。

（5）2019年公开发表教改论文《开放式实验室管理系统在电子实验中的应用》《面向电类课程实验的实践教学系统开发与应用》2篇。

除此之外，该同志积极参与了“四川高等职业教育创新发展行动计划项目‘虚拟仿真实训中心’申报”“省级重点专业建设项目‘机电一体化技术’（工业机器人方向）申报”“机电一体化优质建设工作和一流专业建设工作”“智能制造创新中心实训基地建设”等学校教学改革项目的建设。

四、社会服务能力

近三年，该同志面向电子信息产业企业实际需求，积极开展“CAD（PCB板）设计”的高新信息技术职业资格的培训和鉴定工作，培训和鉴定人数达200余人，取得良好的实际效果和服务效益。

同时，该同志积极为四川省的多家企业开展技术改造升级工作，主持并参与“三轴柔性送料系统”“医院智慧后勤”等多个企业技改项目和横向科研课题。仅2018年12月—2019年6月，就主持和参与企业的横向科研课题7项，到账金额16.86余万元，带动企业经济效益100万元以上。其中，主持“陶瓷吨缸‘上模’自动化改造”等横向课题 4 项，到账金额 8.98 余万元；以第一参与人身份参与“自动包装覆膜机控制系统研发”等横向课题 3 项，到账金额 7.88 余万元。

王月颖

一、基本情况

王月颖，女，1987 年 2 月出生于四川省彭州市，汉族，中共党员，副教授，高级图像制作员，2012 年毕业于意大利罗马美术学院，2012 年至今就职于四川工商职业技术学院设计艺术系，担任艺术设计与数字媒体设计专业专职教师、兼职辅导员。

王月颖同志思想素质好，政治立场坚定，不断强化理论学习，积极参加学校组织的各类学习，从思想上、行动上与党中央保持高度一致，牢固树立了正确的世界观、人生观和价值观，并能牢固树立“四个意识”、坚定“四个自信”、做到“两个维护”，忠于党的教育事业，教书育人、为人师表，注重个人修养，为人正直、团结同志，大局意识强，服从组织工作安排，对工作认真负责，兢兢业业、踏实肯干、积极进取，在业务上认真钻研，教学能力突出，教学管理经验丰富，且具有求实创新、拼搏奉献的精神，获 2018 年四川省高职院校教师教学能力大赛一等奖，获 2019 年四川省高职院校教师教学能力大赛二等奖及 2019 年四川省高校课程思政立项，连续两年获得优秀教师称号。

二、教学能力与水平

该同志教学设计能力较强，以“UI 设计”课程教学设计为例。

1. 课程建设思路

（1）通过开展调研，形成了《艺术设计专业调研报告》。

（2）分析《艺术设计专业调研报告》后，形成了《艺术设计专业岗位（群）工作任务及职业能力素养分析表》，明确本专业学生所从事岗位（群）的知识目标、能力目标、素质目标，提炼形成职业道德、职业素养要求。

（3）分析学生现实需求，总结提炼出素质提升要素。

（4）结合国家有关大学生思想政治工作要求，提高了思想道德素质要求，强化培养良好道德素质。

（5）把政治素质、职业道德、职业素养、心理素质、身体素质、科学文化素养、创新精神等作为思政元素。

（6）分解了《艺术设计专业岗位（群）工作任务及职业能力素养要求分析表》中的知识点、能力点，并融入以上思政元素，形成了《艺术设计专业人才培养质量标准》（《毕业生质量标准》）。

（7）按照“宽基础、大平台、小方向、活模块”的思路，构建了“公共基础课程+专业群平台课程+专业方向课程+素质拓展课程”的课程体系。

（8）分解《艺术设计专业人才培养质量标准》中“UI 设计”课程的知识目标、能力目标、思政目标，形成了《UI 设计课程教学质量标准》。

（9）根据《UI 设计课程教学质量标准》，形成了《UI 设计课程大纲》《UI 设计课程考纲》《课程质量评价标准》《UI 设计课程授课计划》《UI 设计课程授课教案》。

2. 课程设计

课程目标设计：依据专业人才培养方案和课程学情分析，确定了本课程的基本目标、较高目标和更高目标。

3. 教学设计

经项目实践、企业调研、专家研讨，本课程确定以 UI 设计的实际项目任务为载体，基于工作过程的行动体系，经过知识技能的序化后，构建了“网页 UI 设计、移动应用 UI 设计、综合 UI 设计”三个模块，5 个典型项目进行教学，满足 90%以上 UI 设计市场需求，学时共计 96 学时。5 个项目工作任务基本相同，设计难度逐渐增加，符合教学规律。

依据教学规律以及学生身心发展规律，在“资讯学习—制定计划—决策分析—实践实施—过程监控—汇报评价”六步法的总体教学设计思路下，结合典型工作过程：接单、策划、设计、输出，得出了需求分析与策划，移动应用 UI 视觉设计、移动应用 UI 展示与输出三个阶段教学过程。教学内容为各阶段任务，以工作任务完成过程为教学任务完成过程：准备方案——课前完成任务，例会提交方案——课中解决任务问题，修订方案——课后完善任务；根据各阶段的任务，采取不同的教学方法，并有针对性地融入相应的思政教学点来达到学习目标，最终达成总任务“完成移动应用 UI 设计”。

评价标准设计：根据教学目标确立评价标准：评价考核与教学目标一致，达到基本目标加上平时成绩分值为 60%，达到较高目标分值为 60%～80%，达到更高目标分值为 80%～90%，为体现项目化教学特点，被企业采用格外加 10%。课程思政由学习态度及职业素质组成，占成绩分值为 25%。

三、教学实施

1. 教学组织

该同志教学组织能力较为突出，以她上的“UI 设计”课程——项目三：中国年画移动应用 UI 设计教学过程为例，她坚持以学生为中心，“教学做”一体的教学模式，以重难点的解决方案来组织教学：教学过程为项目流程，教学任务为工作任务，以工作任务完成过程为教学任务完成过程：准备方案——课前完成任务，例会提交方案——课中解决任务问题，修订方案——课后完善任务；运用不同教学方法；配备合适的教学环境。

2. 教学资源建设情况

近五年，该同志积极开展课程教学资源建设，得到一定的社会认可。

（1）在有效整合社会资源，开展课程教学条件，特别是实训实习条件的建设，开发课程实训项目，建设课程实训平台方面：负责建设仿真设计工作室，无界设计工作室，师生共建成立成都四五一文化传播有限公司等实训平台。

（2）对外承接课程实训项目有：UI 设计项目：中国年画数字媒体资源库 UI 设计，赵二火锅点菜系统 UI 设计，丹巴农产品销售网站 UI 设计等；品牌设计项目：小满村，乡创学院，丹巴美人谷，儒林教育，园里火锅，清心火锅、燚品火锅等；包装设计项目：都江堰向峨乡农特产品系列包装设计，丹巴农特产品包装，都江堰猕猴桃系列包装，果礼包装，都江堰青城八百里农产品包装，德麦巴村紫土豆包装，酒包装等；文创设计项目：绵竹年画文创产品设计，都江堰文创产品设计等。

（3）在参与编写校级以上本专业课程教材，参与精品在线开放课程、专业资源库等项目建设方面：

①2019 年主持建设精品开放课程“UI 设计”，并主编项目化教材《UI 设计》(即将出版)。

②2016 年 3 月第一副主编出版项目化教材：《广告设计》。

③2017 年 6 月参编出版项目化教材：《艺术表现技法》。

④2016 年 8 月参编出版项目化教材：《商业空间设计》。

⑤2018 年 9 月至今主持开发建设省级绿色精品课程：UI 设计。

⑥2018 年 6 月参与建设精品在线开放课程：《包装设计》。

⑦2018 年 9 月—2019 年 4 月主要参与“中国年画数字媒体资源库”开发建设。

（4）在充分利用建设的教学资源，并共享其他职业学校教学资源，课程教学资源丰富，积极开发企业生产实际教学案例，并引入教学方面：现与四川艺术职业学院艺术设计系，四川交通职业技术学院人文系建立联系，共享教学资源，与多家文创公司和广告公司有长期合作关系。

（5）在指导学生获奖方面：

①2019 年 6 月第七届全国高校数字艺术设计大赛（四川）指导学生获一等奖 1 项，二等奖 3 项，三等奖 6 项，并获得优秀指导教师。

②2019 年 6 月指导学生毕业设计获一等奖 1 项，三等奖 3 项，优秀奖若干。

③2019 年 6 月指导学生获“移动互联网+”大学生创新创业大赛西南赛区三等奖。

④2018 年 7 月第六届全国高校数字艺术设计大赛（全国）指导学生获一等奖 1 项，二等奖 2 项，三等奖 1 项，并获得优秀指导教师。

⑤2018 年 5 月第六届全国高校数字艺术设计大赛（四川）指导学生获二等奖 2 项，三等奖 2 项。

⑥2017 年 7 月，全国机械职业教育教学指导委员会 2017 年设计作品大赛指导学生获三等奖 2 项。

⑦2016 年 12 月全国包装设计职业技能大赛指导学生获三等奖。

（6）在参加省级以上教学能力竞赛、专业技能比赛等获得相关奖项方面：

①2019 年 12 月获 2019 第二届中国轻工业职业教育教学成果二等奖。

②2019 年 9 月四川省高等职业院校教师教学能力大赛获二等奖。

③2018 年 9 月四川省高等职业院校教师教学能力大赛获一等奖。

④2018 年 7 月参加四川工商职业技术学院教师能力大赛获二等奖。

⑤2018 年 5 月第六届全国高校数字艺术设计大赛教师组获二等奖 1 项三等奖 2 项。

⑥2018 年 12 月获得四川工商职业技术学院优秀教师称号。

⑦2017 年 12 月获得四川工商职业技术学院优秀教师称号。

（7）主持参与科研项目如下：

①课题。

a. 主持教改课题“UI 设计”课程开发与建设，已完成师资团队组建，课程标准制定，教材编写，学习通平台课程建设，以获得四川省级课程思政项目立项，本人已发表相关论文 4 篇。

b. 主持“绵竹年画动漫形象在新媒体中的应用”省级课题项目，已在中文核心期刊发表相关论文 1 篇，普通期刊发表课题相关论文 2 篇，带领学生参与此项目并已获得若干奖项。

②论文。

以第一作者在正式刊物上发表教学研究与改革方面的论文两篇：《基于城市文化创新建设人才培养的高职艺术设计专业建设探析》和《浅谈在教学过程中对培养高职设计艺术类专业学生“自我肯定”感的探索》。

四、社会服务能力

1. 培训鉴定情况

2012 年至今开展中级图像制作员级（国家职业资格四级）培训，通过率达 98%。

2. 技术服务情况

（1）主持横向课题两项：“丹巴农产品品牌标识设计及包装外观设计”现已取得包装外观专利 5 项；“都江堰小满村品牌形象识别系统设计”已结题（完成并已投入使用）。

（2）主要参与横向课题：“向峨乡农特产品包装设计”（完成并已投入使用）。

（3）积极开展艺术设计相关技术应用性研究及应用推广，参与设计开发各类农特产品包装。现已完成相关设计项目若干，取得各种包装设计外观专利共计 23 项。

高雪

一、基本情况

2003 年工作以来，我深知工作在教学一线的教师职责，强烈的事业心和责任感时刻要求自己老老实实做人，踏踏实实工作。同时，作为一名基层共产党员，我时刻以合格党员的标准严格要求自己，约束言行举止，在平凡的岗位上严谨求实，以饱满的工作热情，务实的工作作风认真完成各项教学与管理任务。

在日常工作和生活中，我始终积极参与“三会一课”学习，认真投身“两学一做”学习教育常态化，认真贯彻落实总书记系列讲话精神，坚持理论联系实践，争取做到融会贯通、学以致用；坚持学习党的路线、方针、政策，坚定理想信念，牢固正确的世界观、人生观、价值观，不断加强党性修养历练，按照党章规定履行党员义务，遵守党的各项纪律，执行党的各项决定，努力提高自己的综合素质和业务能力，积极完成教学管理任务。

我严格履行全面从严治党主体责任，端正自己的言行，严格要求自己，强化全心全意为人民服务的“公仆”意识和“向上”精神，在思想上筑起勤政廉洁的防线。按照学校党委“不忘初心、牢记使命”主题教育工作部署，紧紧围绕“守初心、担使命，找差距、抓落实”的总要求，坚持把学习教育、调查研究、检视问题、整改落实贯通起来，实现主题教育理论学习有收获、思想政治受洗礼、干事创业敢担当、为民服务解难题、清正廉洁作表率的目标。积极参加多种形式的学习教育活动，进一步理解习近平新时代中国特色社会主义思想的核心要义和实践要求，增强了树牢“四个意识”、坚定“四个自信”、做到“两个维护”的政治自觉，明确作为一名教师党员的初心使命。

二、教学能力与水平

作为教师，深知自己肩负的责任和使命，只有怀着满腔热情，以极大的耐心去探求学生思想动态，才能使学生“亲其师，信其道”。本人秉承爱岗敬业的信念，严于律己，为人师表，真诚关爱每一位学生，做同学心中的良师益友。经过十几年的数十门课程的教学，我对教学有了较深入地了解和认识。

近年来，我担任了《电路基础》《电子技术》《电工基础实训》《电子产品设计与制作》《单片机原理及应用》《电子产品的装调与维修》及《无人机操控技术》等课程的教学工作。教学上，严格遵守学校制订的各项规章制度，做到不缺一堂课，上好每堂课。能根据学校要求，提前两周备好课，写好教案。备课时认真钻研教材、教参，虚心向经验丰富的老师学习、请教。力求吃透教材，找准重点、难点。上课时，运用多种教学方法，以愉快式教学为主，不搞满堂灌，坚持学生为主体，教师为主导，教学为主线，注重讲练结合，从学生的实际出发，注意调动学生学习的积极性和创造性思维。本人十分重视实践教学环节，在实践教学中，能认真讲解操作要领，示范动作规范，对学生严格要求，使之真正掌握该项技能。

在近几年的课堂教学过程中，我注意信息化手段的合理应用，采用认可度普遍较高的"雨课堂"等信息化手段提高课堂效率，增加师生互动，以及教学效果反馈。实践证明，从以前的学期末试卷考核变更到现在的在线课程平台和"雨课堂"结合的过程性考核方式，学生参与学习的积极性有了很大提高，实践证明，信息化手段的应用能有效提高课堂效率，提升教学效果。

我能及时跟踪电子技术产业发展趋势和电子行业动态，分析职业岗位任职要求和变化，确定课程教学实施的目标、内容和方法；教学设计重视学生在校学习与实践工作的一致性，能将行业职业知识、能力和态度融合于课程教育教学过程中。"模拟电子技术"课程是一门教师普遍认为比较难上，学生感觉难学的专业基础课。国内外本科大部分的同类课程讲求理论的完备性，这种特点对于高职学生往往会导致重点不突出，学生难以理解，教学效果不好。为此，我们课程团队围绕高职院校的培养目标，即培养技能型专门人才，改变传统的以传授理论知识为本位的教学思想，打破学科体系，在课程内容体系结构中，不过分追求学科的完整性和系统性，内容的取舍遵循教学规律，突出应用特点，把能力培养放在首位。具体体现为对于一些理论性很强但不会过分影响其应用的内容尽量少讲，不过分追求"为什么"，而将重点放在"是什么"和"怎么用"。如对三极管和场效应管的内部工作原理，授课时就不过分涉及，而重点放在三极管和场效应管放大电路的基本分析方法以及各种组态的放大电路的特点及性能比较上，着重培养学生对放大电路的分析能力和设计能力，包括对元器件的选型以及对各种电路的改进等，提高学生的实际应用能力以及在应用中的探索能力和创造能力。

我们调整原有的课程体系，把教学目标紧紧围绕岗位所需的素质和能力，以行动导向的项目式教学模式，一步步提升学生职业技术能力的培养。每一项目的学习符合认知规律，由感性认识到理性认识。从元器件的认知开始，直至全面了解项目电路工作原理。在此基础上进行电路的调试训练，进一步进行电路设计制作，这样就形成一种以实践为先导、带动理论知识学习的模拟电子技术教学模式：①对于电子元器件，要求学生熟悉常用电子元器件的结构、原理性能特点及其应用常识。具有查阅手册、合理选用、识别与检测常用电子元器件的能力，以适应企业元器件采购或销售岗位。②对于常见单元电路，要求学生掌握其电路组成，会简单分析工作原理、性能特点及其基本的参数计算。具有常见单元电路的读图能力，会根据图纸进行电路板装配，会熟练使用面包板搭建调试电路，并具备分析排除电路中简单故障的能力，以适应企业产品的装配、测试、技术支持等岗位。③要求学生掌握一般模拟电子线路的设计方法，能根据要求设计简单的应用电路，并具备电路装配、调试、故障排除的能力，以适应相关工程师与开发工程师等岗位。

2015年参加了由教育部主办的全国高校教师微课大赛，作品“基尔霍夫定律”获得江苏省高校微课教学比赛一等奖；2017年参加江苏省信息化课堂教学大赛“直流稳压电源”课堂教学，获得江苏省三等奖。

在教学资源建设方面，本人主编的教材《模拟电子技术项目教程》在2018年被评为江苏省“十三五”重点教材，高等职业教育“十三五”创新示范教材，为江苏高校品牌专业建设资助项目。教材针对职业教育特点，以学生的“技术能力培养”为主线，详述“是什么”“做什么”和“怎么做”，简述“为什么”，突出模拟电子技术的应用性。与企业合作，开发实验实训项目，以典型模拟电子电路，真实电子小产品为内在逻辑联系，按项目任务由浅入深编排内容，在保证基本知识够用的前提下，强化实践和应用，突出基本技能的培养和职业素养的培育。本教材内容与省级在线开放课程“模拟电子技术”同步，在纸质文本外，读者可获得在线数字课程资源的支持，在网站上获得动画、微课、仿真实验、教学课件、拓展学习等丰富的资源，配套微课视频资源，针对重点、难点，把知识点颗粒化，同时还能够保持逻辑性、连贯性。建立完备的课程题库，方便教师在课程平台实现线上线下混合式的教学。同时，积极开发企业生产实际教学案例，并引入教学中。

2019年，“模拟电子技术”在线开放课程获得了省级在线开放课程的立项，同年，“电子技术”成教精品资源共享课也获得了省级立项。另外，本人还参与了国家级专业教学资源库“机器人技术应用”的建设，并于在2017年顺利结题。

我积极指导学生参加各类技能大赛。2018年指导学生完成毕业设计“基于机器视觉的工业机器人自适应喷涂系统设计与实现”，获江苏省优秀毕业设计二等奖；2019年指导学生参加由教育厅主办的“挑战杯”大学生课外科技作品制作大赛，作品“无人机远程空气监测系统”获江苏省二等奖，在比赛准备阶段，我与参赛学生一起，调研企业需求，反复研究制作方案，调试设备，完善程序，克服缺乏经验和缺乏平台的重重困难，完成参赛作品的制作，并取得了好成绩；指导学生参加“互联网+”创新创业大赛，作品“无人机远程空气监测系统”获江苏省三等奖；2015年和2019年分别指导学生参加全国大学生电子设计竞赛，均获江苏省二等奖。2019年指导学生获“全国职业院校农业植保无人机技能大赛”三等奖，本人获优秀指导教师称号，学校获优秀组织奖。

在学院的教学质量考核中，从2015—2019年，教学考核均为优秀。本人还获得了江苏省职业技能鉴定中心的无线电调试工高级技师资格。

三、教学实施

在教研方面，我能根据学生特点采用不同的教学方法，尝试采用多种教学方案使课堂更加生动有趣，把学生吸引到课堂上来，深入浅出的讲课方式，使学生对课程更有兴趣，能真正学到专业知识与技能，达到教学要求。在省级期刊《中国电力教育》发表教学改革论文《高职院校“电子产品的设计与制作”课程的建设与研究》。

我积极研究先进的职业教育理念，在2018年，主持申报了“常州大学高等职业教育研究院”项目：“新工科”背景下基于CDIO工程教育模式的探索与实践——以电子信息工程技术专业为例，积极探索教学改革。本课题以电子信息工程技术专业课程体系构建为研究基点，以省内主要示范骨干高职院校为调查范围，结合现有人才培养模式，分析目前高职课程体系设置的现状和存在的主要问题，分析CDIO工程教学模式对高职课程体系构建中的重要意义，尝试为高职课程体系构建提出可操作性建议、设计出可行性方案。其次，对课程体系构建进行现状调研（以江苏省为调查范围，重点为常州高职园区五所院校，专业主要针对电子信息工程技术专业），分析对课程体系按照CDIO工程教学模式构建的重要性和必要性；研究尝试遵循CDIO工程教育模式，改革现行电子信息工程专业课课程体系，使之符合我院人才培养目标和社会对该专业人才的需求。

同时，本人积极开发课程实训项目，建设课程实训平台。2015 年指导学生研发的“基于单片机实验、实训平台的闭环调温控制系统”获得江苏省高等学校大学生创新创业训练计划项目立项，该单片机实验实训平台已连续多年用于“单片机及嵌入式系统”的课程教学中，教学效果良好。

根据国家政策要求和社会发展需求，2018 年起，学院就开始筹备开设“无人机应用技术专业”，并计划于 2019 年开始招生。我们在院领导的带领下，针对相关无人机行业企业进行了广泛调研，寻求深入的合作，向已有建设经验的骨干院校取经学习，协助院领导确定“无人机应用技术”专业人才培养方案和教学大纲，与合作企业反复商讨无人机创新实训室的项目建设。

四、社会服务能力

面向行业企业实际需求，我积极开展相关职业培训、技能鉴定等工作。2018 年为常州海弘电子有限公司 49 名员工进行电工高级工培训，常州澳弘电子有限公司 41 名在职员工进行电工高级工培训，并进行了电工职业资格鉴定，取得良好实际效果和服务效益。同时结合新开设的无人机应用技术专业，开展针对青少年的“无人机青少年培训项目”，收到广泛好评。2019 年 12 月，学院的“智能机器人与无人机综合体验中心”被认定为首批常州市的中小学综合体验中心。

本人积极与当地企业联系对接，积极参与行业企业的横向科研项目，开展面向行业企业的技术改造、推广和服务项目。2015—2016 年受常州市欧迅智能科技有限公司委托，研发横向课题“智能电动密集架控制改进设计”并投入使用，使用效果良好；2017 年，主持常州市润达照明电器有限公司的横向课题“新型太阳能 LED 户外照明系统的研制与开发”。

2017 年，我与常州高新技术企业江苏明伟万盛科技有限公司对接，合作研发了“地铁列车制动能量回馈系统”。城市轨道交通具有运输量大、行车速度快、稳定性好的优点，车辆采用电能驱动，直接污染排放小，目前越来越多的城市采用城市轨道交通来提升城市运输能力。根据《交通运输“十二五”发展规划》，未来十年，中国的轨道交通市场将建 7395 公里，总价值达 38000 亿元。伴随着城市轨道交通的发展黄金期，地铁再生制动能量利用装置也将迎来快速发展期，是一个蓬勃发展的朝阳产业。地铁列车在运行过程中，由于站间距较短，列车启动、制动频繁。列车频繁启动会消耗大量电能，但制动时会回馈大量电能。我们研发的地铁列车制动能量回馈系统这个新型的设备，为地铁列车刹车时产生的能量提供一个通道，把刹车时产生的能量回馈电网，做到能量再利用，是城市轨道交通向绿色节能环保发展的必然趋势。本人受企业委托，代表企业参加了当年的“常州市创新创业大赛”路演答辩，获得了常州市二等奖，同年，与企业合作申报了常州市科技局科技（工业支撑类）纵向项目“地铁列车制动能量回馈系统”，该设备已成功应用于南昌地铁、郑州地铁、成都地铁、常州地铁。

2018 年，本人与江苏明伟万盛科技有限公司合作研发申报常州市工程技术中心“常州市轨道交通集成系统工程技术研究中心”并立项。2016 年，与江苏常意电机科技有限公司共同申报常州市“智能驱动及精密传动系统”工程技术研究中心，作为项目的学校负责人与公司共同建设完成，并于 2018 年顺利结题。

韩双

一、基本情况

韩双，女，中共党员，黑龙江职业学院食品药品学院副教授、教学办主任，从事相关专业领域教学时间累计达17年。她认真贯彻落实党的各项路线、方针、政策，时刻和党保持一致；坚持真理，伸张正义，自觉抵制和坚决反对社会不良风气，廉洁自律，遵纪守法，维护社会公德，尊重科学、尊重知识，始终保持共产党员的先进性，多次荣获校级优秀共产党员称号。

她坚守教师高尚情操，廉洁从教，注重“言传身教”。以德育人，以德服人，关心集体，尊重同事，团结协作，创新发展，曾连续多年荣获校级优秀教师荣誉称号；近三年教职工目标考核年年优秀，获校首届最具发展潜力青年教师奖（2015年），获校教学质量提升工程建设优秀个人奖（2017年）。

她脚踏实地，以“教书育人不是简单的传道授业解惑，更应身正垂范、立德育人”为教师准则，无私奉献，甘为人梯，被推选为校唯一候选人参加省级“龙江最美教师”评选（2015年），获校级师德先进个人奖（2013年），获校首届“最美铺路石”荣誉称号（2016年）；连续多年指导学生参加各级技能大赛获奖，获“盼盼杯”全国在校生创意西点大赛三等奖1项（2018年），获“王森杯”全国在校生创意西点大赛三等奖2项（2019年），获省创意西点大赛一等奖1项，三等奖1项（2019年）。

二、教学能力与水平

1. 教学设计能力

在17年的高职教育工作中，她积极探索高等职业教育规律，锐意进取、开拓创新。在教学过程中，注重对学生职业能力及综合素质培养，不断探索新的教学模式，积极学习成果导向教学理念，运用行之有效的教学方式，积极实践并熟练运用多种现代化教学手段，优化教学效果。在教学内容上，及时跟踪产业发展趋势和行业动态，分析职业岗位能力要求和更新变化，并适时纳入教学内容。

采用学、做一体化教学模式，改变传统课堂讲理论、实验室做实验的模式；内容设置以典型工作任务为引领，引导学生自主学习；充分利用校内实训条件和校外实训基地，加强学生技能训练、责任心及职业素养；充分利用计算机，开发模拟仿真实验室，为学生提供多样的学习途径，使学生在校学习技术与实践工作保持一致性，加强学生适应社会的能力。以此思想指导完成了动物生产教职委立项的“高职教育‘动物微生物’精品课程建设研究与实践”课题研究，并出版了《动物微生物检验及免疫检测技术》工学结合课改教材，此项目荣获了省科技进步一等奖，在其主讲的“焙烤食品加工技术”课程中，充分认识此门课是食品加工技术专业的核心课程，是一门理论与实践相结合，应用性极强的课程。课程整体设计融入了较先进的教育理念——成果导向理念，在过去以任务为驱动的项目化教学改革的基础上，在学生能够从课程学习到能够顺利完成生产任务的过渡之上，聚焦学生“成功做事的能力”，以“所有学生均能成功”为前提，不断扩展成果学习的机会，通过强调自我参照的学习绩效评量系统，由过去单一地强调人才的“成才”转为同时强调人才的“成长成才”，达到职业教育人才培养的目标，提高学生就业创业能力，要求学生通过完成具有挑战性的任务，如通过任务策划、组织及管理、总结汇报等方式提升各方面能力，关注学生高阶能力。另外，为了方便教学内容开展，并充分彰显课程特色，在上课之初，组织学生进行性格测试，按照最佳组合重组团队。

2. 教学组织能力

高职高专食品类课程专业性、技能性较强，教学要求“工学结合”，重点是加强对学生专业知识和职业能力的培养，要求教学组织形式应充分地发挥食品企业及行业市场优势，结合专业要求、课程标准、学生特点等方面进行。近年来，在教学过程中，教学组织和管理方面注重从以下几个方面开展教学工作：

(1) 将课程的专业知识以典型实训项目或典型产品生产为载体。以工艺流程或操作步骤为依据整合、序化到学习情境中，通过完成典型的工作任务使学生在真实的生产情境中边做边学，边学边做，注重过程考核，动态考核，跟踪考核，使学生的基础知识、职业技能、职业素质得到全面提升。

在焙烤食品加工技术等课程中逐渐完善课程内容的整合，教学内容的组织与安排。一方面，充分考虑典型产品的加工流程；另一方面，考虑完成加工任务所需的相关理论知识，注重按照教学规律的要求对知识传授、技能训练等进行组织和安排，达到能力培养的要求。以典型工作任务（典型产品）为基础，分析和设计工作任务，按照教学规律整合、序化教学内容，实现“学、做”一体化教学。

（2）运用多种教学方法，提高成果导向教学效果。

①“学、做”一体教学法。

②小组讨论法。

③项目化教学。

④工作岗位组织教学。

⑤案例分析教学。

（3）信息化技术手段的应用。

①建设在线课程，提供教学录像等网络资源，丰富学生自学条件，开展翻转课堂，并提供相关企业、行业信息网站链接，扩大学生的视野，达到精品课程资源共享。

②教师利用课程学习网站进行教学，加强师生间相互讨论和交流，扩展了学生的知识面，增加了学生和老师之间、学生与学生之间进行交流探讨的机会，同时实现了个性化学习。

③课堂教学中以“微助教”为智慧助手，课前，将教学PPT等课程资源上传，学生随时通过手机查阅、预习、复习课程资料；课上，教师通过“微助教”进行课堂签到、随机点名、讨论、课堂答题、抢答、评价，加强师生互动，把手机转变为“互联网+”时代活跃课堂的好助手；课后，教师通过“微助教”下发课堂作业，检验和巩固学生对课堂知识的掌握程度。

（4）积极对学生进行辅导答疑和补救辅导。每周固定时间面向所有学生进行辅导答疑，帮助学生解决学习过程中遇到的各类疑难问题，探讨专业相关知识。根据学生的学习状态和学习态度，分别实施基础关怀、标准关怀和重点关怀。

（5）采取过程性评量和结果性评量相结合的多元评价体系。开展了由“知识型”测试向“能力型”测试、“结果型”测试向“过程型”测试的探索。理论考试题目的确定增加技能应用性知识的比例；实践教学的考核成绩探索模仿企业管理制定包括人身安全、仪器设备安全、操作规范、节能环保、实验结果评价等全方位多元考核标准，加强学生在实训环节中的责任意识。在进行任务评量评价时为学生搭建一个展示成果的平台，主要展示学生的任务成果，同时也会侧面展示他们的思想感受、知识理解等。

3. 教学资源建设情况

充分利用现代化信息教育技术，充分发挥多媒体教学的直观性和可视性等特点，建立形式多样的电子资源，包括 PPT、动画、视频、电子文档等，为典型项目教学搜集、制作演示视频资源，充分应用网络，更好地延伸课堂教学，提高教学质量。

（1）实习实训项目设计。实践教学体系是“校企合作，工学结合”人才培养模式实施的基本保障。为体现高职教育的特点，积极营造以工作过程为导向的学做一体化实训环境，培养学生解决生产实际问题的能力，根据食品专业能力培养目标，通过系统的实训项目有针对性地进行目标强化训练。

（2）实训实习条件改善。从基础做起，从自身做起，积极投身实训室建设。从 2008 至今，积极主动承担三个学期的兼职实验员工作，期间不断探索科学实训室管理方法，并制定了《实训室卫生安全制度》《实训室准入制度》《实训室目视化管理制度》等管理文件，保证了实训教学任务的顺利开展。

为更好地服务教学，不断提高实训教学质量，在各级领导的关心支持下，2011 年 7 月 15 日起，担任植物源性食品加工教研室主任，带领团队承担并完成了食品工程学院果酒饮料加工实训室及西点烘焙实训室的建设，包括实训室布局、电缆布线、相关辅具、设备选型、安置、运行调试、培训、相关管理制度制定、实训项目开发、《实训项目指导书》编写等，经过努力很好地完成了任务。

目前配备仪器设备已经全部投入正常使用。现果酒饮料加工实训室和西点烘焙实训室已能承担果酒加工技术、果蔬加工技术、农产品加工技术、焙烤食品加工技术课程全部实训任务及食品发酵技术、食品保藏技术等课程部分实训任务，改变了部分课程实训项目无法开设、实训室紧张等现状。并且，随着果酒饮料加工实训室和西点烘焙实训室的投入使用，很多课程的教学真正实现了学做一体。如“干红葡萄酒酿造”项目，从酿造工艺的纸上谈兵，自然过渡到工学结合现场教学，配以多媒体演示，很好地再现了工作现场，强调实训项目的实用性和真实性，体现了学习环境的工厂化、现场化。2013 年 4 月承担了食品工程学院实训室文化建设工作，组织完成了实训项目操作流程、仪器使用规程等内容的设计、编写、制作，并保质保量按期完成了任务，受到了学院领导、制作单位的一致好评。2014 年开始继续开发实训室功能，截至 2019 年连续 6 年承担省级技能大赛承办工作。

（3）教材及相关教学资料建设与使用。

①2015 年月参加“动物微生物免疫监测技术”仿真实验室实践操作拍摄及

脚本整理工作；同时参加“动物微生物免疫监测技术”实训项目视频教学资料拍摄及编辑工作，此教学视频作为“动物微生物免疫监测技术”课程重要的教学资料并一直在教学中应用。

②2017 年 1 月，承担北京师范大学出版社《动物微生物免疫监测技术》课改教材再版主审工作。

③2017 年 3 月，任吉林大学出版社“十三五规划教材”《食品安全检测技术》副主编，完成 10 万字编写任务。

④2017 年 5 月，完成了“果酒加工技术”“焙烤食品加工技术”课程多媒体课件制作，并在教学应用过程中不断完善。

⑤2017 年 6 月，参编科学出版社“十三五规划教材”《烘焙工艺实训手册》。

⑥2017 年 9 月，录制了由学生自己独立完成的《戚风蛋糕卷制作》电教视频片，作为示范片一直在“焙烤食品加工技术”课程教学中使用。

⑦2017 年至今，筹建门店规模烘焙食品生产实训基地和大师工作室，为学生进行实践实战训练提供真实的场所，并为现代学徒制建设项目服务，申请黑龙江省教育科学规划重点课题“基于现代学徒制校企合作名师工作室的实践研究”获批。

⑧2018 年 3 月，任郑州大学出版社“十三五规划教材”《食品微生物》副主编。

⑨2019 年 6 月，任科学出版社“十三五规划教材”《烘焙工艺与实训》再版副主编，录制小甜圆面包、慕斯蛋糕、冰皮月饼等教学视频。

（4）数字化状况。为改善教学效果，提高教学质量，积极参与教学资源库建设，开发多媒体课件。先后参与建设了“生物药物制备技术”“生物制品技术”两门院级精品课网站和“动物微生物免疫监测技术”省级精品课网站。网站具备一定的网络教学功能，所有的教学资料均已上网，包括课程标准、课程单元设计、教学流程、教学课件、教学方案、教学视频、模拟实训室、试题库等，同时搭建了师生互动平台，利用这个平台老师可以随时更新教学案例，发布作业等，学生也可以随时随地访问这个平台进行针对性地学习，充分利用了网络功能，延伸课堂教学，提高教学质量。

2016 年至今参与国家精品资源库“农产品与食品质量检测技术”资源建设，在大众微课“营养与健康”资源建设中贡献较大。

4. 教学成效评价

指导学生技能大赛获奖。

①黑龙江省高职院校类食品专业技能大赛“蛋糕制作”一等奖，2012 年。

②第五届“盼盼杯”全国在校生创意西点大赛银奖，2015 年。

③黑龙江省高职院校类食品专业技能大赛“国标法检测食品中大肠菌群”二等奖，2016 年。

④黑龙江省高职院校类食品专业技能大赛“蛋糕制作”二等奖，2017 年。

⑤第八届“盼盼杯”全国在校生创意西点大赛铜奖，2018 年。

⑥黑龙江省高职院校类食品专业技能大赛“创意西点”三等奖，2018 年。

⑦第九届“王森杯”全国在校生创意西点大赛铜奖，2019 年。

⑧黑龙江省高职院校类食品专业技能大赛“创意西点”一等奖，2019 年。

⑨黑龙江省教师教学能力大赛暨国赛选拔赛高职二组二等奖，2019 年。

5. 教学质量评价

2016—2017 年（1）A；2016—2017 年（2）A；2017—2018 年（1）A；2017—2018 年（2）A；2018—2019 年（1）A；2018—2019 年（2）A。

三、教学实施

1. 教学获奖

（1）参加自选课题“马杜拉霉素对食品动物的基础毒性研究”并被黑龙江省畜牧局评为 2002 年黑龙江省畜牧科技进步一等奖。

（2）参加自选课题“中药对奶牛乳房炎病原菌的体外抑菌活性及临床疗效的研究”并被黑龙江省畜牧局评为 2005 年度黑龙江省畜牧科技进步二等奖。

（3）参加教育部高职高专动物生产教职委课题“高职教育“动物微生物”精品课程建设研究与实践”（2009—2011 年），获 2013 年黑龙江省高等教育教学成果一等奖。

（4）《高职食品专业实践教学企业化管理模式的初探》（一作）获第八届全国农业职业教育优秀论文三等奖（2012 年 7 月）。

（5）黑龙江省教育科学规划课题“高职名师成长规律与有效培养的案例研究”研究报告获第八届全国农业职业教育教学成果二等奖（2017 年 7 月）。

（6）黑龙江省教育厅教改课题“职业技能竞赛对高职教学改革作用的研究与实践”获黑龙江省高等教育学会优秀高等教育科学研究成果三等奖（2017 年 8 月）。

2. 主持教科研课题

主持全国农业职业教育“十二五”科研课题“高职企业化管理模式实训课程体系的研究”（2011—2013 年），黑龙江省教育厅教改课题“职业技能竞赛对高职教学改革作用的研究与实践”（2013—2016 年）等 5 项课题。

3. 发表论文（一作）

于《食品科技》（中文核心期刊）发表《GC/MS 应用于奶味香精色谱指纹图初步构建的研究》，于《中国乳品工业》（中文核心期刊）发表《气相色谱-质谱/选择离子法测定牛奶中的香兰素》，于《江苏调味副食品》（全国核心期刊）发表《C-MS 分析液体奶味香精的致香成分》等论文共 11 篇。

4. 教学专业建设

（1）积极参与国家精品资源库“农产品与食品质量检测技术”资源建设，作为子项目参与人（4/10），参与“营养与健康专题”项目建设，在建设过程中做出了重要贡献。

（2）校级现代学徒制试点专业建设项目负责人，完成校企合作协议、校企生三方协议、现代学徒制班运行管理办法等系列文件的起草工作，组织签约、拜师等各项活动，主抓现代学徒制建设项目过程学生日常教学管理、校企对接等相关事宜、企业学期阶段集中授课、现代学徒制教学管理平台维护等一系列工作，参与现代学徒制管理软件平台——中唐现代学徒制学习系统开发工作，获得软件著作权。

四、社会服务能力

1. 培训鉴定情况

从 2007 年获得省级考评员资格后一直为农业 048 站服务，近五年参与职业技能考核和鉴定工作 10 余次，鉴定工作严格遵守要求，公平、公开、公正，参与鉴定工种有食品检验工、乳品检验工、农产品食品检验员等，共计千余人，2019 年 6 月作为考评小组成员完成了黑龙江和平原生态木业有限公司 23 名员工农产品食品检验员实操技能考核任务。

积极开展社会培训服务，2018 年 10 月去延寿县中爱爱心老年公寓，为 400

多名老人做健康专题讲座。

2. 技术服务情况

（1）积极参与校级重点培育横向课题——碎肉重组牛排生产工艺的研究，为合作企业——哈尔滨市香坊区农大食品厂解决实际问题，并申请实用新型专利“一种新型安全系数高的碎肉机”。

（2）在2005年6月—2007年7月脱产攻读硕士研究生学位期间，经导师委派到国家乳制品质量监督检验中心进行实习同时完成硕士论文课题。在实习期间主要由第二指导老师检测中心主任杨金宝研究员指导，独立完成来自检测中心内部科研课题立项“UHT纯奶中奶味香精的分析与检测方法的研究”，使搁置两年的气相色谱——质谱仪正常运转起来，解决了仪器在使用过程中出现的一些问题。在实习过程中能够认真对待，勤于思考、宽以待人、工作严谨；工作思路和技术路线清晰；所获得的资料数据翔实可靠，并受到较高评价。

（3）2017年12月受聘于双城市顺彩食品有限责任公司任兼职技术顾问一职，负责酿造食品卫生质量检测方法培训及以山葡萄为原料干红葡萄酒酿造工艺优化的研究，得到了一定认可。

（4）利用假期多次去哈尔滨好利来食品有限公司、哈尔滨米旗食品有限公司、国家乳制品质量监督检验中心等学习并挂职锻炼，期间不断提升个人实践能力，也为公司提供了很多技术支持。

（5）2013年受聘为全国食品工业职业教育教学指导委员会食品加工技术专业教学指导委员会，2016年换届并连任。

裴红蕾

一、基本情况

2006年6月，我从南京林业大学机械设计制造及自动化专业毕业，加入了无锡工艺职业技术学院。2014年3月取得了北京理工大学机械软件工程专业硕士学位。2019年8月评定副教授。参加工作已有13个年头，这些年在工作中，我敬业奉献、勤业爱岗、精业钻研，始终以一个优秀共产党员、优秀教师的标准严格要求自己，踏踏实实地在工作岗位上默默前进着。

作为一名年轻教师，年轻的专业课教师，我深感自己责任重大，只要自己能够做到的事情，都努力争取完成。

二、教学能力与水平

1. 严格要求，用心教学

我的授课对象有大一新生，也有毕业班，还有个很明显的特征，几乎都是男生。一个班级女生多的时候有五六个，少的时候只有一个，甚至没有。他们在年龄上已经成年，但心理并不“成熟”。这样的班情，课堂上我坚持“微笑”教学，对不认真听课的学生，会说“等下跟我聊聊，你在想什么?”记得上数控141班课时，有位学生每次作业都是第一个完成，但当我上课讲解时他从来不抬头听，自顾做习题册，我看在眼里就点名让他回答问题，他笑笑说：“不会。”我接着说“既然不会为什么不抬头听课呢?”结果他憋红着脸当着全班同学的面说：“你讲课太慢了，不想听。”我当时非常尴尬，说实话心里非常不舒服，但我压制住不高兴，微笑着对他说：“请坐下，这个问题我们下课讨论。”下课时我主动找他谈心，让他给我的课提点意见。他说我其实不是说你的课讲得不好，而是他更习惯自学的方式。我很鼓励他自学，但自学应该也能回答出我刚才的问题。这说明你的学习方法中肯定存在不足的地方，通过老师讲解可以教你把握重点，少走弯路。最后他跟我说：“老师对不起。”后来他确实改变了很多，愿意认真听课，愿意认真做作业，考试成绩非常优异，我也把他吸纳为比赛的选手，培养至毕业，捧回华东区大学生 CAD 竞赛的一等奖 1 项、二等奖 3 项，完成江苏省大学生创新 1 项。现在在昆山一家外企做设计和工艺，能够独当一面。

走进我的课堂，你会发现，学生一人一个位置，整齐有序。因为在之前上课过程中发现，学生任意组合座位不利于授课，活跃的聚集在一起，文科的凑在一起，有基础的挤在一堆，对此我在第二次上课就开始排位子，拆分活跃的，搭配文理生，一来，我可以根据位置记忆学生名字；二来，我可以从上课表现来记忆学生学习情况；三来，我也可以快速看出谁缺课了。坐在我的课堂，你会发现，学生课堂作业完成很积极，大家都在拼比速度。因为组织课堂教学的时候，为了调动基础好的一部分学生的学习兴趣，从而带动整个班级的学习氛围，我和学生约定，平时成绩以课堂上批改的次数和分数的排序来计分，每次批改作业都会签上日期，另外第一个批改的评定 100 分，第二个批改的评定 99 分，以此往下排，期末的时候通过数日期的个数来评定平时成绩的档次。驻足我的课堂，你会发现，教师不是在讲台忙碌。整个课堂都是教学做一体，学生实践的时候比任何一门课程都要多，所以课堂上很多时间我都是在巡回检查和指导，有时候还要一对一讲解。就以“机械制图与 CAD”这门课程来说吧，是工科学生最重要的一门基础课，也是大一新生最难学习的课程，通过学情分析，依据多年教学经验，创制了“小组优势，趣味引领”的教学方法，比如学习“点—线—面”投影的时候，通过教师讲解、小组讨论学习后，归纳总结规律、写出规律、全班交流，引导学生总结出多条通俗易懂的顺口溜，一个过程下来，学生容易理解，快速掌握了理论方法，寓教于乐，进一步提升了学习效果。

另外，除了完成数控、机电、计辅等专业的专业课教学工作以外，还积极指导毕业设计实践工作。任职期间教学质量考核多次获评优秀。在课程建设方面，积极参与无锡市级精品资源库“机械制图与 CAD”的建设工作；“零件的质量检测与分析”立项为院级在线课程。在教学研究方面，申报了在线课程的建设与应用研究的教改课题。同时开展了信息化教学微课比赛，“三坐标位置度测量”获得江苏省高校微课教学比赛三等奖。主持的“基于“校中厂”平台的机电专业群师生技能创新与实践”，获得学院教育教学成果奖；主持制定了《2019 级机械设计与制造专业的人才培养方案》。

2. 兴趣引导，发挥所长

（1）教学辅助工作方面。为全面推进素质教育，培养与提高学生的专业实践能力与创新创意精神，组建了课外兴趣小组。强化学生职业素质和行业精神，全面提升大学生综合素质，发掘学生的原始创新意识，鼓励学生去主动发现、自主研究、自主创新，组织了第十三届科技文化节之“飞扬翅膀”逆向建模及无人机飞行大赛。为在校大学生提供创新创业实践平台，进一步提升学生校内创新创业教育活动，组织了大学生创梦广场。为了全面总结和展示课程教学效果、促进专业和课程建设、全面落实贯彻国标意识，提高教学质量，以数控171班机械制图与CAD为载体，展示学生基本平面图形及机械装配图的能力，在学生中掀起一股学习热潮，取得优良的效果。为了贯彻科教兴国的战略方针，普及先进的成图技术，进一步提高大学生素质及就业竞争能力，促进专业教育水平的提高，认真选拔参赛成员参加华东区CAD大赛，并取得可喜的成绩。目前也在积极准备“互联网+”和挑战杯的筹备工作，带领学生走出校门，进入赛场，步入职场。

（2）管理工作方面。任职期间，一直担任班主任，指引新生成长，帮助毕业生树立正确的就业观。教育学家加里宁说过：“教师的世界观，他的品行，他的生活，他对每一现象的态度都这样或那样的影响着全体学生。”在今后的教育教学工作中我要加倍严格要求自己，不断提高自己的业务水平，在讲课中运用现代化教学手段和教学方法让学生课堂认真听课。以学校技能竞赛为起点，做到以赛促教、以赛促学、以赛促改，提高学生学习兴趣，提升学生综合素质。

教育之路没有尽头，为了学生的未来，我必须不断提升自己。将自己的爱心、耐心、责任心放到最大，教育好班上的每一位工艺学子，教给他们知识、技能，希望他们都能找到称心如意的工作。

三、教学实施

1. 教学研究

认真完成日常的教学和管理工作，克服多种困难，积极学习专业基础知识，关注学科发展的前沿动态，努力提高自己的科研能力和业务水平。2018年5月开始申报江苏省青年教师下厂实践，通过层层审批最后争取到了7月份的为期一个月的实践机会。一放暑假，走出办公室、走出校园、放弃休息，走进无锡市宜钢耐火材料有限公司。为了完成预定目标，对其现有的搅拌设备进行优化设计，每天蹲守在高温炉子边，穿梭在物料传送带间，穿着粗布工作服，戴着安全帽跟随工人师傅们从一个工位到下一个工位，汗珠一颗一颗涌出来，空气中还弥漫着物料加热后的味道，对于有过敏性鼻炎的我也是挑战，有时候还要承受空气压力机发出的巨大噪声。所有的辛苦都是值得的，参加实践才会有想法，在工作中有更多的设计思路，依托下厂实践申报了“一种硅酸铝质耐火可塑料的原料研磨装置”实用新型专利并授权，真正落实科技成果开发和转化推广，并后续布置学生做毕业设计课题，增强学生的实践能力。2019 年 7 月拿到了江苏省轻工业科学技术奖励技术发明奖“气体密封性组件接头的研究与应用”三等奖证书。三年来成功授权发明专利 2 项，实用新型专利 2 项。制造业是支撑经济平稳发展的主要力量，是经济结构调整的主要战场，是实施创新驱动战略的主要领域。学院围绕研发设计、检验检测、技术成果转化等方面的共性需求，推动产业技术基础公共服务平台建设，完善产业技术基础服务体系。加强产业发展与应用需求良性互动，并以宜兴市“十三五”规划为导向，结合地方企业为突破口，组建团队对环保装备的关键部件气体密封性组件接头研究与应用，构建产学研用合作交流平台，引导生产企业与用户加强技术对接和战略合作。设计的接头在机械结构上通过三处密封，大大提高了密封效果。耐压到达 1.1Mpa，较市场上的同类产品提高 15%。与同类产品在相同的压力、温度等工作环境中，泄漏率较同类产品降低 35%，在实验室测试标准环境下的数据为 0.04%～0.08%。接头的使用寿命与同类产品在相同的工作环境下，通过泄露测试，使用寿命较同类产品延长 6 个月，提高 40%。该接头已通过宜兴市神威阀业有限公司生产销售，目前主要在无锡普田喷涂设备有限公司等单位进行使用。

2. 科学研究

（1）坚持“科教融合”发展理念，为职业教育研究创新发展的工作思路。主持的“‘互联网++技能竞赛+校企合作’实践教学的研究和实施”项目获得宜兴市科技局 2019 年社会发展面上项目的立项支持；主持的“提升在锡高校职院和科研院所科技创新能力及服务地方发展的路径研究”项目获得无锡市科协的立项支持。

（2）从教以来发表论文 20 多篇，其中中文核心期刊 6 篇，教研论文 3 篇。

（3）2015 年以来，共获得授权发明专利 2 件、授权实用新型专利 24 项，其中，依托发明专利“气体密封性组件及具有该气体密封性组件的煤气罐”和“接头”的技术和产品，获得 2019 年度江苏省科协技术发明三等奖和江苏省轻工业科学技术奖励技术发明三等奖。还将这些授权专利的创新点，作为毕业设计的学生课题分配给学生，以此提高学生的创新理念，完成毕业设计展。

（4）指导江苏省大学生创新项目“竹筒去青机的设计”，完成“浙江某单位竹凉席编织机全自动编织的设计和实现”的毕业设计，获得学院团体一等奖。

（5）在指导学生完成去青机的制作过程中，发现车间现有的钻床调速有限制，布置学生完成“台式转船无极调速改造”的毕业设计，获得学院团体一等奖。

（6）指导省级大学生挑战杯——彩虹人生“智能除湿烘干消毒一体机”，获省级三等奖，结合此项目开展的“制造生活——烘干机、消毒机的制作”，在学院创梦广场中获得最佳指导奖，利用其设计原理完成“一种温控烘干除湿设备的设计与制作”的毕业设计，获得学院团体二等奖。

3. 技能实践

寒暑参加省培和下厂实践的进修。同时注重学生技能培养，举办“机械制图与CAD”课程实践展；承担“机械CAD”学院大学生技能大赛项目的指导及比赛工作；自2015年带领学生参加华东区CAD技能大赛以来，在机械工程图和机械三维图竞赛中指导学生多次取得一、二、三等奖、并取得团体一等奖，获得“优秀教师”称号。

四、社会服务能力

2014—2016年在宜兴市神威阀业有限公司担任兼职工程师期间，对产品阀门密封性检测及调试进行分析研究，组织申报发明专利“气体密封性组件及具有该气体密封性组件的煤气罐”“接头”2项，并授权，取得一定的经济效益，完成横向课两项，并在2019年和2020年成功申报了江苏省轻工业科学技术奖励，分别获得技术发明奖1项，技术进步奖1项。2018年在宜兴市宜刚耐火材料有限公司进行江苏省青年教师下厂实践期间，对其单位的研磨和搅拌装置进行优化改进，申报实用新型专利“一种硅酸铝质耐火可塑料的原料研磨装置”一项，并授权，真正落实科技成果开发和转化推广，在此基础上带领学生深入企业调研，布置毕业设计课题，2019年刘路路同学的“一种硅酸铝质耐火可塑料的原料研磨装置的设计”被评为学院优秀毕业设计，2020年韩辉同学的“耐火材料上料机构及搅拌机的设计——以无锡市宜刚耐火材料有限公司为例”被评为学院优秀毕业设计。为进一步发挥科技创新推动高质量发展中的引领作用，成功申报了“提升在锡高校职院和科研院所科技创新能力及服务地方发展的路径研究”的课题。积极参加宜兴市科技创新（社会发展类）专项资金“互联网++技能竞赛+校企合作”实践教学的研究和实施的项目。前期的一些积累使我有幸被学院首届“陶钧奖”科技创新先锋提名，成功申请宜兴市第八轮学术技术带头人。

李欣

一、基本情况

2010年入职无锡工艺职业技术学院，讲师，从事雕塑专业领域教学时间累计已有10年。参加学术交流活动与学术团体、行业、企业任（兼）职情况：曾是江苏省雕塑家协会会员、ACA中国设计委员会理事会员、无锡市美术家协会会员、无锡市青年美术家协会理事、无锡市美术家协会雕塑艺术委员会常务理事、国家职业技能鉴定考评员、宜兴市野泥山艺术协会理事、江苏省陶瓷行业协会会员、受聘于河南博物馆、郑州凤凰茶城名家紫砂艺术馆签约工艺师、宜兴市丰陶汇陶瓷科技有限公司产品设计师。发表本专业相关论文十余篇，多件作品曾在国家级，省、市级比赛获奖。其中两件紫砂作品被国家一级博物院收藏。

二、教学能力与水平

本人在10年的雕塑专业执教过程中，深刻体会到做老师的艰辛和快乐，我把自己的青春倾注于我所钟爱的教育事业上，倾注于每一位学生身上。始终不忘人民教师职责，严格要求自己，刻苦钻研业务，学习新知识，与时俱进地探索教育教学规律，不断改进教育教学方法，积极追踪本专业和相关学科的教育教学科研信息，依据基于工作过程导向的教学理念，积极推进教学改革，探索适合学生专业学习的教学新路子。能够结合本专业的特性，以及企业用人单的需求，制定教学目标。在教学内容设计上，能够结合学生的特点和教材的运用，把握重点难点，有效提高学生的学习效率。在教学方法、教学模式以及教学策略上，能够合理运用信息化手段进行教学，将课堂延伸至课前、课后，使学生大幅提升自主学习的能力。在教学过程中不断反思教学，着重培养学生的探究意识和创新能力。多思考，多研究，多总结，以科研促课改，以创新求发展，努力实现教学高质量，课堂高效率。再进一步深化高校创新创业教育改革，培养造就创新创业生力军，强化学生创新创业能力训练，增强高校学生的创新能力和在创新基础上的创业能力，培养适应创新型国家建设需要的高水平创新人才。

近三年，通过信息技术改造传统教学，促进泛在、移动、个性化的学习方式，使学生在一定程度上提高了自主学习能力，大幅提高了学习的效率。在各大比赛展览中取得了丰硕的成果，学生在第三届全国职业院校技能大赛获金奖一名、银奖两名、铜奖两名。在2019年全国高校毕业生优秀雕塑作品展中，有两件入围，一件获铜奖。2019年第五届全国高校毕业生石雕创作营中，有一人获铜奖。入围参展的学生多数是各大美院博士生、硕士生、少数本科生，作为高职院校，我校是唯一一所入选的院校。在此之前，教学改革的道路并非是一帆风顺的，初期，在学习教育部2015年印发的《高等职业教育创新发展行动计划》和《国务院关于大力发展职业教育的决定》中了解到信息技术改造传统教学，促进泛在、移动、个性化学习方式的形成等一系列重要举措，这是推动我国高等职业教育提高质量，加快推进信息化建设，深化教学改革的行动性纲领文件。这说明大数据与职业教育的融合既是政策的要求也符合时代发展的趋势。基于国家政策引领和新时代社会对雕塑人才的需求，高职院校雕塑专业符合大数据时代的教学改革与创新势在必行。

在2016年进行广泛调研，总结现阶段高职院校雕塑专业存在的问题，以走访企业、咨询专家、就业数据对比和教师、学生调查问卷的形式分析问题原因。在这一过程中使我意识到在数字技术与互联网高度发展的今天，电影、游戏、手工等行业逐渐向技术成熟的3D打印技术发展，3D打印技术也将成为未来科技的主流。对于一个高职院校雕塑专业的学生来讲，仅仅局限于架上雕塑技能是远远不够的。目前与雕塑专业相关的企业需要专业基本功强、审美能力强、设计能力强、能够适应多元化创作的高端的复合型、创新型艺术人才。这就要求学生在具备一定传统架上雕塑能力的基础上，还要掌握一定的数字造型软件。比如数字雕塑软件ZBrush、Mudbox、3D建模软件3DMax、Maya等。但这些软件属于数字艺术设计专业学科教学范畴，传统雕塑教学无法接触这些课程。

科学的发展需要科学的路径指引，通过国家方针政策的制定与实施，作为职业教育的一线教师要紧跟教育革新步伐，关注时代发展的需求，更新教育理念。及时认清，单一的传统教学模式在信息与数据时代发展的弊端，建立大数据思维意识，提升自身数据素养，并深刻意识到大数据在提升教学质量上的重要性。要将自己由知识的拥有者和传递者，转变为知识的整理者、收集者、学科教学资源的设计者、课程资源的开发者。为学生搭建有效的学习情境，针对学生个性化的学习需求提供资源推荐、方向引导和综合评价。另一方面，教师要注重培养学生的数据素养，将数据科学的基本理念、技术与方法渗透到学科教学中。激励学生借助信息平台学习，转变学生在学习中的被动角色，不断提高自身的自学能力，培养其自主学习的习惯。

教师是专业教学改革的关键因素，是驱动教学的核心力量。提升教师自身的信息化能力，对于高职院校雕塑专业信息化教学改革来说至关重要。因此，我积极主动参加专项专题培训及交流活动，不断提高信息化教学实践能力和数据分析能力，以适应大数据时代背景下所带来的教育变革。学习常规信息教育媒体性质、功能以及操作方法。熟练运用信息工具进行信息资源的收集、加工，组织及运用等新常态下高职教师必备功课。

除此之外，组建雕塑专业信息化教学资源开发团队优质的信息化教学资源，是助推信息化教学改革的动力源泉。最大程度发挥现有技术资源及设备功效，开发、更新、优化校内信息化教学平台的教学资源，是提高教学质量和提升学校竞争力的重要条件。因此，必须要建立一支具有教学能力强、人员配置合理的信息化教学资源开发团队。人员包括雕塑专业、数字艺术设计专业教师、雕塑相关行业企业的专家。

教师本身是知识的聚合体、知识的储备体，有着丰富的教学经验。雕塑专业教师与数字艺术设计专业教师之间的合作，可使雕塑与3D建模软件知识得到融合；行业企业的专家有着市场需求的敏锐性以及衡量用人标准的准确性。将其组建在同一团队有利于强化教学资源的实用性，能及时反映新知识、新工艺、新技术、新方法，为培养学生的应变能力、生存能力、创新精神提供学习资源。通过对企业用工数据追踪、分析，及时掌握行业内对人才能力的需求变化，进而积极开展有针对性的市场调研活动；参加雕塑企业数字雕塑与3D技术实践及管理实践，组织相关教师、雕塑相关企业专家、教育主管部门领导、根据翔实的数据与调研信息共同探讨、分析，为信息化教学资源开发提供准确的定位，并设定、开发艺用人体解剖学、泥塑人像、景观雕塑设计、ZBrush、3DMax等针对性的信息化教学资源课程。同时开展3D实训室建设。为实现与企业“零距离”对接的教学提供条件。

三、教学实施

在科研方面，为更好地提升自身的专业水平，在教学之余，关注国内外最新动态与发展方向，努力专研本学科知识，坚持雕塑创作。在实践中对本专业进行再研究。曾多次参加国内在本专业具有一定影响力的机构主办的有关雕塑教学、创作等方面的研讨会，以及全国大型雕塑作品展，中国青年雕塑双年展、中国陶瓷艺术大展等，并取得一定的成果。所创作的作品获国家外观专利三件，国家级博物馆收藏作品两件。发表本专业论文 5 篇，其中北大中文核心 1 篇、省级期刊 8 篇。

四、社会服务能力

在校外担任社会工作和服务工作方面，积极主动投入企业实践，跟班作业，了解企业新的生产模式。培养自身理论与实践相结合的能力。经常为企业提供专业技术服务、咨询服务，开发新产品，带给企业实实在在的经济效益。在下厂实践期间坚持产教融合，校企合作，让“产”和“教”充分融合。在企业中“做中学”，在课堂中“做中教”在企业中多积累实践经验、回归课堂、回馈学生。

总结任现职以来的工作，在学院领导的支持和帮助下通过自身的努力，取得了一定的成绩，获得了许多经验，但也有不足之处，有待于在以后的工作中不断改进。教育事业是人类最光辉的事业，它永远充满魅力与挑战，永远值得我们去探索努力，作为教师，要不断丰富自己，提高自己，为祖国的教育事业努力奋斗。

杨岳

一、基本条件

1. 师德风范

从教以来，杨岳老师一直服务于教学一线，始终坚持以习近平新时代中国特色社会主义思想为指导，不忘初心、牢记使命，积极参加党的群众路线教育实践活动。严格要求自己，加强政治意识，树立大局观念，廉洁自律，遵纪守法，团结同志，忠诚党的教育事业，严守职业道德和学术道德，热爱工作，关爱学生，始终坚持“以德树人、以能育人”的工作思路，努力成为一名政治坚定、师德高尚、知识渊博、业务精良的人民教师。于2016年及2018年获得校年度考核优秀；2017年获得校第二届教育教学成果奖二等奖（第1完成人）；2016—2019年4次获得校级教学优秀奖；2019年8月获得广东省职业院校教学能力大赛一等奖（第1主讲人）。

2. 教学及企业实践经历

杨岳老师积极参与实践锻炼，并于2012年12月获得环境保护工程师资格，2015年8月获得化学检验工二级技师及考评员资格，2018年7月获得化学检验工一级技师资格，同时具备副教授、环保工程师及化学检验工技师、清洁生产评价师等资格，是学院双师型教师。近三年每年完成专业基础课及核心课程教学6~8门，教学工作量近800学时/年，暑期集中下企业实践锻炼工作约60天/年，并充分利用周末时间多次参与市内环保公司项目，已被阳江市环保局聘为VOC防控专家组副组长，同时被推荐为阳江市集中式饮用水水源地突发环境事件应急专家及阳江市节能协会评审专家，并被阳江市恒坚环保有限公司及阳江市德利环保有限公司聘请为技术顾问，指导企业环境污染防治工程、环境影响评价工作、清洁生产建设工作等（表1）。

表 1　　近三年主要企业实践经历

实践起止时间	实践单位	实践岗位
2019. 1. 15-2019. 2. 22	阳江市德利环保有限公司	技术顾问岗
2019. 7. 1-2019. 8. 31	阳江市恒坚环保有限公司	技术顾问岗
2018. 7. 1-2018. 8. 31	阳江海纳水产有限公司	水处理技术岗
2017. 7. 15-2017. 8. 25	阳江市宏博环保有限公司	废水治理工程岗
2016. 7. 5-2016. 9. 5	阳江市一达环保工程有限公司	废弃物治理工程岗

如在实践锻炼工作期间，在废水处理方面，杨岳老师参与了阳江市汉能工业有限公司电泳漆废水处理工程、阳江市大沙五金综合厂电镀废水（离子交换）处理工程、阳江市科纳彩木工业有限公司染色废水处理工程等；在废气处理方面，参与了阳江市唐会商务酒店厨房油烟治理工程、阳江纳谷科技有限公司废气处理工程等。

二、教学能力与水平

1. 教学设计能力

作为环境专业带头人，杨岳老师根据高职教育特点及细致的学情分析，结合申请的教改项目，进行校企合作、工学结合研究，以校内协同校外实践教学平台为基础，创新“教、学、做、创”实验教学模式，优化实践教学内容、更新实践教学方法、构建多维评价体系，多角度持续改进完善实践教学，探索制定实践教学设计标准及技能人才标准，培养与社会无缝接轨的环境工程专业创新性应用型人才，更好地服务于地方环境保护及生态经济发展。

具体是：①以 OBE 逆向设计理念为先导，坚持“校内仿真实验教学协同校内外实物实验、校外实物实习教学”的实践教学理念，重视对学生实践应用能力及创新能力的培养，形成以学生为主体，融知识传授、能力培养、素质提高于一体的先进的实践教学观念。②针对现有实践课程开设主要依附于理论课程的横向模式，统筹并发掘各门相关课程的纵向联系并相互贯通，构建纵横交错的网状专业实践课课程体系。注意课程间、项目间的有机结合，设置进阶式课程群。在课程群的设置上，始终以实践应用能力培养为主线，按照完整性、逻辑性、实践应用性的原则，对已设置的课程进行整合、重建知识体系，以实践课程作为衔接、提升阶段，促使理论知识与工程技术逐步融合，构筑“进阶式”课程群。③以校内协同校外实践教学平台为基础，通过仿真实验教学协同实物实验、实物实习教学，逐步实现综合性、设计性、研究性实验由无到有、由少到多、由浅入深、由简单到复杂，逐步推进的过程。并积极将自己最新的科研成果转化为综合性、设计性实践项目，并引入实践教学过程中。同时，加强与校外企业合作，利用参与的企业项目和学生在企业实习实践的机会，将企业课题转化为综合性、设计性实验。④采用多样性的评价方式衡量学生的学习产出。考核应该能够涵盖本门课程作用的所有学习产出，包括理论知识和技能；结果应该能够充分体现学生在教学过程中表现出的多维状态。做到考核形式多样化及考核全程化以及考核评价主体的多样化、层次化，从而形成与 OBE 逆向设计理念相适应的学生考核评价方式。

基于上述教学设计理念，杨岳老师作为第一主讲人，在 2019 年广东省教育厅举办的职业院校教学能力比赛高职组教学设计赛项比赛中获得一等奖。

2. 教学组织能力

环境工程技术专业的教学团队师资雄厚，校内专任教师基本为研究生学历及讲师以上职称，其中包括 1 名在读博士，3 名副教授，涉及环境工程、环境科学、化学工程、生物工程等专业；校外兼职教师专业水平高，既包括环境监测站的高级工程师、污水处理厂的总工，也包括环境污染防治岗位的一线技术员工。

作为环境专业带头人，在教学过程中，为更好地理论联系实际，便于学生掌握实践内容，杨岳老师会不定期邀请环保行业企业一线技术骨干及已毕业的学生参与专业人才培养，进行专业讲座，如阳江市新环水务有限公司的银岭污水厂的厂长、阳江市恒坚环保有限公司的总经理等，为学生介绍行业普遍采用的环境污染处理工艺，如何有机结合校内知识及就业岗位技能要求等。在“引进来”的同时，每学期也带领学生“走出去”，直接到校外实践基地向校外工程师学习。并且，为整体提升专业团队的教学能力，指导青年教师参与教学教改及科研项目，并攻读硕士研究生学位，形成良好的“传、帮、带”团队文化，教学团队建设水平高，多名教师多次获得学院“教学优秀奖”“优秀教师”等称号，其中兼职教师团队中的冯杰工程师（阳江市第一净水厂技术总工）获得学院“优秀兼职教师”称号。

3. 教学资源建设情况

杨岳老师充分发挥专业功底及对仪器设备熟悉的优势，全程协助环境专业实验室的规划设计、功能定位、设备选型、安装调试等具体工作，并担任环境监测与分析实训室负责人。作为主要参与者成功申报“广东省环境教育基地”建设项目——“阳江职业技术学院环境教育基地”，并联系建成多个校外实训基地，多次参与系公共实验实训基地建设。同时，主持建设挥发性有机污染物 VOCs 防治应用技术协同创新中心，并与嘉应学院化学与环境学院及阳江市德利环保科技有限公司合作，依托该中心实训平台，开发以为企业服务为核心的实训项目，编写适用的《环境工艺设计（二）》课程教材。在此基础上，主持成立阳江市挥发性有机污染物防治工程技术研究中心，作为中心负责人，被聘为阳江市 VOC 防控专家组副组长。

为充分发挥实训基地及工程技术研究中心的仪器设备使用效率，独立配套编写专业核心课程“治理技术实训”讲义，设置的实训项目紧密联系学生在废水、废气处理等技术岗位上应掌握的技能操作及水平，开展了多功能水处理模拟装置的实践运行、印染废水处理、校园环境噪声监测及评价、燃煤烟气脱硫除尘等项目学习及训练。

另外，通过“水污染处理技术”重点课程的建设工作，利用信息化教学手段，开发课程网站资源，建设以教材各知识点为单元的开放式网络课件库，更好地提高教学质量和教学效果。目前，“水污染处理技术”课程网络建设资源已包括：课程简介、教学队伍建设、教学内容建设、教学方法与手段、教学条件、教学效果、课程特色、题库、电子教案、教学课件、部分教学视频等，更好地服务于线上线下教学活动。通过以上建设基础，“水污染处理技术”课程已于 2018 年 4 月被评为质量工程项目之精品在线开放课程。

4. 教学成效评价

作为环境专业专任教师，杨岳老师扎根教学一线，在教学上投入教育情感，转变教育观念，更新教学方式，钻研教学艺术，于 2011 年参加广东省举办的高职院校“行动导向教学法”送教上门培训活动后，又于 2015 年参加由广东技术师范学院举办的“教师教学能力提升——技巧与方法”（中英合作）送教培训，进一步提升教学能力。

十年来，系统讲授专业课 10 门（水污染处理技术、环境影响评价、管网设计、工程预概算、环境工艺设计（一）、环境工艺设计（二）、城市环境规划、环境经济学、环境功能材料、环境生态学），专业基础课3门（分析化学、环境工程CAD、环境工程设计基础），指导实习实训课程7门（环境监测实训、治理技术实训、环境专业综合实训、环境专业见习、环境专业实习、环境专业毕业顶岗实习、环境专业毕业论文（设计）），年均授课782学时。

在教学过程中，针对高职环境专业的特点，合理设置教学内容，理论知识以够用为原则，突出实用重点，与案例、见习、实验、实习等环节有机结合；为提高高职生的实践应用能力，针对实训课，提前细心准备好所需实训仪器及试剂，精心制定实验实训方案，并为保证实训效果，预先操作一遍，将实训过程中需特别注意的步骤在教学中一一向学生详细说明并演示，在学生进行实训任务时，全程指导并规范学生的动作，注意对学困生进行手把手的辅导，课后及时反思，找出不足，努力提高高职生的实操实践能力，真正做到工学结合，高质量、超额完成教学任务，取得了较好的教学效果，每学期的教学评价均为优秀。

由于教学成绩突出，杨岳老师参加第一届“全国轻工职业教育化工类专业教师教学竞赛”获得一等奖，参加2019年广东省教育厅职业院校教学能力大赛获得一等奖（排名第1），2013—2019年9次获得学院“教学优秀奖”称号，学生评教成绩均在92分以上。并指导学生将所学的课内知识进行提升实践，获得2018年广东省大学生创新创业“挑战杯”银奖，获得2019年广东省“挑战杯”三等奖，并3次在市校级创业比赛中获奖。基于上述教学教研效果显著，其主持的项目获得阳江职业技术学院第二届教育教学成果二等奖及第三届教育教学成果三等奖。

同时，通过专业团队的努力，环境专业许多毕业生在就业领域中大放异彩，如2007级有学生从事污水处理厂厂长、厂长助理、工程造价员、环评师等岗位工作；2008级已有学生依靠技术入股，创建环保公司；2009级学生依靠专业知识，在阳江本地创建环保公司；2010级已有学生成为公司技术总工，自主设计环境处理工艺方案；2011级、2012级及2013级均有若干学生已成为公司技术主管，如实验室主任、环评及咨询部门主管等。并且，2015级学生曾祥朋通过借鉴专业实践教学管理标准，创造性地将其用于创业团队建设及发展，已组成了近50人的环保净化设备销售团队，在阳江、茂名、湛江、云浮等地创建了数家环保设备销售公司，业绩蒸蒸日上。

5. 教学研究与改革

杨岳老师积极探索教学改革，加强教改和课程建设，梳理课程设置框架及体系，分析职业岗位群需求，积极开展人才培养模式改革研究与实践，成效显著。主持的课题“基于‘校企双平台’的环境工程设计实践性教学模式协同创新研究与实践”被立项为广东省教育厅高等职业教育教学改革项目；2018 年主持全国轻工职业教育教学指导委员会教育教学改革项目及广东省高职教育化工类专业教学指导委员会教育教学改革项目各 1 项；2018 年主持 1 项校级教育教学改革重点项目。在实施教改过程中，积极、及时地将教改成果灵活融入教学，在教学中探索理论和实践相结合的可行性和可操作性，使教学和教改互相促进，任教的专业核心课“水污染处理技术”通过学院第一批测试课程，并于 2016 年被立项为校重点课程。在课程建设及所得成果的基础上，“水污染处理技术”课程于 2018 年被评为质量工程项目之精品在线开放课程。

另外，其积极参加各项科研活动，主动承担科研课题，主持及指导成功申报 10 多项科研项目，并在教学过程中实践研究成果。2019 年主持 1 项阳江市科技计划项目；指导 2019 届环境工程技术专业学生申请的课题被立项为 2019 年“攀登计划”广东省大学生科技创新培育专项资金项目；2018 年分别主持及主要参与（第 1 参与人）1 项“广东省普通高校青年创新人才项目”；主持 1 项学院应用技术协同创新中心建设项目；主要参与 1 项阳江市科技计划项目；指导 1 项大学生创新创业训练计划项目；2017 年主持 1 项院级科技项目；2016 年主持 1 项广东省重点实验室开放基金项目；分别独立指导 2016 届及 2017 界环境专业学生申请的课题被立项为 2015 年及 2016 年“攀登计划”广东省大学生科技创新培育专项资金项目；指导环境专业的学生成功完成 2 项广东省质量工程大学生创新创业训练项目。

通过前期研究，以第一作者及通讯作者发表论文 20 余篇（SCI 论文 3 篇，EI 论文 4 篇，北大中文核心 4 篇，科技核心论文 6 篇），指导学生发表科技论文 2 篇，并作为主编，于 2016 年 8 月出版专著《美丽乡村建设之环境治理》；申请发明及实用新型专利 9 项，其中 3 项已获授权；获得软件著作权 8 项；获得 2015 年“阳江市自然科学优秀学术论文评选”二等奖 2 项、2016 年“阳江市自然科学优秀学术论文评选”三等奖 1 项；获得学院第一批“优秀科研工作者”称号，同时被遴选为 2015—2016 年科研培养对象。

另外，为进一步提高自身科研能力及业务水平，于 2015 年申请教育部高等学校青年骨干教师国内访问学者（广东项目）1 项，被华南理工大学环境与能源学院接收，进行“新型环境功能材料的制备及评价”的项目研究。

三、社会服务能力

1. 培训鉴定情况

杨岳老师多次参与阳江市环境保护局举办的“六五世界环境日”活动，宣传低碳环保、绿色出行、绿色消费、绿水青山等环境保护意识。同时，积极为地区中小学生宣扬环境保护理念，助其从小树立环保意识，如在2017年为阳东区所有中小学开展海洋环境保护科普讲座，向学生介绍有关外来物种入侵（如阳江市鸳鸯湖清道夫鱼种泛滥问题、桉树种植问题等）、滨海旅游中易产生的环境污染问题及防治手段、海洋生态环境保护现状及措施等，受到当地教育局及师生的一致好评；2019年在阳江市团市委邀请下，为全市环保志愿者开展地表水环境监测科普讲座，指导志愿者对漠阳江、那龙河等饮用水水源地所在地表水体进行水质监测工作。同时，杨岳老师作为市集中式饮用水水源地突发环境事件应急专家及清洁生产审核专家，参与了多项项目的评审工作。

2. 技术服务情况

作为广东省省级科技特派员，根据行业企业及乡村建设实际需求，杨岳老师利用专业知识，多次指导市内环保公司工程项目及乡村生态园区建设，如为阳江市新蓝天环境工程有限公司、阳江市怡和环境工程有限公司、阳江市进林科技有限公司及阳江市恒坚环保工程有限公司等多家单位进行社会服务，指导阳江市阳东区东平镇瓦北村、阳江市阳东区大八镇龙心村垃圾分类收集等工作，充分发挥主观能动性和专业特长，克服各种困难，紧密结合地方环境特色，开展技术服务，无私服务社会，被地方环保行业业内高度认可。并通过与阳江市德利环保科技有限公司合作，开发建设阳江首个挥发性有机污染物VOCs防治应用技术协同创新中心，进行大气污染防治技术应用性研究及应用推广，成效显著。同时，通过与朗诗德环保设备销售公司合作，开展大学生创新创业训练计划项目“人工智能+”朗诗德环保服务项目，既为阳江环保公司培养提供创业型人才，也为阳江及周边地区的净水及市内空气净化提供环保服务。目前，阳江市区江城区及阳东区已成立4家门店，市场前景广阔。

另外，凭借过硬的专业技术，杨岳老师一直指导已毕业学生所在公司解决环境处理工艺出现的技术问题，受到众多用人单位的高度好评，如为2014届学生吴晓婷所在公司解决了环境监测过程中水样现场保存处理的异常问题；为2015

届学生龚翠娴所在的广东新峰药业股份有限公司解决了废水处理 MBR 工艺膜易堵塞及水质不能稳定达标的难题；为 2017 届学生张水梅解决了项目环境影响评价过程中环境污染指标浓度叠加的问题；为 2018 届学生巢桂珍所在的公司解决了喷淋塔吸附剂易流失的问题……

相信在以后的工作中，杨岳老师将继续保持踏实肯干的作风，戒骄戒躁，克服不足，锐意进取，不断提高教学本领、提升科研能力、加强社会服务，为学院教育事业发展，为地方环保行业及创建环境保护模范城市做出应有贡献。

张璟晶

一、基本情况

张璟晶同志于2006年8月进入江苏农牧科技职业学院食品科技学院任教，2009年10月受聘于讲师职务。工作的十三年间，该同志严格遵守教师职业道德规范，政治立场坚定，治学严谨，教书育人，为人师表。积极参与学院各项活动，服从分配，认真完成各项工作，处处以身作则，不断提高自己的业务水平，近年教学质量评价均为优。该同志于2013年、2017年获得学院优秀教师的称号。2015年5月在“践行社会主义核心价值观”演讲比赛中荣获一等奖。

张璟晶同志于2010—2013年担任学院国家示范（骨干）高职院重点专业建设专项管理秘书工作，在3年的建设管理工作中，不计个人得失，兢兢业业、踏踏实实做事，努力提升综合业务水平，培养了高度的责任感，也使自己具备了良好的团队精神。在2014年获得国家示范性骨干院校建设先进个人表彰。

自2017年至今，该同志担任食品科技学院农产品加工与质量检测专业教研室主任一职。该同志能认真根据学校、学院工作计划，认真开展日常教学管理工作，制定本教研室的教研活动计划，组织编制本教研室有关课程的教学大纲并负责实施。根据学院教务处的检查规定，负责协助检查教案、组织听课和学生评议等，对教师教学进度、教学进度等进行检查、考核，建立教师与学生、教师与教师之间的沟通渠道，听取教学改进意见、提高教学水平。关心本教研室教师的教学、科研、思想、工作和生活，及时向有关领导和部门反映教师的要求和意见，调动每个教师的积极性。组织研究课程教学改革、教学经验和教学方法的交流，有计划地组织开展形式多样的教研活动，改进教学方法，提高教学水平，重视对青年教师的培养和指导，做好老、中、青教师的传、帮、带工作。

二、教学能力与水平

1. 立足教学根本，对接职业岗位，精心设计课改内容

在教学工作量上，该同志主要承担了食品科技学院的“食品微生物检测技术”“职业技能训练与鉴定”“发酵食品生产技术”和“啤酒生产技术”等主干课程的教学工作，平均每年度完成课时在380以上。同时每年度承担4~5名专接本学生的论文指导，10名左右专科毕业生的论文指导，工作量饱满。

作为课程负责人，早在2012年对食品营养与检测专业核心课程“食品微生物检测技术”课程进行了理实一体项目化教学的改革。针对高职高专学生的特点，打破学科体系下理论知识和实验方法割裂的做法，对理论知识和检测技术进行深度融合，以国家标准和职业资格标准为依据，联合行业企业人员对相关岗位中食品微生物检测工作任务进行分析，从中选取典型实践技能项目，确立21个典型工作任务为教学项目，以项目来构建“食品微生物检测技术”，实现教、学、做融于一堂，课堂与实训场地并为一体，在整个教学中以职业能力培养为主线。围绕食品微生物检验工作过程中的操作技能及相关知识，有针对性的选择课程内容并将其情境化，将知识点项目化，任务化。整门课程划分为5个学习情境，由学习型的单项技能向综合技能过渡，同时在递进式的循环练习中增强学生的职业能力。在课程内容上加强重点教学内容与实际检验工作的紧密结合，例如，加强了与食品检测工作密切相关的灭菌消毒技术、培养基的制备、微生物的接种和分离技术等，但对食品检测中较少接触的微生物的代谢等内容进行了削减，使课程更适用、实用和通用。同时对教学内容进行了重新序化，使理论融于实践，让学生在动手做实验的过程中构建自己的知识体系，任务相关知识重新调整和整合，充分体现了必需和够用原则，力求与时俱进，符合当代高职生的认知和教学要求。

2. 灵活多样的教学手段，突出学生主体地位，提高学生学习积极性和效率

在教学组织上，以任务驱动法开展项目教学，突出学生主体地位。通过典型工作任务，下发任务单，指导学生讨论制定方案，再进行实践操作，通过问题探究总结注意点，关键点，以知识拓展来构建和完善自身的知识体系。教学过程中融合多样的教学方法，包括情境教学，启发引导，师生互动等。教学手段上，利用职教云平台开展线上线下混合式教学，融合微课、动画、多媒体课件，视频等形象呈现教学知识技能点，通过平台开展技能竞赛，互动讨论等增加学习趣味性，提高教学效果。结合线下示范操作等，强化操作关键点。在课程考核上，通过平台实施线上和线下“理论+技能+职业素养”的综合评价，力求客观公正地评价学生，激发学习兴趣。

三、教学实施

1. 建设课程教学信息化资源，成效显著

2014—2015 年，该同志作为课程负责人参与国家级资源库食品加工技术资源库的建设，负责“食品微生物技术”课程建设，并于 2019 年 8 月，完成对于该课程的升级改造工作。目前，在智慧职教平台上完成该课程的资源建设，课程资源涵盖微课、课件、动画、视频、图片、课程实训、法律法规条文、案例、知识点测试题等。现有知识点涵盖 66 个，资源要素 637 条，其中视频 279 条，动画 46 条，PPT 课件 176 个，文本 96，图片 40 张。试题库中现有习题 500 余题。在职教云中，利用平台资源开展了该课程的线上线下教学模式，共享其他学校的教学资源，激发了学生的学习兴趣。目前，该教学模式开展了 3 期。在此建设基础上先后完成校级在线开放课程 1 门。2014 年，该同志副主编的项目化教材《食品微生物检测技术》获得中国轻工业优秀教材三等奖；2014 年参与编写“十二五”职业教育国家规划教材《食品安全快速检测》。

通过课程资源库的建设，并以此为依托在职教云课程平台上开展线上线下混合式教学，得到师生一致好评。借助于信息化手段，以理论融于实践的方式使学生对于本课程的学习兴趣有了很大的提高，学生也屡次在相关的技能大赛中获奖。2017 年参与指导学生获全国高职院校食品营养与安全检测技能大赛微生物检验项目银奖；2018 年，作为指导教师指导学生获得全国高职院校食品营养与安全检测技能大赛团体一等奖。2014 年作为指导教师指导的专科毕业生论文团队“鱼糜制品的加工、保鲜及营养评价的研究”获得 2014 年度江苏省优秀毕业设计团队奖。

2017 年，该同志作为主持人制作的“细菌平板划线分离技术”获得江苏省微课教学比赛二等奖；2018 年作为主持人制作的“微生物培养基的制备”课堂教学获得江苏省教学能力大赛一等奖。2018 年主持的教学设计获得全国农业职业院校教学能力大赛二等奖；2016 年参与的教学设计“啤酒生产技术”获得全国农业职业院校信息化教学设计大赛二等奖。

2. 积极参与专业建设和教研改革课题的研究

2011—2013 年主持院级社科教改重点项目“基于理实一体项目化教学的形成性评价的研究”顺利结题，撰写的论文《以任务驱动的项目课程教学设计与实践》获得泰州市第八届自然科学优秀论文三等奖。2012 年，参与完成江苏省职业教育教学研究项目“以职业技能竞赛引领课堂教学和推进实践教学改革的研究”。2018 年，参与全国生物技术职业教育教学指导委员会项目——“互联网+”背景下 BYOD 支持的发酵食品加工技术课程创新教学模式研究，已顺利结题。

2009 年 12 月—2012 年 2 月，作为主要完成人参与了江苏省高等学校品牌特色专业——食品营养与检测专业的建设，主要负责建设任务的梳理、验收材料整理归纳、总结报告的撰写、验收网站的建设等工作，最终该项目良好通过验收。2012 年 1 月—2015 年 12 月，参与“十二五”高等学校重点专业群——食品质量与安全的申报工作，并负责中期检查和验收材料的整理工作，该项目已顺利通过验收。

2013 年，作为主要完成人参与国示范骨干院校专业建设项目“校企共建五年制食品营养与检测专业职业核心课程群的研究与实践”荣获 2013 年江苏省教学成果一等奖（职业教育），排名第 4。2018 年作为主要完成人，参与“高职食品类专业“三层次、三融合”创新创业实践教学体系的构建与实践”项目建设，该成果获得国家教学成果二等奖，排名第 9。

四、社会服务能力

2012 年参与食品科学科技创新服务团队，基于企业需求指导大学生实践创新训练计划一般项目“鱼鳞制备可食性复合涂膜保鲜剂的研究”，顺利结题，并在中国酿造核心期刊发表论文 1 篇。2010 年主持泰州市科技发展计划指导项目 1 项“冰鲜鲳鱼货架期的预测”（2011019），已顺利结题，研究成果主要针对食品公共安全重点领域，具有一定应用前景。2015 年，作为主要参与人完成泰州市科技项目“功能性淀粉的开发及应用技术”，获得泰州市科技进步二等奖；2014—2016 年参与南通市科技局项目“鲜切西兰花生物保鲜及贮运关键技术研究与产业化”，顺利结题。2018 年 1 月，担任江苏茂春食品有限公司蛋品加工与质量检测技术顾问，开展“不同加工工艺对蛋品中沙门氏菌存活的影响”的横向课题研究。

2011 年，该同志获得国家二级技师职业资格证书。同年担任省科技厅选派的科技特派员，扎实开展“送科技下乡，促农民增收”活动，协助苏鹏蛋业生物科技有限公司进行蛋粉加工关键技术的研究。2014 年 4 月—2014 年 12 月该同志参与了省农委组织的“挂县强农富民工程”科技服务团队，对接服务盐城市滨海县，期间累计下乡服务 200 天，多次为基层防疫员和科技示范户等进行了食品质量安全生产技术、生产消毒技术培训专题讲座，对 200 多人次进行了培训。期间担任江苏滨海国伟养殖场的食品安全管理技术顾问，对公司员工进行了安全生产技术培训和服务，推行“HACCP 体系在畜禽安全生产中的应用”最大限度地降低了生产饲养疾病的发病率，提高食品安全质量，降低公司运营风险，创造了经济效益。截至 2014 年 11 月，该公司经济效益达 100 万元，和去年同比增长 30%以上，该同志结合社会服务工作的实际，于 2014 年在中文核心期刊《中国职业技术教育》发表论文《农业高职院校科技服务“三农”的路径及运行机制》。2016 年协助盐城市优信饲料有限公司开展“复合益生菌发酵饲料工艺优化”的研究，顺利结题，相关研究成果提高了饲料的利用率，降低了企业生产成本。

张海涛

一、基本情况

张海涛，男，出生于1982年，辽宁省鞍山市台安县人，于2008年7月毕业于沈阳农业大学食品科学专业，硕士学位。同年8月份就职于辽宁农业职业技术学院，食品加工技术专业教师。2013年担任食品加工技术专业教研室主任至今。具有食品检验工技师、公共营养师二级、质量督导员、创业咨询师等职业资格证书，具备“双师型”教师素质。从教十余年，本着以提高学生的职业核心能力为宗旨，以就业为导向、产品为载体、质量为准绳的专业教学理念，不断学习、提高自己的专业素养，在教学中积极创新和实践先进的教学方法和手段，主持多项教改课题并获得“第七届全国农业职业教育教学成果三等奖”等奖项。曾获得学院“青年教师教学技能竞赛”优秀奖，多次获得学院“优秀教师”“优秀班主任”等荣誉称号。被聘为学院食品加工技术专业带头人，院骨干教师。他所带领的食品加工技术专业教学团队被评为“院级教学团队”。并于2019年荣获“2018—2019年中国轻工业职业教育青年教学能手”称号。

张海涛同志热爱中国共产党，思想上积极进步，积极参加学校的各类政治学习，努力提高自己的思想觉悟，不断地完善自我。爱岗敬业，自觉遵守校规校纪。从踏上工作岗位的那一刻起，他便严格地要求自己，在自己的教学岗位上勤勤恳恳，兢兢业业，勇挑重担，以满腔的热忱投入到工作中。在自己努力要求上进的同时，以实际行动影响和激励着周围的老师，始终履行一个教师的职责，凭着自己对教学的热情，取得了点滴成绩，赢得了领导、同事、学生和企业的赞誉。从平凡的日常教学工作中感受生活，享受生活，热爱生活。

二、教学能力与水平

1. 优化育人模式，提升学生素养，点燃学生进取的火花

教育不仅仅是教师传授现有知识的简单步骤，更是要让学生明白怎么做

人，培养学生独立解决问题的能力的过程。张海涛老师始终坚守：一切为了学生，为了学生的一切，努力做学生的良师益友。凡是要求学生做到的，自己首先做到，以身示范，敬业爱生，影响带动了一批批学生。在教育教学过程中，他除了面对学生外，还要与学生家长进行沟通与配合，共同促进学生的健康成长。

担任加工13-1班、加工15-1班、焙烤16-1班、焙烤19-1班等辅导员工作期间，通过QQ群、微信群对学生进行线上教育与日常教育相结合，通过对班干部的培训，通过班风、学风教育，通过主题班会、辩论赛、“写小楷、讲专业”、实践经验交流会、创业教育、带领学生下企业等活动全面提高同学们的思想政治觉悟、专业技能和创业意识。

职业导师工作是一份要用心去对待的工作，用爱去滋养的工作。除了平时的教育与管理，对待即将离开校门踏上实习岗位的学生，经常加班加点、苦口婆心地做工作，在修改毕业论文的同时，不仅要用最短的时间夯实他们的专业技能，更要教他们如何为人、如何正确面对困难，如何准确进行职业定位。

“感人心者莫先乎情”，他积极做好学生的思想政治工作，循循善诱，做到了既教书又育人，对学生一视同仁，对差生加倍关爱。在他的积极影响下，所教的班级班风正，学风浓，学生个个积极上进，受到任课老师及领导的一致好评。

2. 设计特色教学，提升职业能力，开展职业教育“五个对接”

无论开展什么教学工作，张海涛总是认真投入，积极主动地想办法，每天早来晚走，在学院工作规划框架下，紧紧围绕“双高”建设目标任务，根据职业教育“五个对接”，深度推进校企合作，确保各项工作顺利完成，成效显著。具体成果如下：

（1）构建项目体系，提升专创融合。作为专业带头人，以“二元三体系”为依托，他制定了食品加工技术专业（焙烤方向）现代学徒制人才培养方案及多元评价体系，形成具有现代学徒制特色的师资队伍建设方案及考核评价、管理标准。制定辽宁农业职业技术学院《食品加工技术专业职业能力培养目标》。

以行业岗位能力、职业素质要求及典型工作任务为依据，牵头建设食品加工技术精品资源共享课为代表的创新创业课程。“花卉蛋糕生产”属于2018年学院“双高”建设食品药品专业群重点建设课程之一，在对课程充分调研的基础上，与北京好利来集团合作，参照相关职业资格标准，按照企业职业岗位的任职要求，以就业、创业为导向，以创新意识、职业技能、职业素养的培养为主旨构建课程，充分体现职业性、创新性、实践性的要求。归纳岗位需求，制定（专创融合）课程标准，编写（专创融合）授课计划、教案或演示文稿及相关的微课视频。为了使花卉蛋糕微课视频更加生动、理实一体，张海涛经常利用休息时间到焙烤实训室与同事、自主创业的学生们共同切磋，模拟演练，反复修改，一段旁白不知修改了多少次，一个镜头不知剪辑了多少遍，经过两个多月的辛苦付出，最终达到满意的录制和剪辑效果。

（2）构建实践体系，拓展实习领域。在教学研究过程中，张海涛探索出了实训教学运行保障条件，并构建了“虚拟体验式”与“基地体验式”实践教学管理体系。虚拟体验式实践教学通过虚拟仿真软件，面向真实生产任务的实训模式可以使学生依据岗位，置身任务情境，充分利用所学专业知识进行实践操作。以“焙烤食品生产”课程为例，校内以学生为主体体验的“美食美客糕点坊”以及与沈阳好利来食品有限公司合作的“好利来体验馆”，这两个实践平台的建立与使用，充分满足了本专业岗位能力要求。在实践教学中，上述体验平台也成了我院食品类专业的第二课堂，教学变成了实践与经营相结合的方式，项目实践与专业学习结合，以典型项目为体验内容，以“体验式实践为导向”的教学模式，根据课程标准和企业用人要求将真实的项目引入学生动手创作的实践过程，以“美食美客糕点坊”和“好利来体验馆”为平台，虚拟生产车间运营管理模式，为学生创造真实的焙烤食品生产经营环境，提高他们的专业技能应用能力水平和职业综合素养。

校外，食品类专业自 2008 年以来就与好利来集团建立了紧密的合作关系，于 2016 年 1 月与北京好利来企业投资管理有限公司正式签订“好利来班订单培养暨现代学徒制合作协议”。顶岗实习是提高学生职业技能和职业素养的重要途径，我院领导对顶岗实习工作高度重视，把任务书下达到各系、各教研室主任，张海涛认真履行职责，制定实习计划、组织学生签署实习安全承诺书等，同时，带领学生安全到达目的地，与实习企业对接沟通，安顿好学生。每次都要深入实习生宿舍检查，观察学生吃住情况，帮助学生调节情绪，做好学生培训的跟踪调查，同学们都非常感动，通过电话、QQ、微信等主动汇报自己在企业的成长经历，把他当成了知心朋友。

3. 创新教学模式，激发学习兴趣，注重多措并举一体化

张海涛自始至终以认真、严谨的治学态度，勤恳、坚持不懈的精神从事教学

工作。认真按照学校教学常规的要求做，以积极的态度写好每个教案和计划，备好每节课，上好每堂课。每学期都超额完成基本工作量，教学任务饱满。此外，为了提高自己的教学水平，平时经常听有丰富教学经验的教师授课，学习借鉴他们好的教学手段或方法。在教学过程中能够结合课程特点，有针对性地进行教学，并能借助信息化教学手段（蓝墨云班课、学习通等App）加强学生对知识的理解，提高教学质量，实现“教”与“学”互动，从而提高学生掌握知识的能力。他总会设计一些新颖、独特、有趣的导语，来激发学生的兴趣。他的课设计合理、特色突出、信息化手段适度有效、师生互动积极、效果良好，在每学期的教学质量评价中名列前茅。具体通过以下模式组织教学：

(1) 在“肉制品生产”课程教学中强调“虚拟仿真”教学模式及其教学内容、教学对象、教学目标上的独特性，以企业目前实际案例结合教材来施教，按课程模块建立案例库，注重网上教学，树立了以应用为中心的教育理念。

(2) 在《焙烤食品生产》《乳制品生产》等课程教学过程中实施“产品导向，任务驱动”教学模式，将以职业能力培养为核心，构建基于工作过程的学习领域课程设计方案并适时更新教学内容。以典型的生产任务为载体（以企业现有生产项目为参考）进行课程开发，将课堂设在实训室、实训基地，充分利用校内外的资源优势实现“教、学、做”一体化，通过课堂讲授、小组讨论、学生自主学习、课程设计、观看技能操作、产品加工视频、实训室操作演练等环节，边教边做，边学边练、工学交替培养学生的职业能力，实现与就业岗位的零距离对接。

(3) 在现代学徒制实施过程中，融入“双创”教育，构建了“孵化项目（项目实践体系）—孵化人才（创新实践体系）—孵化企业（创业实践体系）”的“三阶梯递进式”专创融合教育体系，学生创新创业的主观能动性越发增强，不仅创业能力课程考试优秀率高，而且积极参与各级创新创业比赛，并取得优异成绩。

他不断学习，探索适合我院高职学生的教学方法。学生们都喜欢上他的课，并评价道：“生动、幽默、亲切、能学到很多知识”。

三、教学实施

1. 铸造精品课程，创建立体资源，促进核心课程发展与升级

近五年，他带领教研室的老师们积极开展课程教学资源建设，有效整合社

会资源，开展课程教学条件特别是实训实习条件的建设，开发课程实训项目，建设课程实训平台；参与编写校级以上本专业课程教材，参与精品在线开放课程、专业资源库等项目建设；充分利用建设的教学资源，并共享其他职业学校教学资源，课程教学资源丰富，积极开发企业生产实际教学案例，并引入教学中。

他所参与的精品课程建设包括省级精品课“罐头生产”、院级精品课“焙烤食品生产”“食品发酵酿造”均倡导现代化教育技术手段的运用和教学方法的改革，更大程度地调动学生学习的主动性和积极性，培养学生的创新精神和实践能力。与此同时，创建并逐步完善试题库和习题库，从而使考试逐渐趋于合理化和科学化。具体成果如下：

（1）完成三门校企共建课程，进一步深化教学改革，将企业标准融入教学，使学生出校即上岗。

（2）承担“双高”任务中课程“花卉蛋糕生产”的建设工作，进展顺利。

（3）参与教育部饮料资源库升级建设任务。

（4）参与创新创业核心课程“饮料食品创业指导”和“西点生产”建设任务。

（5）参与实训基地食品发酵酿造工厂升级改造的建设任务。

（6）参与食品生物工艺专业中职升学技能考试命题工作。

（7）教材（近五年）：

①《灌肠肉制品加工技术》（主编），化学工业出版社，2014 年 8 月。

②《发酵食品加工技术》（副主编），中国农业大学出版社，2016 年 9 月。

③《焙烤食品生产》（副主编），化学工业出版社，2017 年 11 月。

④《食品加工机械与设备》（副主编），中国农业大学出版社，2017 年 12 月。

⑤《食品加工技术》（副主编），人民卫生出版社，2018 年 11 月。

2. 指导技能比赛，拓宽双创思维，践行职业教育精神与理念

在指导学生参加技能比赛的过程中，张海涛总是这样跟学生们说“比赛有助于提高师生的综合素质，拓宽创新创业思维。其次，如何在巨大的压力和时间紧张的情况下处理好突发状况，需要我们沉着冷静的思考和随机应变的能力。最后，团队的合作起着至关重要的作用，优秀的团队成员应该优势互补，各司其职。”他是这么说的，也是这么做的。在指导校内图书馆创业项目“37.2℃ 水吧”期间，作为指导教师，他反复修改团队成员完成的项目计划书，带领学生们多次实地考察并做财务预算，通过与学院沟通，最终为学生们争取到了一些操作设备，减免了部分创业成本，做好后期妥善管理。在此期间，主要成果如下：

①在学院技能大赛中，荣获“优秀指导教师”奖。

②指导食品药品系加工 17-1 班曹歆琦等学生参加系创新创业大赛获三等奖、学院创新创业大赛获优秀奖。

③为落实全国教育大会精神和《国家职业教育改革实施方案》新要求，根据学院有关部署，我院食品药品系在 2019 年 5 月，紧紧围绕“迎祖国 70 华诞，展职教时代风采”活动主题，通过开展焙烤产品等优秀技能作品展示，引导师生展技能，亮风采，强服务，促发展，用实际行动践行职业教育精神。张海涛经过认真准备与比赛，获得教师技能大赛三等奖。

3. 主导教学研究，提升自我水平，带领团队屡获教育教学成果奖

教研是基于教学的科学研究，必须要有科学精神、用科研方法，需要教学团队共同努力，优秀团队是教改成功的关键。

张海涛在完成日常教学的同时，能学习、借鉴先进的职业教育理念和经验，积极参与教改项目，主持完成多项校级及以上教研课题，教学研究能力强，教学改革成果显著；以第一作者在省级以上刊物上发表教学研究与改革方面的论文十余篇；参与校级及以上重点专业、特色（精品）专业、教学团队、实训基地、专业资源库等教学改革项目建设，并做出突出贡献。他把自己在教学改革实践中积累的经验，包括课题立项、论文发表等相关信息和方法毫无保留地介绍给那些有需要的教研室老师们，时常与大家沟通、交流。近五年主持完成校级及以上教研项目及相关奖励如下：

（1）2015 年 6 月，主持中高职衔接项目“食品加工技术专业中高职衔接项目研究”，已结题。

（2）2016 年 11 月，主持“高职食品专业‘虚实结合’多元考核评价标准建设及评价方法创新研究”，获 2015 年度全国食品工业职业教育教学指导委员会教学研究与实践项目教学成果三等奖。

（3）2017 年 5 月，主持院第七届教育教学研究项目“‘产品导向，任务驱动’教学模式在‘乳制品生产’课程改革中的实践探索”，获院第七届教育教学成果二等奖。

（4）2017 年 7 月，主持全国食品工业职业教育教学指导委员会教育教学研究课题“‘产品驱动，任务导向’教学模式对提升食品专业学生职业核心能力的研究”，获第七届全国农业职业教育教学成果三等奖。

（5）2017年7月，主持辽宁省职业技术教育学会科研规划项目“虚拟仿真教学模式在高职食品加工技术专业的构建与实施研究”获得2016—2017年度辽宁省职业技术教育学会优秀科研成果三等奖。

（6）2017年7月，主持2017—2018年度辽宁省职业技术教育学会科研规划项目“以提升学生职业能力为核心的高职食品加工技术专业信息化实训课程体系建设研究”，已结题。

（7）2018年5月，主持全国食品工业职业教育教学指导委员会教育教学研究课题“信息化背景下高职食品类专业体验式实践教学体系建设研究”，已结题。

（8）2018年11月，主持中国高等教育学会职业技术教育分会2018年度课题“‘专业+’背景下高职‘三阶梯递进式’双创教育体系的研究与实践”，已结题。

此外，张海涛还积极参加了国家、省里组织的教师职业技能培训和教学能力提升培训等，抓住一切培训机会，不断为自己充电，提高自身素质和业务能力，及时将培训所得知识与同事交流，第一时间用于教学实践中。

四、社会服务能力

在校企合作办学的背景下，在院、系领导的带领下，张海涛及时跟踪产业发展趋势和行业动态，在系里与北京好利来企业投资管理有限公司合作的基础上，参与制定校内生产性实训基地建设方案，完全按照企业标准配置相应设备及基础设施，可以体验到企业文化及产品生产的整个流程。

作为食品加工技术专业教研室主任，张海涛按照现代学徒制试点建设方案和任务书，围绕现代学徒制，参与修订和完善了一系列规章制度。2019年，食品加工技术专业（焙烤食品加工技术方向）顺利通过教育部现代学徒制试点验收，食品药品系现代学徒制成果也被《营口日报》《中国职业技术教育》等报道，为区域经济发展做出了应有的贡献，这其中离不开他的无私付出与敬业奉献。

在院、系领导的统筹下，在他的带领下，教研室的老师们积极创新实践教学模式，展开企业实践活动和技术推广服务，有效提升了学生的职业核心能力。进一步实现了校企双元育人。他在麦哆哆烘焙坊和艾莉丝烘焙坊企业实践期间，义务为企业做产品推广和技术服务，受到了企业的好评。

与此同时，张海涛在辽宁省中、高职院校农产品深加工与安全检测师资培训讲授“酸奶制作”课程，提高了业内同行的食品机械设备实践操作能力和专业业务水平。

“路漫漫其修远兮，吾将上下而求索”。张海涛正以执着和追求，成果与业绩，在高职教育这片热土中，挥洒青春，绽放风采！

李文一

一、基本情况

李文一，男，中共党员，硕士，讲师、高级农艺师，化学分析工（技师）、食品检验工（技师）、心理咨询师（二级），国家职业技术鉴定质量督导员，食品检验工考评员、化学分析工考评员，辽宁省百千万人才工程“万”层次人才，现任辽宁农业职业技术学院教务处副处长。2007年7月到学校工作，先后在农产品质量检测和食品营养与检测专业任教，主要讲授“食品理化检验”“样品处理技术”“化验室组织与管理”和“大学生职业生涯规划”等课程。主持省教育厅自然科学研究1项、学校自然科学3项，参与农业部、财政部“大宗蔬菜产业技术体系”研究；主持省级教研课题3项；主持辽宁省高校工委党建课题1项；主编教材1部，副主编教材2部，副主编、编著3部；主笔发表论文11篇（EI收录1篇，中文核心2篇）。指导学生参加职业院校技能大赛获省级一等奖，指导学生参加创新创业大赛获学校三等奖；参加全国食品行指委教师教学能力大赛获二等奖，参加学校微党课大赛获三等奖；2011年和2019年两次作为第一完成人获得营口市自然科学学术成果一等奖。

1. 师德风范

李文一同志作为中国共产党党员，能够认真开展政治理论学习，积极参加党的政治理论学习、民主生活会专题学习及支部内组织开展的各项学习活动，深入学习领会党的“十九大”等各次会议精神和习总书记讲话内涵，认真贯彻落实学校的各项规定要求，严格要求自己，团结同志，以身作则，勤奋工作；作为教师，时刻谨记习近平总书记的“教师不能只做传授书本知识的教书匠，而要成为塑造学生品格、品行、品位的大先生”并践行之。并结合工作实际认真开展理论研究，2016—2018年，联合招生就业处、学生处、团委和系（院）一线的同志们，主持完成辽宁省教育工作委员会党建课题“以基层党建提升农业高职学生就业竞争力的研究与实践”。积极参与学生党课教学，2019年参加学校微党课大赛，荣获三等奖。

工作12年来，多次年度考核优秀，其中2008—2010年、2017—2019年两次连续三年考核优秀。先后获得“辽宁省农委先进工作者”“辽宁省高校就业工作优秀工作者”“省暑期社会实践先进个人”“营口市优秀团干部”和“学院优秀党务工作者（优秀党员）”等荣誉称号。

2. 教学经历

李文一同志虽一直兼职行政工作，但从没忘记教师的本职岗位，教书育人，近几年虽行政工作压力增大，授课任务有所减少，但近三年年均工作量仍达354学时，其中，年均实践教学125学时。包含“食品理化检验”等专业核心课、食品营养与检测专业综合项目等实训课程和毕业设计指导等。他说作为学校教学工作意见的主要制定者和教改方向的主要建言者，如果不能掌握第一手实际材料，难免出现政策、意见和要求等走偏的情况。

3. 企业实践经历

作为一名从校门到校门的“科班”教师，李文一同志深知自己在实践方面的不足，因此十分注重企业实践锻炼，经常利用寒暑假赴合作单位蹲点学习，并多次利用走访实习企业的机会到一线观摩。通过企业实践，他从中看到了企业人的顽强精神、对产品质量孜孜不倦的追求、对行业发展的使命感，深深地意识到，必须将这种精神、追求和使命感带入课堂，使学生们在具备奋斗、拼搏的朝气和为行业建设发力的精神，有为国家发展甘当基石的担当，在社会发展的滚滚潮流中展现自我价值。教学内容的选取更是贴近于企业的生产实践、取材于技术的最新动态、着眼于行业的发展动向，因此他更加坚信只有进入企业，才能掌握这种动态，创新的内容才能符合社会经济发展需要。

多年来，他蹲点学习的企业包括好利来集团（沈阳好利来食品有限公司）这样的龙头食品加工企业，也包括盘锦市环境科学研究院这样的环境影响评价科研院所，更到过辽宁营港锌硼酸科技开发有限公司这样影响农产品安全的地方农事企业。这些经历让他真正理解了职业教育应与行业企业生产紧密结合，学校与企业互动，既保证教学的有效性，又对企业发展有利，是教学与生产双赢的有效途径。

二、教学能力与水平

1. 教学设计能力

李文一同志能够及时跟进行业企业动态和发展趋势，分析专业所属领域岗位任职专业能力和综合能力需求，准确设定课程教学实施的目标、内容和学习方法。在教学设计中突出学生在校学习与未来工作岗位要求的一致性，能综合考虑顶岗实习和生产性实习，系统设计课程的实践教学，成效显著。作为学校“食品理化检验”团队负责人，为了上好该课程及对应实训周、专业综合实训项目，让学生课堂上学到的技术技能与生产一线接轨，他组织教学团队，向合作企业和毕业生发放问卷，回收了 15 份问卷，其中既包括全国普适的乳及乳制品、焙烤食品，又有区域的酱腌菜和浓缩果汁；既有千家万户餐桌上的畜水产品、罐头、饮料和丸类，又有涉及国际贸易的大宗粮食、蔬菜，整理出 173 个检测项目（指标），从中归纳选取了 52 个实验、实训项目，针对该课程在不同专业课程体系中的定位，选取不同实验、实训项目。另外通过归纳发现，目前部分教材和院校（包括我校）采用的以食品类别为模块的课程内容设计不符合《国家职业教育改革实施方案》对建设工具书式教材的要求，也不利于学生未来发展。团队正在建设在线课程，拟把团队的教学成果惠及更多的院校和从业者，本课程设计将突出学生到技术工人的无缝对接，同时，将思政要素和职业要素融合于课程教育教学全过程；好利来集团、伊利集团、安井美食等多家企业的区域或部门负责人通过问卷用途了解到学校的授课需求和建课意向，纷纷对团队的工作予以高度评价，并表示愿意派出技术人员配合学校课程建设，如有需要可以到企业实景拍摄。

2. 教学组织能力

李文一同志在日常教学中坚持因材施教，体现学生主体地位，关心学生个性化发展，注重培养学生的职业道德和职业精神培养。在 2019—2020 学年第一学期“化验室组织与管理”课程教学中有效地使用学校自建的“智课堂”平台，积极利用现代化信息技术提高学生自主学习能力，激发学生学习兴趣，通过翻转课程方式，提高教学成效，学生反映良好，本学期教学效果评价该课程的学生评价高达 98. 7 分，名列全院前茅。

积极探索现代学徒制，作为主要参与人参与食品加工技术专业教育部“现代学徒制”试点工作“现代学徒制”试点工作。参与了合作企业遴选，联合企业负责“现代学徒制”专班招生，以第二完成人进行人才培养方案制定、论证、定稿，联系新锦成公司完成人才培养效果第三方评价等工作。经过探索、实践、总结，2019 年试点工作已通过教育部验收。

他作为一名从一线教师到教务处副处长的管理岗位，目前仍在承担课程教学上任务，同时通过岗位工作（主笔制定《学校 2019 年全日制学生人才培养方案指导性意见》和《模板》），着力推动“二元三体系”校企合作、工学结合的人才培养模式；通过制定《学校 2019 年扩招专项生人才培养方案指导性意见》和《模板》，推动分层分类教学，采用“现代学徒制”等人才培养模式和“送教入社区”“送教到地头”等教学模式让扩招专项教学落到实处，达到“百万扩招”的初衷。

作为学校联系人，全面推进学校四个“1+X”证书工作的开展，认真领会教育部关于“1+X”证书文件精神，学习徐国庆等教育专家关于“1+ X”证书等的解读，理解“1+ X”证书工作开展的目的和意义。拟在自己下学期将讲授的“样品处理技术”参照《粮农食品安全评价职业技能等级证书》部分内容进行课程改革，争取在证书可对应的课程上做到课证融通。

为落实 2016 年全国高校思想政治工作会议上习近平总书记讲话精神和 2017 年全国高校党的建设工作会议暨加强和改进高校思想政治工作座谈会安排，李文一同志通过学习兄弟院校的经验教训、经多方征求意见设计并组织了辽宁农业职业技术学院首届（2018 年）“‘课程思政’教学设计大赛”，经过总结和梳理，2019 年成功举办了第二届，并已作为固定项目列入学校教师大赛系列赛。设计并组织学校 2019 年（首届）的“教师实践技能大赛”；负责学校近三年各类教师教学能力大赛选拔与推荐工作。

三、教学实施

1. 教学资源建设情况

多年来，李文一同志一直注意教学资源的积累和丰富，2013 年参加江苏食品药品职业技术学院牵头的食品加工技术国家教学资源库建设，并任“饮料生产技术”课程行企资源库负责人，完成了 10 个视频、43 个文本、35 个图片素材的资源上传任务，于 2016 年 12 月通过教育部验收。受此工作启发，为开展好学生体验、跟岗、顶岗实践实习和就业实习工作；他积极联合合作企业，建成了辽宁农职院食品类专业线上“中高职院校教师—企业管理者—就业创业者”三方信息交流平台，推动了辽宁农职院食品类专业教育联盟建设工作，同行和社会反响良好。

他作为我校农产品质量检测专业“农产品产地环境检测”首开课教师，2011年调转专业后，将所有授课资料、素材无保留地交给继任老师。2013 年该课程申报国家教学资源公共服务平台过程中，时任该课程主讲教师的雷恩春副教授邀请其加入建设团队，作为副主持为该课程入选国家教学资源公共服务平台做出了积极贡献。

目前，他正在参与组织学校辽宁省“双高”建设专业群建设任务，主要负责各专业群核心课程建设。本人主持在建的核心课程“食品理化检验”，教学案例全部来源于行业企业实践，内容全面，并在课程中加入了综合实训项目，使学生了解食品生产全过程，进而掌握各环节检测的深层目的，使学生对“产业链”有所认知，让“专业链”概念落到实处。

通过各门课程的教学实践，为配合授课需要，结合其积累的素材。他讲授的“化验室组织与管理”课程多年来一直选用姜先生主编的国家规划教材，编写水平很高，但它主要面向化工类学生，在食品类学生使用的过程中略有不对称，于是李文一老师联合伊犁职业技术学院张积荣老师、通标标准技术服务有限公司大连分公司王楠工程师和大连真爱果业有限公司王成义高级工程师等同行或一线专家以及本校的该课程主讲教师，主编了《化验室组织与管理》，已于 2019 年 4 月出版。作为副主编参与了《样品处理技术》教材中样品采集、前处理部分和《功能性食品及开发》检测部分的编写。作为第二主编参与江苏农林职业技术学院韩艳丽老师拟编写的《食品理化检测技术》已入选第二批农业农村部“十三五”规划教材。

2. 教学成效评价

李文一同志从 2011 年开始参与学生技能大赛的筹备和学生指导工作，后来又增加了承办组织工作。工作过程中，他总结出一些经验，除教师指导水平、仪器设备、学生努力程度等客观可见因素外，学生的心理素质也在大赛中起到很大的作用。比对本校某一赛项几年的省赛和国赛成绩，通过直接接触和通过指导教师对参赛选手深入了解后发现，在技能水平接近的情况下，心态平和、冷静、稳重的选手往往能取得更好的成绩，这种情况在国赛中体现的尤其显著。2019 年辽宁省省赛团队扩容，他们团队 6 名教师负责 6 名学生的指导，在技术指导的基础上，他着力强化心理压力训练，经常请学生不熟悉的老师来现场，进行比赛模拟，并在其中设置障碍，来增加难度，若提出异议，不但不予解决还故意“刁难”，造成学生心理波动，以达到锤炼效果。当年三组选手包揽辽宁省职业院校技能大赛“农产品安全与质量检测”大赛前三名。

他在本职岗位上，积极推动学生技能大赛的海选制度，为鼓励学生积极参与，使“以赛促学”落到实处，校内比赛也给予学生证书和物质奖励。目前学校参加的15项技能大赛，选手全部由海选产生，每个专业至少有1周的专业核心技能课，用以训练和海选大赛选手。

因工作岗位，近三年未参加需要任何校内评比推荐的教师教学类比赛。近三年教学质量评价均为优秀。

3. 教学研究与改革

开展教学研究可以提高教师的思想境界、形成科学的教育思想、增强信息意识、提高教学水平和创新教学模式，同时还可养成学习、研究、思考的良好习惯。通过研究新问题，选用新方法，探索新知识，教学过程就会得到优化，在研究中，研究者注意调查研究，从实际出发，可使自己学习掌握教育规律，了解教学发展趋势，进而教育教学能力就会得到提高。教师在教育科研过程中，不断学习、研究和探索新的教育教学思想和方法，有利于形成和创新教学模式，新的模式应用到实践中，能加快培养学生的创新精神和能力，深化教育教学改革。

李文一同志主持完成省级教研项目3项：中国职业技术教育学会科研规划课题“高职食品类专业‘校企联动、教培并行’人才培养模式的研究与实践”（2012—2013年）、全国食品工业职业教育教学指导委员会教育教学研究课题“‘现代学徒制’人才培养在高职食品类专业的探索与实践”（2014—2015年）、辽宁省教育科学“十二五”项目“中高职紧密衔接的‘现代学徒制’人才培养模式研究——以食品类专业为例”（2015—2018年）。并将教学研究成果用于指导工作实践，成效明显。

根据学情现状和社会经济需要，目前正在进行高职毕业设计（论文）改革的前期调研，拟立项对其进行深入研究，以期为高职院校探索出适合各自专业、针对个体可行的毕业前综合大考。

四、社会服务能力

1. 培训鉴定情况

李文一同志为国家职业技术鉴定质量督导员，食品检验工考评员、化学分析工考评员。近年来多次参与组织我校鉴定站和参与其他鉴定站的鉴定、督导工作，我校的职业农民学院承担着辽宁省大部分市县的农业技术员、新型职业农民和农场主等群体的培训任务，部分同志基础薄弱，技能培训鉴定工作压力很大，近三年累计通过 768 人次，效果良好。

2. 技术服务情况

作为教师只完成教学任务远远不够，要想使学生掌握全面的知识，必须对专业技术前沿、专业发展方向和专业技能有深入的研究。学生期待教师站在学术前沿，让学生感受到学术的真实性，也能够增长信心；可见没有学术研究，教学是无法达到卓越的，更无法做到服务行业企业。因此，李文一同志积极加入技术研发工作，为做好教学和服务社会打下坚实基础。

自参加工作以来，积极联合行业企业、母校西南大学开展技术改造、工艺研发、基础理论等科学研究。本人主持完成了辽宁省教育厅课题“毛酸浆系列产品研究及相关功能性食品开发”（2015—2018 年）、学校重点项目“酸浆引种栽培及酿酒、罐头等深加工研究”（2013—2017 年）、学校一般项目“蔬菜基地土壤 Gd/Zn 污染的生物修复技术研究”和西南大学合作项目“土壤重金属 Gd/Zn 污染的生物修复技术研究”（大宗蔬菜产业技术体系子课题）。

通过上述课题的研究，目前李文一同志以第一完成人持有实用新型专利 1 项、第二完成人持有实用新型专利 1 项、第三完成人持有发明专利 2 项；参与制定企业标准 1 项，拟出版以研究成果为主，综合课题组调研、其他科技人员研究成果为辅的《毛酸浆高产栽培及加工技术》编著 1 部，使问题从生产实际中来，成果到生产实践中去。他还兼职任营口市科技特派员。

李文一同志本着提高学生的职业核心能力为宗旨，从平凡的教学工作中感受生活、享受生活，热爱生活。“授人以鱼不如授人以渔”，教师教会学生的不仅仅是知识，还有立足社会的能力和积极向上的斗志。

于越

一、基本情况

本人作为一名党员教师，自2003年入党至今已经17个年头，我时刻不忘以一名党员教师的标准严格要求自己，政治立场坚定，时刻保持清醒的头脑，高度的政治觉悟，认真学习马克思列宁主义、毛泽东思想、邓小平理论、“三个代表”重要思想、科学发展观及“十九大”报告等重要思想，不仅在理论上武装头脑，在党性修养上提升觉悟，在实际行动中也率先垂范。本人作为校服装设计学院教师支部书记，我立足党性原则，严守政治纪律，牢固树立正确的世界观、人生观、价值观，勤于学习、勇于担当，不仅自己积极参与，还组织学院教师、支部党员参与院校的各项政治学习、组织活动与工作任务。

本人作为服装表演专业教研室主任，在教学的平凡岗位中，兢兢业业，以身作则，严谨治学，一丝不苟，不迟到早退，不怠工、不旷工，这是一名教师的基本职业操守，但当一名教师把这些基本规范一如既往的严格执行，这看似微小的事情也是一件非常不容易的事！“功崇惟志，业广惟勤”“只争朝夕，不负韶华”，习主席对青年人的勉励让我眷眷不忘。

在专业教学中，我从不挑剔课程，承担的教学工作量也是最重的，也常常承担一些不太受欢迎具有一定难度的专业课程，无论课堂上下，只要学生有问题，我一定会不厌其烦，耐心解答，直到同学们弄懂为止；在生活中我默默帮助那些有需要的学生，比如去年我看到有学生帮毕业的10级学生高靓在众筹里为其生病的父亲募捐，我悄悄献上自己的爱心与祝福。在思想上，我会关注学生的心理变化，跟学生谈心，帮助那些有困惑的学生走出迷惘，厘清方向。比如，2015级我们班有个叫陈泽宝的男生，身高只有176厘米，离服装表演专业男模最低身高要求182厘米还差6厘米，因为当年河南的省统考是表演艺术类作为一个专业大类一起考的，而他是学舞蹈的，阴差阳错就到了我们学校，开始时专业的差异和身高的差距让他很沮丧，我就跟他谈心，“既来之则安之”，举之前学长的例子给他听，让他避弱就强，充分发挥自己的舞蹈特长，选择编导、模特教育等作为自己的发展方向，使他重拾自信，后来成为班级的班长，2018 年还成了学院的优秀毕业生。很多学生毕业时都跟我说过类似的话：于老师，我们从您身上学到了很多东西，感谢您教会了我什么是“认真”，什么是“责任”！在指导教学实践中，为人师表，甘于奉献，2018 年 6 月，我一边做学校的毕业开放展示周开幕式，一边做省教学能力大赛，一边带学生的毕业设计创作及作品展览，几个项目一起忙，一度累的嗓子嘶哑说不出话来，但在困难面前，我毅然坚强持守，圆满完成每项任务。展示出一名党员教师应有的模范带头作用和“不怕苦，不怕累”的责任担当精神以及团结协作的大局意识。

二、教学能力与水平

1. 在教学设计中，能够洞察行业动态与市场需求，及时跟踪产业发展趋势和行业动态，对接职业岗位需求与课程教学实施

党的“十九大”以来，国家更加注重意识形态领域的建设，重视产教融合，技能型人才的开发，着眼于大国风范、工匠精神的培养，出台了一系列文件《关于加强和改进新形势下高校思想政治工作的意见》（2017. 2）、《国务院办公厅关于深化产教融合的若干意见》（2017. 12）等一系列文件。基于这一系列文件精神的学习，以及互联网时代下日新月异的市场变化，2018 年我参与了教育部行业职业教育教学指导委员会主办的“全国服装表演课程标准修订”，旨在更好的规范专业基础教育课程，跟上市场和企业的需求，实现专业与产业、行业的对接。论坛中我清晰地看到互联网时代下网红经济、多媒体技术的蓬勃发展，线下模特教育培训岗位的激增，会后我携同教研室师生进行市场调研，了解行业需求，及时跟踪产业发展趋势和行业动态，通过问卷星针对行业、企业、高校、毕业生、在校学生等做了一系列的调研问卷，并根据教育教学指导方针适时做出教学改革，修订人才培养方案，构建开发德智体美劳全面发展的人才培养体系，开展课程标准、教学体系、授课内容等教学资源的建设。

2018 年我校校内实训基地“时尚中心”项目正式启动，并在我们服装设计学院落成，时尚中心项目是我校校领导牵头，院领导主持，我们服装设计、服装表演专业师生与南京远东国际艺品有限公司共同参与、设计研发的校企合作项目，双方坚持“互利互惠，共同建设”的原则，建立工学结合的校内实训基地，旨在培养适合市场和企业需求的人才，南京 MOUSE JI 设计总监吉平生先生亲临学院上课，把 MOUSE JI 品牌的设计理念、产品研发、市场需求等与我院师生的专业特色相匹配，我们师生以“苏州桃花坞图案”为切入点，以“吴文化”为精髓，以“苏式生活”为主题进行设计，推出了全新的设计品牌 SGM ART. MOUSE JI。

时尚中心项目是服装设计与服装表演专业师生共同设计、共同开发、共同演绎的一个重要建设项目，本项目充分体现了校企合作的深度融合，把专业与产业、职业岗位相对接，把专业课程内容与职业标准相对接，教学过程与生产过程相对接。我秉承时尚中心的设计理念——“中国传统元素的当代化表达”，我以项目为课题，把课题内容融入学生的教学中，创作出一系列极具民族风格的艺术作品，锻炼了我们师生的实践能力、创新能力、组织管理能力、教学能力等各方面水平，同时也为企业作品的设计研发与创新注入了新机，为企业岗位需求培养了后备力量，为企业品牌文化植入了新生。

2018 年我们师生作品登上了中国国际时装周，2019 年我们师生作品又登上了米兰国际时装周的舞台，作为校企联姻、产教融合、协同育人的成果体现，集中展示了我校师生教学的优秀成果，我们不仅向世界展示了中国文化，还向世界传递了中国声音。

2. 深化教学改革，大胆突破创新，运用信息化手段，开展课程教学资源建设，进行一体化教学

本人从事服装设计理论与表演教学研究 16 年，主要从事“T 台表演”“形体舞蹈”“形象设计”“服装表演编导”“摄影造型”“服装史”“礼仪”等课程教学，长期的一线教学积累了很多经验，也给了我不断进行课程改革和探索的机会，为响应《教育部关于加强高等学校在线开放课程建设应用与管理的意见》，我在校领导的组织下，率先尝试在线课程建设，2015 年下半年，我通过一段时间的准备，自己设计与主讲的在线开放课程“形象设计”正式上线，一经在苏州国际教育园推出，就获得了强烈反响，选课人数骤增，2016 年就获得了苏州国际教育园“最佳课程奖”，随即被智慧树平台推广的东西部联盟上进行选课，当年选课的人数就达 2 万多人，网络好评不断，很多学生在网上留言说“课程太好了，非常实用”“学到很多东西，真想收藏”等。2017 年课程获苏州市首批在线精品课程，目前国家精品课程在评中。为了让更多的学生受益，目前课程不仅应用于专业教学中，还在学银在线、中国大学 MOOC 等多平台上运行，据平台数据统计选课人数达 6 万多，有近 200 所高校选课，好评率 97%以上。

在专业教学中，有在线课程做支撑，我采用翻转课程的教学理念，通过现代化信息手段的应用，优化了教学过程，提高了教学效率，丰富了教学方法，有效激发了学生的学习兴趣。特别是在2020年年初的疫情之际，完善的在线课程体系，从学、教、练、评、考核等各方面都发挥了作用和优势，一点没耽误专业的学习，让师生和家长都吃了一粒定心丸。

2018年，我参与苏州工艺美术职业技术学院信息化教学能力大赛，获特等奖；2019年，我参与江苏省教学能力大赛，获江苏省三等奖；2020年，为做好“传、帮、带”工作，我指导并协助教研室其他专业老师再次冲刺江苏省教学能力大赛，目标省赛一等奖。教学能力大赛不仅是对专业教师专业水平和能力的考察，也促进了专业的教学改革、教学理念、教学新知的探索，在教学的实施过程中，根据职业教育的特点和专业的特性，不断探索“现代学徒制”的新型教学模式，把服装艺术表演与传统的梨园艺术表演相匹配思考，坚持因材施教，注重学生专业个性化发展，把思政教育与专业课程相融合，把培养学生的职业能力理论与实践相结合，培养理实一体的应用型时尚人才。

3. 极开展课程教学资源建设，编写本专业课程教材。对接校外企业项目，拓展校企实训基地，把表演实习、行业实习课程融入校外实训基地，开发课程实训项目，建设课程实训平台

自2018年我院校企实训基地“实训中心”建设以来，在师生与企业的共同努力和打造下，我们产出了一系列优秀作品，在国内外时装周上一经推出反响强烈，深受业内人士和行业专业的好评。为固化教育教学成果，在校领导的指示和院领导的指导下，我们开展了时尚中心教育教学成果系列丛书的编写，我本人负责书籍中关于“时尚秀场”部分的撰写工作，书籍预计2021年在高等教育出版社等出版社出版发行。同时，在学院高职的“双高建设”计划中，我编写的《形象设计》也被规划为专业教材，与在线精品课程、视频、课件同步呈现，预计2022年完成。

另外，本人还积极探索并承担了校企合作机构与基地建设。近些年，学院先后与贵州雷山文化展示中心、江苏景盟针织有限公司、苏州镇湖刺绣产业基地等一系列政府机构或企业签订了校外实训基地，作为项目对接负责人，我把学生的表演实习、行业实习课程与企业项目结合，探索了一套以学生为主体，教师为指导，企业共同参与的多元化、全方位的教学实践评价体系，把学生成绩与职业资格证书、企业岗位工作职责等社会评价对接，采取工学交替、任务驱动、项目导向，“教学练”一体化为行动导向的教学模式，注重培养学生的实践能力、职业道德和职业精神。指导学生参加了雷山苗年鼓藏节展演，江苏景盟针织企业有限公司20周年庆典，苏州镇湖苏南展洽中心开幕、苏州首届金鸡湖双年展开幕展演等一系列大型活动演出，充分展示了我们专业师生的专业性与职业精神，为学院赢得了声誉和口碑。

此外，作为专业教师我也积极拓展学生的校外实训基地，先后与苏州新丝路文化艺术品有限公司、上海火石模特经纪公司、苏州艾首秀文化传媒有限公司等多家企业建立校企实训基地。让学生的校外实训的舞台触及演出、拍摄、教学等各个领域。

4. 积极指导学生参加省级以上专业技能大赛，在毕业设计评比、专业展览等方面都取得优良成绩，并获得优秀指导教师奖

在专业赛事上，本人秉承“寓教于赛”的方针，不仅自己积极投身于教学能力大赛获得不俗的成绩，还多次担任全国职业院校技能大赛评委，2020年获得全国职业院校颁发的《优秀裁判员证书》，同时指导学生在全国知名模特大赛上获省及全国奖项若干。近5年指导学生获国家级奖励的5人以上，主要有：2020年“第四届中国大学生服装模特大赛”指导18级学生范丽聪、冯昊获得全国总决赛三等奖，2019年“IMC上海国际模特大赛总决赛”指导18级学生张良壮获TOP15强，2018年“第二届中国大学生服装模特大赛全国总决赛”指导16级汪宇获全国二等奖，2017年“第29届世界模特小姐大赛全国总决赛”指导16级郭佩昕获最佳身材奖，2016年“第32届新丝路中国模特大赛中国总决赛”指导14级刘一霖获季军等，学生佳音频传，我也先后获得“上海国际模特大赛组委会”“中国纺织服装教育学会”“世界模特小姐大赛组委会”颁发的“优秀指导教师”荣誉称号，师生成绩既是专业能力的表征，也是专业教学成果的体现。

在辅导学生参赛的过程中，我注重因材施教，根据学生个性和专业特点进行针对性的赛事辅导，比如2020年年初刚结束的“第四届中国大学生服装模特大赛”，我院18级大二学生冯昊和范丽聪同来自全国近70所高校的78名选手的激烈角逐中脱颖而出，分获男、女组三等奖的好成绩。这两位同学在推荐之初，不算班级里专业最突出的学生，然而都属于综合素质较高，专业潜力比较大，发展前景较好的学生；但劣势也显而易见，年级不高，专业水平还不够高，个人都存在一定的不足。比如学生冯昊的主要问题是体重有点超标，还未能达到国际男模的身型标准，我就给他安排饮食营养餐，要求他严格控制饮食，甚至比赛前要求他控制水分的摄入，鼓励他发挥表现力强的专业优势，尽量在休闲装和礼服环节多得分以弥补泳装环节的缺憾；学生范丽聪主要的问题是专业不够娴熟，自信心缺乏，在赛前指导中，我一边给学生加强专业能力训练，一边疏导学生紧张的情绪，让她不要把第一次比赛看到太重，就当成练兵积累经验，不要设定目标压力，自信演绎不留遗憾就行。最终两人不负众望，双双获奖。

近两年在指导毕业设计中，也取得了较好的成绩，2019 年指导 17 级朱诗怡作品获苏州工艺美术职业技术学院校时尚中心优秀作品设计，2018 年指导 15 级毕业生陈泽宝、陈思两位同学获服装设计学院院优秀毕业设计，并获得学校颁发的优秀指导教师奖。

此外，我还指导学生从事江苏省大学生创新创业课题的研究，2019 年学生“大学生‘精专立德’的职业生涯规划研究”获省级课题立项，2020 年指导学生参加校职业生涯规划赛获院级一等奖并选送参加省赛。赛事锻炼、毕业设计、课题研究等这些项目，让学生和老师教学相长，不断提升，即锻炼了学生的能力，又精进了学生的专业，丰富了学生的大学生活。

三、教学实施

近 5 年发表专业相关的科研论文 13 篇，其中 2019 年在《艺术品鉴》上发表《服装表演氛围设计创新思维的分析与探索》，2018 年在《戏剧之家》发表《高校服装表演专业课程革新探析》，在《大观》上发表《艺术表演中的服饰设计审美探究》等教学研究和改革方面的论文 5 篇，并积极进行课题审报，2019 年，“高职表演艺术类专业‘德艺双馨’人才培养的实践研究——以高职艺术表演专业为例”（项目编号：2019SJAI340）的课题在省哲学社会科学类立项，“浅谈高职院校艺术设计类专业人才培养模式的创新反思”校级课题结题。同时根据国家教育方针政策及学院要求，2018 年服装表演专业依据行业考察信息，职业岗位需求，专业课程建设需要，开展了专业论证会，并在学院的指导下逐步进行了“专业教育教学改革”，2018 年首先修订了人才培养方案，调整了教学计划，摒弃了一些不太成熟的课程，增加并增设了一些适合行业发展的新课程，比如为更好的顺应网络多媒体经济的发展，增加了“摄影造型”“形象设计”等课程的课时量，为深化并拓展专业辐射面，根据少儿培训行业的蓬勃发展以及对模特教师岗位需求的激增，我们增加了“模特教育”课程，从教师的职业操守、职业能力、职业精神着眼，不仅培养专业技能强的优秀学生还要培养具备良好职业素养的学生。

2019年我们又依据《教育部关于职业院校专业人才培养方案制定与实施工作的指导意见》教职成［2019］13号文的指导意见，再次进行了校对审核，把健全德技并修、工学结合的育人机制，构建德智体美劳全面发展的人才培养体系，作为我们人才培养的指导思想，推进全员全过程全方位“三全育人”，实现思想政治教育与技术技能培养的有机统一，把“立德树人”放在专业教学的首位。今年又在此基础上进行了服装表演专业课程标准修订，让课程标准更符合我们专业教育教学的实际应用。

为更好地提升自己，提高专业教育教学水平，进行教育教学改革。我不断丰富和完善自己，积极参与学术研讨与培训，比如2019年上半年我参加了“省在线开放课程开发与微课设计制作高级研修班”并顺利毕业，下半年我参加了职业院校课堂教学模式改革与课程思政实施策略高级研修班，2019年年底我又通过了全国核心能力认证高级礼仪指导师师资培训与考核，获得了“高级礼仪培训师”的荣誉称号，为接下来的课程建设、专业思考都开拓了较好的思路。

2019年10月，我在前期苏州市精品在线课“形象设计”建设经验的基础上又申请了礼仪的专业思政在线课程建设，把礼仪“仪”脉相承作为下一门在线精品课程建设，目前教学团队成员正在积极筹备中，我们把国学与现代礼仪相融合，在继承和发扬中探讨中华礼仪的博大精深。

四、社会服务能力

学院众多校内外实训基地平台的建设，为专业学生的学习和实训提供了丰富的渠道，也促进了产学研的发展，横向科研项目的建设，比如，依托校内实训基地“时尚中心”，我们把课程与企业设计研发对接，学生的设计成果如果被企业选中采纳，就会转换为现实的产品进行批量生产，学生也会因此拿到设计稿费并依据产品的销售量和销售额，学生也还会拿到销售分成，这是设计成果的转化；学生在校外实训基地中，参与项目的编导、演出、制作等，依据岗位分工的不同，职业岗位工资的标准，在项目结束后也会获得相应的“工资”。近几年，专业在校企合作项目中，为学院引进资金二三十万元。

本人所教“形象设计”在线课程在学银在线、大学MOOC等教育平台的免费推广及运用，也为众多社会学习爱好者带来了福利，让普通大众也能通过网络接受免费、实用的专业学习。我也因此时常受企业邀请，为企业做色彩搭配、形象设计等方面的讲座，面向企业的实际需求，为企业开展相关培训，让教科研成果更好地服务于社会。

优秀论文篇

一 等 奖

高职高专院校思想政治理论课教师队伍建设面临的问题与对策研究

论文名称：高职高专院校思想政治理论课教师队伍建设面临的问题与对策研究

发表期刊：思想理论教育导刊

发表时间：2019 年 8 月

第一作者：蔡小葵

作者单位：广东轻工职业技术学院

论文摘要：习近平总书记在学校思想政治理论课教师座谈会上强调：“办好思想政治理论课关键在教师”，并对思想政治理论课教师提出了“六要”的要求。党的“十八大”以来，我国高职高专院校思想政治理论课师资队伍建设取得了不小成效，但还存在一些不容忽视的问题。根据目前我国高职高专院校思想政治理论课教师队伍建设中存在的宏观和微观方面的问题，从社会层面、学校层面、学科层面、个人层面，分析其产生的原因，对标“六要”标准，进一步提出政策督查、精准培训、“工程”建设等加强高职高专院校思想政治理论课师资队伍建设的有效对策。

多串口并行通信数据传输系统设计

论文名称：多串口并行通信数据传输系统设计
发表期刊：现代电子技术
发表时间：2017 年 2 月
第一作者：王春媚
作者单位：天津轻工职业技术学院

论文摘要：传统多串口并行通信数据传输系统无法自主获取串口号，需手动选择再打开串口，需要使用者事先了解接口编码，这无形增加了系统的工作时间。为此，设计一种基于 FPGA 的多串口并行通信数据传输系统，该系统中的串口数据接收模块采集多串口数据，并通过控制寄存器达到控制通信数据波特率的目的。系统利用 Nios Ⅱ 处理器使 8 种信道共同进行传输工作，其将数据传输到并串转换模块。并串转换模块对输出的 8 位并行数据添加通道标识，并串转换处理，再将处理后的并行数据传递到串口输出选择模块中。依据数据脉冲上升沿设计串口输出选择模块，该模块通过多路分配器将有数据通道的数据串行逐位送出。系统在软件中进行了传输设计、Nios Ⅱ 处理器流程设计以及通信设备类的设计与封装。实验结果表明，所设计系统在 FPGA 上正确实现了 8 个串口数据的传输，并且具有较高的数据接收成功率。

二 等 奖

Research on economic data management model based on data mining algorithm
(基于数据挖掘算法的经济数据管理模型研究)

论文题目：*Research on economic data management model based on data mining algorithm*（基于数据挖掘算法的经济数据管理模型研究）

发表期刊：Journal of Advanced Oxidation Technologies

发表时间：2018 年 7 月

作者：高秀春、吴建月、薛晓光

作者单位：唐山工业职业技术学院、华北理工大学

论文摘要：With the continuous improvement of China´s economic level research on economic data managementisgetig more and more attention. Therefore, a study of economic data management model based on data mining algorithm is presented. In the study of economic management data, an optimization mode for data management is first designed based on computer technology. In the optimization of data classification, data mining algorithm is used to fully realize the rational management of data. In the test of data mining algorithm, the efficiency and adaptability of the algorithm are tested. The testresults show that our research is feasible.

随着我国经济水平不断提高，对经济数据管理的研究越来越受到重视，因此，基于数据挖掘算法的经济数据管理模型的研究也成为研究的重点。在经济管理数据研究中，首先设计了一种基于计算机的数据管理优化模式技术，在通过对数据分类的优化，采用数据挖掘算法，充分实现了对数据的合理管理。在数据挖掘算法的测试中，该算法的有效性和适应性经测试实验结果表明，我们的研究是可行的。

Cultivating a safety mindset in chemical engineering students: Design of a training module (培养化工生产安全管理意识的学习情境设计)

论文题目：Cultivating a safety mindset in chemical engineering students：Design of a training module（培养化工生产安全管理意识的学习情境设计）

发表期刊：Education for Chemical Engineers

发表时间：2017 年 7 月

第一作者：曾安蓉

作者单位：黎明职业大学

论文摘要：In this article，distillation unit shut down - turnaround - return to operation procedure development was designed as a learning situation，in which students were exposed to general chemical plants safety standards and requirements. This article explored the design and selection of teaching scenarios，texts & contents，teaching methods，and students' final assessment. This article served as a reference of chemical plant safety mindset cultivation for chemical engineering students.

本文以精馏塔系统的停车、检修以及开车前准备操作程序的开发为教学案例创设教学情境，让学生在情境学习中了解化工厂安全标准和要求，探索学习情境设计中教学载体的选择、教学环境的设计、教学方法的选用、教学内容的嵌入、教学文件的设计，以及课程实施方案的设计，并通过实践教学，实现了对学生化工安全的基础入门教育。

论高校思想政分治工作的层教育方法

论文题目：论高校思想政分治工作的层教育方法

发表期刊：高教探索

发表时间：2018 年 12 月

第一作者：何小梅

作者单位：广东轻工职业技术学院

论文摘要：高校思想政治教育方法需要不断创新，分层教育作为一种新方法，主要运用于马克思主义意识形态的世界观与方法论的认知教育，以及作为知识形态的价值观理论的认知教育。对于体现价值取向和立场的政治观、价值观和道德观教育，分层教育方法是一种被实践证明为较好的工作方法。通过解决高校思想政治教育对象各自所关注的不同的现实问题，引导价值观念的转变，协调价值立场，着力破解高校思想政治工作领域存在的不平衡、不充分问题，不断提高师生的获得感，从而提升高校思想政治教育的效果。

基于SPOC平台现代学徒制“订制”课程建设研究

论文题目：基于SPOC平台现代学徒制“订制”课程建设研究
发表期刊：职业技术教育
发表时间：2018年8月
第一作者：王霞晖
作者单位：江苏食品药品职业技术学院

论文摘要：

要点：课程建设是推动现代学徒制实施的重要内容和关键。在“互联网+”的大背景下，按照“理实逆向”原则，重构适合职业能力培养的课程体系；根据学徒制“订制”课程特征，编制课程建设标准并形成建设指标体系；利用互联网平台，实施教学运行和质量监控，满足了现代学徒制育人模式的需求。

论据：①现代学徒制“理实逆向”课程体系的架构和内涵以及特征，即：课程模块的课岗对接，校企课程占比划分，完全学分制课程修读方式，课程企业“过岗制”考核。②现代学徒制“订制”课程的特质：联合性、兼容性和信息化。③现代学徒制“订制”课程建设标准的架构，由4个一级建设项目，11个二级建设要素和21个三级关键要素构成的分级建设指标体系。

水平：信息技术带给了课程建设新高度，数据平台保留了课程建设痕迹，SPOC平台成了教学活动的主战场，SPOC平台助力课程运行管理。

效益：现代学徒制“订制”课程建设的研究和实施，实现了课程内容与职业能力标准对接，教学过程与生产过程对接，借助SPOC平台，应用互联网和网络教学资源，开展移动教学、翻转课程等教学模式创新，同时运用大数据，提高和完善课程建设标准和课程建设的管理。

论高职院校学生教育管理与教学活动深度融合的育人模式

论文题目：论高职院校学生教育管理与教学活动深度融合的育人模式
发表期刊：教育与职业
发表时间：2017 年 5 月
作者：王开淮、聂文俊
作者单位：四川工商职业技术学院

论文摘要：长期以来，我国高职教育呈现出学生教育管理与教学活动相对分离的状态，重专业知识与专业技能培养，轻职业精神与职业素质养成，制约着高职教育人才培养质量的提高。对此，必须实现学生教育管理与教学活动的深度融合。这既是现代高职教育发展的必然要求，也是遵循现代职教规律的必然体现，是实现高职学生全面发展的必由之路。学生教育管理与教学活动深度融合，是指学生教育管理与教学活动均应服从和服务于专业人才培养目标，以专业人才培养方案为统领，把学生教育管理与教学活动作为一个整体进行设计和实施，根据毕业生知识、能力、素质的要求分别构建课程矩阵，实现学生教育管理课程化并与教学课程耦合，教育、教学团队合力育人。高职院校应建立和完善“四同步”教育教学深度融合的育人模式，学生教育管理计划与教学计划同步设计，学生教育管理课程与教学课程同步构建，学生教育管理活动与教学活动同步推进，学生教育管理评价与教学考核同步实施，让学生教育管理与教学活动共同指向“育人”这个根本，从而实现教育管理目标的明确性、教育管理活动的规范性、教育管理途径的针对性、教育管理效果的可见性，培养适应现代产业发展的高素质技术技能人才。

食品行业技术人员兼职从教意愿的影响因素分析

论文题目：食品行业技术人员兼职从教意愿的影响因素分析——基于天津市食品行业实证调研

发表期刊：食品工业

发表时间：2018 年 11 月

作者：牛红军、孙勇民、杨官娥

作者单位：天津现代职业技术学院、山西医科大学

论文摘要：以对天津市食品行业的调查数据为基础，使用二元 Logistic 回归模型，对技术人员是否愿意到高职院校兼职从事实践型教学工作及影响意愿的因素进行实证研究，并针对性地提出加强兼职师资队伍建设的策略。

调研得到 416 个有效样本，愿意到高职院校担任兼职教师的技术人员仅占总体的 29.09%。数据表明，周工作时间、同事兼职从教情况、单位对兼职工作态度、对职业教育的看法和对兼职工作任务的认识程度对兼职意愿有显著影响（$p<0.05$）。结合食品行业企业和职业院校现状，提出提高企业技术人员兼职从教意愿的策略：①多层面提升职业教育影响力，形成良好的兼职氛围；②物质激励与精神激励并举，激发兼职动力；③关注教师合理需求，解除兼职教师的后顾之忧。

创新性地对大样本量的食品行业技术人员担任兼职教师的意愿调研，以科学、合理的统计学方法定量分析技术人员的兼职意愿及影响因素，填补了无食品技术人员兼职从教意愿实证性研究的空白。

研究厘清了技术人员的状况和影响从教意愿的因素，根据统计结果反映的问题，针对性提出构建兼职教师队伍的策略，对于师资队伍提供了实证性依据，有助于提升兼职师资队伍建设水平，提高兼职教师资源开发效果，建立稳定、高效的专业化兼职。

课程思维视域下高职艺术设计专业的关键问题研究

论文题目：课程思维视域下高职艺术设计专业的关键问题研究

发表期刊：职教论坛

发表时间：2017 年 10 月

第一作者：李闽

作者单位：苏州工艺美术职业技术学院

论文摘要：

①研究的必要性：高职艺术设计专业具有“艺术性”和“职业性”。高职艺术设计专业内涵建设难以突破的最根本原因是艺术与职业相结合的课程思维的缺失。要实现职业教育高质量发展，就必须运用课程思维系统性、科学性地研究专业建设中的教育教学问题。

②确立课程与教学的逻辑起点——课程目标。课程目标必须进行精细化和具体化设定。即确定一般的课程目标，深入分析学生、职业、专业三个要素；依据人才培养目标和学生特征筛选出精确的、具体化的课程目标。

③以项目作为课程内容的主要载体。课程内容应主要来源于职业领域，依据职业能力开发课程内容，以项目课程作为主要的课程模式，应大量增加职业能力中隐含的工作知识。

④“主题+项目”的教学组织模式。高职艺术设计专业最适合的应该是“主题+项目”式的教学组织模式，让学生在获得应该掌握的知识、技能及态度的同时实现创意思维训练的目的。

⑤多元化的学业评价方式。以过程为导向的多元评价方式，评价的内容包括学业报告书和作品，评价主体是学校教师和企业专家。

⑥研究水平与效益。本论文以国内外职业教育理论为依据，对当前高职艺术设计教育中最核心的课程问题提出了解决方案，具有一定的理论价值和实践意义。

三 等 奖

产业学院推进产教深度融合的模式研究
——广东轻工职业技术学院的实践探索

论文题目：产业学院推进产教深度融合的模式研究 ——广东轻工职业技术学院的实践探索

发表期刊：职业技术教育

发表时间：2017 年 8 月

作者：卢坤建、周红莉、李作为

作者单位：广东轻工职业技术学院

论文摘要：以人才需求为导向、以产业为纽带，围绕区域经济发展特色建产业学院已成为四川、广东等地深入推进高职教育产教融合的重大战略举措。作为一所在国内具有较大影响力和较高社会认可度的高职院校，广东轻工职业技术学院立足轻工行业，面向生活产业，确立了“国内一流、国际知名”的高职院校建设目标，通过资源整合重点成立与建设了轻化工技术学院、机电技术学院、食品与生物工程学院等 10 个二级学院，并瞄准世界 500 强企业，下设多个产业学院，有效下放人财事权，促进跨界深度融合，增强办学活力。

现代学徒制背景下
陶瓷传统手工技艺传承人才培养研究
——以无锡工艺职业技术学院为例

论文题目：现代学徒制背景下陶瓷传统手工技艺传承人才培养研究——以无锡工艺职业技术学院为例

发表期刊：教育理论与实践

出版时间：2018 年

第一作者：吴岳军

作者单位：无锡工艺职业技术学院

论文摘要：农耕文明条件下产生的以拜师学艺为契约形式和以子承父业为血缘纽带的传统手工技艺传承人培养，在人才数量、学习周期和创新能力的获得方面，无法满足工业文明条件下产生的以市场为纽带的“现代传承人”培养需求的现实。现代学徒制契合陶瓷传统手工艺的技能技艺传承、工匠精神弘扬和现代传承人培养，是“接力”传承人培养的历史选择。

论据：坐落在陶都宜兴，办学半个多世纪的唯一高校——无锡工艺职业技术学院，坚持服务“传统手工艺复兴”的国家文化战略需求，把具有地域特色的陶瓷传统手工艺纳入陶瓷设计与工艺专业人才培养体系中，从人才培养模式创新、课程体系构建、教学团队培养、传统手工技艺走向国际化四个方面，对培养具有“工匠精神”和创新能力的陶瓷传统手工艺传承人才做了积极探索和实践。

水平与效益：从“知网”上查得，本论文发表一年，有 4 次引用，399 次下载。与本论文相关主题《国家级“非遗”项目“紫砂陶制作技艺”的“现代传承人”培养体系的研究》，获全国教育科学“十三五”规划 2018 年度教育部重点课题立项（课题编号：DJA180333）。与本论文相关实践《陶瓷传统手工技艺的“现代传承人”培养体系构建的探索与实践》获江苏省教学成果一等奖。与本论文相关实践，受到主流媒体关注，如《中国教育报》《光明日报》《中国青年报》《新华日报》等，分别以“陶艺，走出大国工匠”“立足地方、服务行业、产教融合育人才”“产教融合育‘巧匠’”和“如何化解陶艺传承人才”等为主题进行了专题报道，学院陶瓷传统手工艺传承人才培养的探索和实践，已成为工艺美术类高职院校培养传统手工技艺人才的一个范本。

基于 PDCA 的中小企业财务会计外包风险控制

论文题目：基于 PDCA 的中小企业财务会计外包风险控制

发表期刊：财会通讯

发表时间：2018 年

第一作者：梁爽

作者单位：唐山工业职业技术学院

论文摘要：财务会计外包作为一种管理模式可以帮助中小企业有效整合资源，集中力量发展主营业务。但不可否认的是，在这个过程中也产生了诸多风险，若不采取有效措施加以控制反而会降低企业竞争力，抑制企业的发展。本文将 PDCA 理论模型与中小企业财务会计外包相结合，分析外包实施各阶段可能存在的风险隐患，同时提出完善中小企业财务外包风险控制体系的几项建议措施。

我国高职教育经费投入的空间关联性和空间影响因素

论文题目：我国高职教育经费投入的空间关联性和空间影响因素
发表期刊：现代教育管理
发表时间：2017 年
第一作者：濮筠
作者单位：苏州工艺美术职业技术学院

论文摘要：该论文针对 2010 年、2012 年和 2014 年我国 31 个省域高职生均事业性经费投入和地区生产总值的空间探索性分析，研究结果显示，我国高等职业教育事业性经费投入存在着比较显著的空间关联性；高等职业教育事业性经费投入空间影响因素的回归分析结果显示，本地区高职事业性经费投入水平受本地区和邻接地区生产总值的正向影响。地区生产总值的空间聚集是导致高职教育事业性经费投入聚集的重要因素之一。国家应该重视高职教育资源的省际均衡配置问题，应该通过快速开发欠发达地区经济，打破高职教育经费投入欠发达省域之间“低—低”聚集的分布格局，为欠发达地区高职教育的快速发展提供了财力保障，使之尽快走出区域高职教育投资的“洼地”。

基于建构型“自我诊断+企业参与”的专业评价指标体系构建研究

论文题目：基于建构型“自我诊断+企业参与”的专业评价指标体系构建研究

发表期刊：中国职业技术教育

发表时间：2018 年 12 月

第一作者：李青

其他作者：邓毛程、姚勇芳、郑若诗、陈肖生

作者单位：广东轻工职业技术学院

论文摘要：反思当代高职专业评价及诉求，开展“自我诊断+企业参与”专业评价是建立高职专业保障体系的现实选择。重构“自我诊断+企业参与”的专业评价指标体系，能够解决评价标准的第一性、评价指标的主体双向适应性、评价结果的应用导向性等问题；使专业评价指标体系具备“契合多元评价的价值，注重学习成果的产出，建立分期管理的机制”的特征。“自我诊断+企业参与”专业评价指标体系的构建，能够引导我们聚焦行业企业对毕业生的岗位需求及学生发展的需求，让专业评价的结果成为专业改进教学管理，教师改进教学行为的“造血细胞”。

新常态下高职院校创新创业教育与思想政治教育融合研究

论文题目：新常态下高职院校创新创业教育与思想政治教育融合研究
发表期刊：教育与职业
发表时间：2019 年
第一作者：李乐霞
作者单位：江苏食品药品职业技术学院

论文摘要：将创新创业教育与思想政治教育融合，有助于推动创新创业教育借势发展，吹响新常态“众创”号角；促进思想政治教育与时代脉搏律动，实现跨界融合“协同育人”；助力高职学生全面发展，造就“大众创业、万众创新”主力军。目前高职院校创新创业教育与思想政治教育融合的制约因素有：理论储备相对薄弱，教育教学主体存在认识上的不足和能力不足，缺乏课程融入的联动机制和保障机制。对此，文章提出了新常态下高职院校创新创业教育与思想政治教育融合的策略选择：明晰创新创业教育在思想政治教育中的学科属性；把握高职创新创业教育的“创新”本质，定位创新创业教育在思想政治教育的落脚点；加快多重资源整合，深化育人效果；注重顶层设计，健全课程保障机制。

中职学校“数控车削编程与操作”课程分层教学的探索与实践

论文题目：中职学校“数控车削编程与操作”课程分层教学的探索与实践

发表期刊：广西教育

发表时间：2017 年 8 月

第一作者：李宝强

作者单位：厦门市集美工业学校

论文摘要：在“数控车削编程与操作”课程开展分层教学，通过学生分层、教学目标分层、教学与考核评价分层，较好地解决了班级授课制教学存在的问题。分层教学能够适应学生的个性差异，给予所有学生均衡发展的机会，使因材施教、因人施教落到实处。

职业院校传承与培育学生工匠精神困境与策略研究

论文题目：职业院校传承与培育学生工匠精神困境与策略研究
发表期刊：职业与教育（中文）
发表时间：2017 年 9 月
第一作者：聂文俊
作者单位：四川工商职业技术学院

论文摘要：面对我国经济发展、产业结构转型的趋势，推动工匠精神的发展、培养更多高素质的科技型人才成了社会各行业的内在需求，这既是对劳动者提出的技术技能等专业性要求，更是对其职业道德与责任感方面的考验。笔者首先明晰工匠精神的基本概念，阐述职业院校传承与培育学生工匠精神的必要性；其次细致地分析当今社会职业院校传承与培育学生工匠精神的困境；最后从企业、学校、国家三个角度针对性提出几点建议，以促进工匠精神更好地融入我国的职业发展中。

（1）职业院校传承与培育学生工匠精神的必要性。首先，工匠精神是中国经济转型升级的根本要求；其次，工匠精神是职业院校生存与发展的内在需求；最后，工匠精神是学生就业与职业发展的客观需要。

（2）职业院校传承与培育学生工匠精神的困境。一是学校教育教学存在缺失，缺少对学生工匠精神的培育；二是企业参与热情不高，缺乏工匠精神培育的制度与机制；三是深受传统文化观念的影响，社会轻视工匠职业。

（3）职业院校传承与培育学生工匠精神的策略。一是学校应推行工匠精神培育与专业教育融合的育人模式；二是加强校企深度合作，充分发挥现代学徒制的育人作用；三是加强校政工作与交流推进工匠精神培育工程。

总之，职业院校在推行学生工匠精神培育与专业教育教学深度融合的同时，还应充分整合企业和政府资源，形成学校培育为主，企业、政府共同参与的培育机制，从而为经济社会发展提供强有力的人才支撑。

从二维图形到三维空间形态的体验：空间形态创意教学实践

论文题目：从二维图形到三维空间形态的体验：空间形态创意教学实践

发表期刊：装饰

发表时间：2017 年 6 月

第一作者：徐士福

作者单位：广东轻工职业技术学院

论文摘要：本文依托高职环境艺术设计专业的空间形态设计课程教学实践，围绕空间形态创意进行教学方法的研究和探索，尝试连通“三大构成”，开展“二维图形—三维形态—空间体验”循序渐进式的空间教学模式，用“做”中“学”的方式融会贯通理论知识，有效提升了学生学习兴趣，开发了学生空间创意的潜能。

职业生涯规划视角下的高职院校青年教师培养

论文题目：职业生涯规划视角下的高职院校青年教师培养

发表期刊：教育与职业（中文）

发表时间：2018 年 12 月

第一作者：李文晋

作者单位：四川工商职业技术学院

论文摘要：在新时代、新形势和新发展的大背景下，高职教育在教育领域占据了十分重要的位置，为保证高职院校人才培养效果和教育质量，师资队伍建设成为关键一环。青年教师是高职院校教师队伍中的新生力量和未来的主力军，只有建立完整的青年教师培养机制，加快青年教师高水平专业发展，才能为高职院校可持续发展筑牢基础。本文立足于职业生涯规划视角下的高职院校青年教师培养的困境及路径研究，主要内容分为三大部分：第一部分是阐述职业生涯规划理论，找出高职院校青年教师职业生涯发展特点；第二部分是分析高职院校青年教师培养的困境；第三部分是探索高职院校青年教师培养路径。

（1）职业生涯规划理论。首先，职业生涯是一个动态的过程，涵盖了一个人的职业岗位经历以及与工作活动相关的整个工作历程。其次，职业生涯发展一般来说包括三个基本内容：一是职务的提升；二是职能或者技术领域的人事变动；三是从业者由于自身能力。最后，提出职业发展的四个阶段：探索阶段、建立阶段、维持阶段和衰退阶段。

（2）高职院校青年教师培养的困境。通过对高职院校青年教师培养现状进行分析，对高职院校青年教师培养面临的困境进行归纳，主要为以下几个方面：一是职业素养存在不足；二是能力培养存在不足；三是培养保障体系存在不足。

（3）职业生涯规划视角下高职院校青年教师培养的路径。针对高职院校青年教师培养面临的困境，文章从职业生涯规划视角，提出了高职院校青年教师培养的路径：一是强化职业素养；二是加强对青年教师的心理引导，调动青年教师的积极性，提升各项能力；三是要完善青年教师的培养保障体系。

总之，教育大计，教师为本，青年教师是高职院校教师群体中的重要组成部分，各高职院校应深入了解和总结青年教师在职业生涯规划过程中的困境，找到行之有效的路径措施，为青年教师发展创造条件，为高职院校可持续发展筑牢基石。

我国高等职业教育评估政策的演变与展望

论文题目：我国高等职业教育评估政策的演变与展望

发表期刊：职教论坛

发表时间：2018 年

第一作者：马良军

作者单位：河北交通职业技术学院

论文摘要：评估是提高高等职业教育质量的重要举措。评估政策是评估理论的制度化，也是评估实践的行动指南。我国高等职业教育评估政策经历了高职高专院校人才培养工作水平评估、高职院校人才培养工作评估、高职院校适应社会需求能力评估等发展阶段，分析其演变轨迹，以院校实践者的视角，采用前后对比分析等政策评价方法，发现不同阶段的评估产生了不同的政策效应，同时也存在相应的问题。借鉴国际职教评估经验，结合我国高职评估现状，对我国高职评估政策的未来进行了展望。

中职英语教学进行可视化评价的探索研究与教学实验

论文题目：中职英语教学进行可视化评价的探索研究与教学实验

发表期刊：天津职业院校联合学报

发表时间：2018 年

第一作者：马俊超

作者单位：天津市第一轻工业学校

论文摘要：针对当前中职英语教学困境，本文引入可视化评价概念，并付诸实践。通过两个平行教学班一学期的教学实验发现，可视化评价能够激发学生学习英语的积极性，提供学生的英语成绩，对中职英语教学有一定的理论和实践意义。

“食品市场营销”课程之互联网+营销模式实践

论文题目：“食品市场营销”课程之互联网+营销模式实践

发表期刊：农产品加工·学刊

发表时间：2019 年

作者：马长路，李淑荣，王丽琼，柳青，刘小飞，潘妍，曲爱玲

作者单位：北京农业职业学院

论文摘要：“互联网+”是经济社会发展的新形态，在新经济形态市场营销模式变革中，高职院校“食品市场营销”课程开启新一轮教学改革。以“互联网+”市场经济为背景，探索食品市场营销新的营销模式，开启“食品市场营销”课程开设期间不同营销模式实践。实践与调查分析结果显示：“互联网+”背景下，新的食品营销模式得到用户认可，学生营销能力得到快速提高，学生营销的食品销售量稳步提升，引导了大学生积极创业之路。

基于就业导向的“食品质量安全管理”课程建设的探索

论文题目：基于就业导向的“食品质量安全管理”课程建设的探索

发表期刊：农产品加工·创新版

发表时间：2018 年

作者：马长路[1]，罗红霞[1]，句荣辉[1]，汪长钢[1]，柳青[1]，林少华，贾红亮，焦扬[2*]

作者单位：1 北京农业职业学院，2 河西学院

论文摘要：“食品质量安全管理”是高职食品类专业的一门重要课程，知识框架的重要有机组成部分。传统的课程教学已不适应社会和企业快速发展对于食品管理类人才的需求，需加快教学方法的转变。结合本校的教学情况，本文从课程存在的问题、课程设计和教学方法三个方面探讨了本门课程的改革思路，经过不断实践，取得了良好的教学效果。

“互联网+”环境下高职传统教学与MOOC、SPOC比较分析

论文题目：“互联网+”环境下高职传统教学与MOOC、SPOC比较分析
发表期刊：职业技术教育
发表时间：2019年
第一作者：冯燕芳
其他作者：陈永平
作者单位：无锡工艺职业技术学院
论文摘要：

一、“互联网+”环境下大学生学习需求特点及教学要求分析
（一）“互联网+”环境下大学生学习需求特点分析
（二）“互联网+”环境对高职教学的新要求
二、高职传统教学、MOOC、SPOC比较分析
（一）高职传统教学的优势与劣势分析
（二）MOOC教学的优势与劣势
（三）SPOC教学的优势与劣势
三、高职教学传承与融合的启示
（一）高职教学的传承
（二）高职教学的融合

职业教育信息化助力精准扶贫研究

论文题目：职业教育信息化助力精准扶贫研究

发表期刊：教育与职业

发表时间：2018 年 11 月

第一作者：肖力

作者单位：无锡工艺职业技术学院

论文摘要：全面建成小康社会进入最后冲刺阶段，但中西部深度贫困地区仍还有 3000 万贫困人口，成了脱贫攻坚的难点和痛点。梳理信息化、职业教育、教育扶贫、精准扶贫之间的关系可知，教育扶贫是精准扶贫的根本保障，职业教育是教育扶贫的有效途径，信息技术是职业教育扶贫的重要杠杆。

文章通过分析我国贫困地区职业教育的现状，指出职业教育在体制机制、评价方式、资金保障、运维管理、平台构建、对象识别、师资培养、课程建设、培训导向等几个方面所面临的困境，提出了职业教育改革的五项具体措施：①建立以职业教育统筹多方联动的信息化服务支撑机制，利用大数据支持完善职业教育精准扶贫成效评价体系。②加大职业教育信息化建设投入力度，加强信息化设备运维的管理。③搭建多样化的职业教育扶贫信息平台，健全贫困对象的识别方法。④提升教师信息素养，培养一支教学能力强信息素质硬的教师队伍。⑤建立健全职业教育课程体系，不断提高职业技能培训的针对性，从而促进信息化与职业教育的深度融合，助力脱贫攻坚目标的早日实现。

本文理论联系实际，深度剖析发展职业教育信息化对精准扶贫的重要作用，提出了职业教育改革的策略，对职业教育扶贫工作的开展具有一定的指导意义。

高职药物合成技术实验教学改革与实践

论文题目：高职药物合成技术实验教学改革与实践
发表期刊：化学教育（中英文）
发表时间：2018 年 12 月
第一作者：付永山
其他作者：张俊苗
作者单位：四川工商职业技术学院

论文摘要：论文对高职药物合成技术实验教学进行了改革与实践，摒弃传统实验教学存在的弊端，主要围绕教学目标和课程特点，按照“一基础二综合三创新”的思路递进式设计实验项目，教学过程采用工作过程导向 6 步法进行教学，考核成绩从四个维度量化评价，教学效果显著。

（1）教学内容项目化。药物合成技术是典型的理实一体化课程，具有很强的理论性和实践性，实践教学项目依据专业人才培养目标和就业岗位的生产实际设计，紧密结合制药行业特点，注重实践技能的实用性，按照“一基础二综合三创新”的思路递进式设计实验项目，从简单到复杂，从单一到综合。

（2）教学过程情境化。以项目为载体，基于工作过程导向组织教学，按照 6 步法（资讯、决策、计划、实施、检查和评价）进行学习情境设计，将药物合成职业特征分解为主题学习单元，为学生营造“身临其境”的“氛围”，激发学生学习兴趣，启发学生探究思维，调动学习的主动性和积极性。

（3）考核评价多元化。从实验前、实验中、试验后和实操技能比赛四个维度对实验成绩进行考核评价，考核全面，评价多元化、科学合理，充分发挥考试的导向性功能，激发学生的能动性。

坚持“以学生为中心，以能力为本位，以服务专业为宗旨”的理念对药物合成技术实验教学进行了改革与实践，教学效果显著，较好地实现了知识目标、能力目标和素质目标的统一。

专业服务视角下高职高等数学课程现状及改进策略——以四川工商职业技术学院为例

论文题目：专业服务视角下高职高等数学课程现状及改进策略——以四川工商职业技术学院为例

发表期刊：职业技术教育

发表时间：2017 年 9 月

作者：祝青芳（独撰）

作者单位：四川工商职业技术学院

论文摘要：高等数学是高职院校一门重要的公共基础课，然而，学生的数学基础较差、学习动力不足，以及存在教学内容体系陈旧、课程定位不准确、教学手段单一、教学与专业教学相脱节等问题，导致教学效果不甚理想。为此，在专业服务视角下，应明晰数学课程目标定位，构建以就业为导向的多模块课程结构，合理安排教学内容，同时提升教师的专业化水平。

近年来，在高职院校中，任务驱动、理实一体、工学交替教学模式被广泛应用，校企合作、工学结合的人才培养模式大力推进。高职高等数学教育是以高技能应用型专业人才为培养目标，关注学生职业能力的培养。

本文通过对四川工商职业技术学院学生在数学基础、对数学的认识、学习动机、学习态度与方法等方面的调查，并对高职高等数学教学现状进行了分析，发现在专业服务视角下高职高等数学教学改革存在的问题，进而探索了在专业服务视角下为了培养学生的综合素质、创新能力，高等数学教学改革要体现出“必需够用、服务专业”的遵循原则和促进高职高等数学改进的基本策略。

优秀教材篇

一 等 奖

包装材料学（第二版）

书名：包装材料学（第二版）

作者：王建清　陈金周

定价：58.00 元

出版单位：中国轻工业出版社

书号：ISBN 978-7-5019-9752-7

内容简介及特点：

本教材是国家级精品课程、国家级精品资源共享课“包装材料学”的配套教材，内容包括纸、塑料、玻璃、金属、复合材料和辅助材料等包装材料，基础知识覆盖面广，涉及数学、物理、化学、机械学、电子学、电工学、材料学等学科领域，**具有体系科学、内容先进、资源丰富等显著特色，在包装类教育改革创新中发挥了重要的引领作用。**

本教材共分六篇二十一章，45 万字，可设计为 80 学时（讲课 58、实验 22）。前面四篇分别讨论了纸、塑料、玻璃、金属作为包装材料使用时的主要性能及其制品的成型加工技术，以及材料和容器性能的检测方法，第五篇主要介绍了在包装过程中所使用的各种辅助材料，新增了第六篇“复合包装与功能包装材料”，主要介绍了复合包装材料和新型功能包装材料加工技术和主要性能。每章后结合知识要点，并有一定量的思考题。体系完善，内容丰富，特色鲜明。

本教材采用了包装领域的新成果、新技术、新方法、新规范，与生产实践紧密结合，既满足了教学需要，又具有生产、科研方面的应用价值和意义。因此，**不仅在教学实践中取得显著效果，而且得到工程技术人员的使用和好评，在全国包装工程等相关领域产生了广泛而积极的影响，为国内同类教材中的优秀教材。**

现代食品微生物学实验技术

书名：现代食品微生物学实验技术

作者：刘慧

定价：50.00 元

出版单位：中国轻工业出版社

书号：ISBN 978-7-5019-8191-5

内容简介及特点：

《现代食品微生物学实验技术》（第 2 版）是编著者根据自己 30 年讲授“食品微生物学”课程的经验与科研实践，在 2006 年主编出版的《现代食品微生物学实验技术》（第 1 版）和 2011 年主编出版的《现代食品微生物学》（第 2 版）的基础上，借鉴了近年来国内外同类实验教材的优点，参考大量较先进的微生物学实验技术，以及目前现行有效的 GB 4789 系列食品安全国家标准、GB/T 4789 食品卫生微生物学检验标准，编撰的配套教材。新版编写的指导思想及创新特点与国内现有《食品微生物学实验技术》同类教材相比，具有在编排形式上力求创新、在内容上有所更新、在文字表达上把好质量关，以“基本”和“新”为原则，将近几年有关食品微生物学方面的最新理论、新技术、新成果、发展新动态，以及科研实践经验不断充实到教材的实验中，使本书第 2 版内容日臻完善。

该教材将“普通微生物学”和“食品微生物学”两门课的教学内容有机结合起来，组成紧密关联的基础实验和应用实验两大部分，使前后内容融会贯通，编排形式紧凑、突出重点，删除陈旧重复的内容，使内容精炼，语言流畅，条理清楚，避免概念表达不清和内容庞杂。同时将普通微生物的基本实验技术和食品微生物的应用实验技术有机结合，既重视基本实验技能的训练，又注重食品安全相关的微生物检测技术、发酵食品的制备技术、食品加工保鲜技术等食品微生物应用技术。本版教材突出的特色是，对每个实验的写作都非常认真，理论与实践应用相结合更加紧密，基本原理阐述更明确，实验流程更清晰，实验注意事项更详尽，实验的可操作性、重现性和实用性较强，并配合大量的微生物形态图、平板菌落特征图，图文并茂，形象生动，以便初学者容易识别、记忆和掌握。同时文字规范而准确，图表清晰而准确，在其他书中的错误（包括文字、插图、微生物拉丁文）在该书中得到了纠正。此外，在一些重要的实验中都设有相应的探究式思考题，让学生举一反三地学会设计实验方案，培养学生充分发挥发散性思维能力，加深学生对实验的理解和对实际问题的思考，有利于激发学生的学习兴趣和多种能力的培养。

油料科学原理（第二版）

书名：油料科学原理（第二版）

作者：王兴国

定价：58.00元

出版单位：中国轻工业出版社

书号：ISBN 978-7-5184-1493-2

内容简介及特点：

《油料科学原理》（第二版）是教育部高等学校轻工与食品学科教学指导委员会推荐教材和“十二五”江苏省高等学校重点教材。全书系统论述了油料和油脂科学的基本理论、方法、内容和最新进展，内容充实、系统科学、重点突出、体系合理、通俗易懂，可激发学习兴趣，符合教学规律和认知规律，教材编写体例科学、规范统一，出版印刷质量符合原国家新闻出版总署发布的《图书质量管理规定》要求。

教材内容丰富，参考应用了诸多相关领域的论著及期刊论文，充分吸收了本学科国内外前沿研究成果，融入行业发展前沿，全面准确地阐述了本学科的先进理论与概念，科学系统地归纳了本学科知识点的相互联系与发展规律。不仅可作为高等院校食品科学与工程及相关专业的教学参考书；同时可供相关行业的科学研究者与工程技术人员参考，是一本不可多得的自学专业用书。

教材内容充分突出了工科教学的特色——不仅要培养传授理论知识，同时重视理论知识的实际应用。书本内容不仅仅局限于本专业的基础知识，同时注重基础理论知识与实际应用的有机衔接，充分考虑基础理论知识和应用知识比例，避免理论分析过长；充分考虑专业特点，突出个性化，具有很好的灵活性、适用性，融入了最具代表性的实际案例，提高了教材的实用性，增强了教材的可读性。

教材简洁、通俗、实用，本书写作注重“鱼渔”兼顾。不仅让读者清晰的掌握食用油料、油脂的基础知识点，同时注重培养读者的学习兴趣，提升读者的自学能力，做到“能看懂，会使用”，例如，在教材每章内容的后面，均结合知识点、生产实际附有相关思考题。该书符合高等院校食品科学与工程专业基础专业课程改革的教育教学理念，适应学科发展、教师教学、学生自学的发展需求，很好地促进了教学效率的提高，对培养专业人才有极大的实际帮助，是一本求实务新的高校专业课程教材。

全书以“能学懂”“喜欢学”“能用上”为原则，教材内容和设计等均以学生为出发点。将一些晦涩难懂的专业化词语用较通俗的语言表达，教材同时配备了油料实物形态和微观结构、化合物结构、反应路线等大量的图文解释，便于理解和学习，以保证“能学懂”；插入一些与日常生活密切且生动有趣的实例，以达到“喜欢学”；描述的油脂及油料基本特性、基本理论和知识、与油脂工业密切相关的新工艺、新技术、新规范、新理念等，以确保“能用上”。

典型制动化生产线的组装

书名：典型自动化生产线的组装

作者：冯强

定价：23.50 元

出版单位：高等教育出版社

书号：ISBN 978-7-04-045245-7

内容简介及特点：

本书是“十二五”职业教育国家规划新教材，经中等职业教育教材审定委员会审定通过。依据教育部 2014 年颁布的《中等职业学校机电技术应用专业教学标准》中“典型自动化生产线的组装”课程的“主要教学内容和要求”，并参照相关的国家职业技能标准编写而成。

在教材内容选取上贯彻少而精、理论联系实际的原则，避免选用烦琐的理论推导和设计原理内容，注重“教与做”的密切结合和学生训练方面的能力培养，在教材内容编排上与生产实际紧密联系，选用较为先进、典型的实例，使学生获得实用的技能知识；以技能型人才培养为目标，依据学生未来就业岗位所需的基本知识和技能，选择以实际自动化设备为载体，以任务驱动为原则，按实际装调步骤，教学与生产相结合，使学生对知识的掌握和理解更贴近实际，最终实现课程培养目标；以掌握技能为主，理论知识理解为辅，加强基本技能与工艺规范的培养，提升了学生的机械设备安装，电气部分组装以及气动系统的连接等技能；遵循中等职业学校学生的认知规律，坚持以学生为本的原则，对不同水平的学生要求不同，力求达到因材施教、分层教学的目的。本书既可以作为中等职业学校教学用书，也可以作为岗位培训教材，并配套学习卡资源，在中等职业教育教学在线“http：//sve.hep.com.cn”上提供了包括电子教案、多媒体课件等丰富的网上教学资源。

食品分析（第三版）

书名：食品分析（第三版）

作者：王永华　戚穗坚

定价：64.00 元

出版单位：中国轻工业出版社

书号：ISBN 978-7-5184-0964-8

内容简介及特点：

《食品分析》是一本为高等院校食品科学工程、食品质量与安全、商品检验、农副产品、粮食贮藏与 加工等专业学习而编写的教材，该教材同时也为食品卫生检验、质量监督、各类食品企业的相关人员的食品分析工作提供参考资源。

《食品分析》（第三版）在吸收了前人多个同类教材以及《食品分析》（第二版）特色的基础上，对教材内容的选择和编排进行了精心的修订，使教材在整体内容上能与时俱进，充分发挥其对学生和使用者的指导作用。

教材对提高学习者的基础理论知识、实际操作能力、综合素质能力等起到十分重要的作用。教材的主要内容以研究食品的内在品质为核心，兼具对各种现有的和新出现的食品安全问题的检测，重点介绍国家标准分析方法和国外先进分析方法；内容全面，主要分为六大篇章，分别为食品分析基础知识、食品的感官及物理特性分析、食品中营养成分分析、食品中添加剂分析、食品安全分析和食品的其他检测技术，主要涉及样品采集、物理检验法和食品营养成分、食品风味成分，有害有毒成分等的分析与检测，以及实验评价与数据处理等。同时，该教材配备了相应的电子资源供使用者使用，包括每章的教学指南、配套习题、讲义课件以及教学视频。申请人所在高校的食品分析课程已建设成慕课教学，在线式的教学资源可供广大的高校学生和社会人员使用。

焙烤食品生产（第二版）

书名：焙烤食品生产（第二版）

作者：田晓玲

定价：49.80元

出版单位：化学工业出版社

书号：ISBN 978-7-122-30206-9

内容简介及特点：《焙烤食品生产（第二版）》是“十二五”职业教育国家规划教材，是由教学一线的骨干教师和焙烤食品行业企业专家共同参与编写的工学结合特色教材。本书广泛收集焙烤食品生产方面的新技术、新方法、新工艺，并结合编者的教学与生产实践，对各类焙烤食品生产所用原辅料、生产技术、质量标准、常见质量问题及解决方法等做了介绍。在编写过程中按照焙烤食品企业职业岗位的任职要求，参照相关职业资格标准，以产品为导向，以职业技能和职业素养的培养为主旨精选教学内容，按照一体化教学和工作过程系统化的教学思想，开发了面包生产、蛋糕生产、饼干生产、月饼生产、中式糕点生产、西式糕点生产6个学习情境，23个工作任务。每个任务都有相应的生产案例，并设计有相应的生产训练单，汇集成《学生实践技能训练工作手册》，配套于教材，便于理实一体化教学的实施。学生通过完成各项工作任务，达到知行合一，有利于学生深入掌握教学内容，同时提高学生的自主学习能力、自身实践能力和职业素质。教材还将内容与多媒体资源相结合，在某些生产案例中附有与之配套的操作步骤，读者可以通过扫描二维码获得，同时配有电子课件，可从www.cipedu.com.cn下载使用，便于授课老师和同学学习。

现代物流装备与技术

书名：现代物流装备与技术

作者：缪兴锋

定价：28.00 元

出版单位：中国人民大学出版社

书号：ISBN 978-7-3002-2493-0

内容简介及特点：

物流装备与技术是现代物流系统正常运行的物质基础，随着我国物流业的飞速发展，以物流中心、配送中心、第三方物流等为代表的全新物流业正在兴起，现代物流装备与技术也得到了快速发展。物流装备与技术作用于整个物流的全部过程，包括生产、包装、储存、装卸、运输、流通加工、信息采集和处理等所有环节，因此物流装备与技术的发展，也有力地促进了现代物流业的不断发展。

满足现代物流人才的培养需求，便于物流行业企业的各层次相关人员全面而系统地学习掌握物流装备与设施的基本知识和技能，根据我校与中职学校开展的中高职衔接三二分段人才培养方案，按照一体化人才培养的要求，根据知识能力“纵向延伸横向拓展”原则，借鉴德国“双元制”职业教育，引入德国职业教育“行动导向”理念，结合了十几年的企业基层工作经验，展望物流行业未来发展新趋势，精心编著了这本中高职贯通衔接《现代物流装备与技术》教材。

《现代物流装备与技术》强调知识的实用性、覆盖面，反映知识更新和科技发展的最新动态，注重物流行业“新器件、新技术、新应用、新工艺、新案例、新动向”，及时反映到教材中。该教材不但适用物流服务与管理、物流工程专业、物流管理专业、工商管理专业、国际贸易专业，而且还适用于集装箱与港行专业以及其他工科专业的学生能力拓展课程。

该教材按照问题引入、任务导读、案例导入、知识探究、学习能力测试等模块编写内容，符合国家物流人才培养目标和专业标准、教材结构完整、配套资源丰富、遵循“必需、够用”的原则组织知识点，以物流装备的应用为目标编写。

油脂工厂设计

书名：油脂工厂设计

作者：何东平

定价：64.00 元

出版单位：中国轻工业出版社

书号：ISBN 978-7-5184-0638-8

内容简介及特点：

由武汉轻工大学何东平主编的普通高等教育“十三五”规划教材、高等学校油脂工程专业教材《油脂工程设计》符合课程教学大纲要求，注重理论联系实际，取材合适，深度适宜，系统、全面地阐述了本课程要求掌握的基本理论与知识，突出知识的先进性，以及相互关联性，体系结构合理，论述正确、系统性强。读者普遍反映该教材质量好。本教材兼顾系统性和实用性，突出知识点和技术点的关系，具有如下特色：①内容具有科学性，系统体现该课程学习要求和学科新进展。②教材内容涵盖教学大纲全部内容，适合考试要求。③内容取材新，体系科学，突出知识点。④教材内容组织由浅入深、循序渐进，结构严谨。⑤教材中文字及图表使用规范，叙述简明扼要。

食品包装学

书名：食品包装学

主编：李良

定价：54.00 元

出版单位：中国轻工业出版社

书号：ISBN 978-7-5184-1168-9

内容简介及特点：

本书系统介绍了食品包装的材料、包装技术和方法、食品包装最新的材料和技术，同时对最新颁布的国家标准及各类食品包装进行了介绍，可作为食品相关专业的教材及相关技术人员的参考书。

本教材特点：

（1）目的性强。本教材根据东北农业大学新调整的教学计划，结合本专业学生的知识体系，由浅到深，由易到难，由基础到专业，使食品专业及非食品专业的学生能够掌握食品包装学的基础知识。

（2）通用性强。教材特色鲜明，通用性强，适合食品科学与工程类专业的食品包装课程教学选用。

（3）学术性强。参考资料来源于现行的有关食品包装的教材及申请人在多年教学和科研过程中收集的相关科技文献。较全面地吸纳本学科国内外的研究成果和文献资料，反映了本学科发展的前沿水平和最新成果，在国内被公认为本学科成熟的教材。

烘焙工艺实训教程

书名：烘焙工艺实训教程
作者：张冬梅
定价：48.00元
出版单位：科学出版社
书号：ISBN 978-7-0305-2721-9

内容简介及特点：

本教材以烘焙师、西点师等国家职业资格标准为依据，以行业企业烘焙加工岗位能力要求为标准，体现教材课程资源的职业性。以职业能力培养为目标，以企业典型工作任务为导向，优选任务模块，体现资源的实践性。以企业真实加工产品为载体，精选典型制作项目，录制微视频，体现资源的示范性。以校企深度合作为途径，再现企业真实加工场景，体现资源的先进性。

本教材分为八个模制作、西点制作和就业创业指导。

烘焙入门模块分别为烘焙入门、中式酥性糕点制作、蛋糕制作、面包制作、饼干制作、月饼常用设备、工具、模具、原辅料及配方平衡等知识。中式酥性糕点制作讲解了桃酥、凤梨酥、菊花酥的制作过程及开酥等知识。蛋糕制作讲解了海绵蛋糕、重油蛋糕、戚风蛋糕、天使蛋糕、奶酪蛋糕、慕斯蛋糕的制作过程及糖油拌和法、蛋白打发、奶油打发等知识。面包制作讲解了小圆甜面包、花色咸面包、豆沙面包圈、吐司面包、丹麦酥面包、法式长棍面包的制作过程及面团调制方法、面团发酵控制等知识。饼干制作讲解了酥性饼干、韧性饼干、发酵饼干、消化饼干、蛋圆饼干和曲奇饼干的制作过程。月饼制作讲解了广式月饼、苏式月饼和冰皮月饼的制作过程。西点制作讲解了双色小西饼、椰蓉西饼、泡芙、蛋挞和比萨的制作过程。就业创业指导主要介绍了店员行为规范、店长基本要求、店面选址与装修、公司注册、团队管理、店面运营和安全管理。

本教材转变传统教学理念，充分发挥信息技术在教学中的应用，有效促进了课堂向课前和课后的延伸，注重实践技能的强化和创新思维的培养，实现了“教师主导、学生主体”的线上线下混合式教学。

创意包装设计

书名：创意包装设计

作者：魏洁

定价：48.00 元

出版单位：上海人民美术出版社

书号：ISBN 978-7-5586-0049-4

内容简介及特点：

《创意包装设计（升级版）》涵盖了包装设计课程的基本知识点与技能点，并从现代包装设计的视角出发，结合国际包装设计行业的最新发展趋势，对国内现代包装设计的相关理论及设计方法进行补充和完善。同时，作者以包装设计系统的全流程设计探讨为着眼点，将以市场为导向的包装设计方法研究的理念融贯于本书的内容、形式、设计思维及教学理念等各方面，并配以集艺术性、商业性于一体的国内外各类型的包装设计作品与优秀的学生包装设计课程案例，提出了独到的思考角度与设计研究方法。

教材内容包括包装结构、图形设计、创意包装系统等。训练学生拥有视觉图形的创造表现能力和表达设计创意及文化观念的能力。同时增加实践认识、项目融合等环节，在教学实践不断深入和论证研究的过程中，进一步完善、规范课程的教学体系。着重培养学生对创意包装设计的理解和认知能力，分析视觉图形的设计美感及包装设计在现代人文环境中所承载的分量，掌握并能够运用系统的设计方法进行现代创意包装设计。

“包装设计”作为视觉传达专业重要的专业核心课程，全国的设计院校都开设了此课程，本教材的适用范围广泛。对广大设计专业的学生与专业设计人员提供了一定的参考，对如何更好地掌握包装设计的基本原理、设计方法及提高设计素养也有一定的指导意义。

合成革化学品

书名：合成革化学品
作者：强涛涛
定价：48.00 元
出版单位：中国轻工业出版社
书号：ISBN 978-7-5184-0844-3

内容提要及特点：

合成革工艺、机械设备和化学品是合成革加工必不可少的三个部分。合成革化学品贯穿整个合成革加工工序，没有合成革化学品，就不可能有各种性能、不同应用领域的合成革。本书详细地阐述了聚氨酯树脂、湿法加工助剂、干法加工助剂、水性加工助剂、染色整理助剂、功能性助剂、着色剂、有机溶剂等化学品结构、性能特点、合成原理、应用性能和发展前景，同时也介绍了合成革加工过程中离型纸的分类、特点、制备技术和选择标准，人造革用聚氯乙烯树脂、增塑剂等内容。本书既是一本合成革、非织造专业教材，又是一本自学参考书。

本书共有 7 章，内容包括合成革工业发展概况，聚氨酯树脂的制备原理和技术，表面活性剂、凝固调节剂、填料等湿法加工助剂的制备原理和技术，流平剂、耐磨助剂、手感剂、架桥剂、促进剂等干法加工助剂的制备原理和技术，流平剂、发泡剂、消泡剂等水性加工助剂的制备原理和技术，固色剂、柔软剂、抗皱剂等染色整理助剂的制备原理和技术，阻燃剂、紫外线吸收剂、消光剂等功能助剂的制备原理和技术，颜料、染料着色剂的特点、配置要求，有机溶剂的作用、选择标准和常用有机溶剂的特点，离型纸的分类、特点、制备技术和选择标准，聚氯乙烯树脂，丙烯酸树脂，硝化纤维等的制备原理和技术。

二 等 奖

质量管理学实战教程

书名：质量管理学实战教程

作者：唐先德

定价：59.80 元

出版单位：清华大学出版社

书号：ISBN 879-7-3024-8194-2

内容简介及特点：

本书整合了现有经济学、管理学、质量工程学、质量管理学、质量管理体系、卓越绩效模式等先进的理念、技术和方法，并创造性地提出了新全面质量管理（NTQM）的概念。全书观念新颖、知识全面、理论紧扣实际、阐述简明扼要，是一本集质量管理、质量工程的概念、理论与方法为一体的、最新的、实用的“质量管理大全”。

本教材是真正意义上的互联网教材，除提供 PPT 课件外，书中还有很多二维码链接，以扩展读者的相关知识面。

表面活性剂、胶体与界面化学实验

书名：表面活性剂、胶体与界面化学实验

作者：刘雪锋

定价：38.00元

出版单位：化学工业出版社

书号：ISBN 978-7-122-30308-0

内容简介及特点：

（1）本教材符合国家化学化工类和轻化工类专业的教学标准，反映学科、专业基本规律，深度、广度适中；内容阐述循序渐进，富有启发性，便于学生掌握基本理论、基本知识或技能；教材使用效果良好。

（2）贯彻表面活性剂、胶体与界面化学理论联系行业实际的原则，总结近年来表面活性剂、胶体与界面化学教育改革的成果和经验，教学适用性强，体现教学规律和专业认知特点，符合人才成长规律，正确阐述表面活性剂、胶体与界面化学理论和概念。

（3）教材之第五和第六部分实验项目及时、准确反映国内外关于蠕虫状智能胶束和开关表面活性剂（开关表面活性颗粒）等方面的最新成果。

（4）本教材具有鲜明的、以表面活性剂为核心的胶体与界面化学特色；教材注重传授知识的同时，更注重传授获取知识和提高实验技能。

（5）本教材内容编写态度严谨、文字规范、语言流畅、逻辑合理、表述准确，图文配合、详略得当；能够贯彻最新国家标准和法定计量单位。

本教材充分体现了长期教学实践和学科最新发展之特色。实践证明：该教材的使用效果良好，在开展教学过程中获得较高评价。

园林植物栽培技术

书名：园林植物栽培技术

作者：李永红

定价：26.00 元

出版单位：中国轻工业出版社

书号：ISBN 978-7-5184-1185-6

内容简介及特点：

本书以《高等职业学校专业教学标准》（试行）为依据，分解园林植物栽培中的岗位能力对应的技能，以项目与技能对应，进行项目化教学，将理论和实践系统地融合在一起。在教学中要求采用分组现场教学，既培养学生的职业素质，又培养学生的实践技能。

本书设计 20 个项目的选取源于企业、高于企业，遵循的主要原则如下：

（1）实用性：所选项目的技术训练都考虑到岗位工作任务的实用需求，按岗位能力要求精选，所有技术实操项目均来自企业，如百合的种植、上盆与换盆等。

（2）先进性：引进企业项目的同时，要求应用性项目高于企业的要求。如“栽培基质配比”，我们不仅要求学生掌握方法，而且要求学生对栽培基质的大量元素、微量元素、pH 和 EC 等进行测定，以确定后期的施肥种类和施肥量。

（3）可持续发展：所选项目具有可拓展的空间，学生在掌握某个项目的设计技能后，可拓展到该类技术的其他项目设计，其种植方法、技术可以举一反三，触类旁通，如学生种植百合后通过教师和专家的讲座，可以掌握郁金香等其他花卉的种植技术。该课程体系具有递进式系统性“学习情境”。体现了课程时刻处于运动状态，但结构又相对固定。教学内容与企业的要求接轨，实现了与企业岗位能力要求的顺利对接。同时方便各专业和方向灵活选用并有机组合。

本书是作者 10 多年精心准备的成果，较为成熟，课程在 2009 年通过国家精品课程评审，并在 2007 年申请了深圳职业技术学院重点教研项目——项目课程理论在“园林植物栽培”课程教学中的应用研究，经过多年的教学改革，该课程改革成果在 2010 年获得了教学成果一等奖。

本课程已经开通网络平台，学生可通过该课程网络进行自主学习、复习、练习和自我测评，并可通过所提供的教学资源（国家职业标准、图片库、动画、视频资料、课外拓展站点链接）拓展视野。

外贸单证实务

书名：外贸单证实务

主编：广银芳

定价：38.00 元

出版单位：中国轻工业出版社

书号：ISBN 978-7-5184-1412-3

内容简介及特点：

1. 校企合作编写，结构创新

教材编写团队汇集了学校教学骨干和企业从业人员。主编、副主编为在职教师，参编分别来自中国银行江苏省分行和江苏汇鸿鸣骏进出口有限公司。根据高职国际贸易专业培养目标和专业标准的要求，编写团队共同确定了教材编写内容及框架结构，并根据各自的专业特长进行了合理分工。

教材分为 3 个部分，即绪论、项目 1 和项目 2。其中，项目 1 和项目 2 的框架结构为：项目描述、项目要求、任务分解、知识点与技能点、知识准备、任务操作、任务检测、习题作业。这种结构对接了外贸单证员的职业标准和岗位要求，以应用为目的，遵循理论知识“必需、够用”的原则，理论与实际操作并重，突破了传统教材以章、节为框架的局限，既方便教学，又有利于学生进行操作训练，实践性强，更适合高职国际商务类专业学生使用。

2. 以项目为引导，体现学做合一

教材编写团队在分析了外贸单证员的职业能力和岗位要求的基础上，选择以信用证制单、审单为切入点，精选了 2 笔外贸公司的实际进出口业务，并将这两笔业务进行了加工和整理，编制成了 2 个教学项目。一个为出口制单项目，构成了教材内容的主体；另一个为进口制单与审单项目，是对前一个项目的补充和完善。

每个教学项目均被分解成若干个典型工作任务，并设计了不同的学习情境，教师可以以项目为引导，以任务为驱动对学生进行教学，学生则可以边学边做，及时进行任务检测以巩固所学知识，并可以通过习题作业查漏补缺，体现了学做合一的教学理念，有利于激发更大地学习兴趣和创新能力。

3. 职业特色鲜明，资源丰富

针对外贸单证工作的外向型职业特色，教材中的项目材料和样单图片均使用英文原版样式，专业术语均有中英文对照，图文并茂，增加了学习者的感性认识。

教材主编为国家精品资源共享课“外贸单证实务”的主持人，在“爱课程”网建有课程网站，配套丰富的数字化教学资源。

电路、电子技术实验与实训

书名：电路、电子技术实验与实训

作者：党宏社

定价：35.00 元

出版单位：电子工业出版社

书号：ISBN 978-7-1213-0904-5

内容简介及特点：

(1) 本教材根据教育部电子信息科学与电气信息类基础课程教学指导分委员会关于电工电子基础实验和实训的要求，结合人才培养的实际需求，在反复讨论与调研的基础上，确定了教材的大纲与内容，概念清楚，重点突出，具有很好的针对性。

(2) 本教材体系完整，按照由浅入深，循序渐进的思路，从电子元器件的认知、常用电子仪器的使用、基本电路的组成与分析、电路的设计制作与调试等，使学生能够系统地了解和掌握电子设备制作的全过程。

(3) 本教材特色鲜明，将基础实验与电子实训、实物实验与仿真实验相结合；增加了常用仿真软件的介绍，增大了综合性和设计性实验的内容，着力培养学生的实验操作技能和分析问题、解决问题的能力。

(4) 本教材结构严谨，层次清楚，语言简练，概念清晰，文字流畅，用词规范，图表清晰准确。

(5) 本教材的编写人员既有丰富的理论与实验教学经验，也有多年从事电子电路设计、制作和调试等积累的实践经验，并成功地将这些渗透到教材内容的设计与组织之中。

本教材既可作为高等学校电大类各专业“电路”“数字电子技术”“模拟电子技术”课程及非电类专业“电工电子技术”和“电工电路”课程的配套实验教材，也可作为独立设课的电工电子实验与电子实训教材。

食品专用油脂

书名：食品专用油脂
作者：刘元法
定价：42.00 元
出版单位：中国轻工业出版社
书号：ISBN 978-7-5184-1183-2
内容简介及特点：

食品专用油脂（如起酥油、人造奶油、植脂奶油、涂抹脂、糖果脂等固态/半固态脂肪）赋予加工食品特有的功能特性（如结构、风味、感官特性、货架期等），作为食用油精深加工最重要的产业环节，也是现代食品加工和制造的基本原料，在烘焙（包括面包、饼干、蛋糕等）、煎炸、糖果、冰淇淋、速冻食品等加工中广泛应用。

《食品专用油脂》理论教学与创新研究相结合，在培养学生的同时，面向企业开展食品专用油脂专题培训，培养具有创新能力的食品专用油脂研发人才，满足行业发展需求。本书在国内相关院校中使用，广受好评。

食品营养与安全

书名：食品营养与安全

作者：顾金兰

定价：46.00 元

出版单位：中国轻工业出版社

书号：ISBN 978-7-5184-0865-8

内容简介及特点：

本教材定位较准，针对性强，在编写过程中遵循教育规律，突出职业教育特色，将传统的教学内容和课程体系进行了重组和整合，力求有关理论知识系统性和科学性，以学生必需的基础文化知识与食品专业知识为基础，强调理论联系实际，注重知识的实际应用，体现了食品营养、安全与人体健康的关系。

（1）本教材内容取材新颖、体系科学、简明扼要、深度广度适宜，突出知识点。共有七个模块，进行了理论知识的提炼和压缩，前三个模块以食品营养相关知识为主，在介绍食品的营养成分时联系各食品的营养成分特点；在描述各类食品的营养价值时注重各类食品的合理烹调与食用方法的介绍；着重介绍一般人群和特殊人群的膳食指南，对各类人群进行科学的膳食指导。后四个模块以食品安全相关知识为主，在介绍影响食品安全的主要因素时具体联系各类食品的质量安全；在介绍食品安全法律法规标准及食品安全预防保障管理体系时重视各项标准和措施的实际应用。

（2）本教材采用项目教学、案例教学等教学方法，指导性、实用性强。每个模块中各个项目均设案例分析，引出“必需，够用”的必备知识；知识拓展内容有助学生拓展知识面，了解知识的实际应用；每个项目均设课后习题，以备课上课下学生自查之用。本教材在培养学生提高创新创意能力、技能实践能力等方法上具有一定特色。

（3）本教材在开发相关教学资源及教材呈现形式上有一定创新。本教材配电子课件，有助于老师教学使用。内文双色印刷，版式上采用切口留白的形式，便于学生阅读和记笔记。且内容翔实、条理清晰、简明扼要、通俗易懂，特色突出，可作为食品类相关专业教材使用，也可供食品科技工作者、生产经营者、营养与卫生工作者参考，还可作为家庭生活的参考书。

管理科学研究模型与方法

书名：管理科学研究模型与方法

作者：张浩

定价：39.00 元

出版单位：清华大学出版社

书号：ISBN 978-7-3024-3458-0

内容简介及特点：

《管理科学研究模型与方法》是一本主要针对管理类、经济类等相关专业的本科生、研究生等使用的教材或参考书。管理科学是对与定量因素有关的管理问题，通过应用科学方法进行辅助管理决策制定的一门学科，在轻工业管理领域非常重要。

本教材选取了管理科学研究领域里常用的一些定量模型与方法，如决策方法、预测方法、仿真方法、博弈论、系统动力学、结构方程模型、灰色系统理论等，紧密结合管理科学研究和实践前沿，是一部有价值、可读性强的教材；通过讲解定量模型与方法，并配以恰当的案例与练习，加强本科生定量分析的能力，讲授过程中要求学生应用教材内容完成一篇英文论文，提高了本科生和研究生的科研能力；教材内容丰富，通俗易通，教学目标明确，取材合适、深度适宜，符合相关层次学生认知规律；内容由浅入深，富有启发性，有利于激发学生的学习兴趣和创新能力培养，加强本科生科研能力。

《管理科学研究模型与方法》已被北京工商大学和其他多所高校的相关本科和研究生专业采用，为北京工商大学研究生校级示范课程“供应链系统建模”的使用教材。同时，教材第 8 章管理仿真中“系统动力学”模块被采纳为国家级精品资源共享课“物流系统论”的教学内容。

产品项目设计

书名：产品项目设计

作者：桂元龙、况雯雯、杨淳

定价：59.00 元

出版单位：安徽美术出版社

书号：ISBN 978-7-5398-7777-8

内容简介及特点：

《产品项目设计》教材是国家级精品课程和国家级精品资源共享课程配套教材《产品设计》的升级版，是落实产教深度融合，开展项目制课程教学的专用教材。本书大量引入当下中国知名设计品牌企业的成功案例，以浪尖、瑞德、和合三家设计公司的典型项目为代表进行案例剖析，结合职业教育产品艺术设计专业的教学特点，依照真实项目实践的需要，创新教学内容、方法、组织以及评价的形式，内容丰富系统性强，特色鲜明实用性突出。本书作为专业教材在广东轻工职业技术学院产品艺术设计专业，开展“工学商一体化”项目制教学改革中起到了良好的支撑作用，深受师生的欢迎。

（1）项目制课程特色突出。本书是国内第一本建立在真实项目基础上的产品设计项目制课程专业教材。从研究方法、设计程序、生产制造以及设计管理多个角度，对成功案例进行详细解析，项目任务直接对应知识点，让学生深度了解不同类型的产品设计方法，增强知识的针对性和应用性。

（2）活页式教材特色。根据产品设计的多样性，以用户驱动型产品、技术驱动型产品、文化驱动型产品为代表性案例，使用院校可以根据实际情况选择相应案例实施教学。

（3）信息化教学资源配套完善。配套国家级精品课程、国家级精品资源共享课程及在线开放课程丰富的教学视频、PPT 课件等教学资源，对接省级产品艺术设计专业教学资源库。囊括大量当下国内外具代表性的最新设计作品，网络资源内容丰富，形式新颖，符合学习与教学需求。

国际商务单证实务

书名：国际商务单证实务

作者：许晓冬

定价：48.00 元

出版单位：中国纺织出版社

书号：ISBN 978-7-5180-3849-7

内容简介及特点：

本教材以国际商务单证基本理论为干，以单据为枝，以习题、实训为叶，按照进出口贸易流程中单据出单时间先后进行编写。

第一，在时间上严格按照国际贸易流程，从合同签署、备货、装船等到结汇，一笔业务贯穿整个国际贸易全过程，让学生在不同时期扮演出口商、进口商、银行等多个身份，参考到企业的经营与管理中，特别是国际贸易流程的不同阶段，并通过 SIMTRADE 实验课身临其境操作一笔业务，感受国际贸易的真实情境。

第二，通过对国际贸易流程的模拟训练，使学生掌握涉外工作中涉及的相关单据填制方法，提升制单、审单、审证等多项综合能力，形成对国际贸易专业实践课程体系的强有力的支持。

第三，从应用型人才培养的角度注重专业技能、职业资历与创新人才培养的融合性。本教材（课程）与国际贸易职业资格紧密相连。全书实践性、应用性、操作性较强，专门针对国际商务、贸易、物流专业的学生从事相关专业及考取国际贸易单证员职业资格使用。教材围绕目前热门的全国外经贸单证职业资格考试，将学生考取单证员资格证书纳入教学计划，课程教学内容与外经贸单证员职业岗位标准和职业考证内容相融合，使学生学完本课程后不需经过培训即可顺利考取职业证书，毕业时实现“双证”，保证学生顺利、优质就业。

制浆造纸污染控制（第二版）

书名：制浆造纸污染控制（第二版）

作者：韩颖

定价：55.00 元

出版单位：中国轻工业出版社

书号：ISBN 978-7-5184-0732-3

内容简介及特点：

《制浆造纸污染控制》是一本在三十多年教学和科研实践基础上编写的优秀教材，制浆造纸环境保护课程在我校开设已有三十多年的历史，积累了大量的资料，并于 2008 年正式出版了“十一五”国家级规划教材《制浆造纸污染控制》第一版，发行后被很多高校和企业选作制浆造纸工程及相关专业的教材，并获得了好评。随着国家新的环保政策出台，制浆造纸工业环保意识提高，制浆造纸工业过程中的污染控制手段和技术不断更新进步，教材也需要更新，因此，应使用单位和出版社要求，在“十二五”期间进行了修订，并于 2016 年正式出版“十二五”国家级规划教材《制浆造纸污染控制（第二版）》，对第一版进行了大量的修改，把目前清洁生产、资源化利用、循环经济、节能减碳及碳资产管理的新观念、新理论、新技术充分表现出来。

多年的教学实践表明，教材编写系统、适用性强、特色鲜明，非常适合应用型高校本科教学使用，为制浆造纸及相关专业高级技术人才的培养发挥了非常积极和重要的作用。任课教师对本教材给予了充分肯定，认为该教材符合全国相关工科院校“制浆造纸环保”类课程教学大纲要求，充分体现了应用型工程技术人才培养的特点，在内容安排上深入浅出，循序渐进，取舍有度，符合学生的认知规律特点，教材充实了较多近年来的实例和图表，增强了教材的可读性，有助于培养学生运用知识分析问题的能力；较好地吸收了近年来的新技术和新方法，结合研究和生产实例，便于学生理解和掌握。

学生通过学习，既可以很好地掌握基本理论、基本知识、基本技能，又拓宽了知识面，了解了高新技术的应用与实践，激发了学生强烈的学习兴趣。通过教材内容深入浅出，循序渐进地引导，强化了学生分析问题和解决问题的能力。

总之，本教材是一本在内容和结构上具有科学性、先进性与合理性、应用广泛的高等学校优秀教材。

生物制药学

书名：生物制药学
作者：余蓉 郭刚
定价：58.00 元
出版单位：科学出版社
书号：ISNB 978-7-03-048780-3
内容简介及特点：

本教材为普通高等医药院校药学类系列规划教材，全书分为 3 篇 13 章：第一篇生物制药学总论（1~3 章），第二篇生物工程制药（4~8 章），第三篇生物技术药物（9~13 章）。本教材紧扣药学类专业本科教育培养目标，以教育部最新药学教育纲要为基础，阐述生物制药学的基本理论、基本知识、基本技能，重点阐述生物工程制药的基本概念、基本过程和关键技术，系统地介绍了生物技术药物的概念、分类、特点和临床应用及进展，突出思想性、科学性、先进性、启发性和适用性。尽可能介绍了生物制药学的理论、应用和进展，同时也介绍了国外最前沿的生物制药学领域的新知识和新研究成果，进一步提高了教材水平和质量。全书每章除正文外，还包含学习目标、知识链接、本章小结、拓展学习和思考题，便于学习和思考以及拓展相关知识，本书可供药学、生物制药、制药工程、生物工程、生物技术等专业学习，也可作为药学其他专业的教材参考书。

本教材紧扣生物制药理论、应用及前沿进展情况，不仅对本领域基本知识体系进行了系统介绍，而且针对生物制药技术发展日新月异的特点，紧盯学科发展动态，将 CAR-T 等最新前沿知识也收入书中，使学生可以在掌握经典知识体系的同时，能够开阔视野，培养创新性思维。以往《制药工艺学》等同类教材，大多是以技术或药物类别分章节逐个阐述，仅侧重不同的技术工艺，宏观上的统筹性有所欠佳。本书则将知识体系进行了重新架构，依照不同内容模块分为三篇：第一篇生物制药学总论以 3 章阐述了生物药物的基本概念、历史趋势、基本研发策略、通用性制备技术、质控与评价规范等总体性知识；第二篇生物工程制药以 5 章系统性地讲解了基因工程、蛋白质工程、细胞工程、酶工程、发酵工程等主要的生物制药工程技术，紧扣发酵工程等技术重点突出其中的重要产业生物药物；第三篇则以 5 章介绍了蛋白多肽类药物、抗体类药物、疫苗、核酸类药物、细胞治疗等主要生物制药类别的临床及生产特点。同时，每章还设置了学习目标、知识链接、本章小结、拓展学习和思考题，便于学习和思考以及拓展相关知识等模块，有助于学生以全局性的视角将生物制药领域的研发策略、工程技术、管理规范及具体药物的合理应用融会贯通起来，进行系统性的学习。

生物化学实验指导

书名：生物化学实验指导

作者：姜余梅

定价：28.00 元

出版单位：中国轻工业出版社

书号：ISBN：978-7-5184-1252-5

内容简介和特点：

《生物化学实验指导》围绕蛋白质和核酸等生物大分子分离与鉴定、酶性质鉴定与酶工程、基因工程、糖脂相关实验这些必修课程中的实践环节进行了科学的规范，将基础理论有机地渗透在实验指导知识中，系统性强，利于教学；教材内容原理清晰、实验步骤翔实、实验方法准确且通俗易懂，每个实验均配套相应的思考题。使学生在扎实掌握基础知识之后训练出熟练的实验操作技能，培养学生的创新意识、实践能力和理论联系实际的能力。

本教材内容来源于生物化学实验教学一线，以生物化学基础知识及其应用为主线，将生物化学的基础知识与生产实践的案例贯穿始终，可与各种版本的《生物化学》教材配套使用。具体包括第一章蛋白质相关实验 8 个，第二章酶相关实验 7 个，第三章糖相关实验 7 个，第四章脂相关实验 3 个，第五章核酸相关实验 6 个，第六章其他实验 3 个及相关附录。

教材一经使用，受到广大老师和同学的好评，并荣获 2019 年度中国轻工业优秀教材二等奖。

食品微生物检测技术

书名：食品微生物检测技术

作者：严晓玲　牛红云

定价：40.00 元

出版单位：中国轻工业出版社

书号：ISBN 978-7-5184-1485-7

内容简介及特点：

本教材改变传统的章节编排，以教学项目导引，以学习任务为驱动，将理论知识融入实践操作之中，力求体现职业教育最新发展方向，反映课程体系的最新成果。

教材结构设计突出任务与问题引导，以引导学生对学习内容相关的现实问题进行思考；知识准备主要针对工作任务而设计，改变了传统教材直接灌输理论知识的方式，使学生学习具有针对性；任务实施中有材料准备、操作步骤、操作标准、注意事项、问题思考，这样的设计使学生的技能操作更加规范，让学生在任务实施过程中感受到工作的成就感与学习的乐趣，不仅可以提高学习效率，而且为以后的实际工作打下理论和实践的基础。循序渐进地编排项目顺序，既符合学生的认知规律，也可达到反复训练牢固掌握技能的目的。实现由任务准备中知识技能的感性认识到任务实施评价过程中学生主动构建的理性认识。

（1）内容范围：课程教学内容确定是围绕食品微生物检测工作岗位需求，按食品微生物检测项目和检测方法，有针对性地选取检测工作过程中常用的操作技术与相关知识。适当压缩理论教学内容，增大实训内容比重，保证教学与实际检测工作紧密结合，使内容更适用、实用。

（2）写作特点：将微生物检测的基本技术和典型检测项目作为课程的载体，序化成以常规技术为基础、以综合技术为提高的内容体系。以项目和任务为线索和组织单位，重点在于指导学生动手去做，有大量图片和详细的操作步骤以及必要的知识点讲解指导学生去完成任务。

（3）教学理念：适应我国职业教育课程改革的趋势，根据课程岗位主要工作任务，提取岗位所需的核心技术作为教学内容的选取依据。根据职业教育的特点，将传统的学科型课程以专业理论知识为逻辑主线的教学内容解构，重新构建以职业技术为主线，以培养职业能力为本位的教学内容。所有课程内容的安排均围绕学习任务的完成来展开，理论知识融入检测各项任务之中，使理论与实践高度统一。

（4）教学定位：教学过程全部在实训中心教、学、做一体化教室完成，教师和学生均置身于真实、直观的教学现场，充分调动学生的学习兴趣，提高教学效果，更好地实现学生职业能力培养与企业检验岗位要求的对接。

焙烤食品加工技术（第二版）

书名：焙烤食品加工技术（第二版）

作者：陈平

定价：34.00 元

出版单位：中国轻工业出版社

书号：ISBN 978-7-5184-1184-9

内容简介及特点：

《焙烤食品加工技术（第二版）》是在《焙烤食品加工技术》第一版的基础上修订的，《焙烤食品加工技术》第一版经过七年的实际使用，得到了师生的一致好评。第二版于 2017 年 8 月出版发行，目前已印刷 3 次，累计印量 7500 册。

焙烤食品是与人民群众息息相关的一个大类食品，焙烤食品工业是一个从业人员众多、厂房店铺遍布城市乡镇的行业。为焙烤行业培养从业人员，是开设“食品类专业”的职业院校的任务。

编者结合职业院校学生的学习现状以及近几年在本课程教学过程中出现的一些新情况、新特点、新内容，在第一版的基础上本着“删旧推新、去繁就简、案例教学、易懂实用”的原则，进行重新编写。按国家、行业新标准，更新了相关数据，增加了新内容。在编写过程中突出技能操作的实用性，注重解决生产过程中的实际问题，以增强学生的岗位意识。突出综合职业能力的培养，强化职业技能训练，“做中学、学中做”。编写体例突破了传统教材的章节，采取课程模块化，以任务驱动式完成课堂教学。教材内容融学习过程与实训为一体，凸显了实用性、实践性、创新性的特点。

本书采用双色印刷，增强了教材的可读性；同时，选用切口留白的版式设计，便于学生随时添加笔记，提高学习效率。

本书可供职业院校食品专业作教材使用，也适用于焙烤食品行业从业人员培训及农民培训、老年大学培训。焙烤食品产业另一个发展趋势就是向个人消费者延伸，越来越多的个体消费者在家庭自己制作个性化的焙烤食品，以满足家庭的消费需求，本书也可作为焙烤爱好者自学用书。

书籍装帧设计

书名：书籍装帧设计

作者：王禹 范娟

定价：55.00元

出版单位：江西美术出版社

书号：ISBN 978-7-5480-5093-3

内容简介及特点：

书籍装帧作为独立的设计门类，随着科学技术水平不断提高，书籍装帧的观念不断发展，如今的书籍装帧已经发展到一个相对繁荣的时期。书籍设计水平越来越高，书籍设计活动也日益活跃，同时也对教学提出了新的要求。

本书讲述了书籍装帧的概念、书籍的起源与发展、书籍装帧的设计理念、书籍设计中诸要素的应用、书籍版式设计、书籍插图设计、书籍印刷及材质表现、实践教学中优秀书籍设计作品欣赏八个方面的内容，在编写中将理论知识与实用性和艺术性融入其中，图文并茂、易于理解、深入浅出，力求为读者建构一个整体的书籍创作理念。通过学习可系统掌握书籍设计的基本理论和相关知识，了解书籍设计的新理念和未来的发展趋势。本书通过大量优秀书籍装帧设计如“中国最美的书”“全国书籍设计展”等获奖作品点评和国内外设计大师的作品分析，深刻阐述了书籍整体设计理念和方法。最后一章为大连艺术学院近十年书籍实践教学的优秀学生设计作品，可作为相关院校的教学参考。本书可作为高等院校设计专业本科专科“书籍装帧设计”课程的教材，也可作为“版式设计”“样本设计”“型录设计”等课程的专业辅导书，更是一般读者了解书籍装帧设计的实用参考书。

广告策划与媒体创意（修订版）

书名：广告策划与媒体创意（修订版）

作者：王艺湘

定价：48.00元

出版单位：中国轻工业出版社

书号：ISBN 978-7-5184-1543-4

内容简介及特点：

广告学涉及市场营销学、传播学、写作学、美学等多种学科，它是由广告策划、广告创意、广告设计、广告写作、媒体传播等要素共同构成，其中任何一个环节的创作质量都将影响到广告效果的实现，因此，广告策划与媒体创意就显得尤为重要。本书对广告策划与媒体创意基本原理、设计技巧等进行了深入浅出的分析，力求做到理论与实践并重，普及与提高兼顾，以期为广告设计提供一些理论与可操作性的指导。

本书从内容总体安排上力图突出四个特点：一是突出基础教育的全面系统性，把握设计艺术教育厚基础、宽口径的原则；二是结合新的设计理念和实例，体现广告策划与媒体创意的现代特点和国际化趋势；三是体现广告学专业、视觉传达与媒体设计专业的实用性特点，注重教学需要；四是突显广告策划与媒体创意在广告设计中的重要位置；五是为从事视觉传达设计与新媒体传播、广告策划与品牌研究、绿色设计与可持续发展分析研究、非遗数字化认知与品牌化传播等教学与研究工作提供帮助。

教学资源：

本教材配有多媒体课件，主要是在新媒体背景下，遵循高等教育本科课程实用性特点和人才市场的供求状况，突出专业动向，受众面广。

本教材为天津市高校新时代“课程思政”改革精品课——“广告策略与创意设计”慕课教学的指定教材。

三　等　奖

商业展示设计

书名：商业展示设计

作者：尹杨坚　徐士福　陈加强

定价：66.80 元

出版单位：华东师范大学出版社

书号：ISBN 978-7-5675-6644-6

内容简介及特点：

本教材的编写主要依据商业展示设计行业的发展和国家“十三五”教材编写的要求，坚持职业教育的宗旨，致力于培养艺术设计专业应用型、技能型人才。①教材定位准确，体现职业教育就业导向、能力本位特点。②遵循商业展示设计职业岗位工作流程，采用模块化体例。编写团队依据“前期调研—总体规划—概念设计—深化设计—施工设计”的商业展示设计工作流程，设计了项目解读与调研、总体规划与定位、设计概念与构想、设计深化与表达、工程实施与评估 5 个教学模块。每个教学模块均以职业能力训练项目和案例引导教学，将鲜活的商业展示个案、任务、概念、设计及实施流程推送到学生面前，将必须掌握的知识点和技能点融入各模块的职业能力训练中，体现了以职业能力培养为核心、以工作过程为导向的课程改革。③引入企业机制，注重概念设计、深化设计与施工设计之间的均衡。④融入低碳设计理念。本教材在 5 个教学模块的“拓展与提高”单元中，纵向以“低碳商业展示设计”为主线，横向将低碳设计的知识点拆分与各模块的主题对应。每个单元均以学生实训作品和实际案例导入，以基本理论和低碳设计的专业知识为铺垫，对低碳商业展示设计的技术与方法予以形象化解析。本教材提供了一条低碳设计“概念输入→技术输入→项目输入→成果输出”的学习途径。按照这一途径，学生可以真正做到关注低碳设计的技术与项目流程本身，而不是在各种抽象概念上徒然地浪费学习时间。⑤注重设计创意思维的培养。⑥以“爱上淘课”线上平台为依托，配套丰富的数字资源。⑦教材建设成效显著。由该教材为基础内容的“商业类展示设计”课程获得2018年广东省高职教育精品在线开放课程立项，项目负责人为该教材第一主编。

教学资源：本教材将“互联网+”的理念融入其中，将微课视频（29个）、设计案例、作业与素材文件、拓展阅读、参考网站、大师作品、课程标准、PPT课件等资料上传到教材配套资源平台“爱上淘课”，建设了可供教材同步学习的教学资源库网站（https://www.istaoke.com/main/detail/403），建立了开放、共享、包容的学习模式，为学生自主性学习提供了强有力的保障。

设计思维方法与表达

书名：设计思维方法与表达

作者：朱书华　陈网

定价：55.00 元

出版单位：安徽美术出版社

书号：ISBN 978-7-5398-7662-7

内容简介及特点：

（1）本教材是无锡工艺职业技术学院专业改革和课程建设的成果。教材内容符合高职人才培养目标和专业标准的要求；教学目标明确。本教材在内容和形式上适用于艺术类学生，不同于理工科和综合类的教材。

（2）教材的呈现形式上有创新。教材体例和结构合理，从首章指明教学方向的理论，到第三章开拓学生视野的作品鉴赏，尤其是以实践、实训作为主体的第二章，以项目教学为导向，贯穿知识点教育，通过理论和实践环节加深学生互动体验，是行之有效的系统教学。除了纸质材料还有配套的电子教案、供学生使用的图片等。

（3）本教材体例、结构完整合理，难易恰当，符合职业艺术类学生的认知规律。培养学生职业技能的同时，为学生将来专业发展打下基础。以项目任务驱动，突出实践应用型教育特色。理论知识图式化，通过图表形式展现知识关系，有利于使用者构建知识体系。

（4）教材以提高学生发现问题的能力，到提高解决问题的能力。提高加法思维训练让思维“多”起来，让解决问题的途径丰富化，让问题变得简单明了。创造性的产物往往就是加法思维和减法思维共同作用的结果。

本教材具有以下特点：

（1）教材设计新颖，除了案例欣赏，知识点讲授，还有课堂游戏环节，活学活用知识点。每个章节从提出训练任务开始，到引导案例欣赏、知识点学习，再到课题游戏环节，设计实践与思考，以及相关网站和信息链接。最后是训练任务总结。教材设计环节完整，适合职业类艺术设计专业使用。能够在推进教学改革、提高教学水平和促进产教融合等方面发挥积极作用。

（2）教材安排项目化，以项目培养职业技能的教学模式，学生学习积极性空前高涨，改善了教学效果。

（3）欣赏案例多元化，内容深入浅出，引导案例和理论知识配套，以保证相关专业的学生使用。

（4）思维方式多维化，尽量整合知识体系，能够从多角度解决设计思维的问题。

（5）配套的电子课件给教师和学生带来了便捷。教材上的相关书籍和网站拓展了学生的视野。教材注重传授知识的同时，更注重传授获取知识和提高技能的方法。

涉外商务接待（修订版）

书名：涉外商务接待（修订版）

作者：陈昕

定价：26.80 元

出版单位：复旦大学出版社

书号：ISBN 978-7-309-13045-4

内容简介及特点：

本教材是根据教育部高职高专指导思想编写的国际商务类专业教材。教材的编写立足于高职高专院校国际商务类专业的人才培养定位、人才培养目标，以及人才培养模式，以培养涉外商务接待职业能力为核心，以工作实践为主线，以工作过程（项目）为导向，旨在提高涉外商务环境下的英语接待能力，为社会培养能胜任涉外接待岗位的商务类人才。

本教材选取的语言素材是实际商务交际中经常使用的语言，教材中的商务知识、语言知识和接待礼仪知识都是针对高职高专学生及涉外商务活动的特点而设计的，每个项目基于一个商务活动场景，利于高职院校相关专业学生提高涉外接待技能。修订的教材，完善了教材的逻辑结构，更突出了教材的应用性、实践性、职业性特点，适用于商务英语专业、国际贸易专业、涉外文秘等专业的学生，同时也适用于有志于国际商务的人士提高外贸实践能力。

（1）本书的八个项目涵盖了涉外商务接待工作的多个方面，包括电话沟通、电子邮件和传真的收发、接待客户、陪同观光、参观工厂、会务接待、展会接待和宴会邀请等。

（2）每个项目明确了学习目标、知识目标和能力目标，突出了教学的知识要求和能力要求。

（3）每个项目包含多个学习任务，每个学习任务包括情景对话、关键句型、知识储备、模拟实训和能力提升 5 个部分，供学习者学习、模仿、应用、提升英语接待水平。

（4）教材后附有项目练习，供学习者自我提升。

（5）教材附有配套光盘录音，供学习者情景模拟。

包装工艺与设备

书名：包装工艺与设备

作者：刘安静

定价：43.00 元

出版单位：中国轻工业出版社

书号：ISBN 978-7-5184-1375-1

内容简介及特点：

本教材是包装技术和包装设备专业的核心课程教材，机电、食品专业的选修课程，为建设“双高”院校的重点专业而组织编写。编写之前，职业院校基本采用的是本科教材，理论性强，实操性不足。为此，通过多年专业建设，教学团队按照教指委《高职高专教育包装工艺与设备课程教学基本要求》，根据自编讲义使用情况，与行业专家交流合作，于 2017 年编写出版本教材，满足职业院校使用。

本教材具有以下特点：

（1）教材轻工包装行业特色鲜明。教材根据包装材料和被包装物料特点展开，以典型包装设备为载体，选取了轻工业成套包装生产线设备如“袋包机、灌装机、无菌包装机、气调包装机、装箱机”等 10 多类设备，以产品包装工艺和设备制造与使用企业为依托，从“需求”导入，编写 8 个章节，符合相关层次学生或培训对象认知规律；由浅入深，富有启发性，有利于激发学生或培训对象的学习兴趣和创新能力培养。同时注重弘扬民族精神，例证侧重介绍中华民族的包装工艺技术经验。

（2）教材内容符合工学结合课程要求。校企紧密合作，教材内容取材合适、深度适宜，集理论、实践性于一体，遵循理论“必需、够用”的原则。反映包装生产线设备中的新技术、新工艺、新方法，包括产品的包装工艺流程，设备工作原理、组成结构、操作维护与保养。

（3）教材结构完整，编写形式新颖。教材每个单元结构完整合理，自成独立的教学项目，围绕重点特性按照“产品特征→包装工艺方法→设备组成结构→工作原理→操作与运行”展开，反映教学实践和改革成果，形式新颖。每单元特色鲜明，有利于提纲挈领帮助把握学习内容和目标；单元精选习题，有利于学生或培训对象把握和巩固所学知识的重点，培养自主学习能力。

（4）教材配套教学资源丰富。配有完整的教学课件（PPT）、课程标准和教案、工艺与设备教学视频音像。(由出版社协调供教材使用单位用)

（5）教材满足职业教育教学和行业企业技术培训需求。编者具有较强的企业实践经验，教材编写突出应用性，与行业企业技术骨干投入精力编著。既可作为高职院校相关专业培养学生用，更可作为包装生产线设备制造业、应用等企业技术人员培训和自主学习用。

油脂精炼工艺学

书名：油脂精炼工艺学

作者：罗质

定价：36.00 元

出版单位：中国轻工业出版社

书号：ISBN 978-7-5184-0687-6

内容简介及特点：

教材符合课程教学大纲要求，注重理论联系实际，取材合适，深度适宜，系统、全面地阐述了本课程要求掌握的基本理论与知识，突出知识的先进性，以及相互关联性，体系结构合理，论述正确、系统性强。

本教材兼顾系统性和实用性，突出知识点和技术点的关系，具有如下特色：①内容具有科学性，系统体现该课程的学习要求和学科新进展。②教材内容涵盖教学大纲的全部内容，适合考试要求。③内容取材新，体系科学，突出知识点。④教材内容组织由浅入深、循序渐进，结构严谨。⑤教材中文字及图表的使用规范，叙述简明扼要。

本教材是我国普通高等院校食品科学与工程专业的主要教材，也是其他相关专业的重要参考教材。另外，本书对油脂加工企业的生产和管理起到了指导性作用。

食品添加剂（第四版）

书名：食品添加剂（第四版）

作者：彭珊珊

定价：38.00 元

出版单位：中国轻工业出版社

书号：ISBN 978-7-5184-1363-8

内容简介及特点：

本教材根据 GB 2760—2014《食品安全国家标准 食品添加剂使用标准》编写，着重介绍了食品添加剂的性状、性能、注意事项及其应用等。经过多次再版，在各类食品添加剂中增加一些新型的、应用量日趋扩大品种的内容。从偏重实用性出发，增加食品添加剂的应用、天然食品添加剂等内容，及时、恰当、准确反映本学科国内外学科前沿和创新成果。通过本课程学习，让学生理解和掌握食品添加剂对改善食品品质、改进生产工艺、提高生产率、延长食品保质期的重要作用。学会在食品加工中如何正确使用食品添加剂，培养学生发现、分析、解决问题的能力。符合培养“面向产业、服务社会”，并具有扎实的“专业基础技能+工程应用技能+职业发展技能”的食品科学与工程综合性、应用型卓越人才的高等职业教育人才培养目标和食品科学与工程专业标准的要求，教学目标明确。

并且根据食品科学与工程专业教学需要，突出针对应用型高等职业院校教学层次的，理论与实践相互渗透和相互印证、便于学生灵活掌握的内容风格。重点完善各种食品添加剂的理化应用性质，丰富图表，便于直观教学；明确各类食品添加剂的使用原则，理论论证科学合理，辅之以各类食品添加剂的生产应用典型案例加以教学效果强化；增加食品添加剂国内外生产、使用市场情况内容。反映学科、专业基本规律，取材合适、深度适宜，阐述循序渐进，内容由浅入深，体例、结构完整合理，配合恰当案例，精选例题和练习题，符合学生认知规律，便于学生掌握基本理论、基本知识或技能。并且从偏重实用性出发，采用模块、项目格式。各模块突出了学习目标与要求，学习重点与难点，富有启发性，利于学生素质培养。

教材结合应用型职业院校教学层次要求，在各模块列出实训内容，与某些只介绍食品添加剂理论的枯燥的同类专业教材比较，本教材通过典型食品添加剂实训项目的辅助教学方式，提高学生对食品添加剂使用的感性认识，加深对食品添加剂应用基础理论的理解与掌握，有利于学生巩固所学知识的重点。将理论知识灵活应用于生产实践并加以提高技能，有利于激发学生的学习兴趣和创新能力培养。在培养学生提高创新和实践能力的手段上具有特色。在开发相关教学资源、教材呈现形式上有创新。

教材配有完整的教学课件，方便教师备课和学生自主学习。

食品微生物检验技术（第二版）

书名：食品微生物检验技术（第二版）

作者：姚勇芳 司徒满泉

定价：28.00 元

出版单位：科学出版社

书号：ISBN 978-7-03-050532-3

内容简介及特点：

（1）食品微生物检验技术是食品卫生检验与管理的重要组成部分，通过该课程的学习，使学生成为既能掌握食品微生物检验技术又能熟悉食品安全质量管理体系的高技能人才。本教材符合食品营养与检测专业国家教学标准的要求。注重与生物化学、微生物学等学科前后知识的衔接，强化了食品微生物检验实验室建设与管理以及食品检验标准能力等方面知识的传授，注重实际操作技能的培养，以及满足学生职业能力拓展的需要。教材使用效果良好，在开展教学或培训工作过程中获得较高评价。

（2）本教材以“检验项目引导教学”为主线，以国家食品检验工职业标准为依据，教学适用性强，体现教学规律和专业认知特点。

（3）本教材第一版自 2011 年出版以来，受到广大职业院校的好评。2017 年 6 月国家卫计委正式公布 15 个新版食品微生物学检验系列国家标准。教材第二版相应内容进行了更新和调整。教材在实验操作之后设计了实验结果记录表、案例配合恰当，精选例题和练习题。并提炼了操作注意事项和检验原理。同时，教材配置数字化教学资源。读者可通过手机二维码获取相应信息。

（4）教材内容编写质量严谨科学、文字规范、语言流畅、逻辑合理、表述准确，图文配合、详略得当；能够贯彻最新国家标准和法定计量单位；出版印刷质量符合原国家新闻出版总署发布的《图书质量管理规定》要求。

分析化学

书名：分析化学

作者：李晓莉

定价：42.00 元

出版单位：中国轻工业出版社

书号：ISBN 978-7-5184-0885-6

内容简介及特点：

《分析化学》教材选择的内容充分体现了中等职业教育的特色，注重针对性、适用性以及实用性，理论知识在保证科学性的前提下以“够用、实用”为度，实验部分坚持以能力为核心，强化实训操作技能，注重培养学生的综合应用能力；将理论基础知识和实操项目优化整合成模块，主体内容包括“必备知识”“思考练习”“阅读与拓展”“实训操作”四个板块，呈现了课程综合化的特点。本教材编写结构新颖合理，内容通俗易懂。

教材共有九部分，内容包括绪论、分析化学实验基础知识、滴定分析概论、酸碱滴定法、配位滴定法、氧化还原滴定法、沉淀滴定法、重量分析法、定量分析的一般步骤等模块。有以下特点：

（1）每个模块将理论知识与实训操作内容相互配套，适合于理论和实验教学一体化的教学模式。强调理论知识与技能的互相衔接与融通，注重培养学生的综合职业能力。

（2）理论知识遵循“实用为主，够用为度”的原则，适当降低难度，在“必备知识”中分解成若干知识点进行介绍，使其符合中职学生的知识和能力水平；实操内容包括基本技能训练、单项实验技术、综合实训三种不同层次的训练，由浅入深、由简单到复杂，循序渐进，有利于培养学生的技能；“阅读与拓展”介绍相关的化学史及新知识、新技术，拓宽学生的知识视野，激发学生的学习兴趣。

（3）教学内容结合国家职业标准的要求，尽量采用现行国家标准和各类企业标准，密切联系行业实际情况，融入了较多与实际分析检验岗位相结合的内容，侧重培养学生上岗就业的实际操作能力。

会展展示设计

书名：会展展示设计

作者：尹铂

定价：49.80 元

出版单位：人民邮电出版社

书号：ISBN 978-7-1154-4280-2

内容简介及特点：

《会展展示设计》主要基于工作任务，通过项目教学的方式，选取实际项目进行内容的组织安排，其中，项目大多来自学生身边的真实企业。在每个项目教学中，项目开始都针对性讲解理论知识，还特别将此项目的重点、难点按章节由简到难依次进行讲解，使读者能更好地理解和掌握每个项目的设计方式、方法。在项目设计过程中按照设计流程详细讲解每个步骤的思路以及设计方法、手段，使读者更容易展开项目的设计与制作。在每个项目结束时加入小结和作业布置，提高读者对项目的深入理解。

本教材内容针对展会的特装方案进行设计，选用案例专业。教材可适用于展示艺术设计、环境艺术设计、装潢艺术设计、广告设计与制作、会展策划与管理等专业的“大型展览设计”“展示设计”“会展设计”等课程配套教材，适用专业范围广。

本书以项目实训的方式，介绍了会展展示设计的理论知识及设计流程和方法，内容包括 3 章：第一章　会展设计理论基础，包括会展设计概述、会展展示设计的分类、会展展示设计的流程；第二章　会展设计项目实训，通过会展道具设计、中小型展场设计、中型展场设计、大型展场设计 4 个由浅入深的项目，介绍了会展展示设计的具体知识和设计方法；第三章　案例赏析分析了 2015 年米兰世博会、2010 年上海世博会西班牙馆、Audi 北京车展、东风日产北京车展、BOOTH 展场的优秀典型案例。

纺织 CAD/CAM 技术（第二版）

书名：纺织 CAD/CAM 技术（第二版）

作者：李竹君

定价：32.00 元

出版单位：中国劳动社会保障出版社

书号：ISBN 978-7-5167-1183-5

内容简介及特点：

《纺织 CAD/CAM 技术》是针对高职院校纺织类专业主干课程纺织 CAD/CAM 技术所编写的教材。教材内容本着理论够用，实践实用的原则，注重理论基础与实践和谐统一，解决了高职学生“不想学，没兴趣学”的问题。学生在好奇心和兴趣驱动下处于积极的学习状态中，运用共有的资源和自己特有的经验提出方案，解决问题，伴随着一个个“任务”完成，学生在获得满足感、成就感的同时完成知识、技能的构建，掌握应用纺织 CAD 软件进行纺织品设计的能力。项目引领，任务驱动的教材编排体系解决了传统教材与高职教学改革不匹配的问题。

本教材根据高职教育规律和“纺织 CAD/CAM 技术”课程设置的特点，围绕纺织品设计师利用 CAD 软件进行产品设计开发的认知规律来构建知识体系，采用企业实际任务引入、任务分析、任务实施、任务拓展来编写，突出知识、能力、素质“三融合”，突出教、学、做“三结合”。提升了教材的直观性和可操作性，方便师生基于工作过程的教学改革。

近年来，随着“互联网+”等信息化技术的发展，我们探索了由纸质教材和数字课程相结合进行多维立体化设计的一体化教材。在编写纸质教材的基础上，完成了与教材配套的校企合作开发课程“纺织 CAD/CAM 技术”的建设。借 2015 年现纺专业和 2018 年纺设教学国家资源库建设契机，进一步开发完善了各类教学资源，并运用于线上线下的混合式教学实践，取得了良好的效果。

作为高职专业拓展创新改革的范例，本成果可应用到相关高职院校，将有效推进教材开发的变革。

会计基础

书名：会计基础

作者：周兵

定价：36.00 元

出版单位：中国轻工业出版社

书号：ISBN 978-7-5184-0968-6

内容简介及特点：

为了满足高职院校会计及相关专业会计教学和实践的需要，我们在长期教学实践经验积累的基础上，借鉴国内同类教材的先进经验，以财政部最新修订颁布的《企业会计准则》、新的《会计从业资格管理办法》和《会计从业资格考试管理规定》以及 2015 版最新的考试大纲等相关内容为依据，按照职业教育的需求和特点，以“理实一体化”为基本理念，编写了这本“课证融通”教材。它不仅可用作高职院校在校生的教学用书，也可作为会计从业资格考试“会计基础”科目的考试用书和会计人员继续教育、经济管理人员培训的教材。

教材配备了很好的教学资源，配套编写了《会计基础习题集》，PPT、习题答案、教案、课程标准等教学资料一应俱全，方便教师教学和学生自学，有利于翻转课堂改革的开展，深受任课教师和学生的好评。

本书在撰写过程中主要体现以下几点特色：

（1）课证融通，紧扣考试核心。随着各院校将会计从业的课程纳入教学计划，传统的教材无论是知识点的覆盖还是内容设计，都无法同时满足教学与考证的双重要求。本书在体例编排和内容设计上，既能满足“课证融通”的教学需求，同时又兼顾到考证的要求。

（2）注重技能，突出理实一体。本书在编写过程中，以传授基础知识与基础理论为“度”，力求以基本理论指导会计的基本方法与基本技能，根据教学内容的需要，或将理论揉碎了放在实践中，或将实践内容揉进理论知识的传授中，使理论与实践浑然一体，并且每个章节后都配有大量的、题型全面的习题，供学生边学边练，更加有利于学生会计职业能力的养成。

（3）通俗易懂，阐释深入浅出。作为会计专业的入门课程，本书在编写过程中，在充分调研的基础上，兼顾到会计初学者的知识基础和学习难度，在内容的阐述上追求通俗易懂、深入浅出，将理论、法条以简明易懂的语言表达，减轻教学、自学时的难度。

过程流体机械（第二版）

书名：过程流体机械（第二版）

作者：康勇 李桂水

定价：50.00 元

出版社：化学工业出版社

书号：ISBN 978-7-122-26850-1

内容简介及特点：

本教材第一版为普通高等教学“十一五”国家级规划教材，是全国普通高等院校过程装备与控制工程专业核心教材，第二版教材在保留原版教材特色的基础上，对使用过程中暴露出的问题进行整改，全书内容进行重新规划、增删修订和补充完善，借鉴吸收了国内同类教材的优点以及近年来过程流体机械领域的新知识和发展，注重培养学生对过程流体机械理论知识、基本概念的掌握和实际应用能力。教材内容符合过程装备与控制工程专业教学标准及教学大纲要求。

本教材 2016 年 9 月由化学工业出版社出版，截至 2019 年 4 月累计印刷 3500 册，该教材被天津大学、山东大学、天津科技大学、上海理工大学、青岛科技大学、四川轻化工大学、四川理工大学等十余所高校作为指定教材，同时销往国内多省市，受到读者广泛好评。

茶叶生物技术

书名：茶叶生物技术

作者：李远华

定价：44.00元

出版单位：中国轻工业出版社

书号：ISBN 978-7-5184-1369-0

内容简介及特点：

茶叶生物技术是解决茶产业很多问题的金钥匙，为茶产业健康、可持续发展提供保证。

茶叶生物技术全书分为9章，分别是绪论、茶树细胞工程、茶叶酶工程、茶叶发酵工程、茶树基因工程、茶树基因组学、茶树蛋白组学、茶叶生物信息学和茶叶生物技术安全性评价，包括概念、动态、原理和应用，体现了国内外茶叶生物技术发展的最新进展和成果。

本书是茶学学科第一本此类专业书籍，填补了空白。本书编写人员全部是博士学位，大学茶学骨干教师，多数人具有国际学术交流背景。适合各高等院校茶学本科生、研究生学习使用，也可供有关研究者参考，是茶叶学习爱好者提升水平的专业书籍。

动植物检验检疫学（第二版）

书名：动植物检验检疫学（第二版）

作者：余以刚

定价：30.00 元

出版单位：中国轻工业出版社

书号：ISBN 978-7-5184-1384-3

内容简介及特点：

本教材主要从出入境检验检疫的角度讲述出入境动植物及其产品，包括其运输工具、包装材料的检疫和监督管理。内容包括：动植物检验检疫的起源与发展、我国动植物检疫的机构与功能、国际及国外主要国家动植物检疫机构及规则、进出境动物检疫对象、进出境动物检疫的范围、进出境动物检疫风险分析和风险预警、进境动物检疫、出境动物检验检疫管理制度、进出境旅客携带物检疫监管制度、入境植物检疫审批、入境植物检疫、出境植物检疫、植物、植物产品检疫鉴定、转基因植物产品检验检疫、植物检验检疫处理等。

本教材内容符合国家对食品科学与工程、食品质量与安全和检验检疫专业人才培养目标和专业标准的要求，适合本科生使用。结构完整合理，反映教学实践和改革成果；案例配合恰当，有利于学生或培训对象把握和巩固所学知识的重点。

配有完整的多媒体教学资源。理论论证科学合理，能正确阐释本学科的科学理论和概念；注重理论联系实际、注重学生或培训对象能力培养。及时、恰当、准确反映本学科国内外学科前沿和创新成果；融合国内外检验检疫的新知识和新成果。

教材体系能反映内容的内在联系和本专业特有的思维方法，逻辑结构合理性强，引导得当，利于学生或培训对象素质培养。

文字规范，语言流畅、通俗易懂，语法语言运用正确。

图文配合恰当，图表清晰，准确；图形、符号、计量单位符合国家标准。

营养与配餐

书名：营养与配餐

作者：贾君

定价：39.00元

出版单位：中国轻工业出版社

书号：ISBN 978-7-5019-9979-8

内容简介及特点：

《营养与配餐》的编写与毕业生岗位技能的要求相吻合，有助于“双证书”制度在高职院的推行，能有效提高食品类、烹饪类专业学生的职业竞争力，有助于相应专业的发展。本书的特点如下：

（1）项目化编写。能力分解是构建高职营养与配餐教材内容的基础。只有建立在能力分解基础上的知识体系和课程体系才是合理的、科学的。该教材针对每个配餐对象，将其基本能力和业务能力进行分解、优化并形成项目化训练序列。每项能力就是一个项目，每个项目训练一种能力，最终达到人才培养目标。本教材确定“基础营养—食物营养—烹饪营养—配餐理论—健康个体配餐—特殊人群配餐”六大项目，综合技能培训项目融入六大项目中。

（2）与行业专家联合开发编写。目前我国高职营养与配餐教材的编写与劳动部门颁发的职业资格证书或技能鉴定标准缺乏有效衔接。本教材邀请参与营养师鉴定的考评员合作开发编写，将实际考核中发现的技能与知识薄弱环节引入教材中，使最新的知识与技术充实到教学过程中，通过专业教师与专业技术人员的有机结合，缩小目前高职教材理论与实际应用之间的差距，使学生能真正掌握实际有用的知识，实现理论与实践相结合，为社会培养出真正的实用型人才。

（3）突出能力训练目标，激发学生自主学习的动力。本教材拟定了能力训练的主要过程：确定训练目标—提供示范—研究相关知识和理论—学生实践—反馈评价—修改配餐方案—再实践等几个环节的反复循环。此外，本教材还精心安排了配餐制作环节，以调动学生的学习兴趣。

版式设计

书名：版式设计

作者：王禹 周爽

定价：59.80 元

出版单位：北京希望电子出版社

书号：ISBN 978-7-83002-552-6

内容简介及特点：

版式设计师平面设计的基础课程，也是一门实用的艺术门类，是现代设计艺术的重要组成部分，是视觉传达的重要手段。它不是单一的视觉编排，而是融合了实用性与审美性、科学与艺术高度统一的生产活动，它贯穿于视觉设计的门类之中。

版式设计的范围涉及报纸、杂志、画册、产品样本、挂历、招贴、唱片封套、包装、企业形象、网页和 UI 等平面设计的各个领域，它的设计原理和理论贯穿于每一个平面设计的始终。版式设计艺术为人们树立新的思想和文化观念提供了广阔天地，已成为人们理解时代和认知社会的重要途径。

本教材目的是使学习者掌握版式设计科学性与艺术性的统一理论，为创作一个有序独特的画面组织服务，使其有利于信息的传递和主题内容的表达，符合人们的接受心理和视觉要求。版式设计一方面可提高版面的吸引力，强化信息传递的快速性与准确性；另一方面也可通过版式设计艺术产生对美的遐想与共鸣。

本教材立足实用，从版式设计概述、现代版式设计的发展、版面构成的原则、版面构成的造型要素、版面构成的编排形式、版式设计的网格系统六方面进行编写。教材每章学习重点、核心概念明确，每节都配有思考题与练习题，注重基础知识与现代设计案例的结合和知识的扩展延伸，既丰富了本身的理论，又让学习者对于设计师、当代设计现象能更好理解。

国际结算

书名：国际结算

作者：曹志鹏

定价：34.80 元

出版单位：西安交通大学出版社

书号：ISBN 978-7-5693-0085-7

内容简介及特点：

国际结算作为国际贸易与国际金融的交叉学科，具有很强的理论性和实践性，是国际经济学和金融学专业的主干课程。本教材在编写内容上以国际结算方式的业务流程为重点，以安全收汇为核心，大量采用典型案例教学，图文结合、理论与实务结合，并对国际结算过程中涉及的真实票据样本进行了展示，以帮助学生更加深入地理解交易程序，学会把握重点。该教材适合普通高等院校国际贸易和金融学专业学生使用，也可供相关行业的从业人员参考。

本教材主要体现了以下特点：

（1）内容新颖。该教材体系新颖，视角独到，兼顾科学性与前瞻性、专业性与通用性的特点，内容编制有新意。教材中大量采用最新的贸易结算方式、融资方式和最新的国际惯例和法律体系，引导学生思考实际问题，激发学生对理论知识、票据填写、实务操作和相关政策的研究兴趣，

（2）实用性强。国际结算的教学内容跨度大，应用性和操作性较强，对教材的要求非常高。该教材具有很强的实用性，兼顾基础知识与实务内容，突出国际结算程序与流程，教材主线清晰，重点突出，结构合理、体系完整，便于学生掌握。在传统的国际结算理论基础上，力争体现近十年国际结算和国际金融理论前沿，并增加应用性教学内容，在编写方法上大量采用图表、典型案例和实例等灵活形式，使抽象的理论和烦琐的业务流程变得生动而容易理解，以加强学生对国际结算理论知识的把握。

（3）结构合理。该教材与课程建设紧密结合，形成了一套独具特色的立体化教学资源，主要包括：多媒体课件、作业习题集、案例及课外阅读资料，将传统教材与辅助数字化资源集成于一体，在拓展教学内容，促进学生自主性学习方

面起到很好的效果。此外，在内容的编排上，该教材也进行了积极创新。教材注重适度性，在内容的深度和广度上符合本科国际经济与贸易和金融学专业的教学要求。

总之，《国际结算》教材是主编在多年商业银行中间业务管理和国际结算多年教学经验的基础上，结合其他《国际结算》教材的优点编纂的，并经过了陕西科技大学经管学院国际经济与贸易本科专业本科两届教学实践的检验，是一本重点突出、体系完整和内容新颖的教材。

优 秀 奖

旅游政策与法规基础

书名：旅游政策与法规基础

作者：梁峰

定价：39.00 元

出版单位：中国轻工业出版社

书号：ISBN 978-7-5184-1457-4

内容简介及特点：

本教材是无锡职业技术学院外语与旅游学院旅游系教师自主开发的专业教材。2016 年，在本教材编写过程中，无锡职业技术学院将本课程立项作为校级精品在线开放课程培育，并于当年出版了校本教材进行试用，老师和学生的反馈非常好，企业也对本教材的使用给予了高度肯定，认为教材内容与行业发展现实非常吻合。

教材主要特色在于：在课程内容编排过程中，广泛吸收了近年来国内外旅游业发展的最新成果，竭力使本书能够反映旅游业发展实际，能够最大程度与全国导游人员资格考试的内容保持吻合，同时适应高等学校旅游专业教学实践与改革的发展需求。着重突出以下几个特点：

（1）以职业资格证书考试大纲为依据选取内容。以“知识够用、技能过硬”为指导思想，选取符合导游岗位需要的关键知识和核心技能作为内容，同时适当考虑拓展性知识内容以供需要提升自我素质的读者之用。

（2）通盘考虑教学组织需要进行内容编排。以模块化思路设计项目内容，增加可读性的同时也有利于教师有选择地进行模块教学。

（3）注重知识点传授的同时更加注重应用技能的提升。我国法律体系正在加速构建，本书涉及的政策法规法律文件力求最新。进行知识点的梳理时，在讲求“是什么”的同时，更加侧重“为什么”和“怎么办”，更加强调法律法规的实际运用过程。

会展项目管理

书名：会展项目管理

作者：何焱

定价：28.00 元

出版单位：中国轻工业出版社

书号：ISBN 978-7-5184-0807-8

内容简介及特点：

本教材在编写中根据职业教育的特点，以培养能力、掌握实用操作技能为出发点，采用项目化编写方式。本教材的编写贯彻“学以致用”的原则，主要结构是：项目概述—项目学习目标—案例导入基本知识—拓展阅读项目小结—项目实训。真正实现用移动客户端链接所有的线上线下同步教与学，打造适应移动互联网时代需求的会展专业用书。

本教材的编写特点如下：

（1）案例分析与理论知识融合。根据实际案例，重点讲解完成工作任务需要的基本知识。

（2）通过实训项目提升能力。通过项目实训改变学生传统的思考模式，以实践技能提升替代抽象的理论思考。

（3）相互点评实现真正的互动教学。学生在教师的督导下变得积极主动，富有主见，在互动中不断完善自己的策划方案并提升执行能力，不断提升会展项目管理的实践技能和理论知识。

（4）综合能力全面提升。变被动学习为主动学习，学生的语言思维能力不断提高，团队精神得到锻炼。

（5）通过建立微信公众平台（微信号：gqhz1688）与广大读者实时互动，展示学生学习成果，接受广大网民点评。

（6）通过手机扫描书中各种案例的二维码让随时随地学习成为可能，让翻转课堂的教学方式进入“会展项目管理”的课堂。

本教材既可作为高职院校会展专业教学用书，又可作为自学考试、职业训练参考用书。

智能化仪器原理及应用（第三版）

书名：智能化仪器原理及应用（第三版）

作者：曹建平

定价：37.00 元

出版单位：西安电子科技大学出版社

书号：ISBN 978-7-5606-4108-9

内容简介及特点：

该教材在编写过程中，根据高职高专教育的特点，始终坚持从培养应用型人才的目标出发，注重理论与实践的结合，突出应用能力培养。修订版注重吸收行业发展的新知识、新技术和新方法，与时俱进、紧跟科技进步；充分反映当代课程建设与学科发展的最新成果，体现教学实践和教育教学改革新思路，实践教学内容丰富。适合高等职业教育电类、机电类、电子信息类专业课教学，在高职人才培养中发挥了重要作用。

1. 紧扣高职高专课程改革

智能化仪器仪表是高职院校电类、电子信息类、机电类专业的重要专业课程。课程涉及计算机技术、现代测量技术、微电子技术、通信技术等多种技术的融合。

本教材 2004 年发行第一版，2012 年发行第二版、2016 年发行第三版，从培养应用型人才的目标出发，遵循“理论适度，培养技能，拓展思维，突出应用”的原则，在教材内容的选取、结构的安排上，着重通过应用实例阐述智能仪器的基本原理、典型的处理功能以及应用技术，体现了高等职业教育教学改革中推荐的项目教学和案例教学的特点。

2. 修订版更突出实用性和新颖性

修订教材增加智能卡接口技术、智能仪器的设计以及集计算机、网络通信与仪表技术相结合的新型网络化智能仪器等新内容，以增加教材实用性和新颖性。同时，补充并完善教材第二版中的实训项目，以提高实践动手能力，做到举一反

三、融会贯通。本书每章配有思考题与习题，可供工程技术人员学习参考。

3. 教材特色鲜明

（1）理论知识以必要、够用为原则。重点对智能仪器的基本结构和典型智能化处理方法进行详细阐述。符合人才培养目标，注重素质教育，具有启发性，能够激发学生的学习兴趣。

（2）采用模块化结构，适应单元教学要求。各章节相对独立，不同类型学校、不同专业或不同的教学要求可根据具体情况选择讲授内容。层次分明，条理清楚。

（3）强化项目教学，注重应用能力培养。以典型智能仪器应用实例为载体，分析细致、深入浅出，有利于培养学生的学习能力、实践能力和创新能力。

（4）介绍新技术，拓宽知识面。注重吸收行业发展的新知识、新技术，对接职业标准和岗位要求，注重吸收产业文化。

4. 编写队伍师资力量强

教材编写人员结构合理、实力强。参编的教师教龄均在10年以上，全部为“双师结构”，全部是副高以上职称，理论功底扎实，实践经验丰富。特别是南京长盛仪器有限公司与我院合作多年，总工程师张弢高工此次也参与本教材的编写，从工程技术角度进行把关，引入了行业新技术和新成果。

生物化学

书名：生物化学

作者：王永敏　姜华

定价：52.00 元

出版单位：中国轻工业出版社

书号：ISBN 978-7-5184-0975-4

内容简介及特点：

以基础生物化学内容为主，兼顾生物化学理论在发酵、食品、生物技术及制药领域的应用，具有很强的轻工特色和工科背景，是当下国内具有代表性的高水平应用型教材。

整本教材在章节安排上采用师生广泛认同的先“静态”后“动态”再“基因”的顺序编排。每章后附有延伸阅读内容，介绍最新相关研究动态、科学故事及与生化理论相关的生活常识等内容，既有理论又有趣味和前沿性。教材主要内容概括为：①生物体的化学组成、结构及功能（包括糖、脂肪、蛋白质、核酸、酶、维生素等）；②物质代谢及其调控（包括生物氧化、糖代谢、脂质代谢、氨基酸代谢、核苷酸代谢、物质代谢的联系与调控）；③遗传信息的传递与表达等生命科学内容。适合教学学时数在 70 左右，可供生物技术、生物工程、食品科学与工程、食品质量与安全，制药工程等专业的本科学生使用。

《生物化学》教材是在双一流“新工科”背景下编写的一本应用型教材。教材内容和标准符合新时代高等学校教育“工程认证”中对生物化学教学的要求，教材及相关内容均围绕 OBE 的理念，本教材在每章节后附有经典生物化学的进展或科研故事，这是本教材的特色之一。

教材内容始终围绕学科前沿和创新成果为中心，将新工艺、新知识点纳入课本内容，为培养高层次人才奠定了基础。教材知识点的构建围绕“学生为中心，内容为重心，能力提升为恒心”的原则，在区域化教材建设中为山东省食品、生物等专业新旧动能产业转换和科教融合的建设发挥了积极作用。目前，山东省 75%以上的食品、生物等产业的科研人员相继订阅该教材，并积极完成了生物化学线下、线上学习和培训工作。

《生物化学》在配套教材和其他环节的建设方面具有完善体系。2018 年出版了《生物化学实验指导》并同步在山东课程联盟“智慧树”上线。配有完善的电子资源：线上慕课视频、标准规范的 PPT、微信扫码学习、数字化《生物化学实验指导》、同步练习和知识点考核等内容。截至目前已超过 2000 人次在“智慧树”完成了在线学习。

案例式食品安全教程

书名：案例式食品安全教程

作者：赵笑虹

定价：32.00 元

出版单位：中国轻工业出版社

书号：ISBN 978-7-5184-1038-5

内容简介及特点：

1. 教学适应性

内容符合职业教育人才培养目标和专业标准的要求，在每个教学设计过程中，均注重创设专业学习“场景化”，通过“你的观点”激发兴趣，引导学生“学一学”“认识食品安全国家标准”，学习食品安全知识后进行“拓展延伸”，力求学生技能提升，学会诸如观察、分析、推理、分类、交流、理性思维、信息处理、绘制图表等职业技能。这些能力将有助于学生成为职业人工作中的如营养咨询和教育、膳食指导和评估、食品安全宣贯、社区营养管理和干预等工作。

体例与编写形式新颖，选取食品安全事件和食品标签等典型案例作为学习载体，使职业院校学生在身边的、鲜活的生活案例和故事中提升学习兴趣和学习能力，有利于学生把握和巩固所学知识的重点。

2. 配套资源

配有与教材相对应的 PPT 教学课件，方便教师教学工作。

3. 理论、实践性

职业院校的学生难以理解抽象理论的概念和原理，以往的教材多数是以学科知识为主线，重理论叙述，学生学习过于枯燥且效能低下。按照“案例引出，实践导向”的课改理念设计教学内容，循序渐进地介绍食品安全知识。在“学一学”的基础上，“阅读 DIY”环节促使学生想一想、做一做，充分体现职业教育“教、学、思、做、悟”一体化的教学理念，突出实践应用型教育特色。

4. 实用性

教材在修订时注重职业定位。对接职业标准和岗位要求，注重产教结合，突出行业特色。随着中国经济发展模式的转型，社会对职业技能人才的需求日渐增加，食品安全师、临床营养师、公共营养师、食品营养师、运动营养师、餐饮营养师等新型职业也逐渐走入人们的视野。营养学、医学、护理、食品、生物、烹饪、酒店等相关专业的大学毕业生，医疗卫生单位、VIP 美容机构、营养诊所、大型餐饮企业、高档酒店等的中高级管理人员，行政总厨、高级厨师等都需要懂得食品安全学知识。

5. 比较性

体例与编写形式新颖，目前食品安全方面的职业教育高职教材以案例式编写形式的仅此一本，案例式更适合职业教学、培训和人才培养需求。

养禽与禽病防治

书名：养禽与禽病防治

作者：李雪梅 文平

定价：38.00 元

出版单位：中国轻工业出版社

书号：ISBN 978-7-5184-1094-1

内容简介及特点：

本教材集理论知识、技能训练、职业素养培养为一体，教材内容力求理论与技术相结合，理论与实际相结合，突出技术培养。将不同岗位涉及的技能都安排了实操训练。教材中每个项目根据工作任务流程和要求设置相关的内容和技能，体现“理实一体化”教学思路，力求突出学生职业岗位能力的培养，突出技能性和实用性。符合高职人才培养目标及本课程教学的基本要求。

本教材的编写遵循“理论够用、突出技能”的原则，内容选取贴近行业和职业实际，充分反映了行业中正在应用的新技术、新方法，体现实用性和先进性，突出高等职业教育的特色。

本教材符合高职学生认知规律，循序渐进，具有启发性，有利于激发学生学习兴趣。教材每个项目先给出了知识目标和技能目标，让学生在学习内容时心中有数。全书整体内容安排以工作岗位认知顺序为主线，符合学生学习规律。内容编写中加入了行业及国家新标准、新方法，体现了先进性。

新编大学生心理健康

书名：新编大学生心理健康

作者：黄雄志　刘敏

定价：38.00 元

出版单位：中国轻工业出版社

书号：ISBN 978-7-5184-1486-4

内容简介及特点：

本教材以教育部制定的《普通高等学校学生心理健康教育工作基本建设标准（试行）》为指导，紧密结合当代高校大学生的心理特点与实际情况，内容涵盖了大学生在校学习、生活期间可能面临的主要心理问题。

本书的编写者均有着丰富的心理健康教育工作经验，对大学生多方面的心理困惑有着深切的了解，收集与整理了大量一手教学资料。教材编写注重知识性与实践性，内容翔实丰富、题材贴切鲜活，内容易于读者的深入思考，有利于在实际生活中的应用，提高综合素质。

本书于 2017 年投入教学使用，教学过程及学生用书过程中，教师与学生普遍反映良好。通过对教材当中的资料特别是源于实际的案例，学生能结合自身心理体验对大学生的实际心理问题有一定的了解，解决问题的能力及心理素质有所提高。

茶叶营养与功能

书名：茶叶营养与功能

书号：ISBN 978-7-5184-1442-0

作者：杨晓萍

定价：39.00 元

出版单位：中国轻工业出版社

内容简介及特点：

《茶叶营养与功能》是研究茶叶的营养和功能及其与人体健康关系的一门学科。本教材系统地阐述了我国茶的起源与饮茶历史、茶叶的化学成分、营养功能与保健功能、茶对常见疾病的防治及作用机理、茶对精神卫生的作用、茶与美容及茶养生食品，介绍科学饮茶的新理论和实践，为科学饮茶、利用茶叶为人类防病治病及研制开发茶相关健康功能产品提供一定理论依据。本教材既适合作为茶学专业的专业选修课教材，也适合作为所有专业学生的通识课教材，以拓宽他们的知识面，提高他们的茶学基本知识，让更多的人了解茶、学茶、爱茶及正确地利用茶，达到强身健体的目的。

通过本教材的学习，学生可以了解茶的起源与分类相关知识，掌握茶叶的营养成分、功能成分及主要功能，掌握不同茶类的保健功能及作用机制，茶对常见疾病的防治功效及茶对精神卫生的作用，了解茶与美容、古今茶疗与现代茶养生食品，学会如何科学饮茶及科学饮茶与健康的关系，能从事茶叶相关功能食品的开发及科学推广。

目前我国设有茶学专业的本科院校近二十所，还有多所茶学的高职高专学校。很多院校设有《茶叶营养与功能》及类似的专业选修课，如华中农业大学茶学专业设有《茶叶营养与功能》选修课十多年，安徽农业大学、西北农林科技大学的茶学专业设有《茶叶营养与保健》专业选修课十多年，但一直没有相关教材，教师教授此课大多是根据自己收集的相关资料与多年的积累，整理后自行讲授，学生缺乏相应的纸质教材进行课后的复习回顾。本教材的出版弥补了《茶叶营养与功能》这本教材的缺乏，深受广大师生的喜爱和赞赏。

《茶叶营养与功能》自出版以来，受到了众多高校与广大学生的喜爱。

食品营养与健康

书名：食品营养与健康

作者：浮吟梅

定价：46.00 元

出版单位：中国轻工业出版社

书号：ISBN 978-7-5184-1465-9

内容简介及特点：

本书根据我院“食品营养与健康”课程理实一体化教学改革成果，并在对营养与健康管理机构充分调研和结合的基础上进行编写。

本书突破了传统的内容体系，根据营养师的能力和工作岗位需要将教材分成理论知识、技能训练两大部分。每个项目根据技能目标分为若干单元，并配置相应的技能训练任务，技能训练针对性强，效果好。根据以上原则在传统教材内容的基础上，结合多年的教学和实践经验，对教材内容进行有机整合，共分五个项目，每个项目里有若干个单元，每个单元安排相应的能力训练和工作任务，教学时可根据需要对学生进行项目和任务的选择与安排，适应现在项目导向、任务引领的课程改革发展形势，同时配有设计好的进一步强化技能训练的工作任务书，便于教师在实践中采用理实一体化教学。

本教材强调理论联系实际，注重应用能力的培养，以营养师的技能标准为目标，结合最新营养教学改革成果，内容上做到全面、具体、实用，形式上便于开展理实一体教学；根据加强技能训练的目的，本书加强了食物和营养的评价方法、营养标签知识、人体营养状况的测定和评价、烹饪营养指导和运动指导等与健康密切相关的理论知识和实践技能。本书的内容根据最新发布的 2013 年版《中国居民膳食营养素参考摄入量》和 2016 年版《中国居民膳食指南》进行编写，附录提供了中国普通食物营养成分表和 2013 版《中国居民膳食营养素参考摄入量》，为学生和相关人员学习提供了最新的参考资料。

本教材强调理论联系实际，注重应用能力的培养，以营养师的技能标准为目标，结合最新营养教学改革成果，内容上做到全面、具体、实用，形式上便于开展理实一体教学。

食品分析与检测技术

书名：食品分析与检测技术

作者：张金彩

定价：33.00 元

出版单位：中国轻工业出版社

书号：ISBN 978-7-5184-0843-6

内容简介及特点：

《食品分析与检测技术》是根据食品分析检验岗位的典型工作任务，以每个分析岗位的工作任务为驱动，明确工作内容，注重完成该任务所需的各种职业能力，将科学性与实用性相结合。

本教材符合中职学校人才培养目标和食品生物专业标准的要求。列举的检测任务涵盖范围广，检测方法得当。选定的每个分析任务具体翔实，操作步骤简练清晰，可以在实训室边讲边练，知行合一，将理论学习与实践学习相结合。

教材设计坚持以学生为主体，充分考虑学生学习兴趣和中职学生的特点，将促进学生认知能力发展和建立职业认同感相结合，力争实现知识与技能、过程与方法、情感态度与价值观学习的统一。

在与津酒集团校企合作，产教结合的过程中，学生们把教材中学到的知识应用于生产实际，学以致用，实现了职业标准和岗位要求对接，有利于激发学生的学习兴趣和学生素质培养，显示出本教材的实用性。学生们的实际操作水平，受到企业员工的好评。

Auto CAD 室内装饰施工图教程

书名：Auto CAD 室内装饰施工图教程

作者：张付花

定价：50.00 元

出版单位：中国轻工业出版社

书号：ISBN 978-7-5184-0822-1

内容简介及特点：

《AutoCAD 室内装饰施工图教程》以“专题空间设计任务”为主线，以职业能力为本源，以市场需求为导向，设计内容为 64 学时，结构篇章为 3 篇、9 模块、21 个具体任务。教材编写中一改传统教材内容案例堆积，案例规模小且不具备系统性的现象，将 AutoCAD 绘图基础知识、空间专题设计案例进行了有机融合，注重了前导课程与后续课程的关联，有利于学生知识建构能力的培养。具体呈现以下特点：

（1）本教材在国内同类教材中具有开创性价值。以往的室内设计类 AutoCAD 教材，多从 AutoCAD 基本概述、制图的基本常识、简单的室内平面案例进行讲解。本教材将室内设计的基本理论、AutoCAD 绘图基础知识、室内空间专题设计进行了有机融合，教材的内容和体系设计充分考虑了高职高专学生的认知规律和职业岗位要求，任务前有引导性内容，任务后有知识拓展与复习思考题。突出体现了“理论够用，注重实践”的高职教育特点，形成了一套系统完整的常见室内空间案例图纸绘制方法。

（2）本教材具有较强的基础性、现实性和实用性。教材成果反映了当前国内室内 AutoCAD 绘制应用的现状和知识水平，采用的技术指标体系符合我国现行的有关国标规定，内容安排适度、思路清晰，不仅适用于教学，而且可供从事家具绘图、工艺编排工作的专业技术人员使用。

（3）本教材内容与职业岗位结合紧密。本教材注重学生培养过程中的“工学结合”，住宅空间、别墅空间、办公空间等五大案例均来自于装饰行业真实项目，教师所授、学生所学即为岗位所需，实现了学生知识技能与岗位技能的良好衔接。

（4）本教材配套资源丰富。本教材在智慧职教“建筑室内设计专业”国家级教学资源库（备选库）中配备了丰富的电子资源，除了随堂作业和大量练习题外还分享了100套设计师设计过程中的经典案例，供读者在设计过程中参考。

“十三五”规划教材及立项篇

第一批中国轻工业“十三五”规划教材名单

序号	教材名称	主编姓名	工作单位	适用层次	新编/修订
1	财务管理学	张原	陕西科技大学	本科	新编
2	自动化生产线的装调与控制技术	甄久军	南京工业职业技术学院	高职	新编
3	制革化学与工艺学（准备与鞣制）	彭必雨	四川大学	本科	新编
4	溶胶-凝胶工艺及应用	黄剑锋	陕西科技大学	本科	修订
5	鞋靴材质创意设计	万蓬勃	陕西科技大学	本科	新编
6	包袋设计基础	曾琦	四川大学	本科	修订
7	微生物学	路福平	天津科技大学	本科	修订
8	实用药物学基础	杨晶	黑龙江农业职业技术学院	高职	新编
9	发酵工艺	高大响	江苏农林职业技术学院	高职	新编
10	肉品科学与技术	孔保华	东北农业大学	本科	修订
11	食品生物化学	吕晓玲	天津科技大学	本科	新编
12	食品营养学（第三版）	张泽生	天津科技大学	本科	修订
13	天然产物提取工艺学（第二版）	徐怀德、罗安伟	西北农林科技大学	本科	修订
14	食品标准与法规	杨玉红	鹤壁职业技术学院	高职	修订
15	基础化学实验	刘丹赤	日照职业技术学院	高职	新编
16	中外建筑简史	张新沂	天津科技大学	本科	新编

续表

序号	教材名称	主编姓名	工作单位	适用层次	新编/修订
17	图形设计	魏洁	江南大学	本科	修订
18	标志与企业形象设计	纪向宏	天津科技大学	本科	修订
19	环境艺术设计制图与透视	张葳、汤留泉	湖北工业大学	本科	新编
20	现代薪酬管理--理论、工具方法、实践	晁玉方	齐鲁工业大学	本科	新编
21	运输管理	卢改红	天津科技大学	本科	新编
22	物流概论	高音	天津科技大学	本科	新编
23	货币金融学	蒋玉洁	天津科技大学	本科	新编
24	知识管理	姚伟	天津科技大学	本科	新编
25	实用信息检索	金泽龙	广东轻工职业技术学院	高职	修订
26	社会调查技能与数据分析	陆淑珍	广东轻工职业技术学院	高职	新编
27	职业通识英语综合教程	黄奕云	广东轻工职业技术学院	高职	新编
28	新媒体营销项目化教程	刘前红	山东外贸职业学院	高职	新编
29	皮鞋工艺学	弓太生	陕西科技大学	本科	修订
30	制浆原理与工程（第四版）	詹怀宇	华南理工大学	本科	修订
31	无机及分析化学（第三版）	商少明	江南大学	本科	修订
32	化学工程与工艺专业实验	李健	天津科技大学	本科	新编

续表

33	玻璃工业机械与设备	郭宏伟	陕西科技大学	本科	修订
34	统计学原理及其在革制品科研领域的实践	周晋	四川大学	本科	新编
35	首饰雕蜡技法（第二版）	徐禹	广东轻工职业技术学院	高职	修订
36	微生物学实验技术	路福平	天津科技大学	本科	修订
37	有机化学实验	郭艳玲	天津科技大学	本科	新编
38	食品包装学	路飞、陈野	沈阳师范大学/天津科技大学	本科	新编
39	食品酶学导论（第三版）	陈中	华南理工大学	本科	修订
40	茶叶营养与功能	杨晓萍	华中农业大学	本科	新编
41	乳制品加工技术	胡会萍	日照职业技术学院	高职	修订
42	肉品加工与检测技术	陈玉勇、赵瑞靖	江苏农牧科技职业学院	高职	修订
43	实验室组织与管理	杨爱萍	江苏经贸职业技术学院	高职	修订
44	广告策划与媒体创意	王艺湘	天津科技大学	本科	修订
45	书籍艺术设计	王旭玮	广东轻工职业技术学院	高职	修订
46	版面设计	陈琪莎	深圳职业技术学院	高职	新编
47	理财规划	曹文芳	武汉职业技术学院	高职	新编
48	信息系统仿真与应用	党宏社	陕西科技大学	本科	修订
49	控制系统设计与仿真	郑恩让	陕西科技大学	本科	新编
50	制革化学与工艺学（染整）	单志华	四川大学	本科	新编

续表

序号	教材名称	主编姓名	工作单位	适用层次	新编/修订
51	表面活性剂、胶体与界面化学实验	刘雪锋	江南大学	本科	修订
52	陶瓷工艺综合实验	杨海波	陕西科技大学	本科	修订
53	印刷色彩	金洪勇	天津现代职业技术学院	高职	修订
54	物理化学实验	崔玉红	天津科技大学	本科	新编
55	无机化学实验	崔春仙	天津科技大学	本科	新编
56	食品物性学	李云飞	上海交通大学	本科	新编
57	食品生物化学	王淼	江南大学	本科	修订
58	茶叶生物技术	李远华	武夷学院	本科	新编
59	食品保藏原理	何强、吕远平	四川大学	本科	新编
60	食品技术原理	张民	天津科技大学	本科	修订
61	食品市场营销	童斌	江苏农林职业技术学院	高职	新编
62	动物解剖生理	张平、白彩霞、杨惠超	成都农业科技职业学院/黑龙江职业学院/辽宁职业学院	高职	新编
63	食品安全与质量控制实训教程	苏来金、任国平	温州科技职业学院	高职	修订
64	食品化学	杨玉红	鹤壁职业技术学院	高职	修订
65	装饰材料与施工构造	陈罗辉	湖南工业大学	本科	修订

续表

66	装饰图案设计与表现	余雅林	江南大学	本科	修订
67	地毯设计	吴一源	鲁迅美术学院	本科	新编
68	设计概论	陈仲先	无锡工艺职业技术学院	高职	修订
69	数控技术应用	李体仁	陕西科技大学	本科	新编
70	毛皮与工艺学	张宗才、王亚楠	四川大学	本科	修订
71	高分子化学与物理实验	曾威	天津科技大学	本科	新编
72	无机材料科学基础	林营	陕西科技大学	本科	新编
73	泡沫玻璃生产技术	郭宏伟	陕西科技大学	本科	修订
74	农产品加工工艺学	秦文	四川农业大学	本科	新编
75	食品包装	李良	东北农业大学	本科	新编
76	中国画山水传统技法	陈渊	天津科技大学	本科	新编
77	美容与化妆	肖宇强	湖南女子学院	本科	修订
78	服务营销项目化教程	肖必燕	山东外贸职业学院	高职	新编
79	资产评估	陈海雯	广东轻工职业技术学院	高职	新编
80	工程制图（含习题集）（第三版）	郭红利	陕西科技大学	本科	修订
81	数字信号处理基础（第二版）	李亚峻	天津科技大学	本科	修订
82	物联网导论（第三版）	张翼英	天津科技大学	本科	修订
83	革制品材料学	丁绍兰	陕西科技大学	本科	修订

续表

序号	教材名称	主编姓名	工作单位	适用层次	新编/修订
84	陶瓷工艺学	任强	陕西科技大学	本科	新编
85	食品机械与设备	李良	东北农业大学	本科	新编
86	食品微生物学	杨玉红	鹤壁职业技术学院	高职	修订
87	茶叶深加工与综合利用	杨晓萍	华中农业大学	本科	新编
88	食品微生物检验学	宁喜斌	上海海洋大学	本科	新编
89	食品包装学	杨开	浙江工业大学	本科	新编
90	食品营养与卫生	李京东	潍坊工程职业学院	高职	修订
91	食品营养与健康	杨君	广东农工商职业技术学院	高职	修订
92	食品分析检测	郝生宏	辽宁农业职业技术学院	高职	修订
93	食品安全快速检测	姚玉静、翟培	广东食品药品职业学院	高职	新编

第二批中国轻工业"十三五"规划教材名单

序号	教材名称	主编姓名	工作单位	适用层次	新编/修订
1	造纸原理与工程（第四版）	何北海	华南理工大学	本科	修订
2	聚合物流变学及其应用	陈晋南、何吉宇	北京理工大学	本科	新编
3	鞋类效果图技法	姚云鹤	四川大学	本科	新编
4	茶学综合实验	李远华	武夷学院	本科	新编
5	模具制造技术	田普建	陕西科技大学	本科	新编
6	植物纤维化学（第五版）	裴继诚	天津科技大学	本科	修订
7	聚合物科学与工程导论（第二版）[英汉双语]	揣成智	天津科技大学	本科	修订
8	现代人造革/合成革制造技术	陈意、范浩军、颜俊	四川大学	本科	新编
9	轻化工过程自动化与信息化（第三版）	刘焕彬	华南理工大学	本科	修订
10	绿色包装印刷	邢洁芳	南京林业大学	本科	新编
11	实木家具制造技术	王明刚	顺德职业技术学院	高职	修订
12	陶瓷工艺技术	陆小荣	无锡工艺职业技术学院	高职	新编
13	水盐体系相图及应用（第二版）	邓天龙、周桓、陈侠	天津科技大学	本科	修订
14	酒与酒文化	徐兴海、周全霞、胡付照	江南大学	本科	新编
15	食用菌栽培与加工技术	郝涤非、许俊齐	江苏食品药品职业技术学院	高职	新编
16	基础化学（第二版）	刘丹赤	日照职业技术学院	高职	修订

续表

序号	教材名称	主编姓名	工作单位	适用层次	新编/修订
17	食品机械与设备（第二版）	刘东红、崔建云	浙江大学/中国农业大学	本科	修订
18	食品营养分析实验与技术	乐国伟	江南大学	本科	新编
19	饮料生产工艺学	高彦祥	中国农业大学	本科	新编
20	食品添加剂（第二版）	孙平	天津科技大学	本科	修订
21	食品卫生学（第二版）	纵伟、郑坚强	郑州轻工业大学	本科	修订
22	果蔬加工工艺学	孟宪军、乔旭光	沈阳农业大学	本科	修订
23	食品安全保藏学（第三版）	罗安伟、刘兴华	西北农林科技大学	本科	修订
24	食品营养学	吴朝霞	沈阳农业大学	本科	新编
25	食品安全与质量控制	苏来金	温州科技职业学院	高职	新编
26	艺术设计学导论（第二版）	唐济川、郑艳	齐鲁工业大学	本科	修订
27	招贴设计	侯锐森、林斌、王晓俊	北京工业大学耿丹学院	本科	新编
28	针织服装设计与技术	潘早霞	无锡工艺职业技术学院	高职	新编
29	跨国经营与管理（第三版）	朱晋伟	江南大学	本科	修订
30	人力资源管理信息化理论与实务	陈晓暾	陕西科技大学	本科	新编
31	商务应用文写作	申作兰、彭文艳	日照职业技术学院	高职	新编
32	统计学基础	赵爱威、陈行	山西轻工职业技术学院	高职	新编

续表

33	经济法基础与实务（第三版）	张良、刘霖	长春职业技术学院	高职	修订
34	会计核算基础实务	马秀丽、李洁	广东轻工职业技术学院	高职	新编
35	机械制图及计算机绘图	郭青、王欣	天津轻工职业技术学院	高职	修订
36	加工纸与特种纸	张美云	陕西科技大学	本科	修订
37	家具史（第二版）	陈于书	南京林业大学	本科	修订
38	物理化学实验	顾文秀、高海燕	江南大学	本科	修订
39	高分子专业加工工程专业实验	邬素华	天津科技大学	本科	修订
40	无机材料物理性能	宁青菊	陕西科技大学	本科	修订
41	无机及分析化学	李运涛	陕西科技大学	本科	修订
42	数字出版（第二版）	司占军、顾翀	天津科技大学	本科	修订
43	新能源专业实验与实践教程	常启兵	景德镇陶瓷大学	本科	新编
44	Technology of packaging printing andpostpress	张改梅	北京印刷学院	本科	新编
45	包装概论（第二版）	蔡惠平	北京印刷学院	本科	修订
46	矿物学	陈平	陕西科技大学	本科	修订
47	化妆品原料学	宋晓秋	上海应用技术大学	本科	新编
48	复合材料：案例式	常启兵	景德镇陶瓷大学	本科	新编
49	数字媒体技术	司占军、贾兆阳	天津科技大学	本科	新编
50	高分子材料加工（第三版）	温变英	北京工商大学	本科	修订

续表

序号	教材名称	主编姓名	工作单位	适用层次	新编/修订
51	印刷色彩基础与实务	吴欣	广州市轻工职业学校	中职	修订
52	无机及分析化学实验（第三版）	商少明	江南大学	本科	修订
53	生物工程设备（第三版）	朱明军、梁世中	华南理工大学	本科	修订
54	生化分离技术	牛红军	天津现代职业技术学院	高职	新编
55	药品营销原理与实务（第三版）	章蓉	深圳职业技术学院	高职	修订
56	简明食品毒理学	王周平、孙震	江南大学	本科	修订
57	功能食品教程（第二版）	陈文	北京联合大学	本科	修订
58	水产品加工学（第二版）	彭增起	南京农业大学	本科	修订
59	食品文化概论	李文钊	天津科技大学	本科	新编
60	食品添加剂（第二版）	高彦祥	中国农业大学	本科	修订
61	食品发酵技术	孙勇民、殷海松	天津现代职业技术学院	高职	新编
62	焙烤工艺技术	魏玮、王立晖	天津现代职业技术学院	高职	新编
63	室内环境设计（第2版）	王东辉、李健华、邓琛	齐鲁工业大学	本科	修订
64	版式设计（第二版）	张爱民	河北师范大学	本科	修订
65	陶艺基础（第2版）	刘木森、谢如红、张花东	齐鲁工业大学	本科	修订
66	景观设计（第二版）	曹福存	大连工业大学	本科	修订
67	包装设计与制作（第二版）	王安霞	江南大学	本科	修订

续表

68	文创开发与设计	王俊涛、肖慧	山东科技大学/中国石油大学胜利学院	本科	新编
69	建筑模型设计（第2版）	郁有西	齐鲁工业大学	本科	修订
70	UI设计	肖勇、杜治方	中央美术学院	本科	新编
71	美术概论（第三版）	陈美渝	四川音乐学院成都美术学院	本科	修订
72	服装设计（第二版）	杨永庆	齐鲁工业大学	本科	修订
73	服饰配件制作工艺	高岩	无锡工艺职业技术学院	高职	新编
74	商品学	王海刚	陕西科技大学	本科	修订
75	商务英语口语	王坤	陕西科技大学	本科	修订
76	统计学—基于R软件应用	王化中	陕西科技大学	本科	新编
77	经济数学—微积分	白云霄	陕西科技大学	本科	新编
78	跨境电商实务	刘钧炎	广东轻工职业技术学院	高职	新编
79	国际商法	曾黎娟	广东轻工职业技术学院	高职	新编
80	制浆造纸分析与检测	刘忠	天津科技大学	本科	修订
81	材料成型机械与设备	葛正浩	陕西科技大学	本科	新编
82	包装生产线设备安装与维护	刘安静	广东轻工职业技术学院	高职	新编
83	动物机能学实验指导	张福梅	西北民族大学	本科	新编
84	生物工艺学	贺小贤	陕西科技大学	本科	修订

续表

序号	教材名称	主编姓名	工作单位	适用层次	新编/修订
85	环境生态与健康	李桂菊	天津科技大学	本科	新编
86	微生物学基础	赵金海	河南省轻工业学校	中职	修订
87	食品工艺学	李汴生	华南理工大学	本科	新编
88	食品安全学（第二版）	王际辉	大连工业大学	本科	修订
89	生物化学	王永敏、姜华	齐鲁工业大学	本科	修订
90	食品感官评价	卫晓怡	上海商学院	本科	新编
91	焙烤食品工艺学（第三版）	李里特、江正强	中国农业大学	本科	修订
92	食品酶工程	王永华、宋丽军	华南理工大学/塔里木大学	本科	新编
93	茶学专业英语	张正竹、李大祥	安徽农业大学	本科	新编
94	食品物性学	张志健、秦礼康	陕西理工大学/贵州大学	本科	新编
95	食品微生物学	陈忠军	内蒙古农业大学	本科	新编
96	农产品检测技术	项铁男	吉林工程职业学院	高职	新编
97	果蔬加工技术（第二版）	王丽琼	北京农业职业学院	高职	修订
98	兽医基础	刘山辉	辽宁职业技术学院	高职	修订
99	食品加工技术概论	顾金兰	天津市第一轻工业学校	中职	新编
100	产品形态设计	李西运、于心亭	齐鲁工业大学	本科	新编
101	色彩静物—创意与表现	李宗源	山东科技大学	本科	新编

续表

102	商业展示空间设计	李远、白月	齐鲁工业大学/山东女子学院	本科	新编
103	书籍装帧设计	李慧媛	齐鲁工业大学	本科	新编
104	服饰图案设计艺术	李骏	齐鲁工业大学	本科	修订
105	艺术插画设计与绘制	林斌、侯锐森、常学颖	齐鲁工业大学	本科	新编
106	创意服装设计	陈珊	无锡工艺职业技术学院	高职	新编
107	纸盒结构设计	王可	湖南工艺美术职业学院	高职	新编
108	产品设计手板模型制作案例解析	李程、李汾娟	苏州工艺美术职业技术学院	高职	新编
109	大学生创业学—基于创新性的创业指导	石乘齐	陕西科技大学	本科	新编
110	统计学—原理及应用	孟泽云	天津科技大学	本科	新编
111	商务谈判英语	袁晖	天津轻工职业技术学院	高职	修订
112	服务设计与文旅创新	何燚、程时用	广东轻工职业技术学院	高职	新编
113	自动机械设计	张彩丽	陕西科技大学	本科	修订
114	物联网通信技术	张翼英、史艳翠	天津科技大学	本科	新编
115	EDA 技术基础教程（Verilog HDL）	张俊涛	陕西科技大学	本科	新编
116	电子系统设计与实践	党宏社	陕西科技大学	本科	修订
117	颜色科学与技术	林茂海	齐鲁工业大学（山东省科学院）	本科	新编
118	家具与家居 Vray 渲染	陈惠华	东莞职业技术学院	高职	新编
119	家具设计手绘表现技法	潘速圆、陈卓	东莞职业技术学院	高职	新编

续表

序号	教材名称	主编姓名	工作单位	适用层次	新编/修订
120	造纸化学品技术	颜进华	广东轻工职业技术学院	高职	修订
121	食品微生物检验（第二版）	刘斌	福建农林大学	本科	修订
122	食品试验优化设计（第二版）	杜双奎	西北农林科技大学	本科	修订
123	食品工艺学实验	丁武	西北农林科技大学	本科	新编
124	食品文化概论	庞杰	福建农林大学	本科	修订
125	食品科学与工程专业综合实验指导	荣瑞芬、闫文杰	北京联合大学	本科	新编
126	功能性食品学（第三版）	郑建仙	华南理工大学	本科	修订
127	茶叶商品学	张星海、刘莉	浙江经贸职业技术学院	高职	新编
128	信息可视化展示环境与视觉导识系统设计	王艺湘	天津科技大学	本科	修订
129	装饰艺术设计	吴一源、孟光伟	鲁迅美术学院/齐鲁工业大学	本科	新编
130	纤维艺术设计与制作	吴一源	鲁迅美术学院	本科	新编
131	图案设计	王靓、张晓晨、牛兆立	齐鲁工业大学	本科	新编
132	产品设计手绘型色渲染双语版	章宇	苏州工艺美术职业技术学院	高职	新编
133	科学技术简史	何迎春	天津科技大学	本科	新编
134	市场调查与数据分析	王晓燕	广东轻工职业技术学院	高职	新编
135	软件工程技术及应用	张贤坤	天津科技大学	本科	修订

续表

136	数控加工工艺	李体仁	陕西科技大学	本科	新编
137	工程力学	张功学	陕西科技大学	本科	修订
138	茶叶质量与安全学	孙威江	福建农林大学	本科	新编
139	食品分析	孟晓	成都中医药大学	本科	新编
140	食品质量与安全专业英语	王颖、蓝蔚青	黑龙江八一农垦大学/上海海洋大学	本科	新编
141	乳制品生产与检验技术	揣玉多、岳鹍	天津现代职业技术学院	高职	新编
142	漆艺	于泳、朵一凡	齐鲁工业大学	本科	新编
143	3ds MAX 数字动画实用教程	彭国华、陈红娟	陕西科技大学	本科	新编
144	图形设计	王巍、刘芳蕾	齐鲁工业大学	本科	修订
145	现代陶瓷工艺	刘木森、冯善鑫	齐鲁工业大学	本科	新编
146	产品设计手绘	郑铭磊	景德镇陶瓷大学	本科	新编
147	产品设计程序与方法	李普红	齐鲁工业大学	本科	新编
148	网页设计	段冉、路琳	齐鲁工业大学	本科	新编
149	操作系统原理与实践	苏静	天津科技大学	本科	新编
150	单片机原理及应用——基于 Proteus 仿真技术	田志宏	天津科技大学	本科	新编
151	数字电子技术基础	张俊涛	陕西科技大学	本科	修订
152	工业机器人及其设计	祁广利	陕西科技大学	本科	新编

续表

序号	教材名称	主编姓名	工作单位	适用层次	新编/修订
153	鞋靴造型设计	万蓬勃	陕西科技大学	本科	新编
154	鞋材与应用	卢行芳	浙江工贸职业技术学院	高职	新编
155	食品卫生学	柳春红	华南农业大学	本科	新编
156	食品企业管理体系建立与认证（第二版）	马长路	北京农业职业学院	高职	修订
157	粮油食品加工技术	张海臣	吉林工程职业学院	高职	新编
158	食品加工机械	张海臣	吉林工程职业学院	高职	新编
159	运动鞋专题设计	杨志锋	泉州师范学院	本科	新编
160	玻璃包装材料生产技术	王昱	四川工商职业技术学院	高职	新编
161	茶艺与茶道	丁以寿	安徽农业大学	本科	新编

第二批中国轻工业“十三五”规划教材立项名单

序号	教材名称	主编姓名	工作单位	适用层次	新编/修订
1	生化分离技术	牛红军	天津现代职业技术学院	高职	新编
2	生物工程设备	朱明军	华南理工大学	本科	修订
3	食品安全学	王际辉	大连工业大学	本科	修订
4	食品分析实验	钱和	江南大学	本科	新编
5	食品分析	钱和	江南大学	本科	新编
6	食用菌栽培与加工	郝涤非	江苏食品药品职业技术学院	高职	新编
7	基础化学	刘丹赤	日照职业技术学院	高职	修订
8	食品安全与质量控制	苏来金	温州科技职业学院	高职	新编
9	食品营养与健康	汝骅	苏州职业大学	高职	新编
10	茶叶商品学	张星海、刘莉	浙江经贸职业技术学院	高职	新编
11	家具设计（修订版）	唐开军	深圳大学	本科	修订
12	现代商务礼仪	武娜	湖南工艺美术职业学院	高职	新编
13	动物机能学实验指导	张福梅	西北民族大学	本科	新编
14	白酒酿造原理与生产工艺	徐岩、范文来	江南大学	本科	新编
15	微生物基础	赵金海	河南省轻工业学校	中职	修订
16	经济法基础与实务（第三版）	张良	长春职业技术学院	高职	修订

续表

序号	教材名称	主编姓名	工作单位	适用层次	新编/修订
17	药品营销原理与实务（第三版）	章蓉	深圳职业技术学院	高职	修订
18	HACCP 原理与实践	钱和	江南大学	本科	修订
19	饮料生产工艺学	高彦祥	中国农业大学	本科	新编
20	公共关系实务	张瑞华	广东轻工职业技术学院	高职	修订
21	无机材料物理性能	宁青菊	陕西科技大学	本科	修订
22	无机及分析化学	李运涛	陕西科技大学	本科	修订
23	功能食品教程（第二版）	陈文	北京联合大学	本科	修订
24	食品添加剂（第二版）	孙平	天津科技大学	本科	修订
25	食品卫生学（第二版）	纵伟、郑坚强	郑州轻工业学院	本科	修订
26	果蔬加工工艺学	孟宪军	沈阳农业大学	本科	修订
27	食品物流学	庞杰	福建农林大学	本科	修订
28	果蔬加工技术（第二版）	王丽琼	北京农业职业学院	高职	修订
29	景观设计（第二版）	曹福存	大连工业大学	本科	修订
30	产品设计	桂元龙、杨淳	广东轻工职业技术学院	高职	修订
31	市场调研与预测	徐夷冶	常州机电职业技术学院	高职	新编
32	数字出版（第二版）	司占军、顾翀	天津科技大学	本科	修订

续表

33	新能源材料与器件专业实验与实践教程	常启兵	景德镇陶瓷大学	本科	新编
34	细胞工程与实验指导	朱丽萍	齐鲁工业大学	本科	新编
35	精酿啤酒酿造技术	郭书贤、仝奋飞	南阳理工学院/南阳市京德啤酒技术开发有限公司	本科	新编
36	酒与酒文化	徐兴海、周全霞、胡付照	江南大学	本科	新编
37	生物工艺学	贺小贤	陕西科技大学	本科	修订
38	食用菌生产技术	王德芝	信阳农林学院	本科	修订
39	食品安全保藏学（第三版）	罗安伟、刘兴华	西北农林科技大学	本科	修订
40	水产品加工学	彭增起	南京农业大学	本科	修订
41	食品感官评定	王永华、吴青	华南理工大学/华南农业大学	本科	新编
42	生物化学	王永敏、姜华	齐鲁工业大学	本科	修订
43	兽医基础	刘山辉	辽宁职业技术学院	高职	修订
44	包装设计与制作	王安霞	江南大学	本科	修订
45	模具制造技术	田普建	陕西科技大学	本科	新编
46	聚合物流变学及其应用	陈晋南、何吉宇	北京理工大学	本科	新编
47	化妆品清洁化生产	曹光群	江南大学	本科	新编
48	Technology of packaging printing and postpress	许文才、张改梅	北京印刷学院	本科	新编

续表

序号	教材名称	主编姓名	工作单位	适用层次	新编/修订
49	轻化工污染控制	王森	陕西科技大学	本科	新编
50	酒类感官评价	王栋	江南大学	本科	新编
51	啤酒工艺学	李崎	江南大学	本科	新编
52	制药设备及其运行维护（第二版）	许彦春	河北化工医药职业技术学院	高职	修订
53	食品感官评价	卫晓怡	上海商学院	本科	新编
54	食品文化概论	李文钊	天津科技大学	本科	新编
55	食品感官检验技术	冯蕾	东营职业学院	高职	新编
56	字体与版式设计	朱珺、毛勇梅	杭州师范大学	本科	修订
57	信息可视化设计	吴祐昕	江南大学	本科	新编
58	网页设计	李蓟宁	顺德职业技术学院	高职	修订
59	电子系统设计与实践	党宏社	陕西科技大学	本科	修订
60	包装生产线设备安装与维护	刘安静	广东轻工职业技术学院	高职	新编
61	包装概论	蔡惠平	北京印刷学院	本科	修订
62	包装计算机辅助设计软件应用——solidworks	牟信妮	天津职业大学	高职	新编
63	化工设备设计基础	李凤祥	吉林工商学院	本科	新编
64	黄酒工艺学	赵光鳌、王栋	江南大学	本科	新编

续表

65	微生物学基础	刘晓蓉	广东轻工职业技术学院	高职	修订
66	食品添加剂	高彦祥	中国农业大学	本科	修订
67	信息可视化商业展示与视觉导识系统设计	王艺湘	天津科技大学	本科	修订
68	新编国际贸易实务（中文版）/（英文版）	华欣	天津科技大学	本科	修订
69	中国传统文化	夏能权	湖南工艺美术职业学院	高职	新编
70	传感器与检测技术	叶廷东	广东轻工职业技术学院	高职	修订
71	数字逻辑设计项目教程（第二版）	丁向荣	广东轻工职业技术学院	高职	修订
72	鞋类效果图技法	姚云鹤	四川大学	本科	新编
73	绿色包装技术与设计	付亚波	北京印刷学院	本科	新编
74	矿物学	陈平	陕西科技大学	本科	修订
75	文创产品设计与开发	王俊涛、肖慧	山东科技大学/中国石油大学胜利学院	本科	新编
76	建筑模型设计	郁有西	齐鲁工业大学	本科	修订
77	UI 设计	肖勇	中央美术学院	本科	新编
78	食品互联网+营销策划	吴祐昕	江南大学	本科	修订
79	家具设计	隋震	齐鲁工业大学	本科	修订
80	纸盒结构设计	王可	湖南工艺美术职业学院	高职	新编
81	设计概论	廖瑜、赵继学、李湘树	湖南工艺美术职业学院	高职	修订
82	产品设计方法与案例解析	李程	苏州工艺美术职业技术学院	高职	修订

续表

序号	教材名称	主编姓名	工作单位	适用层次	新编/修订
83	环境生态与健康	李桂菊	天津科技大学	本科	新编
84	大学生创业学—基于创新性的创业指导	石乘齐	陕西科技大学	本科	新编
85	商品学	王海刚	陕西科技大学	本科	修订
86	跨境电商实务	刘钧炎	广东轻工职业技术学院	高职	新编
87	自动机械设计	张彩丽	陕西科技大学	本科	修订
88	普通陶瓷工艺学	王艳香	景德镇陶瓷大学	本科	新编
89	鞋靴造型设计	万蓬勃	陕西科技大学	本科	新编
90	家具与家居 Vray 渲染	陈惠华	东莞职业技术学院	高职	新编
91	软装配饰设计	李慷、袁秋枫	东莞职业技术学院	高职	新编
92	家具设计手绘表现技法	潘速圆、陈卓	东莞职业技术学院	高职	新编
93	食品微生物检验（第二版）	刘斌	福建农林大学	本科	修订
94	焙烤食品工艺学（第三版）	江正强	中国农业大学	本科	修订
95	食品微生物学（第二版）	桑亚新、李秀婷	河北农业大学/北京工商大学	本科	修订
96	食品酶工程	王永华、宋丽军	华南理工大学/塔里木大学	本科	新编
97	摄影基础（第 3 版）	王俊涛、肖慧、孙德波	山东科技大学/中国石油大学胜利学院	本科	修订
98	标志与 VI 设计	肖勇	中央美术学院	本科	修订

续表

99	艺术设计学导论	唐济川、郑艳	齐鲁工业大学	本科	修订
100	漆艺	于泳、朵一凡	齐鲁工业大学	本科	新编
101	3ds MAX 数字动画实用教程	彭国华、陈红娟	陕西科技大学	本科	新编
102	产品设计手板模型制作案例解析	李程	苏州工艺美术职业技术学院	高职	新编
103	VF 实务技能与经济管理中应用——实验指导	徐荣贞	天津科技大学	本科	新编
104	财务信息化系统操作实务	聂瑞芳	广东轻工职业技术学院	高职	新编
105	单片机原理及应用——基于 Proteus 仿真技术	田志宏	天津科技大学	本科	新编
106	物联网通信技术	张翼英	天津科技大学	本科	新编
107	材料成型机械与设备	葛正浩	陕西科技大学	本科	新编
108	酒精工艺学	石贵阳	江南大学	本科	新编
109	茶学综合实验	李远华	武夷学院	本科	新编
110	淀粉制品工艺学	余平	吉林工商学院	本科	修订
111	服装设计基础	李骏	齐鲁工业大学	本科	新编
112	信息设计	吴祐昕	江南大学	本科	新编
113	装饰艺术设计	吴一源、孟光伟	鲁迅美术学院/齐鲁工业大学	本科	新编
114	美术概论（第三版）	陈美渝	四川音乐学院成都美术学院	本科	修订
115	会计核算基础实务	马秀丽、李洁	广东轻工职业技术学院	高职	新编
116	成本会计	翟金花	广东轻工职业技术学院	高职	新编

续表

序号	教材名称	主编姓名	工作单位	适用层次	新编/修订
117	冷冲压成形工艺与模具设计	赵雪妮	陕西科技大学	本科	新编
118	金属包装设计与制造	吴若梅、刘跃军	湖南工业大学	本科	新编
119	茶叶质量与安全学	孙威江	福建农林大学	本科	新编
120	食品分析	孟晓	成都中医药大学	本科	新编
121	食品营养学	吴朝霞	沈阳农业大学	本科	新编
122	信息可视化设计	路琳	齐鲁工业大学	本科	新编
123	统计学—原理与应用	孟泽云	天津科技大学	本科	新编
124	商务英语口语	王坤	陕西科技大学	本科	修订
125	人力资源管理信息化理论与实务	陈晓暾	陕西科技大学	本科	新编
126	“互联网+” 文创会展创新创业训练	何焱、程时用	广东轻工职业技术学院	高职	新编
127	EDA 技术基础教程（Verilog HDL）	张俊涛	陕西科技大学	本科	新编
128	化妆品原料学	宋晓秋	上海应用技术大学	本科	新编
129	复合材料：案例式	常启兵	景德镇陶瓷大学	本科	新编
130	香水与彩妆	王建新	江南大学	本科	新编
131	化妆品功效评价	王建新	江南大学	本科	新编
132	造纸化学品技术	颜进华	广东轻工职业技术学院	高职	修订

续表

133	茶艺与茶道	丁以寿	安徽农业大学	本科	新编
134	食品试验优化设计（第二版）	杜双奎	西北农林科技大学	本科	修订
135	动物生物化学	王永芬	河南牧业经济学院	本科	新编
136	食品工艺学实验	丁武	西北农林科技大学	本科	新编
137	功能食品实验教程	陈文、米生权	北京联合大学	本科	新编
138	茶学专业英语	张正竹	安徽农业大学	本科	新编
139	食品生产组织与管理	费英敏	黑龙江民族职业学院	高职	新编
140	畜禽繁育技术（第三版）	朱兴贵	云南农业职业技术学院	高职	修订
141	中餐烹调技艺	李伟	山东省聊城高级财经职业学校	中职	新编
142	食品加工技术概论	顾金兰	天津市第一轻工业学校	中职	新编
143	陈设设计	汪梅	浙江理工大学	本科	新编
144	产品形态设计	李西运、于心亭	齐鲁工业大学	本科	新编
145	统计学—基于 R 语言应用	王化中	陕西科技大学	本科	新编
146	商务数据分析 diy	杨君岐	陕西科技大学	本科	新编
147	数字电子技术基础	张俊涛	陕西科技大学	本科	修订
148	绿色包装印刷	邢洁芳	南京林业大学	本科	新编
149	鞋材与应用	卢行芳	浙江工贸职业技术学院	高职	新编
150	食品物性学	张志健、秦礼康	陕西理工大学/贵州大学	本科	新编

续表

序号	教材名称	主编姓名	工作单位	适用层次	新编/修订
151	食品微生物学	陈忠军	内蒙古农业大学	本科	新编
152	食品微生物学实验指导	桑亚新	河北农业大学	本科	新编
153	配合饲料生产加工工艺与设备	孟宪梅、孙肖明	吉林工商学院	本科	新编
154	食品理化检测技术	冯蕾	东营职业学院	高职	新编
155	招贴设计	侯锐淼	北京工业大学耿丹学院	本科	新编
156	物流设施与设备	蒋亮	天津科技大学	本科	修订
157	商务礼仪	贾薇	山东科技职业学院	高职	修订
158	数控加工工艺	李体仁	陕西科技大学	本科	新编
159	颜色科学与技术	林茂海	齐鲁工业大学（山东省科学院）	本科	新编
160	新媒体技术	司占军	天津科技大学	本科	新编
161	食品文化概论	庞杰	福建农林大学	本科	修订
162	色彩静物—创意与表现	李宗源	山东科技大学	本科	新编
163	服装设计	杨永庆	齐鲁工业大学	本科	修订
164	服装立体造型表现（修订版）	张彤	齐鲁工业大学	本科	修订
165	商业展示空间设计	李远、白月	齐鲁工业大学/山东女子学院	本科	新编
166	博弈论教程	卢照坤、徐娜	天津科技大学	本科	新编

续表

167	投资学基础	聂瑞芳	广东轻工职业技术学院	高职	新编
168	工程力学	张功学	陕西科技大学	本科	修订
169	制盐工艺学	唐娜	天津科技大学	本科	新编
170	化妆品胶体与界面化学	崔正刚	江南大学	本科	新编
171	清洁护肤类化妆品	曹光群	江南大学	本科	新编
172	服装设计理论与实践	肖宇强	湖南女子学院	本科	修订
173	概念设计	杨小军	浙江理工大学	本科	新编
174	摄影基础	郑习满	齐鲁工业大学	本科	新编
175	网页设计	段冉、路琳	齐鲁工业大学	本科	新编
176	服装表演与策划	李俞霏	齐鲁工业大学	本科	修订
177	图形设计	王巍、谷林	齐鲁工业大学	本科	修订
178	工业机器人及其设计	祁广利	陕西科技大学	本科	新编
179	机械制图及计算机绘图	郭青、王欣	天津轻工职业技术学院	高职	修订
180	AutoCAD 题库	杨国星、李彦伟	天津轻工职业技术学院	高职	修订
181	食品科学与工程专业综合实验指导	荣瑞芬、闫文杰	北京联合大学	本科	新编
182	功能性食品学（第三版）	郑建仙	华南理工大学	本科	修订
183	现代食品检测技术	邹小波、赵杰文	江苏大学	本科	修订
184	纤维艺术设计与制作	吴一源	鲁迅美术学院	本科	新编

续表

序号	教材名称	主编姓名	工作单位	适用层次	新编/修订
185	色彩构成	胡心怡	江南大学	本科	修订
186	室内陈设与软环境设计	隋震	齐鲁工业大学	本科	新编
187	书籍装帧设计	李慧媛	齐鲁工业大学	本科	新编
188	设计色彩	夏天明、李照	湖南工艺美术职业学院	高职	新编
189	油脂工艺学实验	常明	江南大学	本科	新编
190	陶塑的表现方法	刘大志	福州大学	本科	新编
191	现代陶瓷工艺	刘木森、冯善鑫	齐鲁工业大学	本科	新编
192	产品设计手绘表现	郑铭磊	景德镇陶瓷大学	本科	新编
193	服饰图案设计艺术	李骏	齐鲁工业大学	本科	修订
194	审计学	乔瑞红、张瑶	天津科技大学	本科	新编
195	大学生职业生涯规划教育——融入江西地方特色文化	熊一兵、邹金成	景德镇陶瓷大学	本科	新编
196	国际商法	曾黎娟	广东轻工职业技术学院	高职	新编
197	运动鞋专题设计	杨志锋	泉州师范学院	本科	新编
198	高分子材料加工（第三版）	温变英	北京工商大学	本科	修订
199	化妆品分析	曹玉华	江南大学	本科	新编

续表

200	家具造型设计与实训	肖飞	东莞职业技术学院	高职	新编
201	粮油品质检验与分析技术	于徊萍	吉林工商学院	本科	新编
202	食品质量与安全专业英语	王颖、蓝蔚青	黑龙江八一农垦大学/上海海洋大学	本科	新编
203	艺术插画设计与绘制	林斌	齐鲁工业大学	本科	新编
204	产品设计程序与方法	李普红	齐鲁工业大学	本科	新编
205	日用陶瓷产品设计	赵昕	景德镇陶瓷大学	本科	新编
206	图案设计	王靓、张晓晨、牛兆立	齐鲁工业大学	本科	新编
207	产品设计手绘型色渲双语版	章宇	苏州工艺美术职业技术学院	高职	新编
208	科学技术简史	何迎春	天津科技大学	本科	新编
209	经济数学—微积分	白云霄	陕西科技大学	本科	新编
210	市场调查与数据分析	王晓燕	广东轻工职业技术学院	高职	新编

第三批中国轻工业“十三五”规划教材立项名单

序号	教材名称	主编姓名	工作单位	适用层次	新编/修订
1	食品工艺学	张民、陈野	天津科技大学	本科	修订
2	食品分析（第四版）	王永华、戚穗坚	华南理工大学	本科	修订
3	食品工程高新技术（第二版）	高福成、郑建仙	华南理工大学	本科	修订
4	食品工厂设计（第二版）	何东平、雷芬芬	武汉轻工大学	本科	修订
5	皮革化工材料学	李正君、何有节	四川大学	本科	修订
6	食品工厂设计与环境保护（第三版）	张国农	江南大学	本科	修订
7	食品毒理学	张双庆	中国疾病预防控制中心营养与健康所	本科	新编
8	食品风味化学（第二版）	王永华、戚穗坚	华南理工大学	本科	修订
9	机械工程导论	张彩丽	陕西科技大学	本科	新编
10	鞋履定制：逻辑、技术和商业模式	周晋	四川大学	本科	新编
11	皮革艺术设计与制作	王淼	北京服装学院	本科	新编
12	现代皮革工厂设计基础	张辉	陕西科技大学	本科	新编
13	Solidworks 产品建模高级教程	易熙琼	东莞职业技术学院	高职	新编
14	全屋定制家具设计	胡显宁、李金甲	辽宁生态工程职业学院	高职	新编
15	印刷色彩应用项目化教程	李小东	东莞职业技术学院	高职	新编

续表

16	现代食品原料学	江正强	中国农业大学	本科	新编
17	生物活性物质学	郑建仙	华南理工大学	本科	新编
18	食品工厂设计	钱方	大连工业大学	本科	新编
19	植物与植物生理	任学坤	黑龙江农业职业技术学院	高职	新编
20	中国文化概论（英文版）A brief introduction to Chinese Culture	郭佩英	陕西科技大学	本科	新编
21	过程控制工程及系统设计	胡连华	陕西科技大学	本科	新编
22	纤维化学与物理	程海明	四川大学	本科	修订
23	检测实验室管理（第二版）	杨剑	深圳职业技术学院	高职	修订
24	食品安全与检测（第二版）	车振明、黄玉坤	西华大学	本科	修订
25	饮食营养与健康	于红霞、王保珍	山东大学	本科	修订
26	食品生物化学实验指导	汪薇、任文彬	仲恺农业工程学院	本科	新编
27	饮料工艺学（第二版）	罗安伟	西北农林科技大学	本科	修订
28	食品科学实验技术	敬思群	韶关学院	本科	新编
29	食品添加剂（第二版）	迟玉杰	东北农业大学	本科	修订
30	饮料加工技术	殷微微	黑龙江农业职业技术学院	高职	新编
31	食品应用化学	聂小伟	威海海洋职业学院	高职	新编
32	进出口报关实务（第二版）	唐卫红	天津科技大学	本科	修订

续表

序号	教材名称	主编姓名	工作单位	适用层次	新编/修订
33	概率论与数理统计	蔺小林	陕西科技大学	本科	新编
34	市场营销学	张巍	陕西科技大学	本科	修订
35	创业者财税实务	黄道平	广东轻工职业技术学院	高职	新编
36	日用香精调配技术（第二版）	俞根发	上海应用技术大学	本科	修订
37	眼镜结构分析	沈银淼	浙江工贸职业技术学院	高职	新编
38	AutoCAD 家具制图技巧与实例（第二版）	张付花	江西环境工程职业学院	高职	修订
39	生物化学实验	饶瑜、唐洁	西华大学	本科	修订
40	保健食品 GMP 实施与管理	孙金才	浙江医药高等专科学校	高职	新编
41	果蔬贮藏与加工技术	谢婧	广东科贸职业学院	高职	新编
42	景观艺术设计（第 2 版）	史明	江南大学	本科	修订
43	新编国际贸易单证与实训教程	许晓冬	大连工业大学	本科	修订
44	管理学原理与实务——创新创业融合特色版	周小平、杨红玲	广东轻工职业技术学院	高职	新编
45	旅游职业礼仪	陈丽荣	无锡工艺职业技术学院	高职	新编
46	陶瓷墙地砖工厂设计概论	杨柯	景德镇陶瓷大学	本科	新编
47	功能薄膜及涂层材料	黄剑锋	陕西科技大学	本科	新编
48	生物化学实验指导（第二版）	张兴丽	齐鲁工业大学	本科	修订

续表

49	茶艺学	黄友谊	华中农业大学	本科	新编
50	服装 CAD 样板创新设计	周琴	苏州工艺美术职业技术学院	高职	新编
51	仓储配送管理	包红霞、邓春姊	天津科技大学	本科	新编
52	科学研究中的思维方法	郗芙蓉	陕西科技大学	本科	新编
53	大数据技术导论	李桂荣	大连工业大学	本科	新编
54	制浆造纸设备安装与维修	李荣刚	齐鲁工业大学（山东省科学院）	本科	新编
55	包装印刷技术	霍李江	大连工业大学	本科	修订
56	无机及分析化学实验	李运涛	陕西科技大学	本科	修订
57	细胞工程	王永芬	河南牧业经济学院	本科	新编
58	食品物性学实验指导	栾广忠	西北农林科技大学	本科	新编
59	食品毒理学	汪惠丽	合肥工业大学	本科	新编
60	高等数学（经济类）（上、下）	张立东	天津科技大学	本科	新编
61	通关实务操作	邓志虹	广东轻工职业技术学院	高职	新编
62	计算机网络基础及应用（第二版）	陈宏扬	广东轻工职业技术学院	高职	修订
63	陶瓷工业热工过程及设备	陆琳	景德镇陶瓷大学	本科	新编
64	工业微生物分子生物学实验原理与技术	张成林	天津科技大学	本科	新编
65	环境工程 CAD 技术	朱华清	景德镇陶瓷大学	本科	修订
66	药品检验技术	潘莹	滨州职业学院	高职	新编

续表

序号	教材名称	主编姓名	工作单位	适用层次	新编/修订
67	食品感官评价实验	杜双奎	西北农林科技大学	本科	新编
68	天然香料工艺学	易封萍/贾卫民	上海应用技术大学	本科	新编
69	山野菜综合开发利用学	张柏林、陈玉珍	北京林业大学	本科	新编
70	食品工程伦理	钱建亚	扬州大学	本科	新编
71	分析仪器使用与维护	肖彦春、胡克伟	辽宁农业职业技术学院	高职	修订
72	数字电路原理与应用	张俊涛	陕西科技大学	本科	新编
73	无机及分析化学	苏秀霞	陕西科技大学	本科	修订
74	分子生物学	郑鸣	河南牧业经济学院	本科	新编
75	食品贮藏保鲜与包装综合实习	杨书珍	华中农业大学	本科	新编
76	食品工艺学实验指导	胡爱军、王稳航	天津科技大学	本科	新编
77	食品研究与开发	高彦祥	中国农业大学	本科	新编
78	现代食品安全科学	章宇	浙江大学	本科	新编
79	基本空间设计（第二版）	刘佳、过伟敏	江南大学	本科	修订
80	系统整合创新设计	陈香	江南大学	本科	新编
81	创新思维与创业文化	杨丽敏、吴宝善	湖南工艺美术职业学院	高职	新编
82	自动线控制技术	甄久军	南京工业职业技术学院	高职	新编

续表

83	工业机器人调试	李光雷	南京工业职业技术学院	高职	新编
84	PLC 控制技术（西门子）	冯强	天津市第一轻工业学校	中职	新编
85	食品仪器分析	王永华	华南理工大学	本科	新编
86	食品安全与质量控制	刘皓	天津现代职业技术学院	高职	新编
87	服装设计思维与表达	孙涛	江南大学	本科	修订
88	视觉策略助推服务设计——VI 高手之路	杨君宇、赵天娇、张赫晨	天津大学	本科	新编
89	产品模型设计与制作案例解析	李程	苏州工艺美术职业技术学院	高职	新编
90	女装板型设计	穆雪梅	湖南工艺美术职业学院	高职	修订
91	地方行业高校体育艺术课程建设与实践——以体育舞蹈为例	李玲	景德镇陶瓷大学	本科	新编
92	商务数据分析	杨卫华	大连工业大学	本科	新编
93	数字供应链管理实务	缪兴锋	广东轻工职业技术学院	高职	新编
94	大型活动策划与管理	范智军	广东轻工职业技术学院	高职	新编
95	发酵食品工艺	余晓斌	江南大学	本科	新编
96	茶艺基础与技法	单虹丽、唐茜	四川农业大学	本科	新编
97	标志设计	代福平	江南大学	本科	新编
98	交叉创新设计	胡伟峰	江南大学	本科	新编
99	空间构成设计与应用	艾翔	山东师范大学	本科	新编
100	生物化学知识清单	刘洪艳	天津科技大学	本科	新编

续表

序号	教材名称	主编姓名	工作单位	适用层次	新编/修订
101	白酒生产综合实训指导	辜义洪	宜宾职业技术学院	高职	新编
102	食品感官评价与应用	吴敬	内蒙古农业大学	本科	新编
103	食品营养学	肖功年	浙江科技学院	本科	新编
104	食品企业管理	马长路	北京农业职业学院	高职	新编
105	农产品食品检验技术	张红梅、朱建军	锡林郭勒职业学院	高职	新编
106	灯具设计实践	徐清涛	顺德职业技术学院	高职	新编
107	酒类风味化学	范文来、徐岩	江南大学	本科	新编
108	食品专业综合实验	吴正云	四川大学	本科	新编
109	版式设计	郭玉川	景德镇陶瓷大学	本科	新编
110	服装立体裁剪实例	刘怡	湖南工艺美术职业学院	高职	新编
111	民族服饰制版与工艺	陶婉芳	湖南工艺美术职业学院	高职	新编
112	生物化学（第二版）同步辅导及习解全解	姜华、王永敏	齐鲁工业大学	本科	新编
113	生物制药工艺技术	牛红军	天津现代职业技术学院	高职	新编
114	乳制品工艺学	卞春	哈尔滨学院	本科	新编
115	粮油副产物加工学	汪勇	暨南大学	本科	新编
116	中央厨房与餐饮食品工业化	肖岚、李夔昕	四川旅游学院	本科	新编

续表

117	标志设计中英双语教材	王海燕	山东师范大学	本科	新编
118	整合创新设计方法	邓嵘	江南大学	本科	新编
119	印花图案设计	余兰	江苏工程职业技术学院	高职	新编
120	数控机床机械装调技术	李文、高健	青岛职业技术学院	高职	新编
121	发酵工艺与设备	孙美玲	湖北大学知行学院	本科	新编
122	中学生物学实验	张峰、史远	齐鲁师范学院	本科	新编
123	版面设计	代福平	江南大学	本科	新编
124	服装制作工艺基础	孙涛	江南大学	本科	新编
125	形象艺术设计	肖宇强	湖南女子学院	本科	新编
126	陈列店铺设计效果图（sku）	徐毅、郑瑾	无锡工艺职业技术学院	高职	新编
127	模拟电子技术基础实验及课程设计指导	兰振平	大连工业大学	本科	新编
128	机器人技术与应用	党宏社	陕西科技大学	本科	新编
129	发酵工程（第二版）	韩北忠	中国农业大学	本科	修订
130	环境工程设计基础	王家宏	陕西科技大学	本科	新编
131	生物工程分析检验实验指导	刘功良、李南薇	仲恺农业工程学院	本科	新编
132	基础化学及实验	李国权、李志阳	广东农工商职业技术学院	高职	新编
133	生物分离与纯化技术	徐瑞东	黑龙江农垦科技职业学院	高职	新编
134	大学物理实验数据处理与演示实验	谢宁	天津科技大学	本科	新编

续表

序号	教材名称	主编姓名	工作单位	适用层次	新编/修订
135	电工电子技术实验教程	牟俊	大连工业大学	本科	新编
136	移动应用程序快速创意开发	杨帆	陕西科技大学	本科	新编
137	Creo Parametric 三维零件设计实例教程	赵战峰、吴峥强	广东轻工职业技术学院	高职	新编
138	物联网应用开发实训教程	吴俊强	无锡工艺职业技术学院	高职	新编
139	酿酒化学	朱涛	宜宾职业技术学院	高职	新编
140	白酒企业管理与营销	郭云霞、王琪	宜宾职业技术学院	高职	新编
141	店面橱窗设计	胡少华、陈珊、朱碧空	无锡工艺职业技术学院	高职	新编
142	服装造型技术基础	蔡红、许家岩	无锡工艺职业技术学院	高职	新编
143	服装工业制版实务	白嘉良	辽宁轻工职业学院	高职	新编

“十三五”数字化项目选题及立项篇